U0145685

Taiwan Funeral Customs and Ceremony

殯葬禮儀 （增訂版）

理論、實務、證照

陳繼成 著

禮儀師必讀的一本書

五南圖書出版公司 印行

細說本書

　　這幾年因授課的關係，常常在課餘時與全國各地的同業交換意見，而目前大家最關心的議題不外乎：一、如何在競爭激烈的洪流中立於不敗之地？二、未取得「喪禮服務」技術士證是否還能執業？三、如何在最短的時間通過考試取得「禮儀師」證照？

　　這三個問題看似複雜，但解決之道卻非常簡單，依個人淺見只要做到專精殯葬知識及技能、熟記殯葬相關法規、提升服務品質這三點，這些問題就可迎刃而解，而本書就是根據這些原則編著的。

1. 專精殯葬知識及技能

　　本書內容針對禮儀師的核心技能：「殯葬禮儀之規劃及諮詢」、「殯葬文書之設計及撰寫」、「殮殯葬會場之規劃設計」、「殯葬司儀之涵養與技巧」、「臨終關懷及悲傷輔導」，做深入淺出的闡述，並分享理論基礎與實務經驗。

2. 提升服務品質，增添附加價值

　　另外，本書也講述提升禮儀服務品質的關鍵課題：禮儀師的歷史脈絡、角色期許、職業倫理、職場概況、證照考試得分要領、主要殯葬用品及設施等，若能用心研讀必有助益。

3. 熟記殯葬相關法規

　　每一個行業的從業人員都應熟記其相關法規，因為在消極方面可以避免觸法，在積極方面可保障自己及消費者的權益。因此，本書第十章詳盡登載喪禮服務人員之相關法規如：殯葬管理條例、禮儀師法、殯葬服務定型化契約、消保法、傳染病防治法、民法─親屬、繼承、遺囑篇、遺產及贈與稅法、傳染病防治、屍體解剖補助及醫師法。

　　本書是筆者數十年殯葬服務心得及碩士論文《臺灣現代殯葬禮儀師角色

之研究》的理論精華，加上到世界各國參訪及授課的資料，內容涵蓋「禮儀師」及「喪禮服務技術士」職業訓練及考照的科目，是強化理論基礎、實務操作指南及證照考試的參考書。

　　本書承蒙徐福全教授及慧開教務長的指導及鼓勵，蔡漢賢教授、鈕則誠教授、中華民國葬儀商業同業公會全國聯合會理事長王志成惠賜推薦序，還有很多家屬、同業、同學提供寶貴的資料及經驗，僅在此致上最虔誠的感謝及祝福。

　　衷心盼望本書，能為臺灣殯葬業的提升盡綿薄之力！

　　　　　　　　　　　　　　　　　　　　　　　　　　　　　　合十

CONTENTS

第一章

喪禮服務人員與禮儀師的內涵

第一節　喪禮服務人員與禮儀師之定義

　　「喪禮服務人員」是泛指為死者及家屬提供殮、殯、葬、祭等服務的人員，其中「禮儀師」可視為「高級喪禮服務人員」的資格，須有此資格者才能從事《殯葬管理條例》中所規定的喪禮相關業務。由於國內對於「喪禮服務人員」還沒有一個清楚的定義，本書為了謹慎起見，以民國九十一年六月十四日立法院三讀通過的《殯葬管理條例》、行政院勞工委員會所編著的《中華民國職業分類典》中對於「禮儀師」工作內容的規定。並且參照《Webster's Third New International Dictionary》對於「funeral director」的解釋和定義，以及美國伊利諾州殯葬法規中對於「funeral director」工作內容的規定，再參酌日本全葬連對於「葬祭指導師」的規定，從這五個面向來對本文中的「喪禮服務人員」與「禮儀師」做一個涵蓋性廣，並能清楚展現其內涵的定義。

壹、殯葬管理條例中對禮儀師資格的規範

　　依照民國九十一年六月十四日立法院三讀通過的《殯葬管理條例》第四十條的規定，所謂的「禮儀師」是一種資格，擁有此資格，才可以以「禮儀師」之名來從事下列業務：

1. 殯葬禮儀之規劃及諮詢。
2. 殯殮葬會場之規劃及設計。
3. 指導喪葬文書之設計及撰寫。
4. 指導或擔任出殯奠儀會場司儀。
5. 臨終關懷及悲傷輔導。
6. 其他經主管機關核定之業務。

貳、殯葬專業證照制度規劃

一、禮儀師證照之核發

依照殯葬管理條例的規範，殯葬禮儀服務業具一定規模者，應置專任禮儀師，始得申請許可及營業。禮儀師法第二條：具備下列資格者，得向中央主管機關申請核發禮儀師證書：

一、領有喪禮服務職類乙級以上技術士證。

二、修畢國內公立或立案之私立專科以上學校殯葬相關專業課程二十學分以上。

三、於中華民國九十二年七月一日以後經營或受僱於殯葬禮儀服務業實際從事殯葬禮儀服務工作二年以上。

二、「喪禮服務」技術士技能檢定辦法

(一)申請檢定資格

丙級技術士：年滿 15 歲或國民中學畢業。

乙級技術士：具備下列資格之一者

1. 取得丙級技術士證，接受相關職類職業訓練時數累計 800 小時以上，或從事 相關工作 2 年以上者。

2. 取得丙級技術士證，並具有五年制專科三年級以上、二年制及三年制專科、技術學院、大學之在校或同等學力證明者。

3. 高中畢業或同等學力，並從事申請檢定職類相關工作 2 年以上者。

4. 大專校院以上相關科系畢業或在校最高年級者。

5. 從事申請檢定職類相關工作 6 年以上者。

(二)檢定方式

1. 學科

乙級：採筆試測驗題方式（單選題 60 題，每題 1 分；複選題 20 題，每題 2 分，答錯不倒扣），並以電腦閱卷，測驗時間為 100 分鐘。

丙級：採筆試測驗題方式（單選題 80 題，每題 1.25 分，答錯不倒扣），
　　　並以電腦閱卷，測驗時間爲 100 分鐘。

2. 術科：

乙級：第一站及第二站採「紙筆測試」，第三站採「實作測試」。

丙級：均採「實作測試」。

(三)合格標準

1. 學科測試成績以達到 60 分（含）以上爲及格。

2. 術科測試成績之評定，按各職類試題所訂評分標準之規定辦理。

參、中華民國職業分類典中對禮儀師工作範圍之界定

　　依照職業分類典之界定：禮儀師爲規劃、設計整個喪禮如何進行與負責完成的人員。從事之工作包括：一、從臨終前的關懷到死亡後的接體；二、與喪家協商整個喪禮的安排，包括參與喪事人員的決定，入殮、出殯時間的選定，訃聞的設計印製，靈、禮堂的佈置，儀式的選擇，葬法的決定，埋葬地點的選定，價格的估算與收取，社會資源的尋求等等；三、在喪禮完成之後，還繼續提供作七、作旬、作百日、作對年、作三年服務，以及家屬的悲傷輔導。

肆、《Webster's Third New International Dictionary》中 undertaker 及 funeral director 之定義

1. Undertaker

　　one whose business is to prepare the dead for burial and to arrange and manage funerals.

　　西方早期對殯葬業者的稱呼，有輕視的意味，類似我國的「土公仔」。

2. Funeral Director

one whose profession is the management of funeral and burial preparations and observances and who is usu. and embalmer -- called also mortician , undertaker.

美國及英國的殯葬從業人員在二十世紀初實施證照制度後，對治喪專業人員的稱呼。

伍、美國伊利諾州的殯葬法規對禮儀師（funeral director）的定義

依照美國伊利諾州的殯葬法規，他們對殯葬禮儀師（funeral director）的定義如下：親自管理、參與、代理或支援以下所述支各項業務活動的人、事、物，並制訂葬儀的指導工作；

1. 事前準備、防腐處理、葬禮或火葬、安排墓地且指導監督葬禮的進行、安葬遺體，以及任何遺體準備工作的相關手續。這些準備、指導與監督工作按理通常不讓負責公墓或火葬的員工來擔任。

2. 安葬前辦理一處作為安置逝者遺體或照顧遺體之地的準備工作。若這塊土地符合本規定，縱使為無照地主，在沒有涉及任何殯葬指導師的工作形式下，本規定不予以禁止地主擁有這塊土地所有權及管理權。

3. 將遺體從逝者處、某機構或其他地方遷移的工作。領有執照的指導師會在移靈與其他無照的指導師共同協助搬遷，但務必詳加教導無照之指導師的搬遷工作、謹慎留意全程，伴同他們且隨叫隨到。移靈至公墓、葬禮地點，或其他地點的運輸工具，應立即接受有照的指導師指導與監督；特殊情況下，僅限本規定特准的禮儀人員負責。防腐且預備工作已完畢的遺體，應放置在合適的裝箱內，先運至非最後安置之處：例如其他家葬儀社、換到普通的交通工具，或到共享一般設施所有權且附設運輸工具的葬儀社，其運輸工具應接受執照持有者監督，但不須及時或直接監督。

4. 具備葬禮同意簽訂、而從事殯葬行政及管理業務；或負起行政和管理責任。

5. 負責監督、運輸、提供庇護所、保管照顧遺體，並供給所需之殯葬服務、設施及設備。

6. 使用「殯葬指導師」、「承辦殯葬者」、「殯葬業者」、「葬儀社」、「殯儀館」、「葬儀禮拜堂」上述等有關名稱；或任何證明此人確實參與殯葬指導業務的名號。

7. 殯葬業務不包括：「電話通知訃聞、訂購葬禮花卉、讓無照之人報告與聯邦貿易授權規定要求相同的定價表費用，或是讓牧師（書記）臨時簽訂葬禮同意等等行為。」

陸、日本全葬連對於「葬祭指導師」的規定

　　日本全葬連於 1996 年建立的葬祭指導師制度，雖然不是屬於日本的強制性制度，但是已經得到日本勞動省的認可，其中對於「葬祭指導師」的技能審查規定如下：

　　從接受委託起，乃至於告別式場的設計營運、告別式的進行等，須具備關於個人葬儀之一般性的知識與技能。

　　從以上中、美、日各國對於處理遺體及治喪專業人員的定義及規範可看得出來，日本採非正式立法的技能審查方式。我國雖然起步較晚但和美國相同，以正式的法律條文規範禮儀師的資格、取得資格的辦法、工作範圍的要求等。另外，從國外的經驗來看，在未實施證照制度之前殯葬從業人員是被輕視的一群。實施之後，設定入行門檻、規劃教育課程，禮儀師專業才慢慢被肯定，社會地位才能提升。

第二節　我國喪禮服務人員的歷史脈絡

　　一個人生命結束之後，其家人朋友便會在極度悲哀痛楚之中自動地承擔起保護屍體，並舉行各種儀式，「護送」死者的靈魂到另外一個世界去

的神聖任務。因此，世界上的各個民族都十分注重對死者「身」和「靈」的照顧，但是，由於文化傳統的差異，喪葬儀式因而各不相同。最講究喪葬儀式，應數中華民族；也就是說，在世界上沒有第二個民族像華人那樣對喪禮具有細緻、認真、負責的精神。

依據古史的記載和傳說，黃帝之時悼念死者只要心喪、悲痛即可，而無喪葬禮儀；堯帝之時，制訂了三年喪期；發展到周代，才正式形成一套非常繁複而嚴謹的喪葬祭禮的程序（雷紹鋒、張俊超，1998：31）。

《儀禮》、《禮記》、《周禮》中鉅細靡遺的規範了從彌留狀況的「屬纊」到「禫祭」（三週年祭，實爲二十七個月）的治喪過程，對於殯葬儀式的步驟、行禮致哀的方式、殮衣的件數、喪服的穿法、祭品的內容，乃至負責執行殯葬儀式的人員編制、稱謂、官職、工作職掌等等細節在《三禮》中均有詳細的規定。

壹、先秦時期的殯葬儀節

根據《儀禮·士喪禮》、《儀禮·既夕禮》、《禮記·喪大記》、《禮記·檀弓》等篇的記載先秦時代的喪葬程序大致如下：

1. 屬纊（ㄎㄨㄤˋ）：用新棉絮放在瀕死者的鼻孔邊，驗其是否斷氣。新棉絮很輕，若呼氣勢必動搖，若不動，則可斷定瀕死者已斷氣，家人即可預備辦理喪事。

2. 復：招魂的儀式。古人認爲，人斷氣後靈魂會離開身體往位於北方的幽冥世界報到，此時若能及時將其魂招回軀體則可復生。

3. 楔（ㄒㄧㄝˋ）齒：用角質的匙撐開死者的牙關，以便隨後飯含。

4. 綴（ㄓㄨㄟˋ）足：用死者生前燕居時所用的矮凳腳，夾著雙足使其端正。

5. 命赴：派人向死者的長官（國君）、親戚和朋友報喪，「赴」後世寫成「訃」。

6. 弔唁：國君（親友）接到訃告後即親自或派人前來弔喪，並慰問家屬叫唁。

7. 致襚（ㄙㄨㄟˋ）：弔喪者致贈死者衣服及殮被等。

8. 為銘：按死者生前的身分用布製成一面旗，寫上「某某人之柩」，掛在三尺長的竹竿上，豎立在屋簷下面西邊的臺階上。後世稱「銘旌（ㄐㄧㄥ）」。

9. 沐浴：沐——為死者洗頭，浴——為死者洗身。

10. 飯含：飯——將糧食摻和碎玉放入死者口中。
　　　　含——把珠、貝等物放入死者口中。

11. 襲尸：替死者著衣。

12. 設冒：用裝屍體的袋子兩個，分別從頭與腳，將屍體套起來。

13. 設重：以木為重，象徵死者靈魂暫時棲息之處。

14. 設燎：夜間在中庭點燃火炬以為照明。

15. 小殮（ㄌㄧㄢˋ）：為死者包裹入棺時的殮衣。

16. 大殮與「殯」（ㄅㄧㄣˋ）：
　　大殮——將遺體放入棺木。
　　殯——是將靈柩停放在堂中西側，賓客常處之處，故稱「殯」。

17. 成服：大殮後，家屬按照與死者血緣關係的親疏穿上不同材質的喪服。

18. 朝夕哭、朝夕奠（ㄉㄧㄢˋ）：
　　大殮後喪主、喪婦每天早、晚在殯所哭泣饋奠。

19. 「筮」（ㄕˋ）宅：指為死者占卜尋找埋葬之墓地。

20. 卜日：請卜人卜安葬之日。

21. 既夕哭：下葬前兩天的晚上，喪主在殯所對靈柩做最後一次哭奠。

22. 啟殯：對著靈柩嘆息三聲，三次說要啟殯，其意是要敬告亡靈即將移動靈柩。

23. 朝祖：將靈柩遷移到祖廟，代表亡者埋葬前，向祖先稟告即將遠行，此為孝道「出必告，反必面」之實踐。

24. 讀賵（ㄈㄥˋ）：家臣宣讀國君及親友致贈物品的清單。

25. 書遣於策：遣，送死者之物；策，簡也。指將送死者之物記載於竹簡上。

26. 大遣奠：出殯當天，靈柩發引前舉行的盛大告別儀式。

27. 發引：又稱啟殯、發喪，靈車出發前往墓地安葬。

28. 安葬：將靈柩從柩車上抬下來，慢慢放入壙（ㄎㄨㄤˋ）中，稱為「窆（ㄅㄧㄢˇ）」，最後用土掩壙。

29. 反哭：葬畢，迎神主返回祖廟哭，回到殯所又哭，稱「反哭」。

30. 虞（ㄩˊ）祭：虞者，安也，意即死者形體雖已安葬，但其靈魂一時徬徨失依，所以要設祭安之。

31. 卒哭：祭名，親人初終家人想念亡者隨時都可以哭，卒哭後只有早、晚才可以哭。

32. 祔（ㄈㄨˋ）祭：卒哭後第二天清晨，把神主供奉祖廟，與先祖一起合祭。

33. 小祥：週年祭，孝子除去首服（喪帽和麻圈），戴練冠（以大功布做的帽子）。所以又稱練祭。

34. 大祥：死後第二十五個月舉行大祥之祭（孝子脫去喪服改穿吉服）。

35. 禫（ㄊㄢˇ）祭：死後第二十七個月舉行禫祭。

圖 1-1　先秦時期出殯行列（作者攝於秦公一號大墓）

先秦時期的《儀禮》、《禮記》、《周禮》中有關殯葬儀節的記載，宛如一部舞臺劇的戲本，從場景的佈置，祭品的擺設，每一位演員的臺步、動作、服裝、表情、情緒、對白、內心的感受等均描述得非常詳細。

研究傳統的殯葬儀節，就像在讀古人編寫的生命倫理劇得腳本一樣，因為它規範了不同親屬關係喪期間的言行舉止及服裝儀容，且依照血緣親疏編寫不同的分鏡表。因此，喪親家屬日常生活受規範限制的程度不同，對倫理及孝道的表達也不盡相同。

這一套戲本在華人社會已經流傳了二千多年，到今天仍有相當高比例被保留，而臺灣是全球保存華人傳統喪葬禮俗最完整的地方。雖然因各地方的風俗、環境、語言不同而略有差異，但是在表達中華文化中生命倫理的意涵及對孝道的闡釋則是全球華人一致的，且歷經數千年而不變。

圖 1-2　臺灣是全球保存華人傳統喪葬禮俗最完整的地方（作者攝於受訪影片 Discovery《聚焦臺灣：女性禮儀師》）

貳、我國歷代喪禮服務人員的稱謂與職掌

歷代「喪禮服務人員」的稱謂與職掌，除先秦時期的《三禮》有詳細的描述外，之後各朝代所能找到的文獻非常有限，僅就現有資料依序整理如下：

一、先秦時期

依《三禮》的記載，在當時負責治喪事宜的人員分為職喪、夏祝、商祝、祝等職，由他們分工合作，協力完成繁雜瑣碎的喪葬事宜，其職掌分別如下：

(一)職喪

主掌諸侯卿大夫喪事的官員。按國家規定的喪禮，親臨執行禁令，安排調度喪事依次進行（徐啓庭，1997：45）。

《周禮・春官》記載職喪職責為：「掌諸侯之喪及卿、大夫、士凡有爵者之喪，以國之喪禮涖其禁令，序其事。凡國有司以王命有事焉，則詔贊主人。凡其喪祭，詔其號，治其亂。凡公有司之所共，職喪令之，趣其事。」按照《周禮》原文解釋，「職喪」是專門負責辦理諸侯、卿、大夫、士等貴族階級的喪葬禮儀，依照國家所規定的喪禮制度，安排卿、大夫、士等人的喪葬事宜，並負責他們的禁衛安全。凡是國君或有關部門奉王命而對死者有所賵贈與賞賜，就要通知主人，並幫助主人接受賞賜。凡是喪葬，給予死者諡號，都由職喪昭告並安排禮儀。凡是國家貴族喪禮須由國家供應之物品，職喪必須負責下令調度，並負責督促完成。他幾乎包辦了整個喪葬流程的安排。

對「職喪」這一個部門的編制與職掌有了基本了解之後，我們大致可以知道它是先秦時代一個專門負責安排貴族喪葬禮儀與物料調度的單位，能夠通盤掌握當時喪禮制度（包括禮儀與物品），不像「喪祝」只負責棺柩殮飾與出殯時引柩防傾等焦點在「棺柩」之事務，因此若要上溯現代禮儀師之淵源，在《周禮・春官》諸多職官之中，可能以「職喪」一職比較接近（徐福全，2002）。

(二)喪祝

官名。掌大、小喪祭之祝事（林尹，1983：188）。

掌大、小喪祭及祝事的官員。具體掌理大喪柩車行進的指揮及防止傾倒等事（徐啓庭，1997：46）。

(三)夏祝

祝習夏禮者也，夏人教以忠，其於養宜（鄭玄注）。

掌淅米、鬻餘飯、進奠、撤奠者（徐福全，1980：17）。

《儀禮‧士喪禮》記載夏祝的工作職掌如下：

「祝淅米於堂，南面，用盆」

「夏祝鬻餘飯，用二鬲，於西牆下」

「夏祝及執事盥，執醴先，酒、脯、醢、俎從，升自阼階。」

「〔祝〕撤饌，先取醴酒，北面」

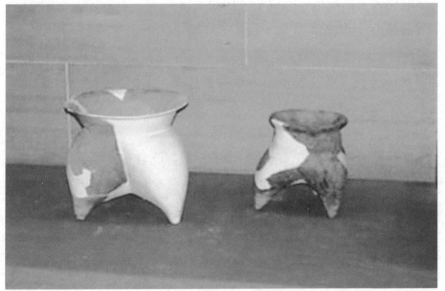

圖1-3　鬲（ㄌㄧˋ）：古代喪葬禮器，似鼎有三足，足部中空。（作者攝於陝西歷史博物館）

(四)商祝

祝習商禮者，商人教之以敬，於接神宜（鄭玄注）。

掌襲，含、大、小殮、拂柩者（徐福全，1980：17）。

《儀禮·士喪禮》記載商祝的工作職掌如下：

「商祝襲祭服，裸衣次。」

「商祝執巾從入，當牖北面，……撤楔（ㄒㄧㄝˋ），受貝，奠於尸西。」

「商祝布絞、紟、衾、衣，美者在外。」

「聲三，啓三，命哭。」

「商祝拂柩用功布，幠用夷衾。」

(五)祝

祝，習周禮者也（鄭玄注）。

掌取銘者，周祝也（徐福全，1980：18）。

《儀禮士·喪禮》記載，祝的工作職掌如下：

「祝降，與夏祝交於階下。取銘置於重。」

二、兩漢

兩漢時期已經沒有如《三禮》中所記載專門負責喪葬事物的官員。當有親貴官吏去世，朝廷會指派內朝當中的官員來負責喪葬事宜，這種爲喪家經紀喪葬相關事宜者，稱爲「護喪」。護喪者或以朋友、或以門生、或以里中豪傑。有國家使吏者護喪者，其人或爲諸侯王、或爲貴戚、或爲大臣。而東漢時之宦者，亦有此榮典云（楊樹達，1976：234--236）。

三、晉

西晉時擔任護喪的官員以內朝的大鴻臚、御史等擔任之。東晉時

「十六國的前秦王猛死後有苻堅詔謁者僕射監護喪事」的記載（謝寶富，1996：110）。

四、北朝

北朝統治者頗注重喪禮，親貴死後，朝廷多遣使護喪。北魏時期，太武帝派遣擔任護喪的官員並不固定。孝文帝至宣武帝則依漢晉的傳統。所遣使者多固定為內侍官員（如宦官、御史）、禮官（大鴻臚）等。自太和晚期以後，重要朝臣死後，詔遣大鴻臚護喪的現象逐漸增多。自孝明帝至北齊末，此種作風已固定下來，可見魏末至北齊協助料理朝臣喪事乃大鴻臚的固定職掌之一。

而西魏大統末至北周世，協辦朝臣之喪並無專門機構及官員負責。總之，北朝的大臣死後，朝廷遣使護喪是北朝歷代的常見禮俗，但負責這一事務的職掌是隨時代而有所變化（謝寶富，1996：110）。

五、唐朝

在大唐《開元禮》中，其喪禮的儀式禮節近乎《三禮》中的記載，但是《三禮》對於喪禮儀式中，不同的儀節，由商祝、夏祝等不同專員來負責的區分已不復見，其皆以授沐者、掌事者、含贊者、執服者、奠贊者、執巾者、殯者、鐸者來表示，並無記載這些儀節的專司負責人員。

唐代傳奇《李娃傳》中有一段是描述長安城內殯葬業者相互競爭的情形：

> 「初，二肆之傭凶器者，互爭勝負，其東肆車輿皆奇麗，殆不敵，唯哀挽劣焉。」

> 「東肆長於北隅上設連榻，有烏巾少年，左右五六人，秉翣而至，即生也。整衣服，俯仰甚徐，申喉發調，容若不勝，乃歌〈薤露〉之章，舉聲清越，響振林木。曲度未終，聞者歔欷掩泣。西肆長為眾所誚，益慚恥，密置所輸之直於前，乃潛遁焉。」（白行簡，唐：5-6）

從以上的敘述，可以看出那時候爲一般平民百姓辦理喪事、出租喪具、靈車、安排專人唱輓歌等殯喪事宜的店鋪稱「凶肆」，其店主稱凶肆長。從文中的描述可知當時長安城內殯葬服務業的競爭非常激烈，除了比靈車、喪具的新奇華麗外，還要比較唱輓歌者的服裝、儀容、聲調，輓歌的詞曲內涵，與現代殯葬業者的競爭情況一樣，而凶肆長所扮演的角色應類似現代的禮儀師。

六、宋朝

司馬光所著的《書儀》中記載，在舉行復禮完成喪主、主婦、司書、護喪、司貨等喪事主腦人選，易服、訃告儀節完成後，便進行如事生者的送死節目（黃美華，1990：124）。

司書、護喪、司貨等職稱應是分工合作、各司其職的任務編組型態，而非專門爲人治喪的業者。

七、元朝

元朝民間的喪葬習俗與宋朝的情況並無大的差異，而火葬的風氣更是流行。

而蒙古族的喪葬習俗流行葬後不留痕跡、不留墓塚的方式（徐吉軍，1998：473-481）。

八、明朝

明朝的喪葬習俗主要也是遵循古禮，並依照不同地方的風俗而有所改變。而在執行喪葬儀式時，主要的人手也是親人，而外聘的就是道士、和尚、陰陽生等（徐吉軍，1998：484）。

九、清朝

《王府生活實錄‧殯禮葬儀篇》記載：

「臨到人要嚥氣的時候，管事處就要妥貼安排各方面的職掌，同時要洽辦槓房，冥衣鋪以及和尚，道士和喇嘛唸經等等事宜。」

「然後由槓房司役者蓋上棺蓋，至此，入殮儀禮宣告結束。」（金寄水、周沙塵，1989：126-127）

《清代北平風俗圖‧葬禮篇》記載：

「辦喪事的那間房子叫槓房。喪事的用具，譬如棺輿，以及喪事方面必須要用的一切道具，都到殯儀館去借用。葬事行列進行的時候，一切勞力，也由殯儀館提供。」「近親的人開始對死者嚎啕痛哭，另一方面把那個叫做陰陽生的占卜之人請到家裡，要他把納棺、離魂（又叫出殯，就是死者的靈魂出去旅行）出棺、埋葬的時期，取一個吉利的日子。」（張迅齊，1978：137）

從這兩本書的記載可大概了解清代治喪仍然是由親人分頭接洽治喪人員如和尚、道士、陰陽生等。喪具的租用，則另外與冥衣鋪、槓房等供應商接洽，並無專門業者提供全套的服務。

十、日治時期（臺灣）

鈴木清一郎所著《臺灣舊慣習俗信仰‧喪祭習俗篇》記載：

「所謂『土公』，也就相當於現在的葬儀社，是以替他人辦喪事為專業者。從挖墓穴，到造墳墓、修墓，以及撿骨改葬等，都在它們的營業範圍之內。在臺灣以前（指清代）被視為賤業，其子孫不得參加科舉考試。」臺灣人的階級觀念篇中記載：「土公以為人埋葬屍體和洗骨、埋骨為專業的人」為下九流之末。（鈴木清一郎著，馮作民譯，1989：333、16）

本書中所記載「土公」的角色較偏重於「葬」的部分，主要是負責挖穴、築墓，及撿骨改葬等事宜，關於喪禮的規劃、會場佈置、喪葬文書處理等另由其他人員負責。

十一、現代

「倫理師」：1991年由國寶集團提出，其角色與功能與禮儀師相同（徐福全，2002）。

「禮儀師」：2000年6月10日第一次出現在《中國時報》及《聯合報》的地方新聞報導上。

「禮儀師跨出證照的第一步：南華大學與寶山機構合作25位學員建立全國考照制度」（王廣福，2000：20）。

「南華大學首屆禮儀師結業」（徐如宜，2000：18）。

2002年7月17日總統公告《殯葬管理條例》，該條例第三十九條規定：「殯葬服務業具一定規模者，應置專業禮儀師，始得申請許可及營業。」

第四十條明文規定具禮儀師資格者才能執行殯葬禮儀規劃、會場規劃設計、喪葬文書指導、出殯禮儀會場司儀，及臨終關懷、悲傷輔導的業務。

至此，禮儀師的職掌、資格、工作範圍皆已明文規範得非常清楚，現代殯葬禮儀師開始承擔起我國殯葬改革的重責大任。

第三節　西方喪禮服務人員的歷史脈絡

壹、遠古至中古時期

Vanderlyn R. Pine 在 1975 年出版的《Caretaker of the Dead》，其中有描述西方遠古至中古時期喪葬儀式執事者之演變，當中可見各種文化源流對於西方禮儀師轉變之影響。

古埃及對於亡者的後事採取周詳且細膩的方式，分段地進行喪禮。以專業防腐的從事者（embalming specialist）和葬禮執事者（undertaker）著手處理死者的後事並規劃喪禮相關的事宜。

古希臘對亡者的後事是由其家人自行處理，雖然沒有採取防腐，但他們會使用香水和香料來掩飾肉體腐壞的臭味。朋友和親人對亡者獻上花束和特別的衣物，那些衣物上都帶著對亡者的哀痛。他們專注地看著亡者的遺體以再確認死者已死亡，並確認其遺體沒有遭到不當的處理。在希臘歷史的後期，也開始實行火葬，因為他們相信火能帶給亡者靈魂的解脫。縱

觀他們的歷史，希臘處理死者的後事是依照個人的方式，由有相當經驗的親友執行，效果和喪禮專家一樣。

古羅馬時期，土葬和火葬都分別在不同的時代實行過。無論採取何種方式，都會將遺體放置在領地內以供大眾瞻仰。然後會由專業的葬禮執事者（undertaker）或生命評估專家來觀察其情況。這專家是現代喪禮管理人的先驅，且在大城市中這樣的作業都較偏向官方處置的方式，羅馬被認為對於現代葬禮的影響，主要不是在於信仰內涵對於西方世界的影響，而是其職業化的形式，對於社會大眾展現一個都市的生活方式是非常有幫助的。最重要的是，以世俗功能的觀點來看，羅馬的葬禮執事者（undertaker）是整個葬禮事務的安排者、管理者、指導者和喪葬用品的供應者，對於 20 世紀中的禮儀師（funeral director），提供了職業的行為模式。此外，羅馬當局對於遺體的埋葬法，提供了現代社會相關法律的一個源頭，並且反映了在死亡的處理上，提供公眾足夠的保護。

早期猶太人認為人是二個元素的組合：肉體和呼吸。死亡時，肉體雖已化成了灰燼，但呼吸仍然是持續不斷的。對於猶太人來說，火葬是一種對死者的侮辱，在他們的歷史中，有或沒有棺木的土葬都可被接受。猶太人的喪禮實行包括為死者清洗與噴上香味，基於衛生的因素，土葬都是在死亡的當天晚上實行。這些工作是由一些有經驗的家族成員來執行，而這個經驗的標準是取決於這個人處理過這樣的喪禮的次數來決定。在準備好一切之後，專業的哀悼者（professional mourner）幫助執行喪禮。喪禮的細節相對死者遺體的照料，對死者的家屬而言是沉重的負擔。

早期基督教的葬禮較樸素、不裝飾門面。親屬和朋友共同瞻仰死者遺容，然後即執行一段長時間的猶太習俗，那就是「觀看」或「喚醒」死者，以避免造成活埋「尚未斷氣者」的遺憾。在猶太人的信仰中有一樣非常重要的，即是死者並沒有結束與所有人類的關係，只是由一種關係轉換成另一種關係，因為其信仰中有靈魂不滅的概念。

在中世紀期間，基督教的防腐工作，包括內臟器官的移除、用水或酒

精、和清香油清洗再以化學乾燥劑保存，然後用一層層的衣物和焦油或橡木汁液封包住遺體，並以類似古埃及的方式做成木乃伊。這些工作都是由專人，如專門做防腐的防腐專家來執行的（Pine 1975：12-15）。

貳、十七世紀之後的英國

現代西方殯葬業雛形，尤其是英美禮儀師，是從十七世紀末於英國發展出來的。Glennys Howarth 於 1996 年出版的《LAST RITES-THE WORK OF THE MODERN FUNERAL DIRECTOR》之中清楚描述現代英國殯葬業之發展。

殯葬商業化（undertaking trade），殯葬用品銷售、租借以及葬禮執事者（undertaker），最早是為十七世紀末貴族所做的告別式而典起的。

在十八世紀開始，葬禮執事者（undertaker）開始主導了喪禮的進行，剛開始的服務對象為中產階級，後來在喪葬保險出現後，服務的對象擴大到社會中較為貧窮的階層。

在十九世紀中期，由於工業和都市化的影響，英國的都市中心變得前所未有地擁擠。改善城鎮的環境衛生，成為維多利亞時期英國政府施政的主要要務之一。由於當時的社會，充斥了屍體可能會帶來污染以及疾病的理論，而帶動了一連串的法令改革，例如 1850 年的都會區埋葬法案，規定都市中的教會墓地不能再作為埋葬地使用。這一項法案促使民眾將墳墓往都市的邊境移動，將墓園設立在遠離人跡的地方，這樣的行為增加了一段把死者遺體運送至墓園的過程，而產生了華麗的殯葬儀式。

維多利亞的英國殯葬儀式，一個完整的中產階級葬禮所應包含：兩位哀傷的車夫拉著四匹馬的靈車，靈車、車夫以及馬上均佈滿著柔軟的鴕鳥羽毛；上好的榆木所做成的靈車外殼，外殼內有著金穗邊的床，床上掛滿了一條條上好的白麻布以及枕頭；棺材的外表是由結實的鉛所做成，上面鑲有銘版；一英吋半厚的棺材，上面覆蓋著黑色或深紅色的天鵝絨絲質的棺罩。兩名穿著長袍的人，帶著絲質的頭巾以及手套，沉默地走著；有

14 位身帶棍子以及細杖的人，頭戴絲質的頭巾，護送棺材的行進；送葬者必須頭戴絲質頭巾。

英國的殯葬業在進入二十世紀時，面臨了批判和改革運動。由於當時殯葬儀式的鋪張浪費，大家對葬禮執事者的普遍概念認爲他們是一群貪婪的奸商，將財富建築在別人的不幸上。因此，產生了以「縮減喪禮鋪張浪費及控制葬禮執事者的權力」爲目的的改革聲音。

爲了應付當時的社會輿論，並且敉平社會對於殯葬業者的輕視，提升大眾對於這個行業的尊敬，殯葬業者自己也進行了自律，而將殯葬服務專業化是他們達成此目標的最佳策略。

他們逐漸地以「funeral director」來取代過去的「undertaker」來作爲自己的職稱。在 1940 年左右，禮儀師（funeral director）已成爲大部分殯葬機構的名稱，在 1935 年，「英國葬禮執事者協會」（British Undertakers Association）已變成了「國家禮儀師協會」（National Association of Funeral Directors）。1953 年，產業刊物名稱也由原本的 B.U.A Mouthly 改爲「The National Funeral Director」最後並簡化爲「The Funeral Director」（Howarth 1996：17-18,201-202）。

參、十七世紀之後北美地區

北美地區的禮儀師制度直接影響臺灣目前禮儀師之發展，其主要源自 17 世紀末的英國殯葬業，但仍有其發展歷程。

在殖民地時代的美洲喪禮通常都包括在教堂舉行的喪禮，及在墓園舉行的安葬禮，這兩者皆有簡短的禱告。早期美國人民都認爲死亡是自然且不可避免的，並認爲沒有理由對喪禮做任何的掩飾、僞裝，因爲他們認爲墓園和嬰兒搖籃一樣地親近。他們的喪禮在本質上是相當地簡單，除家屬外送葬者也會主動參與將棺木放入墓穴及掩土覆蓋在棺木上的整個安喪過程（Pine 1975：15-16）。

直到十九世紀末二十世紀初，在北美許多農村地區，家屬在埋葬前仍

自行照顧死者的遺體。在此過渡期，遺體的看顧責任由女性家庭成員和家僕，或當地社區內的專職婦女擔負。

　　美國喪禮的演變，係因逐漸加入其他族群或家族的特殊喪葬禮俗而日趨豐富。十九世紀的美國喪禮，是在對逝者提供一個「美麗的狀態」，減少在喪禮中所必須經歷的失落及悲傷。在城市裡，當某個人死亡時，會馬上聯絡承辦殯葬業務的執事者（undertaker）將逝者接回家中，並在家屬的協助下立刻在家中進行防腐事宜，並使用染色液將死者的面容恢復生前的膚色。

　　普遍使用防腐的主要原因是源自於美國的南北戰爭，因為當時有很多的士兵在離家很遠的地方陣亡。大部分的家屬都希望能將死者運回安葬在他們自己家鄉的墓園，因而防腐師便被安排在戰場（或附近）服務。暗殺美國總統林肯的事件，意外為防腐帶來新的認知：林肯總統的喪禮輪流在各大城市舉行，從華盛頓到春田市，遍及美國東北部和中西部的地區，人們因而了解到遺體可以保存可供觀看的狀態竟然可以持續這麼長的一段時間。在十九世紀末，很多州已經通過防腐執照的法令，以規範防腐事務。對於在埋（火）葬前遺體必先做防腐的規定，已開始在州政府的衛生公告中受到注意。州政府也開始要求在申請埋（火）葬許可證時須提出防腐證明（Cahill 1999：16）。

　　長期以來，防腐一直是醫藥的特別行為，後來才成了醫療專業。從十八世紀到十九世紀，屍體的解剖、防腐日漸重要，尤其在辦案和教學上。同時，外科醫師將這項工作下放給葬儀社，因此除了這項專業的服務、醫療科學的技術和知識也有助於葬儀社的職業形象之提升（Cahill 1995）。

　　在這個年代，葬儀通常是在家中執行，葬儀的執事者也會帶著隨身用具和其他喪葬用品到逝者的家中，將其設置在客廳或接待室。宗教的儀式通常是在家中或是教堂執行，不論是在家中或教堂，葬儀的典禮都是以墓地作為結束。

葬禮執事者（undertaker）工作的內涵在此時有新的發展。因為對於遺體處理的工具和其他殯葬設施的需求也日益增加，再加上在市內舉行喪禮也開始越來越多，葬禮執事者開始以他們的店面、倉庫或是客廳來作為處理遺體的較佳場所，取代了過去以逝者家中來作為處理遺體的地方。

美洲「禮儀師」（funeral director）這個專業理念的形成是在十九世紀末。這個新工作的形成有下列幾項原因：第一，職業的高度機動性和逝者家屬對另闢空間來處理遺體的意願降低。第二，隨著防腐越來越複雜，其設備也越來越難帶入喪宅中。於是，整個防腐的處理過程，就必須在專門的場所舉行。第三，交通的問題也增加在教堂為喪禮聚集哀悼者的困難度。第四，教堂無法供應一個特殊的房間來對遺體進行照料，但是葬儀社可以另闢場所對遺體做專門的服務（Pine 1975：16-18）。

美國在 1882 年成立了「國家禮儀師協會」（The Funeral Directors National Association），也就是今日所謂的 NFDA，到了 1930 年，成立了美國國內第一所殯葬教育專校，到了 1945 年，美國全國殯葬服務基金會（The National Foundation of Funeral Service）成立，除了指導有關殯葬的研究，也進一步成立圖書館，提供殯葬服務資訊的服務，後來，美國殯葬服務教育委員會（The American Board of Funeral Service Education，簡稱 ABFSE），代理教育部審核規劃所有有關殯葬教育的課程，並進一步成立全國殯葬考試聯合委員會，統籌整個禮儀師與（或）防腐師證照的考照事宜（尉遲淦，2001）。

第四節　現代西方禮儀師的實際工作內容

英國和北美地區禮儀師的實際工作內容從二十世紀中期以來已經大致定型，各個地區雖因為風俗習慣、城鄉差異而有部分不同，不過大致上，其所從事的工作是大致相同的。Glennys Howarth 在 1996 年出版《LAST RITES-THE WORK OF THE MODERN FUNERAL DIRECTOR》一書中對此有詳盡的描述，以下為筆者整理的現代西方禮儀師之實際工作內容：

壹、二十四小時待命

禮儀師必須提供二十四小時全天候服務。死亡可能發生在任何時候，白天或夜晚。除了正常上下班時間以外，禮儀師必須隨時準備接聽電話和搬運屍體。

貳、接到家屬電話並給予建議

家中有人過世，除了通知警察或醫師外，家屬會立即通知的另一個對象就是葬儀業者。在確定家屬已經聯絡救護人員後，業者會告知家屬接下來要怎麼做。即使家屬對於相關手續都很清楚，業者還是應該將所有有關法律義務須知告訴家屬。

由於業者了解所有手續及過程，他可以按部就班地引導客戶料理善後。有些家屬認為他們知道該怎麼做，可是業者還是要告訴他們該去哪些地方、該辦哪些事。業者接到電話，確認不是惡作劇後，便召集人手，準備出發前往搬運屍體。

參、迅速到達死者家裡

現在很少家庭願意將屍體停放家中。絕大部分的家屬以電話迅速聯絡業者，希望能夠儘快將死亡的象徵搬離家中。除了禮俗的需要外，家屬這樣做另有實際考量。家屬依然需要面對日常生活，葬儀業者的工作就是協助家屬處理問題，讓事情更簡單。

大部分家屬都不希望將屍體停放家中太久。如此現象只不過是因為家屬期盼把家中的「非常態」現象，迅速恢復成「常態」。家屬非常希望有人幫忙渡過難關，協助他們把日常生活恢復正常。

如果有人把「非常態」解釋為「污染」的話（也就是說與屍體接近讓家屬覺得不乾淨），那麼葬儀業者在「淨化」死者生前居所以及家屬這方面的工作，可說是非常有效率。

肆、自死亡地點將屍體移開

　　為力求搬運屍體過程當中家屬心情的平靜，除非必要，業者必須盡可能避免與家屬交談。在此悲傷時刻，業者的速度與專業技術、同情心與謹言慎行，能夠使家屬受到的干擾降到最低。

　　首先，家屬一一被請出屍體所在的房間，不要讓他們看到搬運的過程，以免徒增悲痛。因為搬運的過程中，可能需要推、擠、壓、拉或翻轉屍體，在家屬眼中，這是令人慘不忍睹的一幕。假使家屬也在房間內，業者一定會被指責為既野蠻又不人道，如此一來，工作難度自然增加許多。

　　此外，速度與保持靜默尤其是重點。家屬被請出房間外，心中難免掛念不安。如果搬運過程花費很長時間，或者員工一面搬運一面交談，家屬在門外想必會急得跺腳。

　　屍體搬運完畢，房間內的地毯或床單也有可能受到玷污。一般的做法是將床單裹著屍體一起帶走。房間清理乾淨後，員工帶著屍體開車離去。就業者而言，在整個過程中，他們盡可能減低家屬的悲傷，搬運屍體雖有利可圖，也算是做了一件善事。在搬運過程中，業者特別小心，不要讓家屬看到不應該看的景象，或聽到不應該聽的聲音。

伍、運送屍體

　　業者普遍認為，從到喪家搬運屍體直到喪禮舉行的那一天，將屍體好好隱藏或偽裝是很重要的。在搬運過程中，你可以發現業者是如何小心翼翼地掩蓋及運送屍體。把屍體運到殯儀館的過程中，適當掩飾或偽裝運輸工具，以減少大眾的疑慮。業者通常使用簡易棺木、玻璃纖維殼或塑膠擔架來搬運屍體。使用塑膠擔架的目的是要讓路人認為，他們運送的是罹患重病的垂死病人而非死屍。

　　同樣地，運輸工具也被漆成類似救護車。其實，許多載運屍體的車輛兩邊都寫著「私人救護車」。這種「救護車」行駛於路上或卡在車陣中，沒有人會知道裡面正載運著屍體。其他用來運屍的車輛還有廂型貨車，好處是比較容易隱藏「貨物」而非偽裝。廂型貨車非常便利，屍體收集完畢

後，就放入載貨的車廂裡，在抵達殯儀館之前，沒有人會看到。某些業者（視情況而定）有時候也會利用車充當運屍車。

圖 1-4　類似救護車的接體車（作者攝於美國加州）

陸、載運屍體抵達殯儀館

　　一般屍體在經過人性化處理之前，跟其他屍體沒有兩樣。從喪家載運屍體回來，把裝著屍體的灰色玻璃纖維殼從廂型車卸下來。接著，將內有屍體的玻璃纖維殼搬至屍體處理場，直到負責防腐處理的人員有時間處理該具屍體。

柒、與家屬洽談喪葬事宜

　　從搬運屍體到洽談喪葬事宜之間，需要相隔一段時間，以便讓家屬調整情緒。等心情恢復平靜後，才能洽談有關安排各項喪葬事宜。和喪家洽談過程中，禮儀師通常採取一定的方法，並且呈現個人專業化的一面。藉著掌控周遭相關事務的能力，結合定型化的洽談模式，禮儀師因此能夠主導整體情況，讓互動的過程緊密地配合預定議題。

　　禮儀師的目的是要從家屬方面，盡可能獲得所需要的資訊，以進一步安排喪葬事宜。如果家屬能夠視禮儀師為專業人員，而且尊重他的引導，對禮儀師的工作將有所幫助。禮儀師一方面必須要向喪家灌輸「凡事交給

專業人員」的觀念，另一方面要勉勵喪家克制悲痛。

禮儀師在與家屬洽談時，應該表現專業的儀表與態度。儀表顯示出一個人的社會地位；態度讓人了解對方在互動過程中可能扮演的角色。以前人們認為禮儀師應該時常保持哀悼的聲音與穿著，這種觀念已經過時了。

黑領帶配黑西裝不僅毫無必要，更令人望之卻步，黑色只會讓人想到死亡。禮儀師穿著乾淨而且燙過的深色西裝，就像許多醫師或律師一樣。態度從容，表現專業，同情心自然流露，大部分人都能夠接受這樣的專業人士。

禮儀師在與家屬洽談的過程當中，最重要的角色之一是擔任喪家的顧問。在溝通過程的充分掌控證明了禮儀師具備擔任喪禮顧問的資格。對家屬而言，他們也期待禮儀師能藉著專業知識，引導雙方的溝通。完全專業卻缺乏人性溫暖，對這種互動場合來說，非常不適當。禮儀師對家屬與死者表達關懷之意，口氣不會一板一眼，不能讓家屬有被嚴厲審問的感覺。

禮儀師在與家屬洽談的內容包括：土葬或火化、棺材種類、車輛數目、宗教儀式、選定日期與時間、喪家是否要觀看死者遺容以及防腐處理、發佈訃聞與訂購花圈、花籃等事宜。

在和喪家洽談的過程中，葬儀業者收集所有籌備喪禮所需要的資訊。業者以其專業知識引導、掌控對話、與喪家達成協議，安排一場「量身訂做」的喪禮。在整個洽談結束時，禮儀師會拿一張明細給家屬，明細上記錄各項細節，例如棺材種類、土葬或火化、車輛數目、喪禮的地點、日期與時間等。各單項費用、雜項支出與全部費用都分別記載。

捌、完成政府相關文件

除了一般必備的文件外，有時候，禮儀師為了滿足家屬要求，還要完成一些特特殊服務，例如開立防腐處理證明，讓家屬持此證明向有關機關申請靈柩通關的文件。

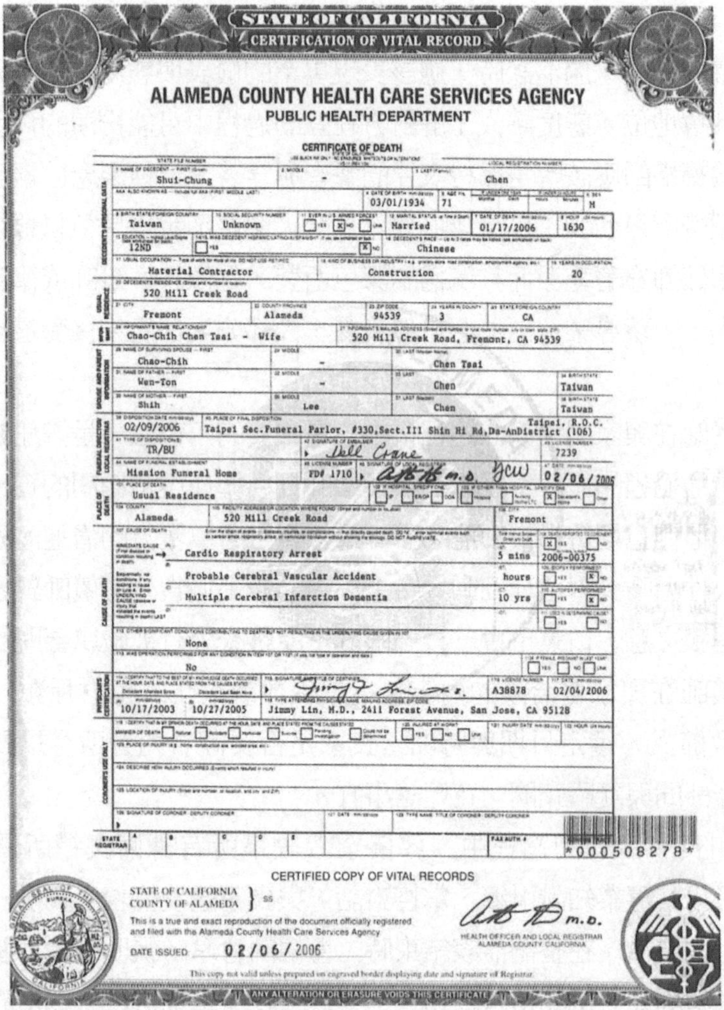

STATE OF CALIFORNIA
CERTIFICATION OF VITAL RECORD

ALAMEDA COUNTY HEALTH CARE SERVICES AGENCY
PUBLIC HEALTH DEPARTMENT

CERTIFICATE OF DEATH

Shui-Chung - Chen
03/01/1934 71 M
Taiwan Unknown [X] NO Married 01/17/2006 1630
12ND [X] NO Chinese
Material Contractor Construction 20
520 Mill Creek Road
Fremont Alameda 94539 3 CA
Chao-Chih Chen Tsai - Wife 520 Mill Creek Road, Fremont, CA 94539
Chao-Chih - Chen Tsai
Wen-Ton - Chen Taiwan
Shih Lee Chen Taiwan
02/09/2006 Taipei Sec.Funeral Parlor, #330,Sect.III Shin Hi Rd,Da-AnDistrict (106) Taipei, R.O.C.
TR/BU 7239
Mission Funeral Home FD# 1710 02/06/2006
Usual Residence
Alameda 520 Mill Creek Road Fremont
Cardio Respiratory Arrest 5 mins 2006-00375
Probable Cerebral Vascular Accident hours
Multiple Cerebral Infarction Dementia 10 yrs
None
No
10/17/2003 10/27/2005 A38878 02/04/2006
Jimmy Lin, M.D., 2411 Forest Avenue, San Jose, CA 95128

000508278

CERTIFIED COPY OF VITAL RECORDS

STATE OF CALIFORNIA
COUNTY OF ALAMEDA } SS

This is a true and exact reproduction of the document officially registered and filed with the Alameda County Health Care Services Agency

DATE ISSUED 02/06/2006

HEALTH OFFICER AND LOCAL REGISTRAR
ALAMEDA COUNTY CALIFORNIA

This copy not valid unless prepared on engraved border displaying date and signature of Registrar.

ANY ALTERATION OR ERASURE VOIDS THIS CERTIFICATE

圖 1-5　靈柩通關，死證須有防腐師簽名（作者翻拍）

玖、遺體的處理

一般家庭都會選擇觀看死者的遺體，葬儀業者於是提供全套包含防腐、化妝的服務。遺體化妝讓死者能夠在眾多親友面前維持尊嚴，免於死亡的羞辱。遺體化妝也許其來有自，人們認為遺體越是栩栩如生，死者越接近不朽。

禮儀師和家屬洽談時，如果家屬希望在喪禮時瞻仰遺容，禮儀師就會

對遺體做防腐、化妝等處理。舉例來說，呈現有如生前紅潤的臉色與皮膚彈性。其目的是要更具體化地呈現死者生前面貌，死者親友想要再看最後一面的心願得以實現。

這是暗示著死者親友仍希望死者活在這個世界上，雖然禮儀師無法真正地令死者復活，但是可以讓死者回復生前的容貌，死者的形象與生前相關回憶將永存親友的腦海裡，心靈的哀傷也可以獲得療癒。

禮儀師在穿上白色工作服後，開始準備工具。每樣工具都按照使用的先後次序整齊排好：手術刀、鉗子、通管、裝有福馬林的容器並接上幫浦、膠帶、針線、剃刀、刮鬍膏、化妝箱以及梳子。

禮儀師此時的工作近似外科醫師或病理學家，連他們的裝備都非常類似。工作服有如外科醫師的手術服。在整個處理場中，最重要的就是環境衛生與保護工作人員的工作服。

規模較大的葬儀公司通常設有專門的遺體處理室，房間裡設備齊全，有如醫院的手術室。此房間是特別為洗淨屍體與防腐處理而設立的。遺體處理室的主要功能是用來做防腐處理，必須要符合衛生標準。空間要寬敞、光線充足、通風良好；地板須容易清潔，例如鋪瓷磚的地板，四周牆壁須裝踢腳板。牆壁也必須鋪瓷磚或其他易清洗的質材。設備應包括處理檯、水槽、沖洗槽、處理師專用的洗手槽、放置工具的專用櫥櫃、工作服等。

整個處理過程包含七個階段：初步整理、防腐、調整姿勢、重建、化妝、穿衣以及在喪禮中的遺體呈現。

進行防腐處理之前，必須先清洗屍體。在整個清洗過程中，遺體下半身從腰部以下用床單覆蓋著。禮儀師用法蘭絨布和肥皂大概沖洗一番後，在兩腿之間放置一條乾淨的毛巾，並且以新的床單覆蓋。到此階段，已經可以準備下一步的防腐處理了。

進行防腐處理時，禮儀師手拿一條末端附著尖尖金屬物的管子，走向屍體，以尖狀金屬插入屍體的下腹部並且扭曲翻轉，直到體液隨著管子流

到外面來。接下來，用福馬林灌入淨空的血管。灌福馬林之前，必須先在頸部做小切割，以便找尋頸動脈的位置。找到頸動脈後，把福馬林容器的管口插進去，開始啟動幫浦。幫浦的速度越快，體液排出的速度也越快，流量也漸漸減少。

每隔一段時間要停下來檢查效果。輕輕按摩手指和下肢末端，這樣不僅有助於血液和福馬林在體內的流通，而且能夠改變皮膚顏色，賦予彈性。於是，屍體開始呈現「類似生命」的特質。

死者如果生前未遭受外來傷害，修補屍體的步驟就可以省略，初步處理的時間到此約十五分鐘。接下來的十分鐘要搬移工具，並且縫合腹部與頸部的傷口。在整個過程中，遺體的頭部以鐵做成的「頭枕」支撐著。這樣做是為了讓下頷能夠輕輕靠在胸部上方。頭枕一旦移去，屍體的下頷就會鬆垮，嘴巴也會隨著張開。

從這個階段開始，禮儀師要讓遺體以莊嚴的姿態呈現。為了讓嘴巴不再張開，禮儀師要利用外科醫師的針線縫合雙唇。縫合完畢後，屍體雙唇緊閉，接著輕輕按摩嘴巴四周的皮膚，以緩和緊繃的狀態。

類似的技術也運用在屍體其他部位，例如，雙腳合在一起能夠讓屍體的姿勢更「自然」。眼皮下方塞一些棉花，避免眼窩深陷，眼瞼自然下垂成睡眠狀。鼻子無須刻意調整，嘴巴的位置只要注意不要讓下頷往下鬆開就可以，假牙配載要自然，嘴唇保持自然放鬆。眼皮下方填塞棉花，尤其要注意手部的姿勢。有誰的手指是僵硬伸直的？要讓手指應該自然彎曲，必須在手腕及指關節施力。

遺體重建需要進行到何種程度端視其外觀而定。死者如果遭受大幅度的外力傷害，重建的工作往往既費時又費心。不過，若是死於自然死因，所需要的只是一些化妝技術而已。遇到死者橫死的狀況，業者或喪家可能會建議或要求進行「完全重建」。

為遺體化妝時，在大部分情況下，禮儀師不需要死者的照片。家屬想要看到的是親人完整的遺體以及感受到遺體所散發出安詳圓滿的氣氛。親

友並不期望看到死者生前的原貌，他們想看的是死者從一具冰冷的屍體轉變成一個看似安然入睡、近乎不朽的個人。

死者要穿哪一種壽衣由家屬決定。一般家屬都會要求為死者穿上生前最喜歡穿的服飾或睡衣，家屬也可以在業者提供的目錄中挑選壽衣。目錄裡的壽衣其質料和色澤都經過特別設計，以便和靈柩裡的襯墊相搭配，創造出獨特的視覺效果。

絲緞做的睡衣開口在背後以利穿著，同時搭配同色系的毛巾與枕頭套。沒有人觀看遺容的時候，面巾的作用是用來覆蓋死者的臉部。不過，很少需要用到毛巾，因為覆蓋臉部，家屬就看不到親人「沉睡」的樣子。如果家屬挑選睡衣當壽衣的話，死者穿起來會顯得平易近人，而且讓「沉睡的狀態」更具說服力。

幫遺體穿上壽衣並不簡單。在所有的衣物當中，葬儀社販售的壽衣穿戴是最簡單也好看。許多家屬提供的服飾不是款式不對就是難以穿戴。禮儀師因此被迫採取必要的技術，讓遺體仍然能夠保持莊嚴的模樣。

一般人生前受病痛折磨，死後體重自然減輕許多。家屬拿過來的衣服有時候太寬了，這就需要運用一點技巧把衣服多餘的皺摺隱藏起來。另外一個方法是運用裁縫技術，把衣服從背後剪開，由前方套進去，再用針線將背部開口縫合。從正面看過去，一點也看不出破綻，這正是此行業的祕訣之一。

壽衣穿戴完畢後，必須做最後檢視，以便確定死者穿戴這些服飾是否看起來很舒適的樣子。有時候，衣領和肩膀部位有時候起來很不自然，袖口部分非常僵硬，這些都會影響外觀。後退幾步檢查看看，直到整體效果令人得自然而滿意。

拾、組合棺木與入殮

一般棺材都是以仿橡木或仿胡桃木的夾板為材質，棺材的長度和寬度是依照一般人的身材比例而定。量過死者的身長後，禮儀師挑選適合的棺

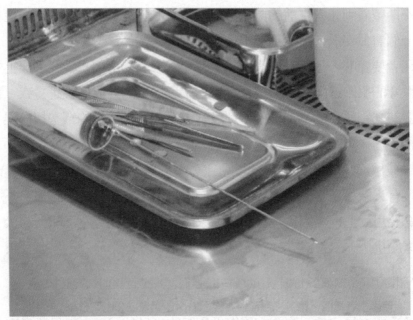

圖1-6　注射防腐劑的器具（作者攝於上海）

圖1-7　遺體沖洗檯（作者攝於上海）

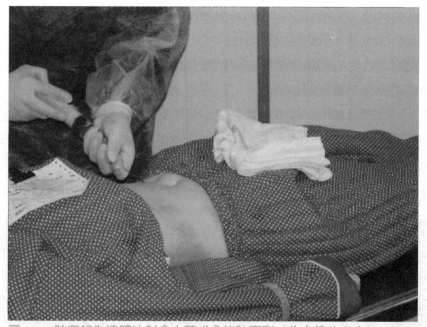

圖 1-8 防腐師為遺體注射含中藥成分的防腐劑（作者攝於上海）

材。除非死者有超乎常人的闊肩或大尺寸的臀部，在一般情況下，棺材長度能夠合身，寬度也就沒問題。

當確定尺寸後，就把棺材各項組件放在檯上，開始組合。首先，將手把和鈴飾安裝在棺材兩側及棺蓋上。每一具棺材都配有手把，現在這些手把裝飾的意義大於實用價值，因為抬棺者都從棺材底部施力，他們從來不會借助手把來抬棺。鈴飾裝在棺蓋上，用來遮掩鐵釘和螺絲。

這些附件以前都是用金屬做成，現在以塑膠為材質，以利火化。業者一般以成套的數量向廠商批購。以手把為例，有的四個一套或六個一套，依各地習俗而有所不同。

在棺材底部和四周鋪上塑膠布，以防止接縫處發生滲漏的情形，露出棺材外面的塑膠布必須加以裁剪或隱藏，保持邊緣的整齊。然後開始鋪上被單、褶飾及枕頭。枕頭是用來營造「沉睡」的效果。

等棺材組合完畢後，剩下的工作是要對遺體做最後的修飾。櫥窗設計師為了讓商品呈現出最佳效果，必須絞盡腦汁。相較之下，禮儀師所追求

的是近乎自然、平易近人的氣氛。遺體的臥姿呈自然休息狀，頭部靠在高度合適的枕頭上，略微偏向側邊。

　　禮儀師有能力判斷什麼樣的姿勢能夠讓遺體看起來最自然。最僵硬的姿勢莫過於兩手筆直緊貼雙腿。可以考慮讓右手覆蓋在左手上，或左手在右手上；或者是其中一隻手輕靠在另一隻手腕上；或者一隻手靠在胸前，另一隻手自然下垂。有時候，家屬會要求雙手在胸前合抱。不論採取何種姿勢，自然是最好的原則。運用被單營造出「沉睡」的效果；以棉絮支撐手臂，保持然休息的姿勢。

圖 1-9　兩截式金屬棺木（作者攝於美國）

拾壹、喪禮的執行

　　各宗教儀式雖有所不同，但喪禮的基本模式大同小異。簡單地說，喪禮其實是以戲劇性的效果呈現死者遺體的過程。禮儀師以其專業知識和技

術，在喪禮的過程中增添戲劇性效果，讓弔唁者感受到他們目睹的是一場獨一無二、且具個人特色的喪禮。

此外，利用戲劇性的技巧和裝飾讓禮儀師得以避免犯錯。因為過程只有一次，而且必須一氣呵成，沒有犯錯的機會。為使喪禮能夠順利完成，禮儀師必須嚴格檢查每一項細節。

一、禮儀師的專業素養

業者普遍認為，注重服裝儀容與專業態度是對死者與家屬的一種基本尊敬。所有員工應該保持儀容整潔，穿著燙過的衣服，雙手尤其要乾淨。員工搭乘或駕駛靈車或相關車輛，或於教堂外等候時，禁止吸煙。不要大聲喧嘩嬉笑。所有工作人員要了解一項事實：在喪禮的整個過程中，無論何時何地，他們正身處於送葬行列中。

靈車司機的另一項工作是擔任抬棺者，他們認為抬棺也需要純熟的技術，扛著棺材、腳踏儀式化的步伐，可不是那麼簡單。長久以來，葬儀業自然有一套正確抬棺的規矩與傳統。棺材必須先從遺體的腳部抬起，這個動作需要三名抬棺者，其中一名負責支撐棺材尾端，另外兩名負責撐起頂端的兩邊。業者在挑選工作助手時，體型並非首要考量，但是身高相當重要。支撐頂端兩邊的抬棺者其身材必須相近。身高最矮的助手負責扶持棺材頂端，如此一來，整個棺材會呈現略微往前傾的現象。棺材往前傾有兩個優點：一、減輕負重；二、比往後傾斜的姿勢要莊嚴多了。

喪禮當日，禮儀師一律穿著制服：黑色長褲、白色襯衫、黑領帶以及冬天的黑色大衣或夏天的黑色西裝外套。皮鞋也是黑色，擦得有如軍用皮鞋一般地發亮。黑色是喪禮和哀悼的「標準」顏色。有些禮儀師偏好灰色制服，他們認為黑色過於嚴肅，讓人感到沮喪。此現象反映出某些禮儀師試圖改變傳統的穿著。

在儀式的過程中，禮儀師大部分時間都在臺上指揮全局：率領唱詩、指導禮儀、給予他人提示等。知道往哪個方向、走哪條路、何時抵達、何時現身教堂、儀式何時結束，遺體何時下葬等。他必須能夠掌控全局。指

揮調度工作人員，協調各項事宜，以求喪禮順利地進行。

總而言之，禮儀師在喪禮過程當中盡可能保持安靜，提供喪家莊嚴的服務。即使在待命的狀態，他們也必須耳聽四方，眼觀八方，注意喪家的需求。動作要敏捷而安靜，行走尤其要不發聲響。彼此之間如有必要交談，也只能低聲耳語。任何時候都不可忘記應有的禮儀。

二、喪禮的程序

喪葬行列從葬儀公司行進到喪家，再從喪家到墓園；抵達墓園的小教堂後，舉行喪禮，然後下葬。喪禮完畢後，送喪者齊聚獻花，接著搭車返家。

(一)移靈（從殯儀到喪宅）

在喪禮開始前，禮儀師將靈車準備妥當後，就把靈柩搬運上車，準備啓程。靈車和其他相關車輛是喪禮中不可或缺的運輸工具，車輛的外觀與性能必須重複檢查。大部分的葬儀社會花費許多時間在保養機件以及清潔車身內外以保持光亮，他們如此不厭其煩地強調保養與清潔的重要，有兩個因素。

一、防止機械故障，避免臨時拋錨。二、車輛的性能與外觀和宣傳廣告有關。車輛保養的重視程度代表這家公司的服務品質。消費者對於一般公司的大肆宣傳或強力推銷深感厭惡，車隊展示正是業者使用而且能夠被民眾所接受的宣傳方法之一。當車隊從葬儀社出發前，工作人員將花圈一一搬到車上；在此同時，禮儀師會核對喪禮相關細節：家屬姓名、地址、與死者關係、小教堂預定的時段、家屬額外的要求等。

當車輛運轉正常、靈柩安置妥當、花圈裝飾完畢，一切就緒後，車隊準備出發。禮儀師帶領至少三名抬棺者，車隊包括靈車和另外兩輛護靈專車。以一般公司的人力來說，這樣已經足夠，因爲司機將充當抬棺者。

(二)家祭

　　葬儀公司的車隊離開公司後，緩慢地開往喪家的路上。在傳統的社會中，這項舉動完全合乎邏輯。有些業者認為，載運死者的靈柩回到生前居住的地方做最後的告別，不僅「適當而且合乎情理」。

　　禮儀師也非常關心是否能精確掌控時間，一般來說，從抵達喪家開始計算時間，業者通常停留二十到三十分鐘，以便收集花圈並安排家屬上車入座。有些不同宗教的喪家或少數民族在啓程前往墓園時，先舉行家祭。如此一來，車隊停留的時間必須延長。雖然業者事先估算充裕的時間，但是安排家屬上車就座及擺放花圈也是相當費時的。

(三)排列花圈、花籃

　　這些花圈、花籃包含其特殊的世俗意義。它們都經過特別設計，用來代表死者生前的嗜好，例如一隻狗或西洋棋裡的一顆棋子。另一方面，它們也象徵家屬與親友喪失親人的哀慟，這也正是為什麼許多人都要訂做形狀如一張空椅子的花圈。相較之下，宗教象徵的花圈如「十字架」或「天堂之門」雖然常見，卻不會那麼引人注意。

　　禮儀師對於安排花圈、花籃的位置也不敢馬虎。花圈、花籃與靈柩的距離取決於送花人與死者關係的親密程度；換句話說，關係越親近的家屬，它們的花圈越靠近靈柩。有時安排的位置不對會引起家屬的不悅。

　　花圈花環形狀大小各不相同，要在靈車有限的空間裡，把它們依照正確的位置一一排列，其困難程度可不輸組合拼圖。如果數量過多，有些必須綁在車頂，有些必須放在護靈專車，甚至另外租用一部專門載運花圈、花籃的靈車。圓滿的結果是要讓所有親人的花圈都能夠靠近靈柩，適得其所，不需要從中取捨。（如圖 10-1）

(四)安排座次

　　禮儀師抵達喪家的第一個基本工作是確認每一個家屬在家族中的排行

圖 1-10　類似花圈的花籃（作者攝於美國加州）

地位。花圈不能隨意擺放；同樣地，家屬在護靈專車上的座位安排也有一定的規矩。最親近的家人坐在第一部護靈專車，其他親人依關係的疏親依序就座，關係最疏遠的親戚乘坐車隊最後一輛車。有些業者會要求喪家提供預定搭車的親友名單，如此一來，可省下推測確認身分的麻煩與時間。其他業者認為這樣的做法略嫌麻煩，他們寧可自己安排座位。

　　喪禮過程中，確認每位家屬在家族裡的排行地位，此現象再次印證了家庭在社會中的重要性。無論是由誰來排定高低，每位家屬都必須重新思考並認同自己在家族中扮演的角色。對西方國家而言，家庭是組成社會的基本單位。家族關係更是聯繫整個喪禮的最重要環節。喪葬行列前往墓園之前，必須先繞經死者生前故居，此習俗其實隱含對家庭組織的推崇。此外，排定家屬身分高低和安排入座，強化人們對「家庭至上」的觀念。

報章披露幾則有關同性戀人士的喪禮，他們的伴侶被家屬拒絕於教堂門口之外，這正是「家庭至上」的最好例證。另外一個原因可能是因為家屬認為同性戀關係不屬於正常關係的一種。相同情形發生在一般年輕人的男女朋友身上。這些年輕人雖然和死者生前有親密關係，仍然被拒於門外。

㈤發引（從喪宅到小教堂／墓園／火葬場）

死者的配偶及直系親屬，在禮儀師帶領下，坐上靈車。其他親友則搭乘交通車。在確定每輛車都準備好加入車隊後，整個送葬列才開始出發前往墓園或火葬場。

整個行列剛啟程的最初階段，禮儀師必須徒步帶隊走一小段，這樣的過程是最具戲劇化的一刻，禮儀師一個人走在車隊前端，沐浴在「個人表演」的光芒中。對禮儀師而言，從喪家出發到墓園毋寧是整齣戲的高潮，高潮的頂點就是最初的徒步帶隊，率領並且掌控所有的臺上演員與道具就在此時此刻。

業者也可以藉著此段行走向路人展示公司的服務品質。如果車隊龐大或花圈、花籃數量驚人，行走的距離可能延長。禮儀師有如閱兵典禮中的指揮官，非常自豪地率領軍隊，展示壯盛的軍容。浩浩蕩蕩的隊伍以儀式化的速度行進，時常造成交通停頓，也引起路人的注目與敬畏。

傳統的社會裡，禮儀師必須帶領車隊走到社區的邊界才停下來，路程不算短。那時候的靈車是馬車，路上交通稀疏，車隊可以從容不迫地行走。現代的禮儀師最多走到街道的盡頭而已，距離比以前要來得短。此習俗在以往是為了讓社區居民向死者做最後的告別，如今又多了一項作用，那就是讓業者得以藉機宣傳自己的公司。

禮儀師徒步帶隊的另一個原因是讓隊伍能夠順利轉入交通繁忙的街道，或穿越路口。慢步行走以確定所有車輛跟的上隊伍。盡可能淨空前方的路段。禮儀師穿著深色禮服、戴著高帽，非常自信地走在街上，吸引眾

多路人及駕駛人的注意，交通因此暫時停頓，讓車隊可以順利往前行進。

　　禮儀師必須準時抵達墓園。如果提早到達，送葬者只能枯坐乾等，氣氛無法連貫。而且，看著其他送葬行列來來往往，家屬不能感受到業者苦心營造的那種屬於獨一無二的喪禮特色。送葬行列如果遲到，他們就必須在車上等候，直到小教堂有空檔為止。抵達墓園之前，經驗豐富的業者會事先考量各種因素：距離長短、捷徑、所需時間、預估交通流量等。假使在喪家停留的時間比原先預計的還要短，帶隊行走的距離就可以相對地拉長。如此一來，業者不僅可以藉機宣傳，而且他們也相信，慢步帶隊行走於街道上為亡者及家屬增添不少哀榮。

(六)引導車隊

　　徒步的行程結束後，禮儀師以優雅的姿態緩慢登上靈車，坐在駕駛座旁。視時間的充裕與否，他會指示靈車司機加速或減速；此外，還要隨時注意在車隊殿後的自用車輛是否跟得上。禮儀師有責任確保每一輛送葬車都能抵達目的地，不會走錯方向，跑到另一個墓園去。說起來容易，其實不簡單。喪家親友駕駛的自用車並沒有標示特別記號，路上的其他駕駛人不知道這些也是送葬車隊中的車輛，因此從中穿越，打斷車隊的隊形，喪家的自用車於是失去跟前方車隊的聯絡。所以離開喪家之前，有些有經驗的禮儀師常會將喪家自用車的車號與車型記錄下來，以防萬一。

　　在行進的過程中，禮儀師必須隨時評估狀況、調整車隊速度，以利準時到達墓園或火葬場。送葬行列接近墓園的大門口，速度也逐漸減慢，禮儀師下車後，隨即和墓園管理單位核對舉行喪禮的各項細節。核對完畢，回到車上，最後目的地教堂就在幾英碼之外，車輛陸續停靠在教堂旁邊，禮儀師再做最後的確認。

(七)抵達小教堂

　　車隊雖然準時抵達小教堂，但是這不能保證喪禮能夠立即順利進

圖 1-11　為出殯隊伍開道的哈雷機車（作者與開道車騎士合影）

行。大部分的問題出自於其他喪禮的舉行時間未能精確掌控。任何一場喪禮的延誤耽擱，都會影響預定在隨後舉行的每一場喪禮。主持儀式的牧師有時候會因故缺席，此種情形較爲罕見，一旦發生，會令人不知所措。導致牧師缺席的因素很多，包括交通問題或聯絡中斷，無論何種原因，家屬劇烈的反彈可想而知，禮儀師必須獨自承受一切責難。

　　家屬未必是虔誠的教徒，可是找不到人主持儀式，任誰都會驚慌失措。除非能夠馬上安排另一位牧師，或找到具有同樣身分地位的人士來代替主持，否則只能省略儀式或草草了事。牧師的缺席多少讓我們了解，爲什麼有些人對喪禮的宗教儀式持保留態度。遇到上述情形，業者如果無法找到代替人選，只能安排播放肅穆的音樂或邀請喪家上臺說幾句話。不論業者使用何種方法解決問題，沒有其他符號或象徵可以取代宗教氣氛，喪禮的戲劇性效果到此喪失殆盡。整個喪禮將變得毫無意義，因爲業者使用的替代性象徵不能符合送葬者心目中傳統喪禮的概念。

　　正常狀況下，牧師會在教堂門口等待整個隊伍的到來，禮儀師趨前握手致意，順便把錢暗中地塞入牧師手裡，另外拿小費給教堂裡的助手，並

且快速巡視教堂內部。確定上一場喪禮的人員全部離開後，禮儀師提示靈車司機準備將靈柩卸下，喪禮就要開始進行了。

圖 1-12　玫瑰崗（Rose hill）墓園內的教堂（作者攝於美國加州）

(八)喪禮前的準備工作

　　為了營造喪禮的整體戲劇性效果，喪家全力配合禮儀師的指示，盡可能不要破壞業者的原定計畫。儀式尚未開始之前，喪家允許禮儀師暫時離開送葬行列到教堂裡檢查一切道具是否準備妥當。家屬抵達墓園時，最好等到禮儀師確定所有喪禮相關的事務準備齊全後才下車。

　　在整個過程當中，禮儀師與牧師犧牲喪家參與活動的角色，以求忠實呈現完整而且充滿戲劇效果的喪禮。這種現象同樣出現於準備喪禮的過程中。一開始，喪家就和死者的遺體分離，在準備喪禮時，他們也被排除在外。如此的角色扮演似乎廣為社會大眾所默認。換個角度來看，葬儀業者如果任由客戶自行決定喪禮的形式與時間長短，業者與牧師就無法按照原定計畫來執行，墓園與火葬場的時間表也會因此大亂。就現階段而言，所

圖 1-13　教堂內的設備媲美歌劇院（作者攝於美國加州）

有參與喪禮的專業人員正努力彼此協調，讓葬儀業維持一貫的穩定性以及可預期性。

　　並非所有的儀式都必須在火葬場附設的小教堂裡舉行。大部分非英國國教徒的土葬儀式一般都在死者生前做禮拜的地方舉行，如天主教堂或浸信會會堂，或者有時候也選擇在葬儀公司的小教堂。避開火葬場附設的小教堂，讓喪家享有更充裕的時間與自由，不必受緊迫的時間表所限制。此外，家屬也不用忍受葬儀公司對喪禮的全面控制。實際上，除非喪家擁有特殊的文化背景，否則業者還是依照基本的喪禮型態來安排。除了類似特殊情形外，禮儀師的例行工作幾乎沒什麼改變。靈柩依然運送到教堂，由牧師或神父主持儀式，儀式完畢後將靈柩、家屬和神父或牧師載運到墓園，然後舉行安葬儀式。

　　送葬者抵達墓園——下車後，接著被帶領進入小教堂就座，這時候，禮儀師準備將掌控權轉交給牧師。在西方社會裡，某些學者把牧師和

葬儀業者之間的關係定義爲衝突對立。雙方在和喪家互動的過程中有相互重疊的現象，緊張狀態隱然浮現。

圖 1-14　兒童墓區內有仿馬、象、鴕鳥等植栽（作者攝於玫瑰崗）

㈨喪禮

　　進入教堂的先後次序依照下列兩個原則來決定：一、對儀式的掌控權；二、與死者的親疏關係。一般情況下，由神父或牧師引領靈柩進入教堂。早期傳統社會裡，牧師甚至必須在墓園門口迎接靈柩與送葬者。從喪家出發前，禮儀師依照家屬的身分排行安排他們上車就座。進入教堂前，家屬依照同樣的先後次序排列在靈柩後面。

　　隊伍安排妥當後，禮儀師站在喪家隊伍之前，但是跟隨在牧師後面。這樣的次序安排有其實際的含義。第一，禮儀師排在喪家之前，兼具引導與接待的身分。第二，牧師走在隊伍最前端，象徵接下來的儀式掌控權由禮儀師移轉到牧師手上。

　　禮儀師的位置仍然保持在靈柩的前面，這也代表著他的身分與權力不可輕忽。隊伍快接近靈柩檯時，禮儀師走到一旁讓抬棺者順利通過。送葬

圖 1-15　正在墓園內舉行的葬禮（作者攝於玫瑰崗）

者分別入座，抬棺者將靈柩安置於靈柩檯後行禮致敬。這時候，禮儀師和助手從教堂的後門退場，接下來的儀式就交由牧師全權主持。

　　教堂的儀式大約持續十五至二十分鐘。保持儀式簡短讓教堂裡的助手對牧師心懷感激，因爲助手必須在下個送葬行列抵達之前，把現場打掃清理完畢。如果喪家選擇火化，教堂儀式結束後，業者與其助手利用短短的幾分鐘，準備下一個場景所需要的舞臺。所有送葬者集合在小教堂後，花圈、花籃從車上卸下，並且擺放在教堂隔壁的一塊特定區域，公開展示。

㈩遣返靈車

　　禮儀師的另一個重要工作項目是遣送靈車回公司。以火化爲例，教堂儀式結束後，靈柩暫時安置在教堂裡，不久，就要移到下面的焚化室，沒有需要再用到靈車了。若是土葬，在進行安葬儀式時，靈車會悄然離去。總而言之，靈車沒有必要在墓園或火葬場繼續停留。更重要的是，靈車必

圖 1-16　美國加州某處火葬場（作者攝於玫瑰崗）

須在送葬者離開小教堂之前先行離去。

　　這樣的做法有其象徵意義。遺體直到安然入土或者火化成灰，家屬才會感到如釋重負。儀式結束後，不論遺體是在焚化室裡面，或是在六呎深的墓穴中，對家屬而言，死者到此為止算是完全離開人世。如果靈車仍然逗留現場，會讓家屬回想起死者的遺體，引起內心的牽掛，儀式雖然結束，心中的缺憾卻再次被挑起。靈柩正緩慢下降到墓穴或者正在焚化爐裡焚燒的時候，也是靈車離去的時候。這是經過業者刻意的安排，兼具實際與象徵性意義。

㈡安慰家屬

　　教堂儀式結束後，禮儀師進入教堂裡，集合所有送葬者，再次取回掌控權。集合完畢後，在禮儀師的帶領下，走到教堂外觀看各方親友致贈的花圈花環。土葬儀式結束後，送葬者都會觀看花圈、花籃，並且彼此慰問

寒暄。如果喪家選擇火化，教堂儀式結束後，眾人必須迅速撤離教堂，讓下一場喪禮得以準時進行。送葬者既然迅速離開教堂，也不能立即催促他們上車準備回程，這樣會顯得不合情理。

業者因此安排眾人到教堂外觀看花圈、花籃，送葬者可以藉此機會向喪家表達慰問之意、彼此寒暄交換心得或者和牧師交談。儀式結束後，牧師按下按鈕，靈柩消失在簾幕之後。接著帶領家屬觀看花圈、花籃，讓他們有機會休息、與親屬交談或者放聲大哭。到那時候，他們才了解：一切都過去了，明天又是新的一天。

送葬者在觀看花圈、花籃的同時，不僅獲得短暫的休息，而且此時此刻也是眾人確認每個人在家族中新的排行地位的時候。喪禮結束，家族成員的身分排行重新洗牌。某學者認為觀看花圈、花籃的儀式，其作用類似中古時期英國貴族的喪禮。禮儀師對家族中新任長者的迅速回應，有助於維持並加強其地位的完整性。

㈤回程

送葬者在花圈花、花籃示區待了約十分鐘後（空出場地給下一個場次的送葬者），家屬中的長者向禮儀師示意，禮儀師於是指引眾人上車入座，準備啓程回家。回程的路上，車速明顯加快，沒有必要再慢速行駛了。喪禮後的運輸過程幾乎毫無儀式可言，由此可見，死者的遺體以及遺體的安葬或火化才是喪禮的重點。死者遺體既然已經安葬，回程的車隊就可以依一般速限行駛，不需要考慮莊嚴、尊敬及維持車隊完整等因素而減慢速度。

所有儀式結束後，禮儀師剩下的工作就是把家屬送回家，或者載送他們去參加喪禮後的茶會。事實上，禮儀師必須注意的另一個重要問題是有關家屬的心理調適。逝者已矣，不過，從親人死亡到喪禮結束這一段時間，家屬的個人與社會地位歷經邊緣化的過程。喪禮讓家屬面對並且體認親人已死的事實，協助他們渡過這一段痛苦渾沌的過渡期。

以禮儀師的觀點來看，喪禮絕對是居喪期間的關鍵階段。喪禮的結束代表第一階段悲痛的終結，心靈療傷的過程才剛要開始。對禮儀師來說喪禮能夠圓滿結束，感覺真好。這正是他們的工作。圓滿地開始，圓滿地結束，生命持續不斷。

第二章
現代喪禮服務人員的社會意涵

第一節　現代喪禮服務人員的勞動特性

　　無論歐美或臺灣社會，在現代化的過程中都經歷喪禮市場化與外包化的發展，喪禮儀式從家庭（族）內部社會性活動轉變爲可在市場上自由選購、相互比較、量身訂做的服務性商品。臺灣的禮儀（喪禮服務）公司有垂直整合的大型企業，即是由一家公司包辦喪禮流程中大部分的工作，但也有只提供喪禮流程工作中一兩個服務項目的小型企業（甚至是一人公司）。這些小型殯葬公司藉由彼此合作，依靠長期往來產生的信任與關係，共同組成臺灣喪禮服務的「協力網絡」，如同其他臺灣中小企業一起連結打造的商品生產網絡（陳介玄，1994；洪婉茹，2009）。在這個喪禮商品化的過程中，喪禮中各項工作執行者的身分也有了改變。喪禮工作從事者由喪親家屬或禮儀公司所僱用的專業人士取代原本義務性勞動的家庭、家族、社區成員，喪禮服務人員正式成爲專業性的工作。

　　臺灣現今在整個喪禮的流程中，有幾項常見的工作職稱，例如禮儀師（負責整個喪禮統籌安排）、接體人員（負責將死者遺體從醫院太平間或家中運送到殯儀館）、入殮人員（負責遺體入殮、穿衣與美容）、司儀（負責告別式儀式流程進行）、襄儀（負責告別式儀式協助）等等，雖然各項工作通常都有專門從事這些職務的專職人員，但也有些人會身兼其中多項工作，現在這些工作在社會上可能都會以「禮儀師」來通稱。

　　自古以來，多數社會的遺體處理工作都是和「不潔」連結著，這主要是源自於遺體腐敗過程中產生的氣味、體液、傳染病，總是會令人感到不舒服與恐懼。即使今日遺體處理的工作人員都會穿戴防護衣、口罩、手套，已經能有效隔絕與遺體身體直接接觸，杜絕散播傳染疾病的可能

途徑，但是這種長期流傳下來的社會偏見仍造成所有喪禮工作人員——無論是從事喪禮中哪一項工作——都會身受這種「不潔」的「污名」（stigma）。在社會常見的偏見認知中，喪禮服務人員勞動工作的「不潔」除了包含上述處理遺體的醫學性「不潔」，也包含接觸死亡可能會帶來的超自然性「不潔」，例如晦氣、靈異現象、習俗禁忌。工作過程中以專業技術與知識來處理遺體與死亡帶來的「不潔」，正是各國喪禮服務人員勞動的主要特性（Howarth 1996；蘇毅佳 2017）。

喪禮服務人員在工作中不僅要有體力勞動，也需要有情緒勞動。Arlie Russell Hochschild（1983）指出情緒並不只是人的生理或心理本性，而是同時也具有社會性質。不同的場合會有不同的情緒規範，當個人處在特定情境脈絡時，都會認知到這個場合應當表達的情緒，以符合社會期許。舉例來說，在臺灣的婚禮場合，來賓都普遍期待新娘或新郎表現出濃情密意的喜悅，或是拜別父母時依依不捨之情。倘若新人在婚禮中一直眉頭深鎖，表現出憂心忡忡且毫無喜悅之情，必然會令大家覺得錯愕，來賓心中可能就有各項揣測，甚至私底下議論紛紛。因此，即使新人心中在煩躁工作進度落後或是苦惱和客戶生意談得不順利，也都會努力在婚禮上管理自己的情緒，讓自己呈現出快樂情緒，以符合眾人對於這個社會場合情緒的期盼。

隨著服務業在現代社會的快速發展，Hochschild（1983）認為現在很多職業在工作過程中，不單只是進行體力勞動，也要同時從事情緒勞動，情緒已經成為商品服務的一部分。通常具有情緒勞動性質的工作有下列共同特性：

1. 工作要求勞動者與公眾面對面接觸或談話。
2. 工作要求勞動者讓對方（客戶）產生一種特定情緒。
3. 雇主可藉由監督或訓練勞動者來一定程度控制他們的情緒表達。

換句話說，這些工作人員在工作場合必須要按照公司規定展現情感來讓客戶具有某種心情。Hochschild 研究的空服員就是很好的例子，她發

現空服員在員工訓練過程中，就要不斷練習展現燦爛甜美的微笑來迎接乘客。倘若在服務過程中乘客態度不佳或無理取鬧，公司也會要求空服員以情緒管理方式克制自己心中不滿心情，盡量和顏悅色面對對方。

在臺灣現代的喪禮服務流程中，部分職務人員（例如處理遺體入殮的工作人員）與喪親家屬不太會有直接互動，因此工作中少有情緒勞動的面向。但是其他服務的工作人員，例如受家屬委託籌辦整個喪禮的禮儀師，或是主控告別式儀式的司儀，都需要與喪親家屬或治喪親友大量互動，因此展現出合宜的情緒就是專業化的表現。告別式是許多往生者親友來和往生者做最後道別的場合，可以說是喪禮中最重要的儀式。對於負責主控告別式進行的司儀來說，自己就需要呈現出莊重哀悼的情感才是專業表現，這樣的情感需要在司儀的語氣、動作、態度上流露。有些司儀甚至會以哭腔代表家屬讀祭文，以表達喪親家屬對於往生者離去的不捨。禮儀師籌畫喪禮過程中，必然會與喪親家屬有長時間的互動。由於喪親家屬才剛面對親人離去的衝擊，禮儀師在工作過程中需要表現出關懷同理的柔性情感，但同時也要以莊重平靜的態度協助喪親家屬接受親友已經離去的事實，因為只有喪親家屬心情平靜下來之後才能與禮儀師討論後續喪禮規劃。倘若禮儀師過度表達哀傷情緒可能會促發喪親家屬反覆陷入強烈哀痛心情，無法適時適度冷靜來與禮儀師討論往生者喪禮規劃。哭喪女（孝女白瓊）則是喪禮中最具有情緒勞動性質的工作，她們以表現出強烈哀痛與哭泣來做為職業內涵，但是臺灣這樣的勞動服務需求有越來越減少的趨勢。

第二節　現代喪禮服務人員的角色期許

家屬、政府主管機關及喪禮服務人員本身，對於喪禮服務人員的角色期待，可以分為心理、社會、業務和教育四個面向。其中以業務面向為核心基礎，其他三個面向都是建立在「喪禮服務人員」的業務部分，也就是其專業知識。因此，如何培育喪禮服務人員的專業知識，並以證照制度作為其專業能力的認可，可以說是對於喪禮服務人員的角色建立希冀之所

在。如果喪禮服務人員的專業能力受到肯定，對於喪禮服務人員的專業能力產生信任，喪禮服務人員才能發揮其對於其他方面的影響力。

壹、心理層面

　　喪禮服務人員扮演的角色在心理層面，大眾期盼喪禮服務人員扮演協調者和陪伴者甚於輔導者，這是與現代社會中對於過去殯葬從業人員的刻板印象有關，認為輔導者的角色可以由心理輔導師或是宗教人員來擔當較為恰當。而在整個喪葬儀式中，因為喪禮服務人員是除了家屬外全程參與的人，因此，治喪過程中家屬間的糾紛，個人內心感到孤單、徬徨無措，由喪禮服務人員適時地扮演陪伴者和協調者正符合對於喪禮服務人員的角色期許。

　　對於「輔導者」與「陪伴者」角色在「臨終關懷及悲傷輔導」一節之中會有詳細探討。在此對「協調者」內涵進行說明。在治喪的過程當中，家屬間對於整個儀式會有不同的意見。尤其臺灣目前的喪禮儀式，受到儒家、佛教和道教的影響，因此，儀式紛雜，並沒有標準化的流程，並且在社會的變遷下，許多儀式面臨簡化與省略的趨勢，這時家屬之間可能會對儀節的實行與否及採取哪一種儀式有不同的看法，當意見衝突時，許多過去不愉快的情緒，也常常在喪失親人的低潮期爆發出來。這時喪禮服務人員是直接面對壓力的人，為了讓治喪過程順利進行，他必須擔任解決紛爭的協調者。

貳、社會層面

　　政府主管人員期盼喪禮服務人員作為政策的推行者與儀式的簡化者。對於此，喪禮服務人員大都表示接受與支持。但是當家族成員仍然保有厚葬習慣時，喪禮服務人員還是以顧客為依歸。並且在支持政府政策時，喪禮服務人員會陷入角色衝突的情境中，這是政府機關在期盼喪禮服務人員符合其希冀時，同時需要考慮的一個面向。

一、殯葬政策的宣導者

在整個治喪過程當中，喪禮服務人員與家屬的互動頻繁，並且隨著家屬對於喪禮服務人員的依賴，喪禮服務人員對於家屬的行為有顯著的影響力。有鑑於此，政府主管單位都期盼喪禮服務人員運用其影響力宣導政府政策，使殯葬改革的政策及計畫得以落實，又可減少家屬的反彈。

二、喪俗的改革者

隨著臺灣社會的進步及喪葬習俗的改革，儀式的簡化已成為時代的趨勢，也是政府主管機關持續推動的政策。由於喪禮服務人員是整個喪葬儀式的指導者，對於喪俗的改良、儀式的簡化，有著很強的主導力量。因此，政府主管機關非常期待喪禮服務人員配合政策，推行簡化喪葬儀式。

目前，簡化喪葬儀式已成為社會的主流訴求，喪禮服務人員大都會推行精簡的儀式，但是，過度簡化的儀式，部分家屬會認為不足以彰顯亡者的豐功偉業及家屬的社會地位，反而要求喪禮服務人員擴大儀式的規模，對於這點，喪禮服務人員都會順著家屬的意見。

此外，在筆者研究中受訪的喪禮服務人員也坦承，「喪禮服務人員」本身是一種職業，必然是以營利為目的，當儀式過度地簡化時，其利潤必然減少，這時，喪禮服務人員就會陷入「生意人」與「改革者」的角色衝突中。因此，喪葬儀式的簡化，要在符合家屬需要與維持喪禮服務人員的基本利潤中取得平衡，是政策推行的一個重要思考點。

三、殯葬志工

喪禮服務人員常常扮演志願工作的角色，尤其是傳統業者的喪禮服務人員，遇到社區內家境清寒無力負擔喪葬費用者或是單身的亡者、無名屍，這時喪禮服務人員就要擔當起社會責任，除了免費為他們服務外，還要捐贈殯葬用品甚至殯葬設施，大部分喪禮服務人員都樂意扮演此志願工作的角色。

另外一種是非志願的志工，有些家屬在突然面對親人死亡時思緒紛亂，無法思考。因此，由第一時間趕來的喪禮服務人員做初步的服務如

安排助念、代辦死亡證明、接運遺體等工作，等到親友聞訊趕來，推薦其他禮儀公司時，立即換人服務但對先前喪禮服務人員的服務未給付任何費用。對第一時間趕來的喪禮服務人員來講，就等於是扮演殯葬志工的角色。

參、業務層面

早期殯葬從業人員除了膽子比較大「不怕死人」以外，幾乎給人毫無專業的印象。經過社會的變遷，現代的喪禮服務人員除具備了從臨終諮商到後續關懷的所有治喪專業常識及技能外，還要有為家屬尋找各項社會資源及仲介殯葬設施的能力，而這些看家本領也正是喪禮服務人員獲得家屬信賴及獲利的重要來源。

喪禮服務人員的「專業性」是之所以受家屬倚賴的主因，因此喪禮服務人員的立足點就是其專業領域的知識。在現在社會中，喪禮服務人員的專業領域的範圍雖然還是以「禮俗的了解」為核心，但是政府主管機關與喪禮服務人員本身已經開始擴充自身的專業領域，讓其包含更廣的範圍。

一、治喪的專業者

喪禮服務人員對於喪親家屬而言，是治喪過程的指導者。喪禮服務人員所以能得到家屬信任，就是因為其對於喪葬儀式的專業了解，能夠為家屬解釋所有儀式的意義及安排執行的順序，並且為家屬妥善處理每一個步驟，無須家屬煩心。

對於家屬來說，喪禮服務人員最重要的涵養就是擁有對於喪葬儀式的「專業知識」。這是喪親家屬對於「喪禮服務人員」的角色期許，是「喪禮服務人員」被視為「專業人士」的主要原因。所訪談的喪禮服務人員中，有的認為其「專業」部分就是對於禮俗的了解，其他方面就不是其「專業」的範圍，這是他們對「喪禮服務人員」的角色認知，與喪親家屬的期許一致。

然而，筆者研究訪談的喪禮服務人員和政府主管機關人員，部分的

喪禮服務人員和機關主管對於「禮儀師專業領域」的認知已經開始擴展，不限於過去的喪葬儀式，把其他方面的知識，例如悲傷輔導、臨終關懷等等，都包含在他們對於「禮儀師專業領域」的認知之中。

雖然，對於喪禮服務人員的「專業領域」應包含哪些部分？喪親家屬、政府主管機關及禮儀師們本身之中都有不同的認知，但是，所有人對於「專業」的追求都是相同的。對於如何「專業化」，喪親家屬、政府主管機關和喪禮服務人員都認為「證照化」是一個很好的方法。雖然，有的喪禮服務人員質疑「證照」是否可以代表「專業」，但是都普遍認為「證照」對於其社會形象提升有正面的效果，對於政府的「證照化」政策，樂觀其成，認同「證照化」可以增加喪禮服務人員的「專業性」，也可以增加家屬的信賴，使得「喪禮服務人員」成為一項「專業」的職業。

二、社會資源的協尋者

喪禮服務人員除了對於喪葬儀式的專業知識外，還會協助家屬申請勞、公保或人壽保險死亡給付、喪葬補助。具有榮民身分且服役期限合乎規定者也應該需要為他們申請免費使用墓地、塔位，且向榮民服務處及有關單位申請慰問金及喪葬補助。因此，喪禮服務人員需要對於法律或是保險契約有所了解，以便協助家屬爭取應得的理賠或津貼。

三、殯葬用品及設施的仲介者

早期殯葬用品選購，大都數由親友中對該產品較內行者，或曾辦過葬事的鄰居陪同家屬選購。殯葬設施如墓地、靈骨塔位，則大都慎重其事地委託地理師或宗教師代為尋找藏風納水的吉地，以期能庇佑子孫。

近來因火葬盛行，喪期大幅縮短，加上鄰里互助的機制逐漸式微，所以殯葬用品及設施的推薦選購，家屬大都委由禮儀師統籌辦理。喪禮服務人員這方面的訊息較靈通且較了解經營者的底細，用料不實、信譽不佳、不合法或經營不善者，喪禮服務人員可為家屬汰除。遇到消費糾紛，喪禮服務人員還可協助家屬爭取權益或解決問題，為家屬增加一份保障。

目前，仲介殯葬用品及設施已成為禮儀師的主要工作之一，其仲介費

也成為喪禮服務人員的主要收入之一。

肆、教育層面

Glass & Trent 在 1982 年提出，死亡教育探討人們之間的人際關係以及人與這個世界之間的關係；死亡教育幫助人們深入思考這些問題，增進人們生命及人際關係的品質（陳芳玲，2000）。喪禮服務人員在進行工作時也是一種對於死亡的教育活動。

一、孝道的弘揚者

臺灣社會主流的喪葬儀式架構，即使有部分加入佛教或道教的儀軌，但仍是以儒家思想為其核心，整個治喪過程仍為中國倫理價值的表現形式。因此，每個儀式之中都含有孝道的概念。例如早晚上香、拜飯、打洗臉水等就如同父母健在時子女晨昏定省、服侍飲食起居等孝順的表現。此即《中庸・第十九章》所謂：「事死如事生，事亡如事存，孝之至也。」當喪禮服務人員在向家屬闡述儀節式的意義時，就是孝道的宣揚。對於儀節意義的了解，也是喪禮服務人員之所以「專業」的原因，如果對於喪葬儀節無法闡釋意義、說明來源，也會被家屬或親友質疑其專業能力。

二、正確生死觀的推廣者

中國的傳統觀念當中，對於「死亡」的話題比較忌諱，因此平常對於「生死問題」並沒有深刻的思考，但是當自己的親友逝去時，有關「死亡」的議題就會刺激到家屬的腦海裡。喪禮服務人員每日的工作中，就是在面對生死，因此對於「死亡」這個議題會有較為深入的反省，此時，當家屬因為親友逝去，面對「死亡」的議題時，喪禮服務人員擔任起生死教育者的角色，幫助家屬認真的思考「死亡」的意義，建構一個健康豁達的人生觀。

三、殯葬儀節的指導者

在面對喪親時，家屬常會陷入一種無助的狀態。尤其在現代社會，大家對於儀式流程感到陌生，也不像早期，由整個家族或左鄰右舍來協助治

喪。因此，喪禮服務人員在家屬不知所措、沒有準則可以遵循時，應該擔任起整個殯葬儀節的指導者，藉由自己喪葬禮儀的專業，讓整個過程順利圓滿地完成。

　　喪禮服務人員因為其特殊的工作內容，因此，同時擔任孝道弘揚與正確生死觀的推廣者及殯葬儀節指導者的身分，這可以使得家屬在親人遠離自己的時刻，重新思索對於死亡的觀念與中國倫理背後所要傳達的意涵。

　　家屬、政府主管機關與喪禮服務人員本身對於自身角色的期許，即是以喪禮服務人員的業務層面為基礎，並以此還涵蓋其他層面。喪禮服務人員之所以是喪禮服務人員，就是他擁有喪葬儀式的專業知識，了解整個治

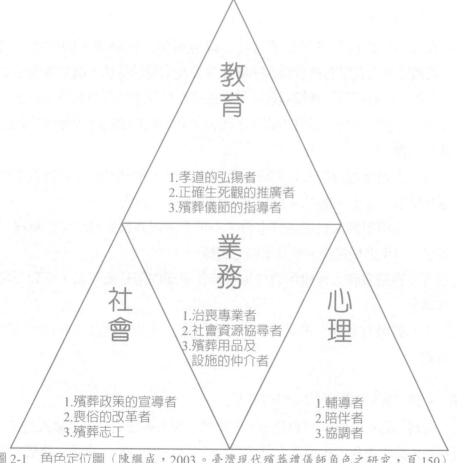

圖 2-1　角色定位圖（陳繼成，2003。臺灣現代殯葬禮儀師角色之研究，頁 150）

喪過程中的個個面向和禮俗儀節，幫助家屬順利完成整個喪禮。

　　大家對於喪禮服務人員其他層面的期許也是建立在「專業性」這個基礎之上。喪禮服務人員擁有如此的專業知識，才能在社會層面上推行政府的政策，在教育層面上，幫助家屬體會生死的意義與中國孝道思想，在心理層面上、在整個治喪過程中陪伴家屬，減輕家屬的心理負擔。喪禮服務人員的角色建立，是根基於大家對於喪禮服務人員專業能力的信任之上的，這是大家對於喪禮服務人員的角色期許。

第三節　現代喪禮服務人員的職業倫理

壹、職業倫理

　　職業倫理是從業者的道德規範，以導引個人在職業上的行為。尤其，喪禮服務人員常有機會深入了解往生者及家屬的隱私，職業倫理顯得更為重要。一般而言，喪禮服務人員最起碼要具備下列各項的職業倫理：

1. 守信：一經應允絕對信守承諾，不可假借名目哄抬價格，或藉機推諉，背信忘義。
2. 守時：治喪流程皆按預定的時辰及程序進行，喪禮服務人員絕對不可遲到早退，且至少應提前半小時到達現場。
3. 守份：喪禮服務人員應謹守本份，不可干涉或評論與自己工作無關之事項，以免造成禮儀公司及家屬之困擾。
4. 守密：喪禮服務人員應保護往生者及其家屬的隱私及祕密，絕對不可洩露。
5. 公正：對所有家屬一視同仁，不可因財富、地位、關係不同而有差別待遇。

貳、人格特質與工作態度

　　人格（personality）可說是個人的遺傳和學習經驗結合，是個人過去、現在和未來的總和，也是個人所特有的行為方式與表現，更是自我概念的

延伸。心理學經過長期的研究累積與成果歸納，多數心理學者目前都同意五項人格特質面向（Big Five personality dimensions）是個人性格的主要構成基礎：

1. 經驗開放性（Openness to experience）：個人的開放態度、想像力、好奇心程度。
2. 負責性（Conscientiousness）：個人的勤勉、負責、細心程度。
3. 外向性（Extraversion）：個人的社交、主動、自信程度。
4. 親和性（Agreeableness）：個人對於他人的信任、同理、容忍程度。
5. 情緒穩定性（Neuroticism）：個人的情緒穩定、自我控制程度。

　　心理學者 Murray R. Barrick 與 Michael K. Mount（1991）回顧整理心理學界關於五大人格特質面向與職場表現的研究，指出不同人格特質面向確實對於不同類型的工作表現具有一定程度的可預測性。舉例來說，工作人員的「外向性」可用來預測具備社交性質工作（業務、管理）的工作表現。倘若人格特質面向中「外向性」偏低的人，可能在從事這類性質工作的表現就會受到限制。另外，人格特質中「負責性」高的人雖然在創意類型工作表現未必特別突出，但是在其他多數職務上的工作表現上普遍上是正向的。

　　臺灣現代喪禮的工作類型相當多元，無法簡化成單一職務工作，因此不同人格特質面向可能都會影響喪禮工作的工作表現。但是保持良好的工作態度對於所有喪禮工作來說應該都是相當重要，一個稱職的喪禮服務人員最好具有下列工作態度：

1. 細心：心思周密，鉅細靡遺。
2. 耐心：長久忍受，耐勞耐煩。
3. 同理心：設身處地，將心比心。
4. 親切：誠懇友善，平易近人。
5. 實在：言而有信，實實在在。

第三章

殯葬禮儀之規劃及諮詢

　　殯葬禮儀的規劃設計與諮詢服務為喪禮服務人員主要服務項目之一，除非是突然發生的意外事故，無論其宗教信仰如何，大部分家屬為了親友在逝世時能依循理想之儀節，避免因有所疏漏而遺憾，所以多半在親友病危之時，就會以電話諮詢喪禮服務人員相關儀節，同時也會詢問整個治喪流程與費用。對於禮儀公司來說，這些諮詢都屬於免費的服務，重點是希望家屬能藉此了解其專業性，以此作為其選擇禮儀公司時之參考。

　　在經由電話的進一步聯繫與確認之後，喪禮服務人員應親自與家屬面談，深入討論整個治喪流程及儀節。喪禮服務人員在此時會針對家屬需求，包括經濟能力、宗教信仰、適合規模、安葬方式、特殊需求等，來規劃與設計殯葬禮儀。

　　完全依照家屬需求所設計的客製化（customized）殯葬禮儀是最佳的，但是其成本高昂，不是大都數家屬經濟能力所能負擔。因此，兼顧節約費用，又可滿足家屬需求的原則下，以套裝殯喪服務契約為主架構，再依家屬特殊需求對部分儀節及用品做調整，為目前最流行的殯葬禮儀規劃與設計方式。

　　一個合格的禮儀師或專業禮儀服務人員，應深入了解下列現代臺灣常見的殯葬禮儀服務流程及儀節，才有能力為消費者提供專業的規劃及諮詢。

第一節　臨終關懷服務

壹、二十四小時服務

　　死亡隨時都可能發生，因此喪禮服務人員除了正常上下班外，還要全年無休、全天候地待命，隨時接聽電話，並以最快的速度到達服務地點，

否則生意隨時會被別人取代。

貳、免費諮詢

　　大部分家屬在接到醫院病危通知或親人病情惡化，就會請教最近剛辦過喪事或從事與殯葬有關行業的親友（如花店、誦經團、靈車、殯儀館員工）提供建議及推薦禮儀公司。也有上網查詢或以電話詢價，合意後再要求派禮儀師或喪禮服務人員當面洽商或由家屬自行到禮儀公司洽談。

　　禮儀公司接到電話後，會立刻派遣輪值禮儀師或喪禮服務人員攜帶流程表、報價單及各式殯葬用品的照片前往準客戶指定的地點，或由禮儀師在公司敬候客戶上門。

　　大部分的家屬都是詢問治喪流程及價格，近幾年因生死教育的推廣，社會大眾面對死亡的態度已逐漸開放，不再忌諱談論死亡的話題。所以，如果時間許可，很多家屬會詢問一家以上的業者且大都以價格為優先考量。當然，禮儀師的形象、談吐、專業能力，也是重要的考量依據。另外，禮儀師或喪禮服務人員不同於律師，一切的諮詢皆是免費。

參、接到電話並確認

　　禮儀師或喪禮服務人員接到家屬或「椿腳」[1]電話後，簡單詢問臨終者或亡者姓名、主要家屬姓名、電話及醫院名稱、床號或喪宅地址後，立刻搭乘最快捷的交通工具迅速前往臨終地點。

　　若接到態度曖昧、語焉不詳的可疑電話，除上述制式詢問外還會特別請教來電者與臨終者的關係、病況，並要求對方留下電話號碼，確認不是惡作劇後才出發。

---

[1] 椿腳：殯葬業的術語，指常為禮儀公司介紹生意的人，如看護、救護車司機等。

肆、迅速到達臨終地點

一、醫院

　　禮儀師或喪禮服務人員以最快的速度到達現場，除了讓家屬安心外，另外最主要的考量是怕生意被「洗掉」[2]。喪禮服務人員大都會在遺體被太平間的工作人員推出病房前趕到，到達後首先先將往生被（或十字被）蓋在死者身上，再將念佛機（基督、天主教徒除外）打開放在死者的耳邊，然後請家屬圍在四周隨著念佛機唱誦彌陀聖號。

　　太平間的工作人員推著推床到達病房後，喪禮服務人員會引導家屬代表（通常是長子或長孫）輕聲地在死者耳邊說：「爸爸（阿公）您的病都好了，請您放輕鬆，我們要幫您換床，接您出院了。」然後請家屬到病房外等候，這時禮儀師或喪禮服務人員協助太平間的工作人員，通常是三個人：一個拉床單靠頭的部分，一個由推床邊橫跨拉住床單的中間，一個拉住腳的部分，然後數「一、二、三」同時將床單提起，將遺體輕輕地搬移到推床上的屍袋內，將手、腳、頭固定在適當位置後，將念佛機放在死者耳邊蓋上往生被拉上屍袋拉鍊（不用屍袋者以床單從頭到腳包裹住遺體）。再蓋床罩後推出病房與門外的家屬會合，然後搭乘專用電梯將遺體暫放在助念室或太平間的大廳。

二、喪宅

　　在自宅臨終有兩種情況：一種是臥病在床，一種是臨終前從醫院運回自宅。通常喪禮服務人員接到電話後會先詢問家屬家中是否有木板或床墊可以當「水床」[3]，若無，喪禮服務人員通常會攜帶摺疊式水床、靈位牌、引魂幡、幡竹、葫蘆燭、香、香爐等安靈用品，飛快地趕到喪宅。

---

2 洗掉：殯葬業的術語，指已談妥或預約的生意被同業或相關人員搶走。現在殯葬的生意競爭非常激烈，除了醫院太平間的特約葬儀社外，看護、往生助念的蓮友、志工都會非常「熱心」、「積極」地推薦禮儀公司，常給業者、喪家帶來困擾。

3 水床：在正廳或客廳用木板、門板或床墊擱在兩張長板凳或六個圓板凳上，再鋪上草蓆或床單供臨終者躺在上面，等待斷氣。現在大都由禮儀公司提供摺疊式水床，既簡潔安全又美觀，用後由禮儀公司攜回，可重複使用。

抵達後先鋪好水床，再察看病人身處何處、狀況如何。若病人在臥室內即將斷氣或從醫院運回即將到家，則先向家屬說明下列兩種處理方式或請教家屬其家族是否有其他的特別方式。

(一)遵照佛教的儀軌

依佛教的儀軌，此時以助念為宜，一直到斷氣後八小時最好不要觸碰遺體[4]，更不可為病人沐浴、更衣[5]。往生後喪禮服務人員立刻聯絡法師或蓮友助念。在他們到達前先打開隨身攜帶的念佛機，陪同家屬唸誦阿彌陀佛聖號，病人斷氣後引導家屬為其蓋上往生被，並持續助念直到往生後八小時，但不燒腳尾錢，不拜腳尾飯。

(二)遵照臺灣的習俗

在病人斷氣前用紅紙或米篩將神明及祖先牌位遮起來（不在同一樓層者免），再將病人搬到大廳或客廳的水床上，立刻為其沐浴、更衣，根據傳統的說法這樣死者才能得到這套壽衣。將病人搬到水床上是避免臨終者在臥室內斷氣，陰魂盤踞在房內不利子孫。

病人斷氣後喪禮服務人員引導家屬為死者蓋上水被（或往生被）、準備腳尾飯、燒腳尾紙、魂轎，並聯絡道士或法師唸腳尾經或開魂路。

三、意外死亡陳屍現場

接到意外、自殺、他殺或不明死因的個案電話，喪禮服務人員除了準備一般禮儀用品外，還要特別攜帶屍袋、鞋套、塑膠手套、口罩、剪刀、繩索、防護衣、防護鞋或長統雨鞋、銀紙、往生錢等現場用品。

禮儀師率喪禮服務人員到達現場後，協助警方拍攝現場照片，確認死

---

[4] 往生後八小時內不可觸碰遺體：佛教經典並無記載。此乃弘一大師在隨堂開示中所倡導，他認為神識離開肉體的時間因人而異，所以在往生後八小時內不動遺體較保險。

[5] 臨終者最後一念，往往在斷氣後一段時間，意識才逐漸消失，他的神識（靈魂）也要八至十二小時才離開身體，因此，在斷氣後立刻洗身、更衣，或伏在遺體上大哭大搖……，都會障礙他往生（智敏、慧華金剛上師，1999：38）。

者身分，有時尚須解下上吊或打撈浮在水面的遺體，嚴重的交通事故或爆裂現場還要撿拾殘缺的屍塊。家屬到現場後禮儀師應先確認死者的宗教信仰，民間信仰者或佛教徒為其蓋上亡者往生被，打開念佛機再電請法師或蓮友助念。若是傳統民間信仰者尚須燒腳尾錢。

意外死亡者的家屬，情緒比自然亡故或自殺死亡的家屬激動得多，常見交通事故或兇殺案的現場家屬氣憤地追打肇事者或加害人，這時喪禮服務人員常扮演開導者的角色，全力安撫家屬情緒。

檢察官率法醫到現場相驗遺體時，喪禮服務人員則扮演法醫助手的角色，負責搬運大體甚至撿拾屍塊拼湊遺體、剪除衣服、翻身、拍照及驗後著衣、安置大體、清理現場等工作。

一、已斷氣

(一)從醫院接到殯儀館

接體車大都會在指定時間前 15 至 20 分鐘到達，並知會喪禮服務人員。助念結束後，喪禮服務人員帶領家屬禮謝法師及蓮友（通常行問訊禮），法師回禮離開後，喪禮服務人員先請家屬代表在亡者耳邊輕聲地說：「爸爸！法師及眾蓮友已經為您助念了八小時，請您萬緣放下跟隨阿彌陀佛到西方極樂世界。現在我們將您的大體送到○○殯儀館，請您不要害怕，放輕鬆跟我們一起去。」然後喪禮服務人員與接體車司機及助手（若無助手或體型龐大者，通常會請男性家屬幫忙），先在擔架上鋪好屍袋，再將遺體自推床上移到擔架上的屍袋內，拉上拉鍊。

推出助念室後家屬尾隨至接體車，上車前家屬先請亡者上車，然後家屬（最少一人，最多三人）隨車護送，遇到橋樑、隧道、岔路，擔心亡者靈魂跟不上，所以喪禮服務人員會帶領家屬預先向亡者叮嚀：「爸爸（阿公）！要過橋了您要跟好喔！」抵達殯儀館時，喪禮服務人員及家屬一人（其他家屬留在車上）迅速地到殮房辦理遺體進館手續[6]。

完成手續後，司機打開後車門，喪禮服務人員帶領家屬請亡者下車

---

[6] 進館手續：指填寫入館表格如殯葬設施使用申請書、委託書、遺體識別手環、遺體名牌等。

並說：「爸爸（阿公）！○○殯儀館到了，請您放心慢慢下車！」司機將擔架車推至殮房穿堂由館內工作人員接手，帶上遺體識別手環後推到冷藏室，打開冰櫃門，將不鏽鋼床拉出一半，先請家屬稟告亡者即將換床，然後在兩位工作人員、司機及喪禮服務人員的同心協力下數「一、二、三」，然後將遺體自擔架上抬至冰櫃內的不鏽鋼床上。

工作人員在頭下放上不鏽鋼枕，拉開屍袋打開往生被，露出死者頭部後，審視其頭部是否與身體成一直線。若有傾斜彎曲，則用雙手順直。再蓋上往生被，拉上屍袋。關上冰櫃門之前，由喪禮服務人員引導家屬在冰櫃前齊聲恭請亡者暫時在此休息，三叩首後起立，工作人員迅速關上冰櫃，並告知家屬冰櫃編號。

這時禮儀師或法師引導家屬至引魂室或牌位區，迅速寫好牌位，點燃香燭後請其中一位家屬代表至地藏王菩薩神位前上香，稟告亡者姓名，請菩薩保佑，再給每位家屬一炷香在新豎立的靈位牌前上香，默唸，請亡者萬緣放下一心追隨阿彌陀佛到西方極樂世界。禮儀師或喪禮服務人員將香收集好，同時插在室外的共用香爐上，接體的工作才告一段落。

(二)從家裡接到殯儀館

在家斷氣後再接到殯儀館的案子，大部分是居住在都會區的民眾，為了滿足病人「回家」的心願，又要考慮自宅空間狹小或子孫無法守靈的各種不便，所以喪禮服務人員常建議家屬採這種折衷的方式，病危時送回家裡，斷氣後在家助念八小時後，再接到殯儀館冷藏。

通常接體車會比預定時間早十五到二十分鐘抵達喪宅，與喪禮服務人員勘估地形並簡短討論搬運路線後，在旁待命。若亡者體格特別龐大或樓梯狹小無法多人搬運，則由接體人員抱或揹下樓，禮儀師或喪禮服務人員及家屬前後隨行以便傾倒時伸出援手。

搬運遺體前及上下車、過橋、過隧道等時刻，喪禮服務人員都會引導家屬預先向亡者稟報，以便亡靈有心理準備。

到館後的程序與上一段，從醫院接到殯儀館相同，不再贅述。

(三)從意外死亡現場接到殯儀館

意外事故的遺體絕大都數接運到殯儀館冷藏，除了臺灣傳統習俗「冷喪不入莊」，橫死者或在外死亡者遺體不可運回家中的禁忌外，檢察官尚須擇期解剖，還有遺體腐敗、屍臭、傳染病等衛生上的顧慮，這是禮儀師或喪禮服務人員強烈建議運送到殯儀館的主因。

從意外事故接到殯儀館的遺體，若有腐敗或屍臭現象，喪禮服務人員及其助手大都會用長、寬各270公分的大型塑膠布包裹遺體，再用繩子從頭到腳分段紮緊再套上多重屍袋，直到異味不會滲出為止。

第二節　初終的民俗儀節

壹、辭神／謝願

有些久病在床或罹患絕症的病人，當群醫束手無策時，常會祈求鬼神的幫助以祈戰勝病魔，當病人陷入重度昏迷、血壓急速降低、脈搏減弱、瞳孔放大進入瀕死狀態時，家屬召回在外子孫，請來禮儀師、宗教師準備為親人送終，但有時等了半天甚至一兩天，仍未斷氣。

這時禮儀師或宗教師就會詢問家屬是否曾向神明許願，若答案是肯定的則立刻安排辭神儀式，以辭退神明的助力讓病人早日安詳往生（去世）。辭神時禮儀師拿三炷香、刈金或四方金各三支請家屬代表一人，跪在家門口拜三拜，口中默念：「上請天公，下請土地公、十方眾神、慈悲菩薩。病人本人及其家屬以前曾向眾神祈求，讓他早日康復延年益壽。凡是許過的願，尚未還的，將由全體家屬代病人謝願；祈求十方眾神、慈悲菩薩放手，讓病人安詳往生。」拜三拜，把香插在地上然後燒金紙，之前病人向神明祈求的符咒、香火袋也一併焚化。

貳、遮神

　　將病人自醫院或臥室移入客廳（或大廳）前，先用紅紙或米篩將神明及祖先神位遮起來稱為「遮神」。其目的，在於避免彌留或斷氣後[7]為亡者沐浴、更衣時裸露身體對神明及公嬤（祖先）不敬（俗稱「見刺」）。

　　另外一個原因是不忍祖先看到子孫死亡而哀傷，目前臺灣地區在宅治喪仍保留此做法，但水床或靈位牌與神桌不在同一樓層或遺體及牌位均設在他處（如殯儀館）者則免遮。

參、示喪／貼紅

　　示喪的功能在於告知左鄰右舍及來訪親友家中有人過世，至於是何人去世，只要看所貼字樣即可得知：「嚴制」代表宅中輩份最高之男性過世，「慈制」代表宅中輩份最高之女性過世，「喪中」或「忌中」代表長輩尚存，晚輩去世（如宅主過世，但其父或母尚存）。

　　以前喪家大都請人當場用毛筆書寫黑字在白紙上，目前，喪禮服務人員都先以電腦列印各種字樣及背景圖案在不同顏色的紙上供客戶選用。

　　貼紅通常由喪禮服務人員用長方形的紅紙貼在喪宅鄰居的門上，其目的有三：一、避免弔喪親友或治喪人員按錯門鈴誤闖鄰宅。二、避免亡者靈魂返家時走錯家門。三、為鄰居討個吉利避免觸霉頭。

殯葬禮儀──理論與實務（增訂版）

[7] 遮神時機之演變：

　(1) 光復前：一般民**眾**大都居住在四合院，彌留時大都將病人移到公媽廳（大廳）的水床上，等斷氣後用「米篩」遮神才開始沐浴。

　(2) 六七十年代：人民生活逐漸改善，住在公寓「販厝」的小家庭日漸增多，這時在醫院過世的現象日益普遍，就算臥病在家或由醫院運回家中客廳（已少有祭祀神明公媽的專屬大廳）水床的，也大都先將神明公媽牌位用紅紙或米篩遮住，以便在病人斷氣前為其沐浴、更衣，這時的主流觀念認為斷氣前為病人穿上的衣服，死後才能確保得到。

　(3) 八○年代迄今：佛教往生後八小時內不可觸碰遺體的觀念逐漸被佛教信**眾**接受，所以在宅治喪者在助念八小時後才為亡者沐浴、更衣，而遮神的時機仍維持在病人移入大廳前。但遮神的用品因大都數家庭已無「米篩」可用所以大都改用紅紙。

圖 3-1　現代化的示喪（德元禮儀公司提供）

肆、助念／腳尾經

　　不論是臥病在床或從醫院接回家裡，往生後禮儀師或喪禮服務人員大都會依死者或家屬的信仰安排一些宗教活動，如佛教信眾的助念、民間習俗的念腳尾經或開魂路。其場地因死亡的地點不同可細分如下：

一、在家去世

(一)助念

　　佛教信眾的做法，助念成員以法師及蓮友為主，不收費，除諾那華藏精舍[8]助念團不限資格外外，其他助念單位，大都要求往生者或家屬須與該團體有往來或淵源。助念方式以唱誦阿彌陀佛聖號為主，讓往生者心靈平靜，時間以八小時為最普遍，人數最少一人多可至三四十人，完全視往生時蓮友是否方便前來。

---

[8] 諾那華藏精舍：智敏、慧華金剛上師所創，不論往生者身分、宗教皆可派人助念。全國各地設有十六個免費助念團（詳細資料請參閱附錄）。

民間習俗的做法，以道士或誦經團師姐為主要成員，唱誦彌陀經，普門品，大悲咒，心經，往生咒等經咒為主，主要功能在超渡亡靈，人員以奇數三、五、七或九人為主，時間以偶數計算，以二小時為一單位，因須收費，所以人數、時間完全由家屬決定。

(三)開魂路

開魂路為民間傳統做法的第一場法會，主要目的是為剛去世尚在茫茫渺渺，不知何去何從的亡靈指點迷津。引導它到應該去的地方報到，以免流離失所淪為惡鬼為害人間。

臺灣北部地區以釋教[9]，中、南、東部以道教科儀為主，收費，時間約四或八小時，成員六至七人，須搭三寶或三清法壇。過程以淨壇、請神、發表、引魂、拜懺、唱誦渡人經、解結、跑赦馬、過橋、還庫（燒庫錢）、謝壇為主[10]。

二、在醫院去世

為在醫院往生者的助念服務，因醫療院所的設備不同、規定不同而有所差異，禮儀師或喪禮服務人員應詳細了解每家醫院的規定，以便為家屬提供諮詢及建議。臺灣地區醫療院所的規定大概有下列幾種：

(一)直接在病房內助念

病人往生後不觸動其遺體是佛教界的主張，為達到此目的，只有直接在病人往生的病房助念才能達成。但大都數醫院都不准，只有少數醫院允許單人病房家屬在病房內助念，但必須降低音量不可影響其他病人安寧，時間以八小時為限。

---

9 釋教：為迎合民間傳統信仰者的需要而創，北部地區法師以佛教經懺為主再加入解結、走赦馬、過橋、打城、走藥懺等部份道教科儀以增加可看性，為了便於區別而自稱「釋教」。

10 科儀及唱誦經文：因區域、時間、收費、家屬要求或道壇派別而有所差異

(二)在安寧病房附設助念室助念

目前設有安寧病房的醫院大都在該病房的同一樓層附設有「往生室」或「助念室」，方便往生病人助念，有些醫院允許病人在彌留之際，先移到助念室助念。

(三)在太平間附設的助念室助念

在太平間附設助念室助念最普遍，蓮友或法師發給在場家屬每人一本課誦本後開始助念，助念一段時間後，由法師或資深師兄（姐）為往生者開示，助念的時間大都是八小時左右，時間太長遺體可能會有異味或者家屬可能體力不濟。

助念時禮儀師或喪禮服務人員應協助家屬到護理站申請死亡診斷證明，繳交醫療費用辦理離院手續，有些醫院還要辦理遺體放行條（如臺北榮總）。手續辦妥後，喪禮服務人員再回到助念室外與主要家屬商定暫靈地點、遺體運至何處、何時運送等初步治喪程序。

有了結論後，喪禮服務人員再離開助念室到一樓聯絡靈堂佈置人員、救護車、安靈法師等工作人員，再到便利商店買礦泉水、便當、面紙等用品供助念人員及家屬使用。後續工作安排妥當告知家屬接體的時間後，喪禮服務人員大都會先行離開助念室，等接送時間再出現。若家屬人丁單薄或依賴性較重，則會留在助念室助念一直到接體車到達。

三、意外去世

意外去世能否在現場助念，取決於現場空間是否足夠、安全，大體是否有腐敗、屍臭及傳染病等因素，喪禮服務人員須詳細評估為家屬提供最好、最安全的建議。

一般來說，無加工自殺的個案如燒炭、上吊、墜樓、割腕、瓦斯或藥物中毒等，在現場助念無安全顧慮，不會妨礙公務或他人時，如果家屬有意願，禮儀師或喪禮服務人員大都會盡量安排助念，但是要事先提醒家屬不可進入封鎖線內。

不可或不便在現場助念的個案[11]，喪禮服務人員應安排法師到現場引魂至自宅或殯儀館助念，不可勉強留在現場，以免增加辦案人員的困擾。

伍、豎靈

按照臺灣的習俗，入殮後佈置臨時靈桌，其上安置遺像、魂帛（靈位牌）、香爐、蠟燭，以供弔喪親友上香及早晚捧飯。靈桌下放矮凳一張，凳下放亡者拖鞋一雙、盥洗用品一套（洗臉盆、毛巾、牙刷、牙膏、漱口杯），近來因治喪空間及習俗的改變，豎靈方式大略可分為：

1. 停柩在堂

入殮後直接在大廳或喪棚設置三寶架或佛式靈堂。

2. 在館治喪

大致上有下列三種豎靈方式

(一)豎靈在牌位區

早晚捧飯由館內人員代勞，但因牌位眾多、空間狹小，無法放置大型遺像及亡者衣服。

(二)返宅豎靈

遺體入櫃冷藏或入殮停柩後，由法師引魂返家。

(三)寺廟豎靈

方便亡靈就近聞經聽法，早日往生西方極樂世界。

---

11 不可或不便在現場助念的原因：
  (1) 安全上的考量：如車流頻繁的交通事故現場、荒郊野外、空間狹小的房間、重大公安事故或刑案等有安全顧慮的場所。
  (2) 衛生上的考量：有些遺體被發現時已經死亡多日，遺體嚴重腐敗或屍臭嚴重得令人作嘔。
  (3) 時間上的考量：溺水遺體離開水面後會加速腐敗，為了減少暴露時間，所以在法醫相驗後大都立即打包送館冷藏。

陸、擇日

擇日是我國固有的傳統文化，國人在生命的重要過程如入學、出行、訂婚、安床、嫁娶、動土、開市、上樑、入宅、安香、入殮、移柩、安（火）葬、立碑、修墳、謝土、祭祀、啓攢（撿骨）等都要選個可趨吉避凶的黃道吉日。

死亡向來被視爲凶事之極，因此，對於吉日良辰之選擇特別慎重。在消極方面，避免觸犯凶神惡煞以免影響後代子孫的福祉。在積極方面，希望選擇吉日良辰使子孫能逢凶化吉否極泰來。

禮儀師接案後依據往生者及主要眷屬的生肖[12]（出生年、月、日），先選擇適合入殮的時辰，再配合墳墓或塔位的坐向、分金、五行、龍運、庫運等等要件以選擇適合安（火）葬、進塔的吉日。

早期擇日都由擇日師或地理師負責，近來因火葬普及，火葬爐及殯儀館禮廳在吉日（好日）一廳（爐）難求[13]。爲了爭取時間，入殮、火葬時辰大都由禮儀師或喪禮服務人員根據通書代爲選擇；土葬因須配合墳墓坐向較複雜，除了少數具擇日地理學養的禮儀師外，大都仍委由地理師負責。

柒、接棺

在鄉下地區棺木購妥後須請鼓吹一路吹送到宅，都會區大都省略。棺木到達喪宅時，喪禮服務人員會請全體家屬穿著孝服跪在棺木前焚燒用銀紙摺成的元寶，口中唸著：「爸爸（媽媽）！您的大厝買回來了」。表示棺木是子孫用錢買回來的，讓亡者安心進住。

這時禮儀師或喪禮服務人員將象徵子孫團結的箍桶篾，及祈求子孫富貴的米一包、紅包一個（內放六百或一千二百元）放在棺木上稱「磧棺」；

---

[12] 主要眷屬：指死者配偶、子、女、媳婦、長孫等。

[13] 研究者根據通書統計1993-2003年的十年間，平均每年適合安葬的吉日只有52天，這就是殯儀館的禮廳、火葬爐在吉日一廳（爐）難求，平日或凶日門可羅雀的主因。

元寶燒完後請家屬先進入屋內，吉時一到，禮儀師指揮「落板」工人，將棺木從貨車上抬到水床邊，殯工迅速在棺底鋪上一層庫錢，然後鋪上、下水被及棺底蓆。

第三節　治喪基本流程

壹、治喪協調

　　現代人的治喪大權，已經從一切由長輩作主的獨裁方式，演變成孝子、孝媳、孝女、女婿等共同協商決定的民主方式。禮儀師或喪禮服務人員也漸漸取代「長輩」，提供禮儀諮詢、安排治喪事宜的功能，且扮演的是提供專業服務換取報酬的專業服務人員的角色。當然家屬也轉換成消費者、主導者的角色。

　　因此，治喪協調變得非常重要，它是禮儀師與家屬、家屬與家屬之間溝通、協調最有效的方法。舉凡治喪的各項儀節，作七的次數、做法，訃聞印刷的數量、封釘的人選、禮堂的佈置、喪式的選擇，出殯日期、埋葬、火化的時辰、宗教科儀的選擇、受禮及接待人員的分派、交通工具的租借、尾食宴的安排、費用的分攤。

　　甚至奠儀收入如何分配、罐頭塔、祭品由誰回收、返主後神主牌由誰供奉等等鉅細靡遺的問題，都可以在治喪協調中充分交換意見，有了結論後由禮儀師或喪禮服務人員記錄，家屬簽名，作為治喪事宜的最高指導原則。

　　因治喪服務是禮儀師的專業，所以，議題大都由禮儀師主導，有關殯葬用品、殯葬設施及服務的介紹、報價、折讓等問題由禮儀師負責解答，家屬之間有治喪爭議時，也大都由禮儀師負責調解。

　　最後依據協商結果排定治喪時程表，並由家屬代表與禮儀公司簽訂內政部所公告的《殯葬服務定型化契約》，完成治喪依據及基本架構。

貳、訃聞撰印

請詳參第四章《殯葬文書之設計及撰寫》

參、作七安排

按照民間流傳的說法，人死後要到陰間報到，並得每隔七天，按照順序從第一殿到第十殿，接受一位王官的審問。因此，往生後每隔七天為亡者「誦經禮懺」一次，祈求眾神幫助亡魂消除業障，早日離開地獄，重新投胎做人。

這幾年佛教團體大力倡導往生助念，強調只要往生時家屬及蓮友在旁為其助念就能幫助亡者放下萬緣，一心跟隨阿彌陀佛往生西方極樂世界。目前，往生助念的觀念已經越來越普及；相對地，作七的重要性正逐漸式微，加上工商社會忙碌緊張的生活，大部份家屬也無暇遵循古禮，每七天做一次「七」。

目前較通行的做法是死亡後第六天晚上，延聘宗教師做頭七，家屬可選擇較隆重的功德法會或簡便的誦經方式；功德法會須四小時左右，所以大都從晚上七時左右開始；誦經只須兩小時，大都從晚上九時三十分開始。到十時五十分時所有活動暫停，全體家屬以默哀或念佛號十分鐘代替「作孝」[14]，然後繼續誦經至十一時三十分結束。

閩南人「三七」為「女兒七」，所有花費如法師紅包、場租、祭品、供品、餐飲等都由女兒或女兒們分攤支付；現代「三七」的時間，不一定在死後第二十一天舉行，而是由禮儀師或宗教師根據下列原則安排：

一、出殯前做完所有的「七」，出殯後安「清潔靈」[15]。

二、往生後第六天晚上做「頭七」，出殯前一晚做「滿七」，三七、五七則在頭七後、滿七前的空檔，不計天數地安排進去。

---

[14] 作孝：民間傳統認為，人死後第七天才知道自己已經死亡，靈魂會在第七天子時（即第六天晚上十一點）以後回家，為了避免讓亡者先哭，所以子孫必先於亡者到家前先號哭，這個動作稱「作孝」。

[15] 清潔靈：指已經做完所有的「七」，家屬不再早晚捧飯、帶孝，結束居喪期生活，回復常態。

三、出殯前只做一次「七」，稱「圓滿七」，三七、五七、滿七省略。

　　安排作七事宜是禮儀師或喪禮服務人員的重要工作之一，舉凡時間排定、法師約聘、場地安排、祭、供品採購等都應規劃妥當，對於作七的意義及做法的變遷也應透澈了解。

肆、勘選墓地／塔位

　　早期尋龍點穴，堪輿福地大都重金禮聘地理師（風水仙）代勞。民國七十二年十一月十一日「墳墓設置管理條例」公布施行後，各地主管機關開始取締違法濫葬，加上火化的逐漸普及，昔日風水仙滿山遍野到處牽庚造墳的現象已大幅減少。

　　取而代之的是由禮儀師或喪禮服務人員根據死者生肖推算吉方，並參考家屬的經濟能力，直接帶領家屬到公立或合法的私立靈骨塔勘選合適的塔位。

　　這樣既可減少延聘地理師的費用又可減少時間的浪費，所以家屬大都樂意配合。至於土葬墓地的堪輿除了少數具堪輿實力的禮儀師或喪禮服務人員外，大都仍委由地理師處理。

伍、乞水

　　在宅入殮者，禮儀師或喪禮服務人員會代備貨請家屬自備水桶、刈金、壽金、香、銅板等乞水用品及十二碗菜。請法師率領孝男、孝媳、孝女、長孫等主要眷屬前往附近河川、溝渠或埤、湖等水流匯集處，向水神乞求淨水為亡者沐浴，獲得「允杯」後燒金紙回饋。

　　然後用水桶裝八分滿水（若附近無水源則以自來水代替，但仍須向水神乞求及回饋），回到水床邊由法師（道士）以柳樹枝沾淨水做象徵性的沐浴動作。

　　館內治喪者，因時間及空間不便，大都省略不做。

陸、沐浴

依照臺灣的喪俗，沐浴可分爲實質性和象徵性的兩種：

一、實質性沐浴

㈠館內

殮工在入殮前一天將遺體自冷藏櫃內抬到床上退冰，大約八至十二小時（視遺體狀況）後，用水及沐浴精清洗遺體。

㈡喪宅

遵照死者宗教信仰在彌留時或助念後，用新毛巾沾溫水擦拭遺體。

二、象徵性沐浴

由宗教師或禮儀師以柳枝（或竹枝）上的白布沾乞來的水[16]，在遺體上從頭到腳象徵性地比畫，同時講些吉祥、祈福的「好話」。

柒、穿衣

依據臺灣的習俗[17]，彌留時就要爲親人穿上壽衣，以保證死後能得到這套衣服。佛教則主張往生後不宜搬動遺體，待助念八小時後才能爲往生者著衣。因此，喪禮服務人員在穿衣前應先徵詢家屬的意見。

壽衣論層不論件，閩南人一律用奇數層，大都依照往生者年齡而決定穿著層數，從五到十三層、年紀愈大層數愈多。客家人則採男雙女單之原則穿著。

捌、入殮

入殮可細分爲小殮和大殮兩個步驟

小殮：指將遺體放入棺內，以庫錢固定，戴上首飾，放入過山褲、護心鏡、九朵蓮花等壽內用品再蓋上壽被或蓮花被、十字被等。

---

16 有關「乞水」詳見本節第拾參項。

17 依照古禮，斷氣後由子孫先為死者套好壽衣，再褪下，然後一次即全部穿在死者身上，稱為套衫或張穿；光復後則普遍改為斷氣前即先為臨終者沐浴、穿衣。

大殮：小殮後完成祭拜儀式、瞻（視）儀容後，將棺木封閉的動作，在現代殯葬的儀節上，俗稱「大殮蓋棺」。

臺灣的早期喪俗入殮後才能豎靈、帶孝、帶手尾錢，但因治喪場所及行為的改變，目前在宅治喪仍遵守古禮，在殯儀館治喪者，入殮與告別式（奠禮）大都在同一天舉行，因此在程序及做法上有些調整，禮儀師或喪禮服務人員必須為家屬詳細解說其細節：

一、自宅或搭棚

在自宅或屋外搭棚治喪大部分在死後八小時至二十四小時內入殮（佛教主張助念八小時，所以入殮都在助念結束後擇吉時舉行），若遺體有腐敗或異味出現，喪禮服務人員通常會建議家屬提早舉行。

二、在殯儀館治喪

在館內治喪入殮的時間分成兩種：

(一)入殮停柩

不願或不可冷藏的遺體、準備土葬，或尚未決定葬式，或出殯日遙遙無期的情形，則大都採先行入殮再停柩在停棺室的方式。近來因火葬逐漸普及，入殮停柩的方式在北部地區已漸漸減少。昔日，停棺室一位難求或一停數月甚至數年的情況已不常見。

(二)告別式（奠禮）當天入殮

告別式（奠禮）當天（或前一晚）小殮，緊接著舉行告別儀式，瞻（視）儀容後大殮。都會區工作較繁忙，所以大都採用這種一貫作業的方式，以減少家屬時間及治喪費用的負擔。

第四節　喪禮基本時程

壹、出殯前的準備工作

人的一生中只有一次喪禮，無法 NG[18] 重來，肩負成敗責任的禮儀師為了確保過程順利及維護個人及公司信譽，因此，大都戰戰兢兢地落實準備工作。

有經驗的禮儀師通常在出殯前兩三天召集工作夥伴，按照合約及備忘錄的內容逐項核對用品是否準備妥當，材質、數量是否正確。並逐一聯繫下游廠商及配合的工作人員，再次告知報到的時間、地點及家屬的特殊要求等，以免發生錯誤。

一般來說，出殯前的準備工作大致包含下列各項：

一、聯繫協力廠商

現代化的殯葬服務大都採分工合作的方式，以降低成本、提升服務品質。但也因各自為政，管理及溝通不易，容易產生盲點，因此，勤於聯繫是減少錯誤的不二法門。禮儀師或喪禮服務人員通常會在出殯前一兩天再與下游廠商聯繫確認預訂的用品如：祭品、供品、花海、花排、花籃、地毯、音響、燈光、棺木、骨灰罐、瓷相、遺照、靈車、交通車、點心、便當、喪宴（福食）等是否準備妥當，並再次提醒送達時間、地點及家屬的特殊要求。

二、確認各項手續是否完備

(一)館內治喪

確認壽衣是否送達，各項規費是否繳清，申請墓地或靈骨塔或防腐證明的手續是否完成。家屬的特殊要求，如：戴假牙、假髮、化淡（濃）妝、移靈（柩）的時間等，是否已通知？

---

[18] NG: no or not good ：不行、無用、次品。

(二)在宅治喪

在馬路或巷道搭棚是否已向管區派出所申請？埋（火）葬許可證是否辦妥？申請使用公墓或靈骨塔的手續是否完成並已繳費？出殯路線是否洽妥義交管制交通？

三、人員調度

殯葬服務人員包括司儀、襄儀（禮生）、宗教師、樂師（團）、扛夫（抬棺工人）、靈車司機、交通車司機、造墓、掩土工人、禮堂服務人員、各項陣頭、誦經車、廚師、禮儀服務人員等。這些人員大都分屬不同的團體或單位，出殯時組合起來，分工合作，各司其職。

喪禮服務人員應負責指揮及調度，且應備有替代人選，以防約定人員No-Show[19]（臨時缺席）時可以馬上遞補。有時情況緊急來不及或者找不到代替人員時，禮儀師或喪禮服務人員應立即下場暫代，以免延誤時辰。

四、式場佈置

自宅治喪式場佈置大都在出殯前一兩天開始，在館內治喪如果是使用第一場禮堂則在前一天下午四點左右開始佈置。第二、三場則只能利用家祭（奠）前的一個小時加上前一場提早離開的剩餘時間佈置。無論在何處佈置，禮儀師或喪禮服務人員都應到場，除指揮下游廠商佈置外，並應按照合約逐項核對材質、數量是否與訂單相同。家屬要求臨時增、刪的部分也應立刻報價，同意後請其簽名，作為結帳的憑證。

式場佈置最花時間也是最有爭議的是輓聯、輓額、輓幛及花籃的排序問題，有些家屬要求依關係、交情深淺決定順序；有些按照贈送者是否到場決定順序；有些依照官位大小及是否當權為依據；也有軍、警系統按照畢業期別排列。很多家屬常為此反覆地推敲遲遲無法決定，禮儀師或喪禮服務人員此時應扮演專業的角色，先協助家屬找出最重要的五或七幅全開式[20]的輓額懸掛在禮堂的正中央；其他的，建議由禮堂佈置人員依經驗分

---

[19] No-Show：原指定了機票、火車等座位而未搭乘的人，此處指約聘好的人員臨時缺席。

[20] 全開式：輓額整幅張開懸掛，通常為高官或重要人士所贈送，大都掛在禮堂正中央以示尊重。

別掛禮堂的兩邊，若有不妥再行調整，這樣才能快刀斬亂麻，如期地完成式場佈置的工作。

貳、喪禮當天工作流程

告別式當天是喪禮服務人員最忙碌、壓力最大的一天，也是最能突顯禮儀師及喪禮服務人員功力的時刻。像舞臺劇的公演一樣，先前辛苦排練的成果就在此刻呈現在往生者眾多親友、來賓及家屬面前。因此，大都數的禮儀公司會動員所有可用的人力來參與演出，員工較少的公司，大都商請人力公司派人支援。

我們以都會區殯儀館中型（乙級）禮堂告別式為例，簡介喪禮服務人員的工作實況：

1. 移靈前二個小時

禮儀師或喪禮服務人員抵達會場，先檢查會場佈置是否須更添補強，再指揮工作人員將當天送來的花籃、走道花、罐頭塔等，擺放在適當的位置。

2. 移靈前一小時

確認司儀、襄儀（禮生）、宗教師、樂師（團）、棺木（當天入殮者）、扛夫是否到達。祭品、供品、庫錢、孝服、受禮桌檯布、簽名簿、禮簿、謝簿、公祭單位登記單、白包袋、紅包袋、簽字筆、印泥、計算機、答禮毛巾、米斗、五穀子、托盤、斧頭、鐵釘等用品是否擺放在定位。

3. 移靈前三十分

請家屬著孝服，隨即由司儀或宗教師引導家屬前往殮房移靈（或停棺室移柩）。趁家屬去移靈的空檔，禮儀師或喪禮服務人員再次巡視式場的內外並招呼遲到的家屬著孝服，為受禮及接待的人員說明簽名、配戴胸花、收禮、回贈毛巾及填寫公祭單的正確做法。

4. 家祭（奠）禮開始

引導家屬及來賓遵照司儀的口令，按事先或當場協調好的劇本（殯葬儀軌）演出。若有突發事件發生，禮儀師或喪禮服務人員應立即排除，以免影響會場的秩序及氣氛。

5. 公祭（奠）禮開始

協助遲到的家屬或親友穿孝服或披掛白或紅長毛巾，幫助接待人員招呼來賓填寫公祭單位登記單，引導來賓入場就坐，必要時協助司儀維持會場秩序。確認靈車、交通車、誦經車等是否報到。

6. 瞻仰（視）遺容

即將開始時，喪禮服務人員應指揮工作人員將靈幃（布幔）掀起，以便家屬及來賓進入瞻仰（視）往身者遺容。接下來的大殮蓋棺、封釘、繞棺、發引等儀節，禮儀師及喪禮服務人員都應「隨侍在側」，及時指揮工作人員配合演出，絕不容許有「開天窗」的情況發生。

參、埋／火葬

結束嚴肅的喪禮後，緊接的是靈柩運送到墓地或火葬場的過程，禮儀師或喪禮服務人員大都會在發引前發路線圖給所有送葬車隊，若行經高速公路應預告下交流道的集結地點。一般來說禮儀師或喪禮服務人員大都會親自開引導車帶領車隊到目的地，行進途中與靈車司機及造墓商（或火葬場員工）保持聯繫，以便掌握最新狀況。到達目的地後，因葬式不同所以遵循的儀節也略有出入：

一、埋葬

(一)傳統龜型墓園（土壙）

靈柩抬到墓地後直接推進壙內等吉時到，請地理師持羅盤校正方位後，由扛夫一人打栓（開龍門）[21]，然後請家屬代表一人（通常請長男或長

---

[21] 打栓（開龍門）：將棺尾預留之小孔打通，以利空氣進入棺內促成遺體腐化。

孫），跪在靈柩前「培土」[22]，接下來由造墓工人掩土，掩土前喪禮服務人員照例要求所有人員暫時迴避以免犯沖。

掩土成墳後立碑（若時間急迫或天候不佳則另擇吉日進行），然後請家屬將祭品分別擺放在臨時后土[23]以及墓碑前，先請家屬代表一人拜土地公，再請所有家屬及送葬親友持香行安葬禮，焚燒金銀紙後。由地理師或宗教師「撒五穀子」[24]，最後宗教師帶領全體家屬以逆時針方向繞墓三次，然後請長孫將靈位牌捧回自宅，所有人員依序離開墓地，途中不可回頭張望。

(二)西式墓園（紅磚或混泥土壙）

通常靈柩先用短擔仔[25]擱在磚壙上，打栓後，扛夫分成四組分別站在靈柩的四個角落用粗麻繩套在棺底，移開枕木後，將麻繩徐徐垂放，待靈柩擱到棺枕後將繩索抽離，再請地理師校正方位，行培土儀式後，由造墓工將預先灌製好的混泥土壙板（通常分成五塊）逐一蓋在壙穴上，然後在板與板的縫隙上填上水泥漿。接下來的過程與第一項相同。

二、火葬

先將靈柩抬至火葬場的祭拜大廳，由司儀或宗教師主持簡短的火化禮後，再由火葬場工作人員將棺木推進火化爐，這時司儀或宗教師及家屬跟隨在後，靈柩即將進爐時，引導家屬喊叫亡者姓名請他（她）趕快離開如：「阿爸（公）！火快來了，趕快走喔！」其目的在提醒亡者的靈魂趕快離開以免被火焚燒，進爐後家屬將孝服脫下交還喪禮服務人員，並請宗教師帶領家屬簡短誦經或禱告。

---

[22] 培土：孝男以孝服之下襬，盛土撒在靈柩上，並預告亡者：「阿爸（母）！土要下去了，趕快起來！」其目的是避免亡者的靈魂隨靈柩被掩埋。撒土入壙象徵孝子、孫等親葬其親。

[23] 后土：即土地公，通常在石片或石塊刻上「后土」代表（以石塊雕塑土地公肖像）。

[24] 撒五穀子：掩土後子孫跪在墳前，由宗教師或地理師將盛於米斗內的五穀子撒在墓穴的東、西、南、北及中央，並按方位諧音念吉祥話，子孫則應「有！」，最後將米斗內的硬幣及鐵釘分送在場子孫帶回保留。

[25] 短擔仔：抬棺工具，由耐重具韌性重木材製成長條型，通常與大槓、長擔子搭配使用。

圖 3-2　棺木放入西式磚壙中（德元禮儀公司提供）

圖 3-3　西式墓園（德元禮儀公司提供）

參、返主／撿骨／進塔

靈柩安葬或進爐後由長孫捧著魂帛（靈位牌）隨宗教師返回自宅，現在大都安「清潔靈」故將魂帛安置在「公嬤桌」[26]面向外面的最右邊（虎邊），魂帛前放上香爐、燭臺等。再由宗教師將屋內灑淨，並將左鄰右舍的紅紙條撕下改貼淨符，返主安靈的程序即告完成。此外，若是採用火化的方式，長孫與宗教師再趕回火葬場與其他家屬會合撿骨。

現代新式的火化爐大約一小時半即可撿骨，通常由火葬場的工作人員將遺骨集中在不銹鋼盤中，再由每一位家屬象徵性地夾一塊靈骨放入骨灰罐中，剩餘的由工作人員按人體的下、中、上部分將靈骨陸續放入罐內，最後用矽膠封蓋，包上揹帶後交給家屬。

禮儀師或喪禮服務人員適時地點一炷香，請孝男或長孫上香稟告亡者安厝靈骨的地點後，通常由長孫捧著骨灰罐由宗教師或喪禮服務人員陪同搭車前往靈骨塔。上車前照例先招呼亡者上車，到達目的地後請亡者下車，先將骨灰罐供在靈骨塔的祭拜大廳，再由塔內工作人員引導家屬拜地藏王菩薩、土地公後再拜亡者，燒完金銀紙後，在選定的吉時將骨灰罐安厝在預先購置的骨灰櫃中，上鎖三拜後整個治喪過程即告完成。

肆、後續關懷服務

現代的喪禮服務人員越來越重視後續服務，因為目前一般人對殯葬服務這個行業仍有忌諱，所以在治喪結束後不方便再登門拜訪。而百日、對年、合爐等後續服務正好提供喪禮服務人員鞏固人脈，開發回頭客[27]源的最佳管道。

有關後續服務的儀節詳述如下：

1. 完墳：又稱「謝土、圓墳、完山」，指新墳建造完成後由喪禮服務人員或地理師選擇適合謝土的吉日良辰準備祭品、供品等酬謝后土及祭

---

26 公嬤桌：指擺在正廳（或客廳）最重要位置的長方形桌子，作為供奉祖先牌位及神明的專用供桌。
27 回頭客：殯葬業術語，指先前服務過的家屬介紹親友或自家的殯葬生意給禮儀師。

拜亡者。

2. 作百日：古人稱「卒哭」，指死亡當天算起第一百天所做之祭祀活動，大都延請宗教師到靈位牌前誦經，時間約二小時。經濟條件較佳者，則會在家或到寺廟請法師做整壇的的功德。

3. 作對年：古人稱「小祥」，去世一週年所做的祭祀活動，跨越閏年則提早一個月舉行。通常在自宅的魂帛（靈位牌）前，敬備祭品請宗教師誦經，家屬原則上應全員到齊。

4. 合爐：指將紙製的魂帛（靈位牌）燒掉，將亡者的姓名及生、歿日期寫在祖先牌位上，並將爐內的香灰取一小撮放在祖先香爐中即告完成。一般都延請宗教師處理，合爐時間已經從古代死後的二十七個月縮短為對年當天或對年後另擇吉日舉行。

臺灣已經國際化，越來越多人到中國大陸或國外打拚，現在要全體家屬聚在一起非常不容易。因此，很多喪禮服務人員會建議家屬對年當天早上請宗教師誦經作對年，緊接著在中午合爐。

5. 撿金：又稱「撿骨、洗骨」，為臺灣地區的特殊喪俗。早年渡海來臺的先民在臺亡故，若要遵循落葉歸根回葬故鄉的古禮，勢必花費大筆的金錢及人力才能將靈柩運返，一般的平民百姓大都無此能力，因此採取變通的方式，先就地埋葬，數年後再撿骨帶回故鄉進金（安葬）[28]。

雖然帶骨罈回葬祖籍的習俗已廢，但撿骨再葬的方式一直流傳至今。經過時代的變遷，現代大都改成撿骨後，進家族塔或是二次火化後寄存靈骨塔。

伍、爭取各項補助及優惠

喪禮服務人員對於各種身分的往生者、家屬，可申請何種補助、享用哪些免費殯喪設施或如何減免行政規費的支出都應瞭若指掌，協助家屬爭

---

[28] 撿骨進金：為二次葬，西太平洋群島及中國少數地區均有此俗。其原因說法很多，流行於臺灣的以便於歸葬故鄉為主。

取到最多的社會資源。常見的葬喪補助或減免項目如下：

一、喪葬津貼（補助）

(一)勞保有關死亡之給付及津貼分為四種：

1. 被保險人之父母、配偶、子女死亡時之喪葬津貼。

 ⑴ 被保險人之父母、配偶死亡時，按其平均月投保薪資，發給三個月。

 ⑵ 被保險人之子女年滿十二歲死亡時，按其平均月投保薪資，發給二個半月。

 ⑶ 保險人之子女未滿十二歲死亡時，按其平均月投保薪資，發給一個半月。

 （資料來源：勞工保險條例）

 請領喪葬津貼應備之文件：

 ⑴ 喪葬津貼申請書。

 ⑵ 給付收據。

 ⑶ 死亡診斷書或檢察官相驗屍體證明書，死亡宣告者為判決書。

 ⑷ 載有死亡日期之戶籍謄本，死者為養子女時，並須載有收養及登記日期。

 （資料來源：勞工保險條例施行細則第八十八條）

2. 被保險人死亡之喪葬津貼，及配偶、子女及父母等之遺屬津貼

  被保險人死亡時，按其平均月投保薪資，給與喪葬津貼五個月。遺有配偶、子女及父母、祖父母或專受其扶養之孫子女及兄弟、姊妹者，並給與遺屬津貼；其支給標準，依下列規定：

 ⑴ 參加保險年資合計未滿一年者，按被保險人平均月投保薪資，一次發給十個月遺屬津貼。

 ⑵ 參加保險年資合計已滿一年而未滿二年者，按被保險人平均月投保薪資，一次發給二十個月遺屬津貼。

 ⑶ 參加保險年資合計已滿二年者，按被保險人平均月投保薪資，一次發給三十個月遺屬津貼。

（資料來源：勞工保險條例第六十三條）

請領喪葬津貼及遺屬津貼應備之文件：

⑴ 喪葬津貼及遺屬津貼申請書。

⑵ 給付收據。

⑶ 死亡診斷書或檢察官相驗屍體證明書，死亡宣告者為判決書。

⑷ 載有死亡日期之全戶戶籍謄本，受益人為養子女時，並須載有收養及登記日期。

（資料來源：勞工保險條例施行細則第八十九條）

3. 被保險人因職業傷害或罹患職業病死亡時之喪葬津貼及遺屬津貼

　　被保險人因職業傷害或罹患職業病而致死亡者，不論其保險年資，除按其平均月投保薪資，一次發給喪葬津貼五個月外，遺有配偶、子女及父母、祖父母或專受其扶養之孫子女及兄弟、姊妹者，並給與遺屬津貼四十個月。

（資料來源：勞工保險條例施行細則第六十四條）

4. 無遺屬者喪葬津貼之請領規定

　　無配偶、子女及父母，祖父母或專受其扶養之孫子女及兄弟姊妹者，其喪葬津貼由負責埋葬之人檢具證明文件向保險人請領。

（資料來源：勞工保險條例施行細則第九十一條）

㈡公保有關死亡之給付及津貼規定如下

1. 因公死亡者，給付三十六個月。

2. 病故或意外死亡者，給付三十個月。但繳付保險費二十年以上者，給付三十六個月。

㈢公保喪葬津貼：被保險人之眷屬因疾病或意外傷害而致死亡者。

1. 父母及配偶津貼三個月。

2. 子女之喪葬津貼如下：

⑴年滿十二歲未滿二十五歲者二個月。

⑵已爲出生登記且未滿十二歲者，給與一個月。

符合請領同一眷屬喪葬津貼之被保險人有數人時，應自行協商，推由一人檢證請領；具領之後，不得更改。有協商不實，致損及其他被保險人權益時，由具領人負責。

被保險人之生父（母）、養父（母）或繼父（母）死亡時，其喪葬津貼應在不重領原則下，擇一請領。

（資料來源：公教人員保險條法第 34 條）

㈣具榮民身分者喪葬補助

依行政院除役官兵輔導委員會規定具榮民身分者死亡皆可申請喪葬補助，但因安養地點，或在營服役年限及有無家屬之區別而由不同單位承辦，所應檢附的資料申請期限也不同，喪禮服務人員應熟悉下列規定以便爲家屬提供建議。

對　　象	承辦單位	檢附資料	備　　考
公費安養榮民（含大陸探親死亡、安養榮民）	安養內住榮民：榮家 安養外住榮民：榮民服務處	1. 死亡診斷書 2. 除戶戶籍謄本 3. 健保退保卡 4. 領據或喪葬費單據	死亡日起六個月內提出申請逾期不予受理
軍人在營服役十年以上退伍後死亡，其家屬無力殮葬者	聯勤總部留守業務署	1. 退伍令 2. 死亡證明書 3. 服役十年以上證明 4. 除戶戶籍謄本	三個月內辦理逾期不予受理
支領軍方退休俸、生補費、贍養金	各地團管區	1. 申請函 2. 死亡證明書 3. 除戶謄本 4. 退伍令正本支付證正本 5. 郵局存摺	三個月內辦理逾期不予受理

資料來源：行政院國軍退除役官兵輔導委員會，2003

二、免費使用殯葬設施：

　　國防部設有軍人公墓、忠靈塔供榮民免費申請使用，有些縣、市政府提供市民各項殯葬優惠措施，喪禮服務人員應掌握訊息協助申請。

1. 國軍公墓、忠靈塔：

　　⑴ 五指山國軍示範公墓

　　　　位於臺北縣汐止市五指山，佔地二二五、六公頃，按功勳及軍階共區分為特勳區等八級墓園，嚴前總統及各軍種將領大都安葬於此，其申請資格較嚴格：

　　　　① 現役期間因作戰或因公死亡。

　　　　② 作戰或因公負傷，致傷劇死亡。

　　　　③ 生前曾奉頒勳章。

　　　　④ 服役滿二十年以上或支領退休俸者。

　　⑵ 各縣（市）軍人公墓

　　　　由各縣（市）兵役單位管理，申請資格較寬鬆志願役依法退除役之官、士、兵死亡者皆可申請。

　　⑶ 國軍忠靈塔，以存放骨灰罐為主（不收土葬撿骨後之大型骨罈），申請資格如下：

　　　　① 現役期間因作戰或因公死亡。

　　　　② 作戰或因公負傷，致傷劇死亡。

　　　　③ 生前曾奉頒勳章或服役滿十年以上。

三、減免喪葬行政規費

1. 回饋鄉里專案

　　設籍本市中山區行政里、行孝里、行仁里、松江里、江寧里、新生里、新福里、新喜里、大佳里、新庄里、江山里、中庄里、下埤里及大安區黎元里、學府里、芳和里、臥龍里、文山區興泰里、博嘉里、信義區黎順里及北投區林泉里、永和里、泉源里、中心里之死亡者。

　　自死亡日起十五日內出殯者，使用本表中各項設施及服務，除公墓使

用費、骨灰（骸）及神主牌位寄存費按本表收費外，其餘項目不收費。但超過十五日出殯者，自第十六日起之各項費用仍應依本表規定收費。

（資料來源：臺北市殯葬管理處各項服務收費標準表，2019）

2. 本籍居民之優惠

各縣市政府對設籍於本縣（市）之居民均設有優惠辦法，以桃園市為例，市民照收費標準收費，外縣市居民加收 300%。因設籍地之不同，收費差距高達三倍。

因此，一個用心的禮儀師或喪禮服務人員可建議家屬，事先將臨終者之戶籍遷到預定使用殯葬設施之縣市，以達到節約喪葬費用之目的。

（資料來源：桃園市殯葬設施收費標準，2019）

陸、治喪時程規劃實務

治喪時程規劃是考驗禮儀師或喪禮服務人員經驗是否嫻熟、服務是否用心的重要關卡，也是治喪過程順利與否的關鍵，要精準地安排治喪時程最重要。有下列幾個重點

一、先確定採用何種葬式

目前實務上常見的安葬方式，有火葬、土葬、環保葬。火葬又有可細分為火化後當天進塔，火化後短暫暫厝（30 天以內）再進塔，或長期暫厝（1 年或以上）再擇吉進塔。

環保葬也細分為植樹葬、花葬、海葬等方式；植樹葬、花葬時間較容易安排，海葬須配合主辦單位的海葬船期。

土葬的時程規劃，須考量靈車及送葬車隊的發引路線、車隊排序及抬棺、落壙、培土、撒五穀子的時間，這樣面面俱到的精算才能規劃出精準可行的治喪時程表。

二、依據何種宗教儀軌

宗教及民間信仰的儀軌常常左右整個喪禮的樣態，例如：佛教徒偏好助念後直接入殮停柩，大體不冷藏。民間信仰者傾向採取土葬葬式，基督徒不忌諱沖煞、免擇吉日等。

三、確定出殯時間地點

　　擇定出殯日期，訂好禮廳或申請好搭棚場地後，才可據此規劃治喪時程，例如：作七、沐浴（S.P.A）、請牌位、除靈、佈置、移靈、入殮、家祭、誦經、公祭、瞻仰遺容、大殮蓋棺、發引、火化／安葬、返主、安座等。

四、實用治喪時程表

(一)火化、研磨、樹葬：請參閱《陳保羅先生感恩追思會》時程表

　　環保葬是未來的主要葬法，禮儀師應充分了解，並熟悉其流程及實務做法。

(二)搭棚、火化、進塔：請參閱《高母林太夫人感恩追思會》時程表

　　在自家門口搭棚治喪，時程安排較靈活，但應在 5 天前到派出所，填具「臨時使用道路申請書」並檢附「使用道路範圍平面圖」，報經警分局核准，並以二日為限。

(三)土葬：請參閱《周母邱夫人感恩追思會》時程表

　　土葬的時程規劃，須準確預估送葬路程及安葬禮的時間，若沒保握應先走一趟行程，這樣才能規劃出精準可行的治喪時程表。

陳保羅先生感恩追思會

二殯／景仰樓 B1／真愛 2 廳

日　期	時　間	程　序	備　考
08/25（日）	07：00－07：30	真愛 2 廳集合　著孝服→請牌位→入殮	日正沖：戊子肖鼠 12 歲　時正沖：壬戌肖狗 38 歲　以上人員進爐時暫避吉
	07：30－08：30	圓滿七	
	08：30－08：50	家　祭	
	08：50－09：00	瞻仰遺容→蓋棺→發引	

	09：10－10：40	火化禮→進爐→火化	
	10：40－11：10	撿骨→研磨→出發	
	12：00－12：30	抵達園區→樹葬→獻花	

高母林太夫人感恩追思會

臺北市文山區一街 25 號

日期	時間	程序	備考
03/30（六）	19：00－23：00	頭七功德	提前 10 分鐘在牌位前集合
04/10（三）	18：00－20：00	三七誦經	提前 10 分鐘在牌位前集合
04/28（日）	13：00－15：00	搭設棚架	04/20 前完成「臨時使用道路申請」手續
	16：00－18：00	式場佈置	
	18：00－22：00	滿七功德	
04/29（一）	09：30－10：00	家屬在靈堂前集合 著孝服→請牌位→儀節說明	
	10：00－10：30	家祭 家屬→親族→宗族→姻親	
	10：30－11：00	公祭 謝詞→團體公祭→個人獻花	
	11：00－11：20	封釘→繞棺→發引	
	12：50－14：30	火化禮→進爐火化→返主	日正沖：庚寅肖虎 10 歲 時正沖：己丑肖牛 11、71 歲 以上歲數者暫避吉
	14：30－14：50	撿骨→裝罐→出發	
	15：50－16：15	抵達寶塔→祭拜→進塔	陽明山高家祖塔
	16：15－17：15	返主→安座→圓滿	

周母邱夫人感恩追思會

新北市殯儀館／板橋—明善廳

日期	時間	程序	備考
03/29 （四）	10：00－12：00	頭七誦經	09：50 牌位前集合 葷祭品＋紙錢／德元代備
04/21 （六）	13：00－15：00	三七誦經	12：50 牌位前集合 葷祭品＋紙錢／德元代備
04/28 （六）	10：00－12：00	滿七誦經	09：50 牌位前集合 葷祭品＋紙錢／德元代備
04/29 （日）	10：30－11：00	明善廳集合 著孝服→移靈→入殮	
	11：00－11：30	家祭 家屬→親族→宗族→姻親	
	11：30－12：00	公祭 謝詞→團體公祭→獻花	
	12：00－12：15	瞻仰遺容→蓋棺→發引	安葬地點：臺北市富德公墓
	13：30－14：00	祀后土→安葬禮→安葬	日正沖：乙酉肖雞 14 歲 時正沖：己丑肖牛 70 歲 以上人員安葬時暫避吉

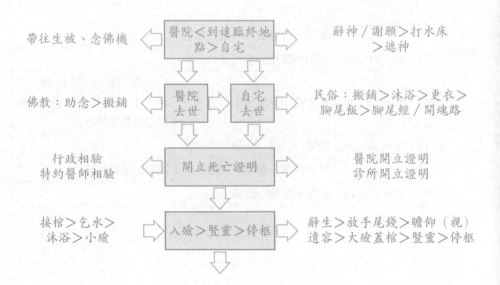

殯葬禮儀——理論與實務（增訂版）

92

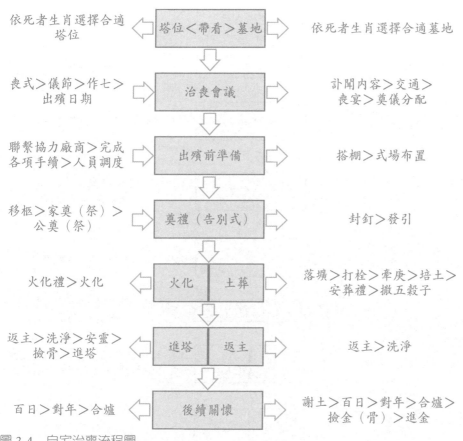

圖 3-4　自宅治喪流程圖

資料來源：陳繼成，2003。臺灣現代殯葬禮儀師角色之研究

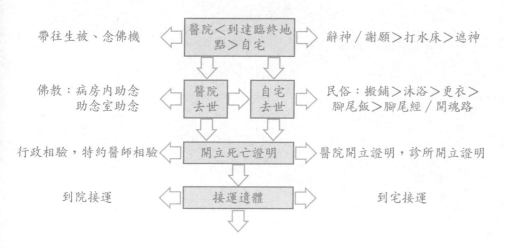

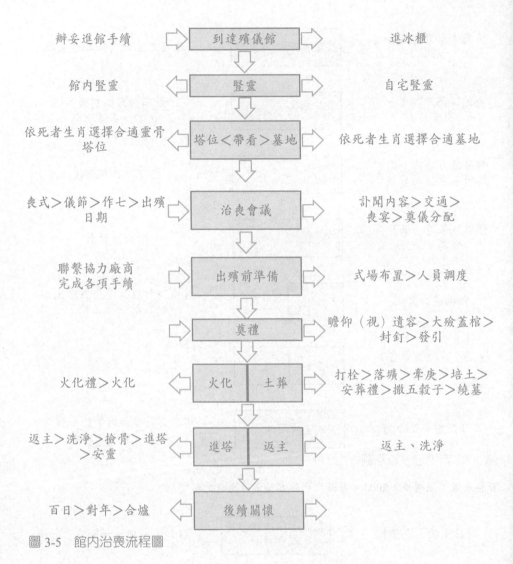

圖 3-5　館內治喪流程圖

第四章

殯葬文書之設計及撰寫

　　殯葬文書是治喪專用的書寫格式與文體，包含示喪、神主牌、引魂幡、訃聞、謝帖、碑文、銘文、祭文、生平事略、謝辭、輓聯等，主要功能是傳達治喪訊息及表達對亡者的哀思。

　　但因流傳久遠，很多專有名詞、專用的格式，與現代社會習慣的文字用語及常用書寫方式格格不入。因此，一般人常因不知其意，而產生誤用或拒用的情形。禮儀師及殯葬服務人員是治喪的專業人員，本身應徹底了解相關專業知識，才有能力指導相關治喪人員如宗教師、訃聞印製廠、骨罐及墓碑篆刻人員撰寫正確的殯葬文書。

第一節　稱謂

　　「稱謂」指人際間依彼此關係而產生的稱號，是一種禮儀，也是身分地位的象徵。禮儀師、喪禮服務人員及殯葬司儀應深入解析家屬、親友與死者的關係及正確稱謂，才能撰述正確的殯葬文書，並據此安排適當的孝服、孝誌及正確的行禮方式及行禮順序。

壹、家族稱謂表

正式稱謂 （在世的稱呼）	亡故後稱謂 （去世後的稱呼）	對應稱謂 （對亡者自稱）	對他人稱呼亡者 （向他人稱呼死者）
曾祖父、母	顯曾祖考、妣 先曾祖考、妣	孝曾孫、孝曾孫女 不孝曾孫、不孝曾孫女	先曾祖父、母
祖父、母	顯祖考、妣 先祖考、妣	孝孫、孝孫女 不孝孫、不孝孫女	先祖父、母
伯祖父、母	顯伯祖考、妣 先伯祖父、母	孝侄孫 孝侄孫女	先伯祖父、母

叔祖父、母	顯叔祖考、妣 先叔祖考、妣	孝侄孫 孝侄孫女	先叔祖父、母
父	顯考 先考 先父	孝男、女 不孝男、女	先嚴、先父
母	顯妣 先妣 先母	孝男、女 不孝男、女 不孝子、女	先慈、先母
繼父、母	顯繼考、妣 先繼考、妣	繼子、女 孝男、女	先繼父、母
伯父、母	顯伯考、妣 先伯考、妣 先伯父、母	孝侄、孝侄女	先伯父、母
叔父、母	顯叔考、妣 先叔考、妣 先叔父、母	孝侄、孝侄女	先叔父、母
公公、婆婆	先君舅、姑	孝媳 不孝媳	先君舅、姑
伯翁、姑 伯父、母	先伯翁、姑	孝侄媳	先伯翁、姑
叔翁、姑 叔父、母	先叔翁、姑	孝侄媳	先叔翁、姑
兄、嫂 ○哥、○嫂	先兄、嫂 故胞兄、嫂	弟、妹 ○弟、○妹	先兄、嫂
弟 弟婦（弟媳） ○弟 ○弟婦	故胞弟 故胞弟媳	兄、嫂 姊 胞兄、嫂 胞姊	故胞弟 故胞弟媳 亡弟 亡弟媳
姊	先姊 故胞姊	弟、妹 胞弟、胞妹	先姊、故胞姊
妹	故胞妹 亡妹	兄、姊 胞兄、胞姊	故胞妹、亡妹

夫 夫君	先夫 亡夫	妻 護喪妻 末亡人	先夫 亡夫
妻 賢妻 愛妻	先室 亡妻	夫 護喪夫 杖期夫 不杖期夫	先室 亡妻
兒 （○兒）	愛兒 亡兒	父、母	亡兒
女 （○女）	愛女 亡女	父、母	亡女
媳 賢媳	故賢媳	父、母	亡媳
孫 ○○（稱名）	亡孫	祖父、母	亡孫
孫女 ○○（稱名）	亡孫女	祖父、母	亡孫女
侄 賢侄 ○○侄（稱名）	故賢侄	伯（叔）父 伯（叔）母	亡侄
賢侄女 ○○侄女（稱名）	故賢侄女	伯（叔）父 伯（叔）母	亡侄 亡侄女
侄孫 賢侄孫 ○○侄孫（稱名）	故賢侄孫	伯（叔）祖父 伯（叔）祖母	亡侄孫
侄孫女 賢侄孫女 ○○侄孫女（稱名）	故賢侄孫女	伯（叔）祖父 伯（叔）祖母	亡侄孫女

貳、親戚稱謂表

正式稱謂 （在世的稱呼）	亡故後稱謂 （去世後的稱呼）	對應稱謂 （對亡者自稱）	對他人稱呼亡者 （向他人稱呼死者）
外曾祖父、母	顯外曾祖考、妣 先外曾祖考、妣 先外曾祖父、母	外曾孫 外曾孫女	先外曾祖父、母
外祖父、母	顯外祖考、妣 先外祖考、妣 先外祖父、母	外孫 外孫女	先外祖父、母
姑父、母	先姑父、母	內姪 內姪女	先姑父、母
舅父、母	先舅父、母	外甥 外甥女	先舅父、母
姨父、母	先姨父、母	姨甥 姨甥女	先姨父、母
表伯父、母	先表伯父、母	表姪 表姪女	先表伯父、母
表叔父、母	先表叔父、母	表姪 表姪女	
岳父、母	顯岳考、妣 先岳考、妣	婿 女婿 子婿	先岳考、妣
伯岳父、母	顯伯岳考、妣 先伯岳父、母	姪婿	先伯岳父、母
叔岳父、母	顯叔岳考、妣 先叔岳父、母	姪婿	先叔岳父、母
姻伯父、母	先姻伯父、母	姻晚 姻姪 姻姪女	先姻伯父、母
姻叔父、母	先姻叔父、母	姻晚 姻姪 姻姪女	先姻叔父、母

親翁 親家翁 親家母 親家太太	先親家翁 先親家母	姻弟 姻妹	先親家翁 先親家母
姊夫 姊丈 姊婿	先姊夫	内弟 姨妹	先姊夫
妹夫 妹丈 妹婿	先妹夫	内兄 姨姊	先妹夫
表兄、嫂	先表兄、嫂	表弟 表妹	先表兄、嫂
表弟、媳	先表弟、媳	表弟 表妹	先表弟、媳
内兄	先内兄	妹婿	先内兄
内弟	先内弟	姊夫	先内弟
襟兄	先襟兄	襟弟	先襟兄
襟弟	先襟弟	襟兄	先襟弟
姻兄、嫂	先姻兄、嫂	姻弟 姻妹	先姻兄、嫂
内姪、姪女	故内姪、姪女	姑父 姑母	故内姪、姪女
婿	故賢婿	岳父、母	故賢婿
表姪 表姪女	故表姪 故表姪女	表伯父、母 表叔父、母	故表姪 故表姪女
姻姪 姻姪女	故賢姻姪 故賢姻姪女	姻伯父、母 姻叔父、母	故姻姪 故姻姪女
外甥 外甥女	故外甥 故外甥女	舅 舅母	故外甥 故外甥女
外孫 外孫女	故外孫 故外孫女	外祖父、母	故外孫 故外孫女

參、人際關係的稱呼

正式稱謂	民俗稱謂	說　　明
師母	師母	對老師或牧師妻子的敬稱。
師丈	師丈	對女老師丈夫的敬稱。
世伯父	世伯、阿伯	對父執輩之友人，年齡大於己父者的尊稱。
世叔父	世叔、阿叔	對父執輩之友人，年齡小於己父者的尊稱。
世伯母	世伯母、阿姆	對世伯父之妻的尊稱。
世叔母	世叔母、阿嬸	對世叔父之妻的尊稱。
世兄	○○兄	稱有世交關係的同輩，且年齡大於己者。
世弟	○○弟	稱有世交關係的同輩，且年齡小於己者。
學棣	門生、學生	「棣」同「弟」，老師對學生的敬稱。
義父（母）	乾爹、乾媽	對乾爹、乾媽的尊稱。
誼父（母）	伯父、伯母	對結拜兄、弟、姊、妹父母之敬稱。
誼兄（弟）	拜把兄（弟）	結拜、結義之兄弟又稱義兄（弟）。
誼姊（妹）	拜把姊（妹）	結拜、結義之姊（妹）又稱義姊（妹）。
義子（女）	乾兒子	乾兒子的正式稱謂。
誼子（女）	誼子（女）	稱子、女之結拜兄、弟、姊、妹。
嫡子	大房孝生	正室（妻）所生之子
適子	嫡長子	正室（妻）所生之長子
繼室	續弦、填房	原配死後再娶之妻，又稱繼配、後妻。
妾	細姨、小老婆	地位低於正妻的女性配偶，又稱側室、偏房、姨太太。
嫡母	大媽	庶子稱父之正室（妻）。
庶子	細姨仔子	妾所生之子。
庶母	二媽、阿姨	嫡子稱父之妾為庶母。
同事	同仁	在同一個機關團體或公司行號工作的人。
同志	同志	1. 政黨黨員之互稱。 2. 同性戀者的代稱。
同學	同窗	在同一班或同一年級就學的人。
同門	同門	受業於同一位老師或師父的人。

同好	同好	有相同愛好的人或團體成員。
同鄉	同鄉	指與自己同縣市或同省籍的人。
鄉長	鄉長	尊稱年長的同鄉之人。
鄉弟	鄉弟	稱年輕的同鄉之人。
芳鄰	鄰居、厝邊	對居住同一社區或大樓之鄰居的尊稱。
會友	會兄（嫂）	同一社團成員的互稱。
獅友	獅兄（嫂）	獅子會會友之互稱。

肆、各大宗教常用之稱呼

一、宗教師及信眾之稱謂

正式稱謂	民俗稱謂	說　明
法師	師父	佛家語，原指精通佛法的僧人，現為對出家人的尊稱。
和尚	師父	佛家語，對佛教男性僧侶的尊稱。
和尚尼	尼姑、師父	佛家語，對佛教女性僧侶的尊稱。
比丘	和尚、大僧	又稱「絆芻」，指受過具足戒的男性出家人。
比丘尼	尼姑、二僧	又稱「絆芻尼」，指受過具足戒的女性出家人。
沙彌	小和尚	指已剃度、受過沙彌十戒，但尚未受具足戒初出家的男性。
沙彌尼	小尼姑	指已剃度、僅受過沙彌十戒，尚未受過具足戒初出家的女性。
優婆塞	居士	佛家語，指皈依三寶（佛法僧）、信奉佛法的在家男信眾。
優婆姨	女居士、師姑、道姑	佛家語，指皈依三寶（佛法僧）、信奉佛法的在家女信眾。
同修	同修	佛家語。修習佛學者之互稱，若夫妻皆修佛，也互稱「同修」。
同參	同參	佛家語。泛指一起研習佛學的人。
蓮友	蓮友	佛教徒之互稱。
師兄	師兄	1. 對男性出家人或佛教徒的尊稱。 2. 稱同門授業在先或年齡大於己的男性。

師姊	師姊	1. 對女性佛教徒的尊稱。 2. 稱同門授業在先或年齡大於己的女性。
道場	道場	佛家語，僧侶誦經傳道的場所。
道院	道院	道士、道姑修行傳道的場所。
道長	西公、司公	通指對資深或一般道士的尊稱。
道士	西公、司公	指奉守道教規戒，執行各種齋醮祭禱儀式的道教神職人員。
牧師	牧師	基督教的神職人員，負責宣講福音和管理教堂事務。
神父	神父	天主教的神職人員，負責主持彌撒、祈禱、告解、臨終聖事等事務。
主內弟兄	弟兄	男性基督教教徒間的互稱
主內姊妹	姊妹	女性基督教教徒間的互稱
傳道明師	點傳師	一貫道用語，全稱「代表點傳師」其任務是領天命代表師尊、師母傳承正道的傳教士。
道親	道親	一貫道用語，一貫道道友間的互稱。
開導師	開導師	天帝教用語，指負責傳道、皈師、侍天、應人之天帝教神職人員
同奮	同奮	天帝教用語。天帝教教友之互稱。

二、各大宗教對「死」的說法

天主／基督教	蒙主寵召、榮歸天國、安息主懷
道教	駕鶴仙歸
佛教	往生
一貫道	歸空
天帝教	回歸自然
民間信仰	駕返瑤池、做神、別世、老去、轉去、過往、卒、歿、死

三、各大宗教對「死後世界」的稱呼

天主／基督教	天國、天堂、地獄
道教	仙界、神仙界、朱陵宮、酆都
佛教	西方極樂淨土、西天、天界、阿鼻地獄

一貫道	無極理天、天佛院、天佛外院
天帝教	清涼聖境、蓮花聖境、清虛下宮、清虛上院、無生聖宮（金闕）
民間信仰	冥界、冥府、陰間、地府

四、各大宗教對「主神」的稱謂

天主／基督教	上帝、耶穌、天父
道教	三清道祖（靈寶、道德、元始天尊）、玉皇上帝
佛教	佛陀、菩薩、佛祖
一貫道	明明上帝、無極老母
天帝教	道統始祖宇宙主宰玄穹高上帝
民間信仰	天公、上帝公、三界公、大道公

第二節　殯葬文書的撰寫要領

壹、示喪

　　示喪之功能在於告知左鄰右舍及來訪親友家中有人過世，至於是何人去世，只要看喪宅門口所貼字樣即可得知。

　　「嚴制」代表宅中輩份最高之男性過世。

　　「慈制」代表宅中輩份最高之女性過世。

　　「喪中」或「忌中」代表宅中晚輩去世，其長輩尚存。

　　（例如：宅主過世，但其父、母或祖父、母尚存）。

　　以前，大都當場用毛筆書寫在白紙上，現代喪禮服務人員，都先以不同顏色的紙張列印各種「示喪」字樣以供家屬選用。

貳、靈位牌

　　靈位牌又稱「魂帛、神主牌、魂位、牌位」，佛教界稱「蓮座」或「蓮位」，作為往生後、合爐前往生者靈魂暫時棲息之處，也是家屬、親友膜拜的具體對象。待對年（或三年）合爐時將魂帛火化，然後將往生者之稱

謂、姓名、生、歿日期正式登錄在歷代祖先牌位內。

現代靈位牌大都爲制式的紙製品，禮儀師或宗教師只須在牌位正面的欄位中填入往生者的稱謂及姓名，並在背後（或左右兩邊）寫上生、歿日期即可。

依照臺灣民間的書寫方式，姓名欄位的總字數應爲 7 或 12 字，按照「生、老、病、死、苦」的順序排列，最後一字應落在「老」字上。

生、歿日期，總字數應爲 6 或 11 字，最後一字應落在「生」字上。

參、魂幡

魂幡又稱引魂幡、招魂幡，簡稱幡仔，此爲古禮「復」之延伸，古人認爲死亡時靈魂會離開身體，飛往位於北方的幽冥世界報到。因此，人斷氣後家屬應即刻拿死者的衣服，朝北方揮舞並呼喊死者的名字以期回魂復生。

現代，多用白或黃色的布製成長約 4 尺，寬約 7 吋，布上印有祝禱文的現成品，禮儀師或宗教師只須填上死者姓名及生、歿日期即可，但須合乎傳統「生、老、病、死、苦」的吉祥字數。

早期引魂幡在除靈時與靈桌及靈幃一起火化，現代大都在出殯當天與棺木一起進爐火化，返主時只請回牌位。

肆、碑文

碑文的寫法是在墓碑中間書寫往生者稱謂、姓名，右側寫生、歿日期或墓園竣工日期，左側書寫子孫房數（如男二大房叩立）或子孫名字。正上方橫書「燈號」，少數加註世代（如渡臺一世）。

依照臺灣民間「兩生合一老」的書寫方式，中間姓名欄位的總字數應爲 7、12 或 17 字，最後一字應落在「生、老、病、死、苦」的「老」字上。左、右兩側字數均應爲 6、11 或 16 字，最後一字應落在「生」字上，以合乎兩邊字數均爲生，中間字數爲「老」的的習俗。

伍、燈號

「孝燈」爲傳統示喪方式，當家中有人過世時，以白色燈籠掛於正門上，出殯時隨行魂轎兩側。燈籠中間以藍字（高齡者紅字）書寫往生者稱謂、死者生前育有子孫之代數、姓名。如：「顯考高公諱德元五代大父」。燈號，原指死者姓名正上方左、右兩邊記載之文字。

其記載內容依家族之習慣，臺灣常見下列幾種寫法：

一、姓氏發源地

如潁川爲陳姓發源地，古地名在今河南；西河爲林、卜、卓、宰、靳姓之發源地在今綏遠鄂爾多斯。

二、堂號

祠堂之名稱。同一姓氏可能有不同的堂號，如陳姓有「德星」及「德靈」兩個堂號。以臺北市大龍峒陳氏家族爲例，他們姓氏發源地是「潁川」，堂號是「德星」，他們認爲以「潁川」爲「燈號」的陳姓人士都是其同宗，但是只有以「德星」爲燈號，才是他們同一「私祖」所出的派下子孫。

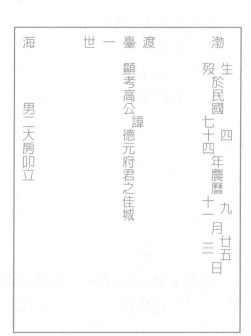

三、祖籍

祖先來臺前之居住地名稱如泉州、安溪、同安、四川。

四、居住地

往生者居住地如臺北、花蓮、萬華、美國、雪梨等。

伍、銘文

銘文指刻於骨灰罐或骨罈之文字，其祖籍、生歿日期、死者姓名及書寫方式與碑文大致相同，只須將左側男○○大房叩立（立石）改爲男○○大房

奉祀（敬奉）即可。

陸、現代化碑、銘文

近年來臺灣與國際間交流日益頻繁，國人靈柩及骨灰往返中國大陸及海外的機會也越來越多。為與國際接軌並因應好寫、好唸的現代化需求，白話、橫式書寫碑、銘文將是未來的發展趨勢。

白話碑、銘文不受「兩生合一老」及傳統書寫格式的限制，以平常的方式書寫，較可活潑、深入描述往生者與家屬的關係。撰寫現代化碑、銘文雖無固定格式，但必須包含下列幾點：

1. 祖籍、出生地、居住地、堂號或姓氏發源地
2. 家屬對往生者的稱謂
3. 往生者姓名
4. 生、歿日期
5. 家屬或撰文者姓名（或名）

祖籍：福建省泉州府安溪縣大坪鄉	出生地：臺灣省臺北縣新店市
我們敬愛的父親高德元先生長眠處	我們親愛的母親高陳妲女士之靈骨
1915、09、25－1985、11、03	1917、05、17－1979、04、29
子　四海　繼成　恭立	子　四海　繼成　奉祀

第三節　訃聞

訃聞又稱訃告、訃音，在華人社會流傳甚久，從古籍《儀禮‧士喪禮》：「乃赴於君……」，《禮記‧雜記上》：「凡訃於其君，曰：『君之臣某死』」之記載可知，「訃」是派人向死者的長官、親友報喪，「赴」後來寫成「訃」，「聞」是消息，因此「訃聞」是告知死亡訊息，傳達治喪時間、地點，說明喪式的一種專用文書。

壹、名詞解釋

因為「訃聞」傳承自古代，所以沿襲許多古代的用語、書寫格式及

內容。在爲客戶撰寫訃聞稿時，應先了解下列訃聞特殊用語的意義以免誤植：

1. 顯考：子女對往生的父親尊稱，與年齡或祖父母是否在世無關。對外稱「先父、先考」或「先嚴」，不可稱「故考」。

2. 顯妣：子女對往生的母親尊稱，與年齡或祖父母是否在世無關。對外稱「先母、先妣」或「先慈」，不可稱「故妣」。

3. 公：年長男性的尊稱，通常連接在姓氏下方，如「蔣公、陳公」等，與「阿公」的「公」無關，年長男性不論是否當祖父都可稱「公」。

4. 母：對女性長者的尊稱，通常連接在夫姓下方，如「陳母、蔣母」等。本省人則習慣稱媽，可能是「公、嬤」嬤字的誤植。

5. 諱：加在已故男性長輩名字前面，我國傳統晚輩不能直呼長輩的名字，但若訃聞不書其名，則無法正確傳達喪訊，故加「諱」字以示尊重。如陳公諱子安，或李公諱名重。

6. 閨名：加在已故女性長輩名字前面的字；古代女子之名甚少公諸於世，只有父、母及近親知道，故稱「閨名」。去世後如無追封諡號，則書其名並加「閨名」兩字以示尊重，如陳母顏夫人閨名如玉。

7. 夫人、孺人：古代官夫人的尊稱；一、二品官之妻稱「夫人」，七至九品稱「孺人」。現代訃聞在已故女性長輩的本姓（娘家姓）之後加夫人或孺人以示尊敬與區別，[1] 如陳母顏夫人。

8. 府君：府是對他人住宅的尊稱，如府上、尊府；府君，原指官人之家，在訃聞中是對府上男主人的尊稱。因此，不具宅主身分的亡者，不宜用此稱謂。

9. 時間：訃聞最重要的功能是告知親友亡者死亡日期（歿於）、出生日期（生於）、家祭（奠）、公祭（奠）及發引時間。現代訃聞都以國曆爲主，農曆爲輔[2]，部分基督、天主教徒以主曆（公元）爲主。

---

[1] 有些男士同時或先後擁有一個以上之夫人，為了便於區別在夫人前冠上本姓（娘家姓氏）。

[2] 加註農曆時應寫上「農曆」字樣以免誤導，如：三月二日（農曆正月三十日）。

10. 壽終：在自宅亡故男性稱「壽終正寢」，女性稱「壽終內寢」，在醫院病故則用「病逝於○○醫院」，意外死亡則寫明事故地點及死因，如「在自宅因瓦斯中毒去世」。

11. 年齡：訃聞之年齡記載以虛歲為主；30 歲以下者稱「得年」，30-60 歲者稱「享年」，60-90 歲者稱「享壽」，90-100 歲者稱「享耆壽」，100 歲以上者稱「享嵩壽」。

12. 未亡人／護喪妻：夫歿時對其妻之稱呼或妻自稱；因「未亡人」有歧視女性之嫌疑，建議以妻或護喪妻代替。

13. 隨侍在側：指斷氣前後，子孫等在旁陪伴、照顧、克盡孝道；現在已成訃聞的制式套語，而不問是否真的在旁照料。

14. 親視含殮：含是指飯含[3]，殮是指大殮。

15. 遵禮成服：原意為亡者之晚輩在大殮後，依血緣之親疏遵循服制穿著孝服；現代，因社會變遷及治喪空間的改變，大都改在出殯當天才穿孝服，但訃聞中仍保留此套語。

16. 停柩在堂（豎靈在堂）：指大殮後將靈柩停殯在喪宅或喪棚中；現代都會區治喪大都將遺體送往殯儀館冷藏，再將靈位牌設在喪宅以便親友弔唁，故改稱「豎靈在堂」。

17. 發引：指出發前往安葬墓地或火葬場。

18. 叨在：通常置於文末有叨擾、打擾、懇請及高攀交情之意。

19. 姻、親、戚、友誼：即姻誼、親誼、戚誼、友誼之縮寫，也是本訃聞的受文者，故應與訃聞第一個字切齊，並印成紅字以示尊重（現代印刷廠都先將這些字編印好，再將主文內容套上，所以喪禮服務人員不必擔心編排的問題）。

20. 哀此訃聞：很哀傷地向您報告此喪訊（與前項相同，印刷廠已先印好，不必費心）。

21. 反服父（母）：古禮，指父、母為嫡長子之喪持服；現泛指父母健在

---

3 飯含：詳見本論文第二章第二節第十項。

而子、女先亡，即白髮人送黑髮人之意。

22. 杖期夫／護喪夫：父母皆亡，妻歿，夫自稱「杖期夫」。現代無論夫之父母是否健在，大都自稱「夫」或「護喪夫」。

23. 不杖期夫：父母只要有一人健在，妻歿，夫自稱不杖期夫。

24. 承重孫：承受喪祭和宗廟重任，按古代宗法制度，本身及父都是嫡長（正室所生之長子）而父先亡，在祖父、母死亡時擔任喪主稱「承重孫」。

25. 承重曾孫：承受喪祭和宗廟重任，按古代宗法制度，本身、父親及祖父都是嫡長（正室所生之長子）而父親、祖父先亡，在曾祖父、母死亡時擔任喪主稱「承重曾孫」。

26. 族繁不及備載：指往生者家族龐大，訃聞中尚有未將姓名列入者。現已成為制式寫法，而不論真相如何。

貳、訃聞紙張顏色的選擇

訃聞主要功能在傳達死訊，故早期皆用白紙印黑字，只有在封面書寫受帖者姓名之長方格及代表受帖者之「鄉、學、寅、世、戚、友誼」、「聞」等字印紅字。

近年來高齡往生已不被認為是「凶事」或「白事」，所以實務上大都趨向於依死者年齡及宗教信仰選用不同顏色的紙張，例如：

1. 白色：六十歲以下或六十歲以上但父母、翁姑、祖父母有人健在者。
2. 粉紅色：七十歲至八十歲，父母、翁姑、祖父母皆不在者。
3. 大紅色：八十歲以上且父母、翁姑皆不在者。
4. 黃色：出家人或佛教徒，不受年齡限制。

參、白話訃聞

白話訃聞不受傳統格式及專門用語的限制，以現代人常用的方式書寫，較可深入描述往生者的生平及表達家屬內心的情感，已逐漸普及。

撰寫白話訃聞雖無固定格式，但必須具備下列幾點：

1. 往生者姓名、稱謂、年齡。
2. 死亡日期、時間、地點、死因。
3. 葬禮日期、時間、地點、程序。
4. 家屬或發帖者姓名。
5. 附帶說明：如懇辭鼎惠、懇辭花籃／輓額、請著正式服裝等。

肆、白話訃聞範例

一、一般白話訃告

謹以莊嚴平靜的心情告知您：

我們敬愛的母親 ○○○○女士已於 2019 年○月○日母親節晚上，在全體家人的助念聲中含笑往生西方極樂淨土，圓滿了○○年的人生程。

從母親身上，我們看到了中國女性「勤儉、忍讓」的傳統美德，她時時付出，處處以丈夫、孩子與親友們的想法與需要為考量，心甘情願地犧牲個人的需求與享受，在實際生活中這些思維、舉止，也許外人看來平凡，但對我們則深具意義。

先父常說，因為母親的細心照顧，他才能安享晚年。我們更是從小就在她細心的照顧、耐心的教導，與全心的支持下，順利成長，成家、立業後又給我們足夠的包容和體諒，雖歷經諸多考驗，但更讓我們體會到母親的辛苦和不凡。

母親對家庭無怨無悔地付出，對自己卻是另一種標準，她自己對物質需求極為儉樸，對自己身體也吝於照顧，甚至隱瞞不言。直到去年，她頻繁進出醫院，我們才警覺到她的健康已亮起紅燈。

她不喜歡住院，更擔心請看護會增加我們的負擔。去年底發現兩個心臟瓣膜閉合不全，導致心臟嚴重肥大，我們延請名醫會

診，但因病情嚴重，醫師們皆不表樂觀。

　　後來，母親實在受不了病痛的折磨，決定冒險進行更換瓣膜手術。出院後回家和兒孫共享幾個星期的天倫之樂，○月○○日早晨因嚴重心律不整而休克，雖緊急送醫但從此一覺不醒。在長達十天的醫療過程中，醫護團隊用最好的藥物和技術，仍然不敵病魔糾纏，最後在全體家人的陪伴下，於晚間○點○分安詳辭世。

　　我們心痛未能儘早多照顧母親健康之外，也遺憾不能對母親多盡孝道！但是我們相信母親一生無私的奉獻，已累積了足夠的福報，佛菩薩一定會接引她到西方極樂世界，和父親長相廝守。

　　即使在生命接近終點時，母親心裡想的和嘴裡說的，仍是對兒孫的關愛！我們深刻感受到她老人家長期以來的付出與愛心。今後我們會更注意自己的身體健康，也將在學業及事業上再接再厲，一起為這個家的成長做出更大的努力，以慰母親在天之靈。

　　我們將在 2019 年○月○日（星期○）早上○點，假臺北市辛亥路第二殯儀館景仰樓「至真 1 廳」，為母親舉行告別式。衷心期待您撥冗前來，與我們一起追思這位平凡但偉大的傳統女性，讓她帶著我們的祝福到另一個世界。

　　母親一生平實儉樸，我們將遵其習慣「懇辭一切鼎惠」。

　　因為她已傾其所有，將一切給予子孫，她不但豐富了我們的生活，也樹立了我們最難忘的典範。

　　　　　　　　子○○　　媳○○　　合十

　　我們敬愛的父親　　　　先生，生於主後　年　月　日，於主後 2019 年　月　日　午　時　分，蒙　主恩召，息了他世上的勞苦，回到天上父神的懷抱。在他一生　　年的歲月中留下了極美好的榜樣，他勤勞、節儉、敦親睦族、愛神愛人，我們慶幸成為他的兒女，幾十年來他辛苦養育我們長大成人，並將父神的愛通過他釋放在我們身上。

　　我們決定於主後 2019 年　月　日（星期　）　午　時　分，假臺北市辛亥路市立第二殯儀館景仰樓　樓「　　　廳」舉行安息告別禮拜，謹此邀請所有親友、主內弟兄姊妹，撥空蒞臨。感謝！

子○○　媳○○　鞠躬

伍、常用訃聞範例

1. 傳統格式—陳水忠（請參考圖）
2. 離婚未改嫁之母—利玉真（請參考圖）
3. 佛式—李吳太孺人（請參考圖）
4. 基督徒—沈朱振華（請參考圖）

第四節　常用訃聞範例

顯考陳公諱○○府君慟於中華民國九十五年一月○○日（農曆九十四年十二月○○
日）上午五時卅三分在美國加州佛利蒙市壽終正寢距生於民國廿二年農曆十二月
○○日享壽七十三歲讀妻蔡○○率孝男○○○○○○孝媳王○○賀○○鍾○○
○○支女○○暨孝孫○○○○等恭奉靈柩設靈暨靈堂在臺謹擇於民國九十五年
二月○○日（農曆正月○○日）星期日假臺北市民權東路市立第一殯儀館景行廳下
午一時正設奠家祭　一時三十分公祭隨即發引安葬臺北縣瑞芳鎮金石園　叨在

姻親戚友鄉寅
　　　誼念佛迴向

卍聞

男			○○	○○	○○	
孝媳			王○○	賀○○	鍾○○	
孝女			○○（適卓）			
孝婿			卓○○			
義孝子			林○○			
義孝媳			張○○			
義孝女			陳○○	蔡○○		
義孝婿			卓○○			
孝孫			○○	○○	○○	○○
孝孫女			○○			
孝外孫			卓○○			
孝外孫女			卓○○			
胞弟			林○○	鄭○○		
胞媳			○○（適林）	○○（適卓）		
胞妹			林○○	卓○○		
胞婿			○○	○○		
孝女			○○			
任女			○○			
護喪妻			蔡○○			

全　泣　啟

（族繁不及備載）

圖4-1　傳統格式的訃聞範例

卍 訃聞

先慈利○○女士慟於中華民國九十四年九月○○日（農曆八月○○日）上午十時

○○病逝○○醫院距生於民國四十年六月○○日享年五十五歲胞兄、胞兄嫂、胞弟，胞弟

媳、胞妹、胞妹婿及孝男、孝女等隨侍在側當即移靈臺北市辛亥路市立第二殯儀館親視含殮

遵禮成服謹擇於民國九十四年十月○○日（農曆九月○○日）星期四假該館至安廳

上午八時三十分設奠家祭九時正公祭隨即發引火化靈骨安厝臺北縣金山鄉金寶山

金寶塔 叨在

寅鄉友戚親姻 誼 念佛迴向

孝男	謝○○		全
孝女	謝○○		
胞兄	利○○		
胞兄嫂	林○○		
胞弟	利○○	利○○	
胞弟媳	林○○		泣
胞妹	利○○	利○○	
胞妹婿	楊○○	葛○○	
堂弟	利○○	堂妹　○○	
義兄	謝○○		啓
族繁不及備載			

懇辭奠儀

114

圖4-2　離婚未改嫁之母的訃聞範例

顯妣閨名○○李媽吳太孺人緣盡於中華民國九十四年元月○○日（九十三年農曆十一月○○日）星期二酉時蒙佛接引承佛慈力往生無障礙距生於民前三年六月○○日辜壽九十有七歲不孝男○○等隨侍在側如法助念經親視含殮遵禮成服停柩在堂淚涓於中華民國九十四年一月○○日（九十三年農曆十二月○○日）星期二在家宅依佛制啓上建淨業道場彌陀佛事家屬隨眾念佛禮懺上午九時禮請法師主持法會迴向諸有情上品生西方極樂世界於十時恭請親友拈香供佛隨即發引火化　叩在

姻親戚友鄉寅

誼　念佛迴向

卍

訃聞

孝	男	○○				
孝	媳	游○○				
孝	孫	○○	○○	○○		仝
孝	孫 媳	藍○○	賴○○			
孝	孫 女	○○（適呂）	○○（適鍾）	○○（適郭）		
孝	孫 女婿	呂○○	鍾○○	郭○○		
孝	曾 孫	○○	○○			
外	曾 孫 女	○○				泣
外	曾 孫	呂○○	吳○○	鍾○○	鍾○○	
外	曾 孫 女	呂○○（適李）	呂○○	郭○○		
		郭○○	郭○○			
外	玄 孫 女婿	李○○				啓
外	玄 孫 女	○○	○○			

宗族　族親　戚友

族親一同
戚友人

族繁不及備載

圖4-3　佛教徒的訃聞範例

母李〇〇

主恩召安息

先慈李〇〇慟於中華民國九十五年三月〇〇日上午九時廿三分蒙

主懷距生於民國四年一月〇〇日享壽九十二歲子〇〇媳吳〇〇等率孫等隨侍在側當即移靈臺北市辛亥路市立第二殯儀館親視含殮安

息禮成謹訂於民國九十五年三月〇〇日（農曆三月〇〇日）星期二假該館至安息廳上

午八時正舉行安息禮拜隨即發引安葬臺北縣三峽鎮龍泉墓園候主再臨

寅鄉友戚親姻　誼　哀此訃

訃　聞

十

安息主懷

子	〇〇	〇〇	〇〇
媳	吳〇〇	李〇〇	朱〇〇
女	〇〇（適黃）	〇〇（適陳）	
婿	黃〇〇	陳〇〇	
孫	〇〇	〇〇	
孫媳	王〇〇	蔣〇〇	
孫女	〇〇（適周）	〇〇	
孫婿	周〇〇	黃〇〇	陳〇〇
外孫	黃〇〇（適賴）	黃〇〇	
外孫女婿	賴〇〇		
曾孫女	〇〇		
曾外孫	周〇〇		
曾外孫女	周〇〇		
曾外孫	黃〇〇	黃〇〇	

（族繁不及備載）

全　　泣　　啟

懇辭輓軸花圈

圖4-4　基督徒的訃聞範例

第五章
殯葬司儀之專業涵養與技巧

　　殯葬司儀是告別式中最重要的靈魂人物，他扮演著演員、導演、編劇等多重角色；不但要指導參禮者依禮表達對往生者的敬意，並要與家屬討論，撰寫合適貼切的祭文，且須以適切的聲調吟唱祭文，以營造哀傷的氣氛。綜此觀之，殯葬司儀專業涵養及技巧之優劣，關係整個葬禮儀式之成敗。

第一節　殯葬司儀之歷史淵源

　　依照《周禮》的記載，司儀為官名，屬秋官，負責掌理接待國家賓客。後魏時設司儀官，北齊置司儀署，隋、唐沿用但改隸屬於鴻臚寺，掌管凶事儀式及喪葬事宜；明代司儀掌陳設引奏之禮儀，清代廢除。

　　現代通稱負責引導典禮或會議程序進行及串場的專業人員為司儀；殯葬司儀則專指主持喪（葬）禮程序進行、撰寫生平事略、祭文、謝詞並負責朗誦或吟唱的專業殯葬服務人員。

　　司儀的助手襄儀又稱禮生，指配合司儀口令，負責傳遞香、花、水果、酒等祭品給行禮者，並以手勢引導（示範）上香、叩首、鞠躬等行禮動作之殯葬服務人員。

第二節　殯葬司儀的角色

　　現代的殯葬司儀在喪禮中扮演多重的角色，依筆者數十年實務工作經驗，以及與各地同業先進交換心得所得的結論，認為在喪禮中，殯葬司儀應同時兼顧以下角色：

壹、喪禮的主持者

遵照禮儀（俗）或宗教儀軌主導喪禮，按照預定時間、預定程序進行及結束。

貳、儀節的指導者

解說每一項喪禮儀節的意義，並指導（示範）正確的行禮動作。

參、氣氛的營造者

安排適當的音樂、吟唱感人的祭文或播放生平回顧影片，以營造感恩、追思、哀傷之情緒，或莊嚴肅穆之氛圍。

肆、秩序的掌控者

懇切請求工作人員及參禮者保持式場肅靜，以表達對往生者及家屬的尊重。

伍、溝通協調者

親戚或參禮者可能因禮俗見解不同而產生爭議，司儀應以專業角度詮釋儀節之意涵，並居中調解雙方歧見使喪禮順利進行。

陸、孝道的維護者

現代的喪禮是子孫公開表現孝親的場合，司儀遵禮指導儀節進行，已成為孝道的基本維護者。

柒、儀節的改良者

傳統殯葬儀節有些不合時宜或與現代人的生活環境格格不入，以致窒礙難行。殯葬司儀應保存傳統儀節的精神，但在做法上應配合時代需求做適當的調整改良。

第三節　殯葬司儀之專業涵養

壹、基本常識

　　殯葬司儀是喪禮的主導者，對喪禮應有正確的觀念，且應深入了解殯葬儀節的來源。否則，可能會有不當的增刪儀節，將誤導禮儀，貽笑大方。

一、哀祭文的種類

　　哀祭之文，古時用以祭告天地、鬼神，祈求降福驅邪，後來也用於祭奠亡者。哀祭文大致可分為祭文、弔文、悲文、哭文、哀文、祝文、告殮文、啓靈文、告窆文、辭靈文、誄詞、哀詞、哀章等。

圖 5-1　康熙皇帝靈柩發引祭文
資料來源：https://www.google.com/（梓宮發引祭文）

二、行禮的方式

叩首禮	行禮者跪雙腳，引頭叩於地停留較長的時間。為現代喪禮中之大禮，用於晚輩祭拜長輩之禮。
鞠躬禮	彎腰低頭表示敬意。大禮三鞠躬，常禮一鞠躬。
問訊禮	佛教禮儀，雙手合掌鞠躬。
膜拜禮	舉兩手伏地跪拜，大都用於禮佛。
注目禮	軍禮的一種，用眼睛注視表示尊敬。

三、關注時事

殯葬司儀不可閉門造車，應隨時關心社會脈動，了解時事變化以免與社會脫節。另外，政府官員、機關首長、各大黨黨部之主管、民意代表、社會名流、知名演藝人員之姓名、職稱、宗教信仰、長相，殯葬司儀都應瞭若指掌，絕對不可張冠李戴。

第四節　殯葬司儀之專業技能

殯葬司儀是在告別式場上，進行一種專業「編導」及「演出」的服務。因此，應針對不同「客戶」之生平與家屬的需求，做最佳的描述與詮釋。為達到完美「演出」此目的，必須具備下列專業技能。

壹、渾厚清晰的音質

過於低沉的聲音容易造成沉悶的氣氛，口齒不清常使參禮者不知所云，無法配合司儀的口令；而過於高亢尖銳的聲音則與喪禮的氛圍格格不入。因此，一般而言渾厚清晰的聲音是告別式場上最理想音質。

而丹田發聲則是達成渾厚清晰音質最有效的方法，運用丹田的力量發聲，因共鳴區域較廣，音色較為渾厚圓潤，聲音表情較豐富，咬字較清晰，且傳播得較遠。喉嚨因有丹田的力量幫忙，所以就算長時間說話比較不費力，也不會覺得乾燥、吃力。如果只用喉嚨發音，則有聲音短促，不清晰，容易口乾舌燥的缺點。

貳、專業的肢體語言

殯葬司儀的「演出」又可概分為：有聲的口語表達與無聲的肢體語言；無聲的語言是透過服裝、儀容、態度、手勢、臉部表情或其他身體語言來傳遞。

有時，「無聲」比「有聲」的演出更直接且更快速有效。專業殯葬司儀應了解每一種「肢體語言」所隱含的訊息，進而善用「肢體語言」的表達能力。

一、服裝

　　以下的穿著是國際喪禮服務人員的正式服裝，可塑造專業、尊重、值得信賴的形象。

　　男性：黑色西裝上衣、黑長褲、白襯衫、黑領帶、繫鞋帶之正式黑皮鞋、黑襪子。

　　女性：黑色西裝上衣、黑色 A 字裙、黑色領結、黑色高跟鞋。

圖 5-2　司儀及禮儀服務人員的服裝（德元禮儀公司提供）

二、儀容

㈠頭髮梳整齊，鬍鬚刮乾淨，女性化淡妝，精神飽滿，抬頭挺胸，背脊挺直，收小腹，展現自信的態度。

㈡立姿：雙腳打開與肩同寬，頭自然朝向正前方，肩膀手臂放鬆，雙手自然下垂置於小腹前，右手在下、左手在上輕握右手手腕，傳達親切友善的信息。

㈢坐姿：上身挺直，腹部內縮，雙腿保持自然靠攏，雙手平放於大腿上。

女性雙膝、雙腳、腳跟均併攏直放或
斜放，維持莊重平和的姿勢。

㈣行走：行進中背部挺直，頭自然朝向
正前方，不疾不徐、動作俐落，給人
鮮明、有活力的感覺。

㈤態度：不卑不亢、謙虛有禮、主動大
方、專心傾聽、適時回答。

㈥手勢：明確、簡潔，配合口令使參禮
者立刻理解，做出正確的行禮動作。

㈦表情：親切、自然、平和，目光友善
地環顧全場，融入情境，不輕挑，不
僵硬。

圖 5-3　作者示範正確立姿

三、融入感情的聲音

　　語言的重要功能之一，即傳情達意。殯葬司儀除了部分肢體語言外，最重要的「演出」多依附在祭文、聲音及腔調上。因此，除了撰述感人的祭文以達意，藉由渾厚清晰的聲音，以及使用合宜的腔調，則負載了「演員」傳達情感的主要媒介。

　　然而，主持一場感人肺俯的喪禮，殯葬司儀除了上述的技巧外，最重要的是「同理心」及感情的融入，缺乏感情的「演出」，有「聲」無「情」，只是虛情假意的應付，無法吸引聽者、打動人心，如此，參禮者雖然行禮如儀，但卻起不了共鳴，更遑論感動了。

四、聲帶之保健

　　聲帶過度或不當的使用會受到傷害，因此應採取適當的發聲方式說話，避免有損聲帶的行為。

㈠放鬆肌肉

　　頸部、肩部及胸部的肌肉放鬆，可減少喉嚨的壓力，減輕聲帶在振動

時所受到的傷害。因此，應使用腹式呼吸並常做頸部、肩部及臉部的伸展柔軟運動。

(二)不可大聲吼叫

　　大聲說話易使聲帶受傷，應盡量避免。尤其不可情緒激昂地大聲吼叫或在嘈雜環境中說話，因為在這種環境中不但聲量會不自覺地提高，而且肩部、頸部及喉部的肌肉也會不由自主的緊張，使聲帶受到傷害。

(三)放慢說話速度

　　放慢說話的速度，可以增加傳達的清析度，而且可以減低頸部及喉部肌肉之緊張，減少聲帶受傷的機會。也不要一口氣說太長的句子，免得上氣不接下氣，使需要放鬆的肌肉不自主的緊張，增加了聲帶傷害的可能。

(四)充份的休息

　　充份的音聲休息及充足的睡眠對於聲帶的健康是絕對必要的，所以工作上需要多用音聲的人，必須把握可能的時間，讓聲帶安靜休息，避免在工作之餘喊叫或聊天。在大量使用音聲之後，若已感覺到自己的音聲品質出現了變化時，就必須讓音聲至少有二至三天的休息，以免使聲帶產生了不可逆之病變。

(五)補充水份

　　水份的補充對聲帶而言絕對是重要的。水份可以維持音質，而且可以減少聲帶振動時可能的傷害。除了多喝溫開水外，演講或歌唱前不要服用一般的感冒藥物或乳品、薄荷等，因其可能導致呼吸道黏膜水份分泌減少。若必須服用，則要多喝溫水來克服黏膜之乾燥。

用力咳嗽及「清喉嚨」的動作對於聲帶的傷害尤甚於大聲喊叫所以應
盡量避免，平常若有這不良習慣必須努力的改善。多喝溫開水或適當的藥
物可以有助於減輕咽喉異物感，減輕想要「清喉嚨」的感覺。

(七)避開有害物質

避免食用或接觸易使聲帶充血或黏稠度增加的食物或物質，以減少聲
帶受傷的機會，例如油炸食物及大部份的刺激性食（如：煙、酒、辣椒、
濃茶和咖啡等）。尤其是抽煙或二手煙對聲帶的損害更明顯，它也是喉癌
發生的主要罪魁禍首。

(八)胃酸會損害聲帶

身體其他器官如肺部、心臟的疾病等也可能影響音聲的健康。尤其是
胃酸，胃酸逆流對於聲帶會有損傷，所以應即刻治療以維護聲帶的健康。

(九)潤喉爽聲的食材

溫楊桃汁、枇杷膏、彭大海、葡萄柚汁、人蔘茶、羅漢果、潤喉糖
等。

第五節　現代化喪禮之儀節與流程

臺灣地區的喪禮儀節主要傳承自先秦時期《周禮》、《儀禮》、《禮
記》的規範及儒家的孝道觀念，再融合各族群、各宗教信仰的儀軌及地方
特有的習俗。因此，每一個地方的儀節及程序都不盡相同，喪禮也變得非
常地瑣碎與複雜，而缺乏標準版本，並且很多繁文縟節與現代人的生活環
境脫節，甚至窒礙難行。

為使喪禮順利進行，司儀最好按照現代化喪禮之儀節與流程進行，也
就是簡化部分窒礙難行的繁文縟節，但保留傳統的精神，使其不失莊嚴肅

穆，又能符合現代人的生活環境。

　　同時為了避免無謂的爭議，司儀必須在家祭前充分解釋喪禮的儀節、說明喪禮的流程、行禮的方式及順序。並詢問在場的家屬、來賓、親友有無不同的禮俗或意見，若有，則充分溝通，取得共識後再開始進行家祭。

　　以下為筆者根據傳統儀節，兼顧現代人的生活環境，弘揚親情與倫常，所草擬之家祭（奠）流程。筆者已行之有年，並獲得多數家屬的認同。

壹、家祭（奠）禮

1. 喪禮流程，行禮方式、行禮順序說明
2. 家祭（奠）禮開始→奏哀樂
3. 孝男、孝媳、孝女靈前就位→跪
4. 護喪夫（妻）靈前就位→上香→獻花→獻果→獻香茗（酒）→讀祭文（可免）→行三鞠躬禮→禮成→奏哀樂
5. 孝男、孝媳、孝女靈前就位→上香→獻花→跪→三叩首→起→獻果→跪→三叩首→起→獻香茗（酒）→跪→恭讀祭文→三叩首→起→禮成→奏哀樂
6. 女婿（行禮方式同上）
7. 孝孫、孝孫媳、孝孫女（行禮方式同上）
8. 外孫、外孫媳、外孫女（行禮方式同上）
9. 曾孫、曾孫女、外曾孫、外曾孫女（行禮方式同上）
10. 胞兄、弟、姊、妹靈前就位→上香→獻花→獻果→獻香茗（酒）→讀祭文→行三鞠躬禮→禮成→奏哀樂
11. 堂（表）兄、弟、姊、妹（行禮方式同上）
12. 宗親代表（行禮方式同上）
13. 外家代表（母喪外家代表排在宗親代表前、行禮方式同上）
14. 孝侄、孝侄女靈前就位→上香→獻花→獻果→獻香茗（酒）→跪→叩首→起→禮成→奏哀樂

15. 外甥、外甥女（行禮方式同上）

16. 內姪、內姪女（行禮方式同上）

17. 姨甥、姨甥女（行禮方式同上）

18. 姻親代表靈前就位→上香→獻花→獻果→獻香茗（酒）→讀祭文→行三鞠躬禮→禮成→奏哀樂

圖 5-4　家祭時配偶先行禮，子女跪在後面陪祭（德元禮儀公司提供）

貳、誦經

參、公祭（奠）禮

1. 公祭開始

2. 奏哀樂

3. 生平事略介紹或播放追思影片

4. 家屬致謝詞

5. 團體公祭

6. 自由拈香

7. 瞻仰遺容（已大殮蓋棺者免）

8. 大殮蓋棺（已大殮蓋棺者免）

9. 封釘禮或啓靈禮（時間緊迫時可免）

10. 繞棺

11. 發引

圖 5-5　司儀引導家屬及來賓瞻仰（視）遺容及獻花（德元禮儀公司提供）

肆、各大宗教喪禮儀軌與程序

一、基督教

(一)臨終→入殮

　　臨終禱告→接體冷藏（或入殮、停柩）→訂禮堂、火葬爐→選購塔位或墓園→印發訃聞→禮堂佈置→移靈（已停柩者移柩）→入殮→入殮禮拜

(二)安息禮拜→安葬（火化／安葬）

　　安息禮拜開始→宣召→奏樂→唱詩→祈禱→獻詩 1 →見證→獻詩 2 →讀經→證道→獻詩 3 →家屬致謝→追思默禱→唱詩→祝禱→殿樂→報告→瞻仰遺容→蓋棺→發引→火化／安葬→進塔

二、天主教

(一)入殮禮

　　導言→開端禱詞→讀經→答唱詠→福音→降福棺木→獻香→灑聖水→禱詞→遺體入棺→向遺體致敬→禮成

(二)殯葬彌撒

　　進堂詠→致候詞→懺悔詞→求主垂憐經→集禱經→聖道禮儀→讀經→答唱詠→福音前歡呼詞→福音→信友禱詞→聖祭禮儀→奉獻曲→獻禮經→頌謝詞→感恩經→領聖體禮→天主經→平安禮→羔羊讚→領聖體→領主詠→領聖體後經→祝福禮

(三)告別禮

　　導言→禱詞（或唱告別曲）→灑聖水→獻香→為亡者祈禱文→禮成→家祭儀式→公祭儀式→火化禮（安葬禮）

圖 5-6　殯葬彌撒（作者攝於輔仁大學）

三、佛教

　　○○和尚／和尚尼／法師 追思讚頌法會暨荼毘／奉安流程

㈠灑淨

㈡移靈

㈢法眷祭拜

㈣鳴鐘集眾

㈤傳供大典

㈥讚頌大典

 1. 主法和尚誦經說法

 2. 讚揚法師生平事蹟

 3. 長老、貴賓致追思詞

 4. 聖歌讚頌（○○合唱團）

 5. 法、俗眷代表致謝詞

 6. 公祭（團體）

 7. 拈香（個人）

 8. 啓龕

 9. 荼毘

10. 奉安入塔

四、一貫道

㈠家 祭

1. 典禮開始

2. 奏樂

3. 告靈（遺族代表獻香）

4. 誦經（恭誦彌勒眞經）

5. 家祭（奠）禮開始

6. 奏樂

7. 家族祭拜

8. 讀祭文

9. 唱追思歌（思親人－博多夜船曲）

10. 族親祭拜

11. 親戚祭拜

12. 唱追思歌（證道歌）

13. 禮成（奏樂）

(二)公祭

1. 公祭（奠）開始

2. 奏樂

3. 獻供（6供）

4. 生平介紹

5. 證道（恭請○○點傳師）

6. 致謝詞

7. 團體公祭

8. 自由拈香

9. 唱送別歌（驪歌）

10. 禮成（奏樂）

11. 封釘→恭誦佛號→發引

五、天帝教

㈠故○○同奮飾終大典 儀式開始

㈡家屬就位

㈢全體同奮請就位

㈣侍香同奮請就位

㈤襄理人請就位

㈥請總主持○○○就位

(七)唱飾終之歌（天地旅過）

(八)總主持宣禮

(九)行三獻禮（獻香、獻花、獻果）

(十)唱天帝教教歌

(十一)讀誄詞（焚表文）

(十二)唱天人親和歌

(十三)誦禱告文（焚表文）

(十四)侍香同奮請退

(十五)證道（生平介紹，無則免）

(十六)誦廿字眞言九遍

(十七)請總主持迴向

(十八)全體向○○○同奮遺像行三鞠躬禮

(十九)家屬答謝

(二十)總主持請退

(二十一)禮成、散福

伍、環保葬之儀軌與程序

一、植樹葬／樹葬／花葬

(一)○○先生／女士回歸自然典禮

(二)典禮開始

(三)獻香（在場家屬各掬一匙香末鋪在樹葬區，象徵爲往生者鋪床）

(四)回歸大地（家屬代表一人，將環保骨灰袋放入洞內）

(五)培土（古禮，在場家屬每人掬一把泥土覆蓋於骨灰袋上）

(六)獻花（撒上花瓣）

(七)禮成

二、灑葬

(一)○○先生／女士回歸自然典禮

(二)典禮開始

圖 5-7　回歸大地（德元禮儀公司提供）

㈢獻香（在場家屬各掬一匙香末鋪在灑葬區，象徵為往生者鋪床）

㈣回歸大地（將骨灰灑於花園內）

㈤獻花（撒上花瓣）

㈥禮成

三、海葬

㈠先岸祭後海葬

1. ○○先生／女士回歸自然典禮
2. 典禮開始
3. 奏樂
4. 家屬代表祀水神
5. 介紹往生者生平
6. 恭讀追思文（或追思談話）
7. 家屬代表致謝詞
8. 啓航禮（稟告亡者即將前往海葬的水域）

9.回歸自然（將骨灰袋拋入海中）

10.獻花（撒上花瓣）

11.默禱及祝福

12.禮成

圖 5-8　海葬（德元禮儀司提供）

圖 5-9　獻花（德元禮儀公司提供）

(二)直接海葬[1]

1.○○先生／女士回歸自然典禮

2.典禮開始

3.家屬代表祀水神

4.回歸自然（將骨灰袋拋入海中）

5.獻花（撒上花瓣）

6.默禱及祝福

7.禮成

---

[1] 考慮海上風浪問題，故省略介紹往生者生平、恭讀追思文、獻香茗之儀節

一、國旗覆蓋靈柩實施要點

㈠中華民國國民,生前無玷辱國家及國民榮譽情事,逝世後於其靈柩覆
　蓋國旗,依本要點規定辦理。但軍人另有規定者,從其規定。

㈡現任或卸任元首、副元首逝世,得以國旗覆蓋靈柩。

㈢符合下列情形之一,得以國旗覆蓋靈柩:

1. 對國家社會具有重大貢獻,逝世後經總統明令派治喪大員治喪者。

2. 依勳章條例獲頒勳章者。

3. 依獎章條例獲頒功績獎章、楷模獎章者。

4. 依褒揚條例獲褒揚者。

5. 依忠烈祠祀辦法入祀忠烈祠者。

㈣符合下列情形之一,經遺屬提具相關證明文件報內政部同意者,得以
　國旗覆蓋靈柩:

1. 因公殉職或為社會公義犧牲,經中央目的事業主管機關證明者。

2. 於專業領域有特殊貢獻,經中央目的事業主管機關證明者。

㈤覆蓋國旗者,以與逝世者身分相當、階級相同或較高者為原則。

㈥覆蓋靈柩之國旗規格,以中華民國國徽國旗法所定國旗各號尺度表內
　第7號為原則。

㈦覆蓋靈柩之國旗,應避免觸及地面。

㈧國旗青天白日部分,應蓋於靈柩之右前方。

　　(國旗覆蓋靈柩位置如附圖一)

㈨於靈柩入葬之前,由抬柩者將國旗水平持起摺疊,於靈柩入葬後送交
　逝世者遺屬保管。

㈩外國人逝世,於其靈柩覆蓋我國國旗,準用本要點規定。

　　(資料來源:91年2月25日臺內民字第0910002750號令)

二、國旗摺疊方式

　　※國旗覆蓋靈柩實施要點之附圖

　　(資料來源:內政部民政司禮制相關法令)

三、治喪會暨覆旗儀式

㈠治喪委員會暨覆蓋中華民國國旗（○○旗）典禮開始

㈡主任委員就位

㈢副主任委員就位

㈣覆旗官（委員）就位

㈤全體治喪委員就位

㈥奏哀樂

㈦上香、獻花、獻酒

㈧恭讀祭文

㈨執事者引覆旗官（委員）左右入帷

㈩恭頌覆旗禮贊文

㈦呈旗、舉旗、覆旗、奏樂

㈫覆旗官（委員）行慰靈禮。一鞠躬（戎裝者脫帽）

㈭執事者引覆旗官（委員）復位

㈮主祭者主任委員暨副主任委員、覆旗官（委員）、全體治喪委員向靈前行三鞠躬禮

㈯家屬答禮

㈰奏哀樂

圖 5-9　黨旗覆棺（德元禮儀公司提供）

(七)禮成

四、授旗儀式

(一)啓靈禮暨頒授中華民國國旗（○○旗）典禮開始

(二)主祭者就位

(三)與祭、陪祭者就位

(四)奏哀樂

(五)上香、獻花、獻酒

(六)恭讀啓靈文

(七)恭誦授旗禮贊文

(八)家屬代表屈膝恭領

(九)主祭者暨與祭、陪祭者向靈前行三鞠躬禮

(十)家屬答禮

(十一)奏哀樂

(十二)禮成

陸、實用祭文及覆、授旗文

一、告殯文

維
中華民國○年○月○日歲次○○年○月○○日之良辰孝男○○
孝媳○○○　孝女○○奉嚴君之命謹以香花清筵之儀泣叩於母
親大人之靈前曰
嗚呼

念我慈母	痛隔音塵	以養以教	反哺未能
遵制成服	恭迎母靈	衣衿棺槨	陳玉含殮
啓手啓足	必恭必敬	百靈神護	勿怖勿驚
靈柩暫厝	擇吉安葬	殫盡乎禮	哀止於心
母靈有知	長祐家門	親友吉祥	子孫康寧
謹掬愚誠	神式其憑	嗚呼哀哉	伏維
尚饗

高母陳夫人○○女士生平事略

　　高母陳夫人○○女士，生於民國○年○月○日，臺北縣新店市人。在家排行第三，上有兄長及大姐各1人，下有弟弟4位、妹妹1人。早期農業社會生活艱苦，因此，○○初商畢業後，便外出工作幫助家計。

　　○○年○○女士與○○○先生締結連理。○先生為職業軍人，常在駐地留守，○○女士常獨自照顧二子三女，並摸黑起早辛勤操勞家務。當年軍人薪水微薄，夫人為給先生及子女無虞的生活，除照料家人生活起居外也兼職家庭代工貼補家用，含辛茹苦撫養子女成家立業。

　　○○女士如香水百合般善解人意、易於親近且在別人最艱難的時候伸出援手，給與幫助而不求回報，對於手足之愛更是無怨無悔地付出。其父癌症住院治療期間，美玉不論晴雨每日搭公車淤木柵至林口長庚醫院照顧，近半年的舟車勞頓淤未言苦，其孝心實令人感佩。

　　○母○夫人於民國○○年發覺罹患子宮頸癌後，仍提起精神抱病照顧年幼孫輩。其後雖多次經歷化療、電療，仍不忘幫助與鼓勵其他病友。○○年因癌細胞轉移，歷經多次手術與住院治療淤不氣餒絕不放棄，其與病魔搏鬥之勇氣與求生之意志，令人動容。

　　治療期間，○○女士遭受癌細胞侵蝕而痛苦難耐的表情令人心酸，但她淤未對任何人發過脾氣，總是隱忍著痛苦對晚輩慈愛地微笑。○○年癌細胞逐漸地擴散，○夫人面容消瘦、體力日衰，不幸於○月○日上午○時○分溘然長逝。

　　在此，特別代表家屬感謝佛教慈濟醫院給予美玉女士人性化的安寧治療與心靈的扶助，讓她平靜安詳地走完人生的路程。

　　夫人一生看似平凡，然而她對生命的認真、對自己的負責、對家人子女的疼惜、對親友晚輩的愛護，實為一位值得尊敬的長者，今天她雖然離我們而去，但她的慈愛精神將成為後代子孫之楷模，並長存於大家的心中。

○○○○○○　　謹誌

三、祭父文

維

中華民國○○○年○月○日歲次○○年○月○○日之良辰 孝男 ○○

孝媳○○○孝女 ○○等謹以清香果品素齋之儀致祭於 父親大人之

靈前曰 嗚呼

吾父賦性	孝友德廉	生我育我	訓誨書淵
我期父壽	億萬斯年	胡為一疾	館舍遽捐
使我兒輩	腸斷淚漣	呼天僻踊	風木凄然
音容何適	杳隔終天	四顧徬徨	如狂如顛
撫膺呼號	欲見無緣	幽明永訣	窀穸寒煙

嗚呼

南柯一夢	往西方	感嘆難留	到百年
有生有死	世皆然	猶待來生	再締緣
天長地久	親情綿綿	父其有靈	鑑此清筵

嗚呼哀哉 伏維

尚饗

四、祭父文（白話）

爸爸！

　　○月○○日○時○○分您走了！走得那麼乾脆、自然、灑脫，就如同您希望的「到達人生終點時，有尊嚴沒有痛苦」。我們為您的堅強與勇敢感到驕傲，為您瀟灑俐落的人生喝采，您是我們心中永遠的偶像。

　　從小到大您雖然沒有太多關愛的言語，但我們仍然可以從您的一舉一動中感受到無微不至的父愛與呵護。雖然您已經離開我們半個多月了，但是您熟悉的身影與慈祥的呼喚聲仍隨時陪伴在我們身邊，未來人生的路我們不會感到寂寞。

爸爸您可以放心地追隨菩薩到西方極樂世界，我們會好好照顧媽媽。您放心地去吧！我們永遠懷念您！期望來生來世都做您的兒女。爸爸我們永遠愛您！您好走！

五、悼母文（白話）

媽媽，您就這樣走了！沒有任何徵兆，沒有任何交代，走得這樣匆促，走得這樣乾脆，縱使我們呼天搶地，萬般不捨，卻也無法喚回您了！

○月○○日清晨，電話傳來您的靈耗，我簡直不敢相信。兩天前，我們母女才越洋通話，聊了兩個多小時。您的笑聲，您的叮嚀，還猶繞耳際，而今，卻已天人永隔了；還記得去年○月，您和家人在機場送我回美國，您含淚緊握著我的手，依依不捨，那幕景象，歷歷在目，但如今，卻再也看不到您慈祥的臉，握不到您暖暖的手了。媽媽，我們好想請您入夢來，傾聽我們的哭訴，讓我們縱情地撒嬌，我們需要您的撫慰，需要您來依靠。

媽媽，您這一生是夠苦了；婚後，六個小孩相繼出世，爸爸為了改善家境，開始利用公餘之暇和朋友合夥做海綿生意，不幸被拖累，家裡經濟頓時陷入困境，甚至三餐不繼；媽媽您除了四處張羅，應付債務外，更要兼顧海綿加工的工作，夜以繼日，哪怕是雙腳站立過久，腫脹不已，或雙手操勞過度，長滿厚繭，您總是咬緊牙根，苦苦支撐；六年過去了，皇天不負苦心人，爸爸開始兼營家具的買賣生意，家裡的生活才逐漸改善。

正慶幸生活的重擔即將有所改善，沒想到晴天霹靂，民國○○年，爸爸遽然去世，突然間，媽媽您失去了生命中最恩愛的伴侶。我們知道您柔腸寸斷，但一家老小仍要您的扶持，我們只能看著您含著眼淚，堅強地站起來，面對殘酷的現實，竭盡一切

力量護衛我們，扶持二哥繼承爸爸的事業；之後，我們雖然相繼成家立業，但您仍然事事關心，不時地叮嚀，殷切地囑咐，您的溫情撫慰著我們的心靈。您一直是我們最大的支柱，而今，您走了，我們該怎麼辦？您若有靈，盼您能長相左右，如此，我們就不會徬徨，我們就會找到依靠。

媽媽，您的為人處世備受讚譽，除相夫教子外，侍奉公婆的盡心盡孝，對姑姑、叔叔的呵護、兄弟姊妹的親愛和睦等等，都是大家有目共睹且感同身受的。您的離去，所有親人皆聲淚俱下，訴說著您的美德，那份感傷，更讓我們痛心不已，暗恨老天無眼，為何好人總是不長壽？然而想想，您幾乎是沒有痛苦地離去，必定是您一生樂於行善，篤信觀音菩薩，累積無數功德福報，這也是我們在痛苦之餘，僅有的一絲安慰了。

媽媽，您辛苦了一輩子，也該是休息的時候了。西方極樂世界應該是無憂無慮的，請您安心地離去，凡塵俗務就不用再牽絆了。我們會踏著您樹立的標竿，去面對人生的競賽。我們會記得您的叮嚀，盡一切的努力，做好自己的本分，以無愧於您的教誨。

別了，媽媽，我們親愛的媽媽，當菩薩引導您走向西方極樂世界時，爸爸也一定會在那迎接您，您將不會寂寞的。當我們忍不住思念您的時候，就讓我們在夢中相會了。媽媽，安息吧！

六、給阿公的信

親愛的阿公：

記得小時候，抬頭仰望您時，您那嚴肅中帶著關懷的眼神，令我終生難忘。我知道您是我心靈上的避風港，隨時可以返回停泊的地方。雖然您話不多，但永遠在一旁陪著我們的成長。

八歲那年，在語言不適的狀況下前往○○就讀，記得出門前，您殷切囑咐與叮嚀，要我把早餐吃了再出門、要注意身體健康、好好用功讀書等，我仍然記憶猶新。

親愛的阿公，雖然您走了，但我相信，您的靈魂是常駐的，您會永遠在我們身邊守護著我們。我也深信佛祖會引導阿公您到西方極樂淨土的！您一定要跟好，不要走丟了。

祝！阿公一路好走，一定要跟菩薩到極樂淨土去喔！

孫女　○○　敬上

七、祭母文

維

中華民國○○○年○月○日歲次○○年○月○○日之良辰　孝男○○

孝媳　○○○　孝女　○○等謹以清香果品素齋之儀致祭於母親大人之

靈前曰　　嗚呼

哀哀慈母	溫和謙恭	幼承祖訓	心懷慈悲
三從四德	懿範長垂	熊丸足式	堪讚母儀
克勤克儉	大振丕基	處事謹慎	鄰里咸宜
彌甘蔗境	應卜期頤	豈期一疾	乏術療醫
天命有時	人力難移	從此永別	肝斷腸移
嗚呼哀哉	伏維		

尚饗

八、祭妻文（白話）

親愛的，我最愛的Honey，我們最棒的媽咪！妳走得太突然，太匆促了！我們有諸多的不捨與難過，但是，我們也相信，透過靈魂的存

在與轉世，生命的旅程是持續的，永恆不斷的。或許妳只是換到這個世界的不同角落，一個浪好、浪幸福、浪美滿，浪快樂的好人家。或是換到另一個更好更棒的世界，一個人們所稱義的西方極樂世界。

記得嗎？妳曾夢到前世是日本的 Super Star，美麗的公主，而我則可能是日本的高僧。我也相信妳說的，否則我這一世怎有這麼大的福報能與妳結為恩愛夫妻？

無論如何，以妳如此善良美麗，既熱誠活潑又溫柔賢慧的好女性，在另一個世界肯定會過得更好，我們深深祝福你。同時我們會在這個世界努力地扮演好自己的角色，承擔應盡的責任與義務。我相信在未來的每一個時空，我們會再續前緣，快樂地相聚在一起。

我最愛的 Honey，再一次深深地祝福，並期待下一次的相聚。

深愛妳的　○○

九、祭○○先生文

維

中華民國○○○年○月○○日之良辰主祭者　○○○○公司董事長○○○率全體同仁謹以清香果品素齋之儀致祭於　○○先生之靈前曰

人生在世	如葉飄風	彭長顏短	皆歸於空
緬懷吾友	創業有功	績效卓著	領導有方
妻賢子孝	人人稱揚	遽聞噩耗	同仁驚惶
情同手足	豈可分翔	幽明永隔	泉路茫茫
望靈哀弔	痛我心腸	嗚呼哀哉	尚饗

十、祭○○夫人文

維

中華民國○○○年○月○日之良辰主祭者　○○○○公司董事長○○○率全體同仁代表謹以清香果品素齋之儀致祭

於○母○夫人之靈前曰　　　　　嗚呼

恭維夫人	秉德崇隆	樂善所施	弼教有功
靈萱不老	慈竹長榮	何期奔年	遽爾隨雲
慈顏既杳	穗帳音沉	淑慎流芳	懿範無窮
敬陳薄奠	聊表衷腸	靈其有知	來格來嘗

十一、家屬致謝詞

各位來賓、親友、長官大家早安：

非常感謝大家在百忙中專程趕來參加　先父○○先生的告別禮，並承蒙各位親友、來賓、長官致贈花籃、花圈、輓額以及奠儀等，各位的濃情盛意使我們在痛失親人之際倍感溫馨。

相信先父在天之靈也會很樂意看到各位聚集一堂，共同為他這一世的人生劃下美麗的句點。他老人家在天之靈，一定會默默庇佑各位身體健康、家庭圓滿、事業成功。

本來我們孝子、女應該專程到各位府上，向各位長官、親友、來賓當面致謝，但因重孝在身有所不便，僅在此以最虔誠的一鞠躬禮，向各位表達我們十二萬分的謝意。

各位的隆情盛意，我們將永銘肺腑，阿彌陀佛！

司儀：全體家屬向來賓行一鞠躬禮，禮畢，請復位。

十二、覆旗禮贊文

覆蓋○○○○黨黨旗禮贊文
○○黨部　　○○○同志
忠黨愛國　　永矢忠貞
闡揚主義　　貫徹始終
勳績足式　　殊堪旌揚

黨旗蓋棺　碩德堪仰

謹頌

中華民國○○○年○○月○○日

十三、授旗禮贊文

○○獅子會　○會長　　○○　　獅兄

居仁由義　道貫古今

領導獅友　服務人群

功在社會　典型常存

全體家屬視爲無上光榮

主祭者謹代表國際獅子會 將會旗贈與家屬

留做永久記念，以示崇榮懷德　謹頌

中華民國○○年○月○日

十四、啓靈文

維

中華民國○○○年○月○日之良辰主祭者○○○

偕全体來賓親友謹以鮮花素果之儀致祭於○公○○

先生之靈前曰

嗚呼

先生之英　痛遭遽逝　緬懷德誼

愴感實深　飾終令典　寥寥祗承

謹奉移靈　發引火化　親朋執紼

必愼必恭　軒車將駕　敢告啓行

嗚呼　哀哉　　尚饗

十五、祭告后土神君文

維

中華民國　　　年　　　月　　　日歲次

年農曆　　　月　　　日之良辰

陽上涛民○○○及全體家屬謹以牲

禮果品香楮財帛之儀稟報于本山后土神

君之位前曰：

恭維神君　福佑幽冥　山川寸土　是司是巡

茲今家父　卜此佳城　神明有靈　保佑其靈

害虫遠離　百害不侵　千秋萬載　永獲安寧

敬告

十六、安葬文

維

中華民國○○○年○月○日歲次○○農曆○月○○日之良辰

孝男及全體孝眷人等謹以牲醴果品香楮財帛之儀致祭於 父親

大人之墳前曰　　嗚呼

護柩至此　窀安父靈　登穴封土　大事告成

○○山上　水秀山明　藏風聚氣　永護墳塋

牛眠吉地　瓜瓞綿綿　保佑子孫　福壽康寧

房房富貴　代代榮　尚饗

圖 5-10　司儀主持安葬禮（德元禮儀公司提供）

第六章

殯殯葬會場之規劃設計

第一節　靈堂佈置

　　豎靈，源自古禮「設重」。按照儀禮的規範「設冒」後，須在中庭豎立木牌作為亡者靈魂暫時棲息之處所，並在夜間點燃火炬照明，以便亡靈享用供品，此為「設燎」[1]，現在我們習慣在靈桌上點蠟燭，可能就是設燎的遺風。

　　因居住環境的變遷，現代人人大都將往生者的靈位設在自宅的客廳或殯儀館的牌位區，為使靈堂呈現莊嚴、肅穆的氛圍並配合場地及功能的需求，介紹以下幾種佈置方式。

壹、停柩豎靈

　　大殮入棺後在停柩處設靈堂，是二三十年前土葬盛行時最常見的豎靈方式。為配合墓地的座向及墓園的新建工程，豎靈時間通常在 30 天左右。這幾年火葬普及，豎靈時間已減短到 15 天左右。

　　茲將自宅、搭棚、殯儀館停柩豎靈之靈堂佈置分述如下：

一、自宅

㈠以黃布幔圍遮棺木

㈡龍邊（面向遺像右邊）懸掛西方三聖像，像前置香爐、蓮花燈、瓶花。

㈢虎邊（面向遺像左邊）靈桌上供奉魂帛（靈位牌）。

㈣魂帛（靈位牌）上掛遺像。

㈤魂帛兩邊置靈桌嫺（童男女），侍奉亡靈（佛教徒免用）。

㈥靈桌嫺兩邊置蠟燭，為安全起見大都改用葫蘆燭或電蠟燭。

1　設燎：詳見本書7頁。

㈦蠟燭兩邊放瓶花、蓮花燈。

㈧魂帛正前方放香爐及水果盤。

㈨靈桌虎邊（面向遺像左邊）放魂幡。

㈩靈桌下置矮凳，上面放往生者衣服，凳下放往生者鞋子（或拖鞋）。

圖 6-1　自宅停柩靈堂（德元禮儀公司提供）

二、搭棚

搭棚靈堂佈置的方式與自宅佈置相同，但應特別注意防水及防風。

三、館內

受限於場地狹小暨靈者眾多，只能因地制宜但仍應盡量遵循禮俗。

圖 6-2　館內停柩室（德元禮儀公司提供）

貳、牌位豎靈之靈堂佈置

一、自宅

圖 6-3　日式三寶架（德元禮儀公司提供）

㈠以黃布幔圍遮牆面。

㈡最高層懸掛西方三聖像。

㈢第二層掛遺像

㈣第一層供奉魂帛（靈位牌）魂帛兩邊置靈桌嫺（童男女），侍奉亡靈。

㈤靈桌嫺兩邊置葫蘆燭及瓶花。

㈥魂帛正前方放香爐及水果盤。

㈦靈桌虎邊（面向遺像左邊）放魂幡。

㈧靈桌下置矮凳，上面放往生者衣服，凳下放往生者鞋子（拖鞋）。

二、搭棚

靈堂佈置的方式與自宅佈置相同，但應特別注意防水及防風。

圖 6-4　佛式三寶架（德元禮儀公司提供）

三、館內

殯儀館牌位區場地小、牌位多，只能一個挨著一個排排放，但因與大體一起寄放館內，方便同時瞻視遺容與祭拜且收費低廉，因此常常一位難求。

圖 6-5　館內牌位區（德元禮儀公司提供）

第二節　佈置理念及前置作業

壹、式場佈置之理念

　　告別式場佈置雖無一定格式，但應以往生者為中心，依其個性及品味，遵循信、達、雅的佈置理念，使往生者成為告別式場的主角。茲將佈置理念詮釋如下：

　　信：忠實呈現往生者的風格。

　　達：充分表達家屬暨親友追思之意。

雅：以精緻典雅為原則，避免粗俗野豔。

貳、式場佈置之前置作業

一、選擇適當場地

　　喪禮服務人員應先與家屬充分討論，預估可能參禮的人數，並依照家屬經濟能力，再就適用的場地分析交通、停車、容納人數、費用、噪音等優缺點，尤其在好日子時，各場地申請者眾多，這必須事先向家屬說明，以免造成作業上的困擾。最後喪禮服務人員篩選 2-3 個最適合場地，供家屬選擇。

二、確認佈置的主題

　　式場佈置最好有一個主題，以便呈現往生者的風格、宗教信仰或以家屬喜歡的方式來表達追思之意。與家屬詳細討論後定出主軸後，若有需要再請花藝設計師參與討論細節。一般說，越大眾化、越標準化的式場其價格越便宜。相對地，量身打照或專屬設計的費用則高很多。

圖 6-6　呈現生前親切自然的風格（德元禮儀公司提供）

三、再確認（Double Check）

　　當喪禮服務人員與家屬確定式場佈置的方式之後，就應盡早通知花店、搭棚、布幔、地毯、燈光等協力廠商，以便提早備料，尤其大日子[2]

---

[2] 大日子：指通書上記載適合入殮、移柩、安葬、火化、進塔的吉日

更應如此。通知，最好用書面，並應詳列時間、地點、往生者姓名、樣式、尺寸、顏色、數量，並且在三天前再確認（Double Check）以免失誤。

四、現場微調

　　佈置式場時最好請家屬在場，如果有不同見解，又未違反既定的佈置主軸且不影響告別式的時間，喪禮服務人員與家屬詳細溝通後，應請協力廠商立即調整。

第三節　館內禮堂佈置實務

一、牌坊（外牌）

圖6-7　基督教牌坊（德元禮儀公司提供）

圖6-8　創意牌坊（德元禮儀公司提供）

圖6-9　傳統牌坊（德元禮儀公司提供）

在禮廳的正門上方以白、藍、紅、黃等顏色之保力龍字（以紗及花裝飾牌底及外框）由右至左或由左至右書寫亡者的姓名及稱謂，雖無固定格式，但傳統上總字數須按照「生、老、病、死、苦」的順序排列，最後一字應落在「生」或「老」字上。所以牌坊（外牌）常見 6、7、11、12、16、17、21、22 的吉利數字。常用的書寫方式如下：

圖 6-10　佛教式牌坊（德元禮儀公司提供）

(一)以子女名義書寫

顯考陳公諱○○府君之靈堂[3]

先嚴陳公諱○○先生之禮堂

先考陳公○○先生告別式場

先父陳公○○先生告別式場

顯妣陳母 閨名○○劉太孺人之告別式場

---

[3] 靈堂：應指豎靈之場所，但目前亦稱「告別式場」。

先妣陳母 閨名○○劉太夫人[4]之告別式場

先慈陳母 閨名○○劉太夫人之告別式場

先母陳劉○○女士之靈堂

(二)以職稱書寫

故○董事長○○先生之禮堂

先總統○公○○先生之禮堂

(三)宗教方式書寫

佛力超薦陳○○居士法會

主內○○○弟兄追思禮拜

主內○○○姊妹殯葬彌撒

(四)現代化的寫法[5]

祝福○○○先生往生西方極樂淨土

○○！一路好走

送○○一程

別了！○○

二、受禮檯

又稱「受付處」。呈現往生者的風格，放在大門入口兩邊或兩側，盡量避免干擾儀式之進行。通常喪禮服務人員會將印有公司名稱及電話的檯布鋪在收禮桌上，再放置簽名處、受付處、公祭單位登記處等標示牌，並在牌前放簽名簿、胸花[6]、禮簿、謝簿及公祭單位登記單、簽字筆等。

---

[4] 太夫人：「漢制」列侯之妻稱「夫人」。列侯死，子復為列侯，乃得稱「太夫人」。今為已婚婦人之尊稱。夫存稱「夫人」，夫亡稱「太夫人」。

[5] 現代化的寫法：不受傳統吉祥字數的束縛，較符合現代人的需要。

[6] 胸花：又稱「會葬花」，通常依死者之年齡及信仰不同而有紅、粉紅、白、黃等顏色之別。也有十字架及黃絲帶等供家屬選擇。

圖 6-11　受禮檯（德元禮儀公司提供）

圖 6-12　受禮檯佈置成追思角落（德元禮儀公司提供）

　　一張受禮桌大約須三個人服務，一人負責引導來賓簽名，協助配戴胸花，第二人負責收受奠儀（或賻贈）、登記及開立謝帖，第三人負責回贈答禮禮品如毛巾、書籍、CD 及引導公祭團體填寫公祭單彙整後交工作人員排公祭順序。大廳因公祭人數眾多，為避免擁塞，通常左、右兩邊各設一受禮桌，同時進行簽名、受付及填寫公祭單的流程。

受付處因經手現金及回贈答禮禮品，建議家屬請信得過的親友擔任，喪禮服務人員及禮儀公司人員最好不要承擔此工作。

三、祭壇

圖 6-13　祭壇由遺像、花海（山）、供桌組成（德元禮儀公司提供）

(一)遺像

遺像是放置於花海（山）的正後方，約爲眼睛高度。彩色或黑白皆可，照片尺寸依禮廳大小搭配。

甲級廳約爲 24-30 吋（或以大圖輸出死者生活照）

乙級廳約爲 15-18 吋

丙、丁級廳約爲 12-15 吋

在遺像外緣以相框花裝飾。

(二)花海（山）

置於靈幃（布幔）的前面，大都以鮮花爲主要材料，依禮廳大小、佈置主軸（主題）及經濟能力決定寬度及深度，花海色系選擇以往生者年齡、宗教信仰爲依據，過去以白、黃色爲主要色系。現代在美觀的考量下，顏色、花材、式樣變化較多。

(三)供桌

置於花海（山）的正前方，桌子鋪以白或黃色桌布，桌子中心擺設靈位牌，靈位牌兩側放置蠟燭，前方為香爐，香爐前置 3 個杯子裝茶或酒，剩餘空間用來擺祭品，桌子前方置有小花籃，供獻花用。

圖 6-14　供桌（德元禮儀公司提供）

四、布幔（靈幃）

布幔在式場布置中扮演非常重要的角色，它可掩飾老舊、髒亂、色調不一的禮堂牆壁。也可減少回音，與式場整體設計搭配可塑造整齊、溫暖、莊嚴、肅靜的氛圍。

古人認為喪禮就是「凶禮」，因此早期懸掛於靈堂中的布幔（靈幃）大都選擇白色以合乎禮制。但隨著時代的變遷，死亡已逐漸被認為只是生命輪迴中一個階段的結束而已，將來還會有來生。所以目前布幔（靈幃）的顏色，逐漸形成多樣化，但大都依照往生者的年齡及宗教信仰來選擇。例如：

60 歲以下：白色

60～90 歲：粉紅色

90 歲以上：紅色

佛教：不分年齡皆用黃色

基督、天主教：不分年齡皆用白色

民間信仰（或無信仰者）60 歲以上：香檳色

圖 6-15　香檳色布幔（德元禮儀公司提供）

五、地毯：

　　地毯可增加行走安全，防止地面產生噪音，依式場色系選擇合適的顏色可增加溫暖、舒適的氣氛。一般而言，禮堂中央或 T 形走道（如圖 6-15），大都鋪設紅、藍或灰色地毯。

六、輓聯（輓額）

　　遺像後方的靈幃兩側掛家屬輓聯，但近年來已逐漸被佛幡（如圖 6-13）取代；主要原因是委外書寫的輓聯內容大同小異，無法真實表達家屬的情感，且會破壞禮廳整體感。

大廳中央上方及兩側掛輓額，依致贈者的身分、地位或與家屬親疏關係來決定擺設位置。通常禮廳中央遺像上方為首，其次是面向遺像（龍邊）的右牆，再來是（虎邊）左牆，依距離遺像越近越尊貴的原則來懸掛。

七、停棺區

　　在靈幃後方為停棺區，較講究的家屬也會使用布幔及地毯做整體佈置。

八、撤場

　　由於殯儀館禮堂使用時間短促，在租用時間結束前半小時下一場的佈置人員已經在場外等候。等到葬禮一結束，花店員工與禮儀助理就會立即拆撤遺照、輓聯、花海等佈置，喪禮服務人員應引導家屬發引靈柩到火葬場或墓園，收拾物品的工作交給助理即可。

第四節　館外禮堂佈置實務

壹、自宅禮堂佈置實務

1. 在自宅或戶外搭棚，依殯葬法規第 50 條：如須使用道路搭棚者，須經當地警察機關核准，並以二日為限。
2. 搭棚依長度、寬度、高度、造型及使用時間來計價，尚須考慮交通安全、電力來源及照明，天熱時可加租電風扇或冷氣。
3. 棚內佈置大致上與殯儀館禮廳內相同。

貳、其他場地禮堂佈置實務

1. 教堂與佛堂：由於宗教場所有其規定，一般不太需要也不能過度佈置，多半只能以鮮花點綴，主要由喪禮服務人員與場所負責人溝通協調。
2. 其他會場：如飯店、國父紀念館、學校禮堂、社教館、社區活動中心等，限制比宗教場所更多，一般只能象徵性地擺設遺像與鮮花，不能放置實質的靈柩、骨灰罐等。
3. 醫院：醫院太平間及附設禮堂的佈置方式與殯儀館大致相同。

圖 6-16　組合式的佈置（作者攝於日本）

第五節　各種場地優缺點之比較

壹、使用殯儀館禮堂

一、優點

㈠目標明顯易找

㈡專用場所不會打擾芳鄰

㈢大、小禮堂齊備（特大、大、中、小廳）

㈣設備齊全（冷氣、冰箱、化妝、停車場）

㈤專人管理

㈥租金合理

㈦支援快速（人力及用品）

㈧多數近火葬場

㈨減少家屬負擔(1)經濟(2)時間(3)心理

(十)長輩及芳鄰干預少

(土)儀式較精簡

二、缺點

(一)治喪時間被限制

1. 好日子禮堂難訂

2. 限制使用時間（臺北市甲級限 3 小時，乙、丙、丁限 2 小時）

3. 冰箱採累進收費，以價制量增加冰箱使用周轉率

4. 式場佈置時間短（以臺北縣市為例：第一場可在前一晚佈置，第二、
   三場只有 1 小時佈置時間）

5. 有些儀節無法進行，例如乞水、沐浴、乞飯

6. 作七、功德須預先訂禮堂

(二)治喪空間被限制

1. 很多儀節受場地限制無法舉行，例如壓棺下、接棺、安靈

2. 無法在式場辦桌

3. 式場佈置受限制

4. 燒庫錢、紙錢、紙屋受限

5. 大型花圈、花車、陣頭無法進入

6. 相互干擾（多場告別式同時舉行，樂隊、司儀聲音互相干擾）

7. 空氣品質差，尤其是附設火葬場的殯儀館

8. 好日子停車困難：殯儀館設有停車場，但是大日子，尤其是上午公祭
   時段，短時間湧入大量車潮，常造成交通壅塞

貳、自宅搭棚

一、優點

(一)時間不受限制

1. 不必與他人搶訂好日子禮堂

2. 儀節可如實進行

3. 可在現場辦桌

4. 方便芳鄰上香

<u>㈡空間不受限制</u>

1. 發引後祭品用可於辦桌

2. 作七、功德不受限制

3. 花圈、頭陣、花車不受限制

二、缺點

㈠費用較殯儀館高

㈡無專業設備可使用

㈢戶外空間，雨天易漏水、晴天悶熱

㈣造成芳鄰不便，例如噪音、交通、垃圾、空氣等

㈤位置不明顯，參禮者不易找到地點

㈥大都無專用停車場

㈦法規限制搭棚 2 天

㈧支援不便（殯葬用品及人力）

㈨車輛出入受地點限制

參、其他場地

一、宗教會場：教堂、廟宇、佛堂等

㈠大都只限信（教）徒使用

㈡遺體大都不能進入會場

㈢非專業場地

㈣可滿足宗教需求

二、一般禮堂：如紀念館、飯店、禮堂、體育館、活動中心、會館等

㈠遺體、棺木（甚至牌位）無法進入會場

㈡無一般告別式場陰森感覺

㈢可容納人數超過殯儀館禮堂最大容量

㈣費用昂貴、限制多、無專業設備

三、醫院太平間附設禮堂

㈠臺灣特有的怪現象，原為方便無眷榮民簡易奠祭

㈡只限承租太平間的禮儀公司使用

㈢醫、殯不分違反禮俗（臺灣禮俗認為人死後病都痊癒了，但為何不出院？）

㈣使用時間限制：比殯儀館時間更短，有些甚至限 1 小時

㈤空間受限制：禮堂選擇受限，無法燒紙紮、金銀紙

㈥出入受限制：限由太平間側門出入

第六節　臺北市殯儀館禮堂、火化爐資訊

壹、禮堂

一、申請規定

㈠必備文件：正式死亡證明書或屍體相驗文件，申請人身分證影本；並填具申請書，如委託代辦，並應填具委託書。

㈡申請時間：

臨櫃：週一至週六 08：00 至 16：00

網路：週一至週日 08：00 至 20：00（限取得帳號密碼者）

㈢申請使用禮堂之場次，以申請日起 40 天內為限。

二、禮堂容量（臺北市為例）

㈠一館

甲級：可容內 192 人，1 間

乙級：可容納 96 人，2 間

丙級：可容納 32 人，3 間

丁級：可容納 28 人，4 間

（二）二館

乙級：可容納 96 人，3 間

丙級：可容納 60 人，8 間

三、時段

（一）一館

甲級：08：00-11：00，13：00-16：00

乙、丙、丁級：08：00-10：00，11：00-13：00，14：00-16：00

（二）二館

乙、丙：07：00-09：00，08：00-10：00，10：00-12：00，11：00-
13：00，13：00-15：00，14：00-16：00

乙、丙、丁級：旺、平日增加第四場 16:00-18:00，17：00-19：00

貳、火化爐

一、時段

自早上 07：00 起，每 2 小時為一時段，每日共計 6 個時段，最後一時段為 17：00～19：00。

二、進爐規定

靈柩最遲必須在登記時段 20 分鐘內送達至火化場，例如如登記 07：00～09：00 火化遺體，靈柩必須於 07：20 前（進爐時限）送到火化場。

臨終關懷及悲傷輔導

　　「禮儀師」從事悲傷輔導，是臺灣目前學術界與社會對於「禮儀師」的角色期待。臺灣目前實行的殯葬教育課程的內容之中，幾乎都有悲傷輔導與臨終關懷的課程（邱麗芬，2002：86-87）。民國九十一年元月十四日立法院三讀通過的《殯葬管理條例》中，第四十六條即有「禮儀師得執行臨終關懷及悲傷輔導的業務」。以下就針對禮儀師在「臨終關懷」與「悲傷輔導」所能從事工作，以及合適扮演之角色進行討論。

第一節　臨終關懷

　　現代「臨終關懷」的概念發展於 20 世紀英國，其中主要對象為癌症末期患者，始於桑德絲女士（Dame Cicely Saunders）在 1967 年倫敦所創立的 St. Christopher's Hospice（Lattanzi-Licht& Connor Stephen 1995）。「臨終關懷」之目的，是為了讓瀕死者在面對死亡時，能夠減少身體痛苦與心靈焦慮，盡量使其身心回歸平靜狀態，這同時需要從生理與心理兩個層面來進行，一方面，由醫療團隊擬定藥品施用，減少瀕死者生理痛苦；另一方面，則由社工師、宗教師等為其心理輔導，減少瀕死者在面對死亡即將降臨時的不安與焦慮。目前臺灣各大醫院的安寧病房，即是以此目的而設立。

　　在臺灣社會中，減少瀕死者在面對死亡時的心理焦慮，主要是藉由宗教力量帶來心靈平靜，無論是佛教、天主教或基督教的宗教師所從事的臨終關懷，在臺灣社會都相當常見。禮儀師所能從事的「臨終關懷」工作，主要是和瀕死者或其家人討論其後事，使喪禮滿足其自身的意願，讓瀕死者在面對死亡來臨時，能夠對其後事較為安心，減少遺憾。然而，禮儀師通常都是由家屬所聯繫，主要面對的當事人也是家屬。

因此，在從事臨終關懷工作時，處於一種被動的位置，無法主動與瀕死者有接觸。尤其在臺灣社會中，對於探討身後事仍有相當忌諱，並非多數人（無論是瀕死者或者家屬）所能普遍接受；能夠處於開放態度，與禮儀師探討喪禮儀式的瀕死者並不多見。依照筆者自身的經驗，會在逝世前與禮儀師討論喪禮細節，並且家屬也能夠接受的，多是瀕死者或家人已經與禮儀師熟識，才有在臨終之時與禮儀師探討其身後事的現象，除此之外並不多見。由於在多數案例中，禮儀師並無法與瀕死者討論喪禮之事，因此，禮儀師在臨終關懷工作中，所能從事的工作，與扮演的角色，都相當有限。

第二節　悲傷輔導

對於所有人來說，親友逝世都會造成心中的失落，產生悲傷之感。一般來說，心中的悲傷，通常需要經過一段時間才能逐步回復原有的心理狀態，這段從悲傷中回復的過程，稱之為「哀悼」（mourning）。

依照 J. William Worden（1995）研究，人們完成哀傷，需要經過四個階段，才能調適失落親友的哀傷，回歸日常生活：

1. 接受失落的事實。

2. 經驗悲傷的痛苦。

3. 重新適應一個逝者不存在的新環境。

4. 將情緒活力重新投入新的生活及人際關係上。

對多數人來說，悲傷都透過家庭、宗教組織、葬禮儀式和其他社會習俗來處理，但有些人無法靠上述方式有效處理悲傷，因此需要「悲傷輔導」（grief counseling），協助他們調適無法處理的想法、感覺和行為。在此面向上，悲傷輔導可視為傳統方法無效時的補充。

悲傷輔導的目標即是幫助喪親者經歷哀傷的過程，協助當事人：

1. 增強失落的真實感。

2. 處理已表達或潛在的情感。

3. 克服失落後再適應過程的障礙。

4. 以健康坦然方式，重新將情感投注在新的關係之中。

悲傷輔導的工作，多半在喪禮結束後一週進行，禮儀師在悲傷輔導所能扮演的角色有限，且集中於前段工作中，主要藉由提供適當的殯葬服務，作爲協助與鼓勵健全悲傷的管道。對於悲傷輔導來說，J. William Worden（1995：97-8）認爲「喪禮」能發揮下列各項作用：

壹、增強失落的真實性

目睹死者遺體有助於認知到死亡的眞實性和最終性。無論在家中、醫院、殯儀館，瞻仰遺容對家屬都有其益處，可協助家屬完成哀悼的第一項任務。

貳、提供表達對死者想法和感受的機會

讓家屬說出對死者想法和感受相當重要。在傳統中，喪禮提供了一個最好的機會。不過一般喪禮常會過份理想化與讚頌死者，最好情況是允許生者同時表達他們對死者懷念與不懷念之處，雖然有人可能認爲這樣做不恰當，但如果喪禮可允許表達負面感受，則能縮短悲傷過程。

參、回憶逝者過去的生活

可將與逝者有關事物貫穿於喪禮中，呈現出逝者生命的重心。例如在一位牧師的喪禮中，可讓參加追思者從大會不同角落站起來，朗誦牧師生前佈道文的片段。

肆、提供家屬社會支持網絡，此網絡對悲傷宣洩可能極有幫助

若喪禮過快舉行，反會沖淡其效果，因家屬仍在一種茫然或麻木狀態中，使喪禮無法提供正面的心理衝擊。禮儀師在此，除了提供意見和協助家屬適應死亡發生所做必要安排外，事後接觸也與悲傷輔導的某些目標重

合。雖然有些家屬可能對禮儀師在喪禮後仍與其接觸產生反感，但也有些家屬並不覺得不好，並感激其幫助。

　　禮儀師本身也可協助支持團體，例如「喪夫者團體」，這有助於社會支持網絡的建立。這對禮儀師而言，為參與悲傷輔導輔導重要層面的最佳機會。此外，也可贊助社區內教育性方案，提供有關悲傷，以及健全悲傷過程的教育性教育。

　　有些死亡事件，相較於其他死亡事件，對於生者的身心，產生更為巨大之衝擊與影響，這些「死亡」被稱之為「創傷性死亡」（traumatic death）。其中最顯著的，就是突如其來的意外，或自然災害所造成的死亡，這些死亡事件嚴重挑戰生者對於自我掌控之感，對其個人自身安全感產生威脅。

　　O. Duane Weeks（2002）認為，對於經歷創傷性死亡的家屬而言，一個「有意義」喪禮的舉辦，可有助於其心理調適。喪禮儀式必須對家屬具有價值才有意義，此可藉由讓家屬積極參與各個儀式、意見被採納、減少外力干擾，來增加其哀悼的機會，並使其重新回復有掌控自己生活的感覺。在家屬主動參與喪禮的過程中，家屬能有一種為逝者做些什麼的感受，讓其具有一種釋然的感覺。自此過程中，同時對家屬具有撫慰的作用。

　　依照筆者的研究，臺灣禮儀師在協助家屬悲傷調適過程中，扮演「陪伴者」甚於「輔導者」，這與現代社會中對於過去殯葬從業人員的刻板印象有關，認為輔導者的角色可以由心理輔導師或是宗教人員來擔當較為恰當。

壹、輔導者

　　目前禮儀師本身對於臨終關懷與悲傷輔導的角色的看法則是相當分歧的。大都數的禮儀師都認為在處理整個喪葬儀式的流程時，沒有時間，本身的職業也不適合積極扮演悲傷輔導與臨終關懷的角色；而對於所訪問的喪親家屬來說，也認為在整個儀式的前後，都沒有受到禮儀師悲傷輔導的

感受。

　　但是仍有部份禮儀師表示悲傷輔導是工作的一部份，要讓家屬接受逝者已經離開他們的事實，並建構新的生活形態及人際關係。此外，以承攬意外死亡為主要業務的禮儀師，對於悲傷輔導則非常重視，因為喪親家屬對於死者的去世都毫無心理準備，在意外現場時，都無法接受事實，情緒上有非常強烈的反應，這時禮儀師對於喪親家屬進行心理輔導，幫助家屬心情平靜下來接受事實，這是禮儀師工作中很重要的一部份。

　　實際上對於直接與「禮儀師」互動的政府主管單位、喪親家屬與禮儀師本身來說，對於「禮儀師」這個工作者，扮演悲傷輔導與臨終關懷的角色是否恰當與實際工作時是否真的有能力對於臨終者與喪親家屬給予輔導，大都是持存疑或否定的態度。

　　存疑與否定的主要原因是悲傷輔導與臨終關懷是高度專業的工作，而且心理輔導與生理的診治一樣是醫療行為，是具有危險性的。由未受過嚴格專業心理輔導訓練的禮儀師來執行，處理不好的時候會產生很多後遺症，就像江湖郎中亂開處方醫死人一樣可怕。

　　較可行的方式是要求禮儀師接受悲傷輔導的基本訓練，以具備悲輔的基本常識及敏感度。在治喪服務的過程中，若發現家屬有異常的徵兆及狀況便可在第一時間知會其家人，必要時協助轉介到專業心理輔導機構。

貳、陪伴者

　　雖然對於輔導者的角色，大部分的禮儀師都採取保留的態度，但是在整個治喪過程中，禮儀師是可以在當中扮演「陪伴者」的角色。喪親家屬在面對自己的親友遠離自己的衝擊時，是很希望身旁有一個「陪伴者」。禮儀師在治喪過程中，有許多時間是陪伴在家屬旁邊的；因此，有些喪親家屬把禮儀師視為在這個人生低潮時的「陪伴者」。

　　在治喪過程結束之後，喪親家屬可能還未走出喪親的失落，但是此時陪伴治喪的親友都已經離去了，家屬會把共同參與整個治喪過程的禮儀師視為「陪伴者」，直到脫離喪親的失落。

第八章
主要殯葬用品及設施

近十年來因生前契約套裝殯葬服務的興起，統包式的治喪方式已成主流，加上現代人生活步調快、治喪間期短，所以殯葬用品及設施的推薦選購，大部分家屬多全權委由禮儀師或禮儀服務人員統籌辦理。

目前，銷售殯葬用品及仲介設施已成為禮儀師的工作項目，其佣金也成為禮儀師的主要收入之一。因此，深入了解殯葬用品及設施的禮俗意涵、來源、材質、成本，以厚植專業涵養是現代禮儀師刻不容緩的課題。

第一節　骨灰罐（URN）

骨灰罐是用來存放火化後死者骨灰的容器，正上方放置死者 2 吋瓷相（或玉像），瓷相下方書寫稱謂及死者姓名，瓷相左右兩邊為死者之祖籍，姓名右側為生歿日期，左側為所有奉祀者姓名或奉祀者房數及其與死者的關係。

除了少數植樹葬專用以環保為訴求，強調可自然分解之外，大部分的目的都是為了能夠永久保存，因此，臺灣大都數以石材作為骨灰罐的材料。目前臺灣骨灰罐製作的尺寸趨向於單一標準化，而形式主要為圓柱形，極少數為長方形。

除了環保葬，臺灣遺體火化之後並沒有經過研磨的程序，所以相對於美國骨灰罐的小巧與多樣造型，臺灣骨灰罐的尺寸與造型就受到限制。此外，美國骨灰罐有些設計開口在下方，這樣造型設計就有較大的發揮空間。澳洲骨灰罐大都是手工製的陶瓷罐，外表為手繪風景圖案，分為大、中、小 3 種尺寸。

臺灣骨灰罐以石材居多，因此其品質也是依照石材的材質來分級，包括稀有性、硬度、紋路、色澤等都是決定價格的因素之一。除了材質之

外，造型、雕工對於價格也是有絕對影響。此外，目前有骨灰罐設計在內緣增加鈦合金內膽，強調防火、防震、防潮的功能，也可提升附加價值。

以下是不考量造型、雕工等其他因素之下，依照材質所做的概括分級：

一、高級：碧玉、高級青玉、純青玉、紫玉、粉彩玉

二、中級：青玉、粉玉、金花玉、水晶琉璃、羊脂白、紅花崗、蜜蠟、木

圖 8-1　臺灣骨灰罐以石製圓柱型為主流（德元禮儀公司提供）

圖 8-2　不同造型、材質的骨灰罐（作者攝於美國 Cypress College）

紋石

三、普級：白玉、黑花崗、青斗石、大理石、瓷器

第二節　壽衣（shroud）

　　壽衣是死者去世前或後，沐浴之後所換上的衣服。在傳統禮俗上，依照死者的地位、年齡、性別爲死者穿上 5 至 7 層的衣服。傳統禮俗穿戴這麼多層衣物，除了彰顯其階級地位外，可能是古人爲了防止遺體出現異味所採取的一種隔離措施。

　　穿著壽衣的好處在於符合傳統禮俗，而且因寬鬆無硬扣所以較便於穿著，也可減少火化時間。然而，現在有越來越多家屬爲往生者換穿生前喜愛的衣服。

　　目前臺灣常見壽衣，依照款式、材質、與性別分類如下：

壹、款式與性別

1. 男性臺式五件七層：馬褂、單長袍、夾襖褲、青布衫、內衣褲、蓮花被、鞋、襪、帽、手套
2. 男性中式五領三腰：馬褂、棉長袍、棉襖褲、夾襖褲、內衣褲、上下被、頭腳枕、鞋、襪、帽、手套
3. 男性西裝：西裝、西裝褲、襯衫、領帶、內衣褲、蓮花被、手套、鞋、襪
4. 女性臺式五件七層：外套、單長袍、夾襖褲、青布衫、內衣褲、蓮花被、鞋、襪、帽、手套
5. 女性中式五領三腰：外套、棉長袍、棉襖褲、夾襖褲、內衣褲、上下被、頭腳枕、鞋、襪、帽、手套
6. 女性鳳仙裝：鳳仙衣裙、內衣褲、蓮花被、鞋、襪、手套
7. 女性旗袍裝：旗袍、單襖褲、內衣褲、蓮花被、鞋、襪、手套
8. 男女基督徒壽衣：白袍、內衣褲、鞋、襪、手套

貳、布料與材質

1. 頂級：眞絲，100% 蠶絲，輕柔、細緻、華麗、冬暖夏涼
2. 高級：彩緞，高級人造絲，顏色亮麗，有 3～5 種顏色
3. 中級：九霞綢，70% 尼龍、30% 棉，觸感較差
4. 普級：精梳棉，大眾化，可以完全燃燒。

男半絲夾馬褂　　　　　　男基督衣　　　　　　女鳳仙裝

圖 8-3　常用壽衣（德元禮儀公司提供）

第三節　棺木（casket/coffin）

　　棺木又稱「棺材、大壽、大厝」，主要功能是用來裝殮遺體，經打桶（密封）後可防止屍臭、屍水外洩，方便停殯、搬運又可保護屍體及彰顯往生者之身分、地位及財富。

　　臺灣的棺木大都以肖楠、檜木、香杉、柳杉、福杉、紅木等木材製成，因木質細緻堅實，且富有香味與油質可防水、耐酸、抗蟻符合早期土葬後撿骨的需求。因此，歐美常見的金屬棺、紙棺，在臺灣極為少見。

　　若以棺木式樣來區分，大概可分為下列幾種：

壹、臺式

　　用料較多以土葬為主，因流傳較久外型變化也較多，所謂「北部棺材雙頭翹、中部棺材直直行、南部棺材穿木屐」正可說明北、中、南臺式棺

木外形之差異。

貳、中式

又稱「上海式」，長方形頭尾同寬，用料最多，適用於土葬。臺灣習慣將棺木分成天、地、人三部分，棺蓋為天、棺底為地，人則躺於中間。

參、西式

外型美觀大方，內裝豪華氣派，火、土葬皆宜，價格也較富彈性，因體積小、用料少、重量輕，可節省抬棺工人費用，也較符合現代人的生活環境。

肆、環保式

體積最小，用料最少，重量最輕，因無法打桶（密封），只適用於火葬。環保棺木大都以夾板、紙、蜂巢板為材料，可縮短燃燒時間，減少空氣污染。

圖 8-4　環保火葬棺（德元禮儀公司提供）

第四節　墓園（cemetery）

　　落葉歸根，入土為安，是華人對身後大事根深柢固的想法，加上好風水可以蔭子蔭孫福佑後代子孫的觀念，因此，雖然火葬已成為主流葬式，但經濟狀況較佳或思想較保守的人仍會選擇墓園土葬。

　　帶堪墓園是禮儀師的工作項目之一，因此應具備基本的風水（堪輿）及生肖與方位關係的基本常識。雖然，風水（堪輿）學的門派眾多，理論、主張也不盡相同，甚至互相矛盾，但臺灣仍以生肖推算方位的三合派為主流。

壹、生肖與方位關係表

死者生肖	大利方	小利方	煞方	退方
虎 馬 狗	東	南	北	西
蛇 雞 牛	南	西	東	北
豬 兔 羊	北	東	西	南
猴 鼠 龍	西	北	南	東

貳、風水學位置關係名稱

名　稱	位　置	通　稱	最佳狀況	對應關係
青龍	背向墓碑左邊	左青龍	高、長	龍高抱虎
白虎	背向墓碑右邊	右白虎	短、低	白虎馴服
朱雀	背向墓碑正前方	前案山	開闊明朗	朱雀翔舞
玄武	背向墓碑正後方	後靠山	蜿蜒有力	玄武垂頭

圖 8-5　古典墓園造型（德元禮儀公司提供）

第五節　靈骨塔（ash-tower）

靈骨塔位就是安放骨灰罐的地方，功能相等於土葬的墓園。在選擇靈骨塔（樓）時，主要考量的因素為是否合法、價格、風水、交通及管理、格局等因素。確定靈骨塔之後再來就是要選擇樓別與層別，一般說來，地下室因為潮濕，價格較低，同一樓中，與成人眼睛高度相當的4、5、6層價格較高，1、2層及最高層價格較低；除了靈骨塔本身的條件外，還需要考量靈骨塔與塔位的方位能否與死者的生肖配合（詳見生肖與方位關係表）。

靈骨塔（樓）有公立與私立之別，公塔價錢便宜且交通便利，但管理、格局及裝潢較差。目前臺北市富德與陽明山靈骨樓限設籍臺北市之往生者才能申請，價格為 10000~60000 元。但是目前已近客滿，連樑柱下的位置也客滿了。私人靈骨塔價格高，且依照樓層的不同而有價差，不過一般說來其裝潢、格局、服務與管理較公塔優。

第六節　交通工具（vehicle）

壹、靈車（hearse）

　　靈車是運送靈柩的車輛，主要是從自宅、殯儀館運送靈柩到墓地，也有從自宅、式場、殯儀館運送到火葬場。靈車是以「里程」計價，一般還會另外給付司機紅包。

　　受到西方風氣的影響，由卡車改裝的傳統靈車已逐漸被西式靈車所取代；目前靈車型式主要有傳統花車型、凱迪拉克型、休旅車型[1]。

圖 8-6　加長型靈車（德元禮儀公司提供）

---

[1] 休旅車型靈車：常見福特休旅車俗稱「爬山虎」，及福斯休旅車。

圖 8-7　休旅車型靈車（作者攝於新加坡）

貳、交通車（Shuttle Bus）

前往墓園、火葬場或著靈骨塔的路程，若是送葬的親友人數眾多時，最好租用交通車載運，以免因車隊過長難以掌控。

治喪交通車租金大都以「3 小時」為基本價格，超過時數再補差價，另外還要給付司機紅包。依照乘載的人數來區分，交通車有 9 人座、20 人座、40 人座、45 人座等。

第七節　豎靈及賻答用品（gift）

壹、豎靈用品

豎靈即是為死者設立臨時靈位，傳統是在入殮之後設立，但是現在大都在往生助念後即在自家大廳、喪棚或者殯儀館牌位區豎靈。

豎靈用品包含靈桌，上置蠟燭、魂帛（靈位牌）、香、香爐、靈桌嫺（男女僕人，待立在魂帛兩側）；下置一矮凳，凳上放置死者衣服一套及鞋一雙，另外在靈桌上豎立遺像，現在常見以三寶架取代傳統靈桌。

由於受到佛教的影響，現在流行在靈桌上擺設蓮花燈、魂帛右方或上

方置西方三聖像（中爲阿彌陀佛，右爲觀世音菩薩，左爲大勢至菩薩），
象徵接引死者到西方極樂世界。

貳、賻贈品

在臺灣，一家有喪事時，親友除了去弔唁之外，並有所賻（ㄈㄨˋ）贈。所謂「賻贈」就是以金錢與物品來協助喪家治喪。「賻贈」品通常在出殯之前送達，現在大都在佈置告別式場時交付，賻贈品可委託禮儀公司代爲準備，統一送達靈堂或式場。常見賻贈品簡介如下：

1. 奠儀（香奠、楮敬）：現金，以白色封套裝之，金額以單數居多，但也有少數不忌單雙的情況。
2. 輓軸（輓幛）：大都用綢緞布料製成，布上剪貼哀悼文字，現多以毛毯或涼被代替，大都爲親戚所送。
3. 輓聯：以直式書寫上下聯對句以表達感恩追思之情，一般書寫在白布之上，現在高壽者也有使用紅布，佛教徒則書寫在黃布之上[2]，多爲死者之子孫或家人所送。
4. 輓額：多爲四字，以橫式書寫表揚讚賞往生者的豐功偉業或崇高品德之詞，書寫布色同輓聯，大都爲機關首長及民意代表等所送。現在館內「輓額」已被電子「輓聯」取代。
5. 罐頭塔：將酒、餅乾、葡萄乾、飲料等罐頭堆成塔形，常見有五層、七層之分。
6. 花圈：圓型，以竹及塑膠花編成通常立於式場外（館內禁止擺放）。
7. 花籃：可點綴靈堂與告別式場，現在除了奠儀、輓額之外，已經成爲都會區主流賻贈用品。

---

2 (一)白色：六十歲以下或父母、翁姑、祖父母有人健在者。

(二)粉紅色：七十歲至八十歲，父母、翁姑、祖父母皆不在者。

(三)大紅色：八十歲以上且父母、翁姑皆不在者。

(四)黃色：出家人或佛教徒，不分年齡

參、答禮用品

答禮又稱「答紙」，就是喪家接受親友之賻贈後，用來答謝的回贈行為，現多以「回禮」、「答禮」稱之。傳統是在除靈（靈堂拆除）或者七七、百日之日由孝男卒哭謝弔，現在多在親友賻贈同時或出殯稍後幾天就回禮了。

常見答禮用品有下列幾種：

1. 糕：「糕」為「高」之諧音，表示往生者會保佑賻贈者步步高升之意。傳統做成龜形或桃形，現在已少見。

2. 春干韭菜：「干」臺語音「官」，「韭」為「久」諧音，表示升官發財，壽命常常久久，現在已少用。

3. 毛巾或手帕：日治時期推廣以毛巾及手帕作為答禮品，後來成為主流，毛巾盒上印有「哀感謝」之字。現在以單獨回贈毛巾居多，同時回贈毛巾及手帕的喪家已越來越少。

4. 青白巾禮盒：依照臺灣傳統習俗，母親過世，孝男應攜帶青、白布各一匹到母親的娘家報喪，現在大都在出殯當天以「青白巾禮盒」答謝外家。

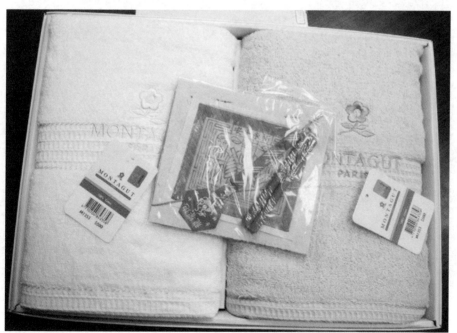

圖 8-8　大方高雅的青白巾禮盒（德元禮儀公司提供）

第九章
禮儀師之職場及證照考試

第一節　現代葬禮的意義與功能

依照美國殯葬管理書籍《Mortuary Administration and Funeral Management》（Professional Training Schools，Inc. 1984：5-6）中，對於現代葬禮的意義與功能有所探討；筆者即以此爲基礎，探討臺灣現代葬禮之功能與意義；其主要從三個層面來討論：喪禮所滿足的基本需要、喪禮儀式的組成基礎、現代喪禮的功能。

壹、喪禮所滿足的基本需要

在人去世之後舉行喪葬儀式是一種人類社會中的普遍現象，雖然各個民族由於文化與宗教的不同，其喪葬儀式有所不同，然而在儀式中都有共通之處，以滿足喪親家屬、後代子孫與社區基本的需求：

1. 向家族與社區宣告死者去世的訊息。
2. 藉由這些社會網絡的支持，提供喪親家屬物質與心靈的協助。
3. 照顧死者。
4. 藉由喪禮儀式的舉行，給予喪親家屬支持，並且緬懷死者。
5. 以合乎社會與公眾利益的方式來處理遺體。

貳、喪禮儀式的組成基礎

喪禮中各個儀式的意義與目的都是建立在宗教、哲學、社會與技術之上。宗教對於「死亡」的意義詮釋，確定了今世生命的內涵，並且提供了今世以外的生命可能，使得承受親友離去痛苦的人們更能接受這樣的現實。也因此，喪禮常常會讓人們堅定信仰，如果此時面臨悲愴之人身邊有宗教團體的支持，更能支持其接受親友死亡的現實。在臺灣社會中，基督

教、佛教等團體常常扮演此類的角色。

　　哲學對於「死亡」的意義詮釋其效果與宗教類似，都是在確定生命的意涵。然而哲學與宗教不同之處，在於有時哲學對於死亡的意義詮釋是會連結到家族、社會與國家之上，例如中國儒家傳統上是把喪禮放在倫理秩序脈絡之下來看待，使得個人死亡與社會秩序有著相當程度的連結。

　　社會改變對於喪禮儀式的影響也顯而易見，傳統儀式會隨著社會工業化、都市化等因素而走向所謂的「現代化」，最明顯的例子就是這短短二十年來火葬已經取代土葬成為大眾優先選擇的葬式。

　　喪葬處理技術的進步也對於喪禮儀節產生影響，以美國為例，影響其喪葬儀節最明顯的例子，就是南北戰爭後遺體防腐的廣泛使用。自從防腐成為主流的遺體處理必然程序，美國的殯葬產業才隨之發展起來，成為一項專門的行業。以臺灣為例，自從冷藏技術使用在遺體保存之後，往生後不必急於入殮封棺來避免異味，瞻仰遺容已成為現在喪禮儀節的一環。

參、現代喪禮的功能

　　現代對於喪禮的定位，認為其可以提供心理與社會功能。

一、心理功能

(一)提供一個「合禮」的場合讓死者家屬與朋友宣洩哀傷的情緒

　　由於現代社會對於情緒「自我控制」的要求，為了維持工作或者人際上往來，壓抑自己哀痛成為喪親者的心靈負擔，而喪禮則提供一個合乎「禮」的情緒表達的場合。例如，就算再如何哀傷，在工作場所中哭泣都是令周遭的人覺得「不恰當」的，但是喪禮卻可以提供這樣的場合。

(二)幫助家屬與朋友接受死者已經離開他們的現實

　　從喪禮儀式的籌畫開始到儀式的全部結束，幫助喪親家屬逐漸接受親人死亡的現實，並且藉由喪禮儀式的完成，象徵一個生命歷程的句點，有其符號傳達的功能。

(三)減輕喪親家屬的罪惡感

喪親家屬，尤其是死者去世前親近的照顧者，常常會把死者的去世歸咎到自己身上，認為死亡的發生是自己照顧不周所導致，陷入自我否定的情緒當中。一個圓滿的喪禮可以減輕喪親家屬的心中的罪惡感。

二、社會功能

(一)增加團體凝聚力

喪禮儀式對於社會來說最明顯的功能就是增加團體的凝聚力，無論這個團體是家族、社區甚至整個社會都有可能藉此產生了凝聚的力量。

(二)傳承社會文化

由於大部分喪禮儀節的意涵都是來源自社會的文化脈絡，因此在舉行喪禮儀式的同時，也是對於傳統文化進行複製與再生產。

第二節　臺灣殯葬產業概況

目前臺灣殯葬產業在各個面向上都有不同，此可從組織型態、客戶來源、營業內容來探討。

壹、以組織型態分類

一、傳統禮儀公司

臺灣傳統的禮儀公司大都由早期的棺木店、彩帛店、花店、道士、誦經團成員、靈車司儀、扛夫、撿骨師、地理師、造墓商等與殯葬相關的下游廠商或從業人員轉型而來，所以大都歷史悠久、經驗豐富且具一兩項殯葬專業技能，而這些專長正是他們的特色，也是他們賴以競爭的法寶。

根據「內政部全國殯葬資訊網」108 年 09 月的統計，合法殯葬禮儀業者全國合計 4,518 家，其中高雄市 574 家最多，新北市 548 家次多，臺北市 541 家第三多，連江縣 0 家最少，金門縣 8 家次少。

符合《殯葬管理條例》規定「一定規模」且交付信託之生前殯葬服務

契約業者合計 35 家，佔全國總家數之 0.77%，非生前殯葬服務契約業者 4,483 家，佔總會員數 99.22%，傳統的禮儀公司大都屬於後者。

傳統公司規模小、營業範圍侷限於某縣、市或鄉、鎮，極少設分店，員工人數少且大都由家庭成員組成，例如：夫妻檔、父子檔、兄弟檔，但具有成本低、向心力強、員工流動率低、容易管理、收費低、效率高、經驗豐富、人脈深廣的優點。

而資本額少、辦公處所狹小、雜亂、組織無制度、成員學歷普遍偏低、固步自封、缺乏創意、產品缺乏特色、論述能力不足等，是他們的主要缺點。

二、綜合型殯葬業

綜合型殯葬業，大都自營一兩項殯葬設施，如墓園、靈骨塔，甚至殯儀館，並符合《殯葬管理條例》規定。「一定規模」且交付信託之合法發行生前契約的大型集團，全國大約只有五、六家，起步雖較傳統公司晚，但承接案件比傳統業者多很多，但因人事成本高，售價也比一般業者高很多。

(一)國寶服務公司

綜合型殯葬業，最早成立的禮儀公司為「北海往生禮儀公司」，由經營靈骨塔的「北海福座公司」轉投資，成立於民國八十三年，並發行全國第一張生前契約「圓滿生契」，民國九十二年更名為「國寶服務公司」。

全國各地「國寶服務公司」，設有臺北、板橋、桃園、新竹、臺中、彰化、嘉義、臺南、高雄、花蓮、宜蘭等十一個服務處，目前持有證照禮儀師約 56 人。

(二)金寶軒事業股份有限公司

由早期經營豪華墓園的「金山安樂園」、「金寶山事業公司」擴大營業範圍，於民國八十五年成立壽儀部，開始跨足禮儀服務業。民國九十一

年壽儀部獨立成立「金寶軒事業公司」，專做禮儀服務及銷售生命契約。目前持有證照禮儀師 13 人，未設直營分公司。

(三)龍巖股份有限公司

由經營靈骨塔的龍巖集團轉型，於民國八十一年成立「龍譽國際公司」，民國九十一年，更名為「龍巖人本服務股份有限公司」，民國 100 年與大漢建設公司合併，更名為「龍巖股份有限公司」，正式成為上櫃企業。全國設有基隆、臺北、板橋、桃園、新竹、苗栗、臺中、彰投、嘉義、臺南、高屏、花蓮、宜蘭、和信等十四個服務處，基隆、臺北 A、臺北 B、新竹、臺中、彰投、臺南、嘉雲、高雄、花蓮等十個會館，目前禮儀事業處有員工近 200 人，目前持有證照禮儀師 116 人。

龍巖禮儀師，皆由公司自行招考大學以上新人，經一年（一個半月學科、十個半月術科）的職前訓練，結訓後從禮儀助理做起，每半年考核一次，表現良好者不受年資、期別限制即可晉升為禮儀師，反之表現不佳者受降級處分，例如由禮儀師降為專員或助理。另外，該公司設有「生命禮儀研究暨人才育成中心」，專司生命禮儀的研究和人員的培訓，是國內最用心落實禮儀師教育訓練及禮儀師升遷制度的業者。

龍巖生前契約 產品，原有「普羅」、「金典」、「金玉」、「今生」、「臻藏」、「圓融」、「風華」、「恩典」等。

(四)慈關生命事業有限公司

臺北市唯一合法私人寶塔「慈恩園生命紀念館」的關係企業，也是慈恩園直屬總經銷，專責慈恩園銷售、接待與禮儀服務事務。生前契約產品有「如意」、「福祿」、「富貴」、「珍愛」、「西式」等生命契約。目前持有證照禮儀師 4 人，未設直營分公司。

㈤展雲幸福禮儀（股）公司

成立於民國九十二年是「蓬萊陵園」的關係企業，生前契約產品有「簡愛」、「精緻」、「尊貴」、「金生」等禮儀服務契約。目前持有證照禮儀師 2 人，未設直營分公司。

三、跑單幫

跑單幫的業者，大都是從事與殯葬有關的下游廠商或員工兼營。他們沒有公司登記、不必繳稅、沒有員工，也無營業場所，幾乎由一人扮演所有角色。遇到需要填寫承辦公司的名稱時大都以自辦[1]的名義登記。若接到大型案子，他們人力或能力不足以應付時，通常會將 case 仲介給傳統公司，或以高於行情的價格請資深禮儀師或喪禮服務人員代工服務。

四、其他型態

尚有部分宗教團體自備三寶架、孝服等殯葬用品自組殯葬服務團隊，當團體中有人往生時便由自家人服務。但是遇到較複雜的狀況，如意外死亡或遺體腐壞等仍得委請資深的喪禮服務人員處理。

這些殯葬服務團隊的人力資源大都由義工擔任，無人事及管銷費用的支出，又免繳稅金，業者當然無法與之競爭，所以當家屬表示要轉交宗教團體承辦時，只能含笑禮讓。

但最令業者感到不平的，是在較難處理且利潤少的初終及接體階段，宗教團體成員明明在場而不表態，等業者處理妥當後，才頂著宗教的光環強力介入，形成「別人開井予伊食水」[2]的不公平現象。

貳、以客戶來源分類

一、預佔市場

預佔市場，指業者以販售生前契約或預售靈骨塔位的方式開發未來客源，預佔殯葬市場。預售身後契約者，以本章第二節所討論的綜合型

---

[1] 自辦：由家屬親自處理治喪事宜，不假手殯葬業者或他人。

[2] 開井予伊食水：臺灣諺語「為人效勞而自己不得其利，徒勞一番」。徐福全：1998：585

殯葬業為主，少數宗教團體為輔，如國寶販售的「圓滿」，金寶山的「金軒」、「寶軒」，龍巖的「普羅」、「金典」、「金玉」、「今生」，慈關的「如意」、「福祿」、「富貴」、「珍愛」，展雲的「簡愛」、「精緻」、「尊貴」、「金生」等生前契約。

在英、美、加、日等先進國家的殯葬服務生前計畫，是個人專用不可轉讓，引進國內後「突變」可轉讓而演變成少數人的理財工具。因此，生前契約的消費者分成投資客及使用客兩種，但也因市場的複雜化而衍生不少問題。

一般來說，販售生前契約的業務員與履約服務的喪禮服務人員，大都分屬不同的部門甚至不同的公司（如發包下游廠商代工履約）。因此，業務部門（或經銷商）對產品所做的描述及承諾與喪禮服務人員的履約服務常有落差，因而造成消費者的期待落空。履約糾紛時起，禮儀師或喪禮服務人員常為此挨罵、揹黑鍋。

二、口碑、回頭客

口碑、回頭客是傳統業者的最主要客源。口碑指的是業者的服務受到肯定，客戶因而口耳相傳主動再上門。這兩類的客源都需要時間及優質的服務慢慢累積，稍有疏失或服務不周都會造成斷線[3]的現象。

因此，業者對於口碑或回頭客的服務都較用心，價格也特別優惠。經過長時間（有時甚至兩三代）的往來後，雙方建立了互相信賴的基礎，成了業者最「死忠」[4]的客戶，甚至義務推銷員。

三、太平間

承租醫療院所太平間的業者擁有第一時間與喪親家屬接觸的優勢，尤其是意外或突然死亡的家屬沒有心理準備；或是外地或從海外回來的病人，在當地缺乏親友的奧援，因此常就近委由太平間業者處理善後事宜。

---

[3] 斷線：殯葬業術語，指某一特定團體或社區，殯葬事宜大都委由同一葬儀公司承辦，後因故改變委託對象，對原承攬公司而言稱「斷線」。

[4] 死忠：忠心耿耿，一心不二。

臺灣大部分中、大型醫院太平間，除了冰櫃外還附設助念室、拜飯區、出殯禮堂，提供殮、殯、奠、祭完整的治喪空間，因此形成醫院「前門看病，後門出殯」的怪現象。

太平間「集客力」強，禮儀服務人員定點服務，可降低服務成本，因此，雖然租金貴得令人咋舌，但業者仍然趨之若鶩。因巨額租金逼得標業者用盡各種手段，爭取承攬殯葬服務的機會，因此衍生很多社會問題。

爲了終止亂象，政府不得不修法因應，依照新修訂《殯葬管理條例》第 65 條規定，自民國 106 年 7 月 1 日起實施「醫殯分流」，轄內各醫院不得附設殮、殯、奠、祭設施，太平間僅作爲遺體的暫時安置處，違者開罰新臺幣 30 萬至 150 萬元。

四、意外死亡

以承攬意外死亡爲主要客源的公司，大都與警察、消防及 119 等單位建立良好的互動關係，才能在第一時間獲得案發現場的資訊。迅速到達陳屍現場爲亡者蓋上往生被、燒紙錢又是爭取服務機會的一大關鍵。意外死亡的客源極不穩定，家屬的情緒又容易失控，工作職場又充滿屍臭及傳染病源，站在第一線的禮儀師及喪禮服務人員常常得承受多重的壓力，所以流動及離職率極高。

五、宗教團體

以特定宗教團體信眾爲主要客源的公司，負責人及重要幹部都以該宗教爲信仰，並扮演虔誠信徒的角色，當然與團體及宗教師的互動關係必須良好。一般而言只要獲得宗教師的肯定，信眾會完全信任喪禮服務人員的專業並充分合作，並給予禮儀師及喪禮服務人員適度的尊重。所以這類型職場的喪禮服務人員最有成就感，流動率較低。

六、其他

其他的客戶來源尚有社團、機關、宗親會、同學會等來源，客源較鬆散且負責人或主要幹部必須積極參與該團體的活動，扮演熱心公益者的角色，才能獲得團體成員的認同及回饋，且不能操之過急否則會獲得反效果。

參、以營業內容分類

一、複合型

複合型的公司除了殯葬服務以外，尚能提供一項或一項以上自營的殯葬設施如：靈骨塔、墓園、殯儀館、火葬場等供客戶使用。這一型公司服務的喪禮服務人員可以在不同部門歷練，增加個人的專長及服務的廣度及深度。對家屬來說，在同一公司消費可以獲得特殊禮遇或價格上的優惠。

二、全攬分工型

大部分的傳統業者都屬這一類型，也就是承攬從往生到後續關懷的所有服務，再分包給下游廠商或專業人員去執行，但由承攬公司負成敗的責任。

三、相關行業業者兼辦型

指相關業者如花店、誦經團成員、棺木店、彩帛店、道士、司儀、樂團成員、殯儀館職工等殯葬服務相關業者偶爾處理親友的治喪事宜。這一類型的業者以經營本業爲主，雖然常常協辦部分治喪事宜，但是要眞正從頭到尾處理在能力及人力資源上常常捉襟見肘，因此大都求助於專業喪禮服務人員協助。這一類業者大都付較高的費用，所以喪禮服務人員也大都樂於拔刀相助，另外也希望藉此擴大自己的人際關係、增加客源。

第三節　禮儀師之證照考試

依據《禮儀師管理辦法》的規定，要成爲一個合格的禮儀師，必須取得「喪禮服務乙級技術士」證、修畢專科以上學校殯葬相關專業課程 20 個學分，並具實際從事殯葬禮儀服務工作 2 年以上之資歷。具備以上條件且無《禮儀師管理辦法》規定，不得擔任禮儀師之情形，才能向主管機關申請核發禮儀師證書。

內政部表示，殯葬專業證照制度結合「職業訓練」、「技能檢定」及「禮儀師證照」，自民國 97 年「喪禮服務丙級技能檢定」實施後，民眾對殯葬業的觀感，已從「土公仔」的刻板印象，逐漸提升爲專業治喪者

「禮儀師」的形象，並漸漸受到社會肯定。

壹、殯葬相關專業課程 20 學分

　　申請參加「喪禮服務技術士」技能檢定，勞動部並未要求先修完殯葬相關專業課程 20 學分，但是筆者還是強力建議先修課研習殯葬理論與實務再檢定，可收事半功倍之效。

一、必修科目

科學領域	科目名稱	基本核心內容	採認學分上限
人文科學	殯葬禮儀	探討臺灣殯葬禮儀之意義、起源、內涵與功能，並說明宗教信仰與民間習俗對臺灣殯葬禮儀之影響。	2
	殯葬生死觀或殯葬倫理	1. 殯葬生死觀：探究殯葬禮儀形成背後之生死課題及價值觀點。 2. 殯葬倫理：殯葬服務過程中殯葬服務人員運用其專業知能時，應遵循之價值規範。	2
	殯葬文書或殯葬司儀或殯葬會場規劃與設計	1. 殯葬文書：訃文、碑文、銘文、祭文、輓聯等殯葬文書相關知能。 2. 殯葬司儀：規劃奠禮流程並主持家奠及公奠禮應具備之專業知能。 3. 殯葬會場規劃與設計：守靈場所、家奠與公奠會場規劃及設計。	2
健康科學	臨終關懷與悲傷輔導	1. 臨終關懷：認識亡者臨終前情緒反應，探索緩和面臨死亡痛苦之非醫學方法。 2. 悲傷輔導：了解喪家在殯葬活動中之心理活動，及對喪親者提供失落陪伴或悲傷撫慰之相關知能。	2
社會科學	殯葬政策與法規	探討我國殯葬政策之變遷沿革，及殯葬法規條文意旨與內容。	2

二、選修科目

科目名稱	基本核心內容	採認學分上限
殯葬學	對於殯葬總體現象，如歷史、制度或文化面向之探討。	2

遺體處理 與美容	殯葬禮儀服務中有關為遺體進行洗身、穿衣、化妝、修補、防腐或美容等方面之專業知識。	2
殯葬衛生	從事殯葬禮儀服務過程中涉及公共衛生相關議題。	2
殯葬服務 與管理	殯葬禮儀服務或組織體經營相關管理知能。	2
殯葬經濟學	經營殯葬服務業所需之經濟學、產業或市場分析相關知識。	2
殯葬設施	殯葬設施規劃、維護及管理之理論或實務。	2
殯葬規劃 與設計	葬法設計或殯葬流程規劃等相關之理論或實務。	2
殯葬應用法規 與契約	殯葬服務商品、殯葬消費行為涉及民法、消費者保護法或其他相關法規之探討。	2

貳、開設殯葬相關課程之學校／科系

　　自從 97 年開辦「喪禮服務丙級技術士」技能檢定後，全國大專院校不論是否相關科系，皆如雨後春筍般大量開設殯葬相關專業課程 20 學分班。

　　茲將各大專院校殯葬相關科、系、所，所開殯葬相關專業課程，經內政部同意認定課綱之課程，且目前仍持續開課之班別表列如下：

學校名稱	科系名稱	班　　別	備考
國立空中大學	生活科學系／生命事業管理科	學士班 殯葬專班課程	
輔仁大學	宗教學系	學士班 進修學士班	
南華大學	生死學系	學士班 碩士班 進修學士班 碩士在職專班	

真理大學	宗教文化與組織管理學系	學士班	
玄奘大學		生命禮儀學位學程	
仁德醫護專校	生命關懷事業科	二專在職專班 二專學分班	
大仁科技大學	生命關懷事業科	學位學程 推廣教育中心	

參、檢定考試得分要領

　　「乙級喪禮服務」技術士，被期許為統籌規劃並指導喪禮服務執行之人員。應具備喪禮服務的專業技能與知識，瞭解喪禮服務內容的緣由與流程，清楚說明並指導喪禮服務正確執行。乙級技術士技能檢定項目包括「臨終服務」、「初終與入殮服務」、「殯儀服務」、「後續服務」、「服務規範」等五項。

　　「丙級喪禮服務」技術士，被定位為合格的基層執行人員，負責喪禮服務之基礎工作。因此，須具備喪禮服務的基礎技能與相關知識，才能正確操作及執行喪禮服務工作。技能檢定項目包括「初終與入殮服務」、「公共衛生」、「相關法令」、「職務規範」等四項。

一、學科

㈠乙級

1. 筆試採測驗題方式，電腦閱卷。

2. 單選題 60 題，每題 1 分。

3. 複選題 20 題，每題 2 分（答錯不倒扣）。

4. 測驗時間為 100 分鐘。

5. 成績以達到 60 分（含）以上為及格。

6. 測試後 4 週內寄發成績單。

(二)丙級

1. 筆試採測驗題方式，電腦閱卷。

2. 單選題 80 題，每題 1.25 分（答錯不倒扣）。

3. 測驗時間爲 100 分鐘。

4. 成績以達到 60 分（含）以上爲及格。

5. 測試後 4 週內寄發成績單。

(三)得分要領

1. 翻開本書附贈題庫，按照「臨終服務、「初終與入殮服務」等檢定項目順序，遮住答案逐題自我測驗。

2. 答錯的題目，仔細閱讀題意再作答一次。尤其，是否定式的問句，如：何者爲非？何者不符？何者不是？何者錯誤？何者不正確？更應特別小心應答。

3. 針對不理解的題目或答案，找尋出處或源頭。

4. 命題老師可能因專業背景或地區禮俗差異，所以鎖定的標準答案可能與你的實務經驗不同，但不必懷疑考試仍須以制式答案作答。

5. 考前二個月密集模擬考，每題至少要答對 3 次以上。

6. 考前 10 天總複習，只看題目及正確答案即可。

二、術科—乙級

(一)第一站　第一題「治喪流程規劃書」得分要領

1. 採筆試，本站總分 100 分，60 分合格。第一題「治喪流程規劃書」配分 60 分。

2. 時間與第二站共用 2 小時，時間足夠不要緊張。

3. 仔細閱讀題目，並將關鍵字劃線做記號，例如：死亡時間、宗教信仰、豎靈地點、頭七後至死亡幾天內出殯、預計參禮人數、出殯地點、是否搭棚、出殯日期、出殯路線是否須報備、小殮時間地點、火化後暫厝時間地點、是否閏月等。

4. 再三比照關鍵字，謹慎判斷再將正確答案填入空格內。

5. 若沒保握，建議先用鉛筆作答，等答完全部題目後再詳細斟酌。

6. 請以正體字書寫，簡體字、錯別字，每字扣 3 分，每空格最多扣 5 分。

(二)第一站　第二題「殯葬服務定型化契約」得分要領

1. 第二題「殯葬服務定型化契約」配分 40 分。

2. 時間與第二站共用 2 小時，時間足夠不要緊張。

3. 仔細閱讀題目，並將關鍵字劃線做記號，例如：死亡地點、遺體暫存地點、簽約經過、契約金額、訂金成數、接運日期、搭棚日期等。

4. 根據關鍵字判斷契約類型，並選擇正確答案填入指定空格中。

5. 請以正體字書寫，簡體字、錯別字，每字扣 3 分，每空格最多扣 5 分。

(三)第二站　第一題「訃聞」得分要領

1. 採筆試，本站總分 100 分，60 分合格。第一題「訃聞」配分 40 分。

2. 時間與第一站共用 2 小時，時間足夠不要緊張。

3. 請參閱本書第四章，熟讀稱謂、訃聞專有名詞並演練書寫格式。

4. 仔細閱讀題目，並將關鍵字劃線做記號，例如：死亡日期、死亡原因、死亡地點、年齡、遺體存放地點、安（火）葬地點、出殯日期、家屬稱謂、排列順序等

5. 計算亡者的虛歲年齡（死亡年－出生年＋1）

6. 訃聞主文的第一個稱謂須與家屬來第一個稱謂（喪主）相對應，例如孝男（女）－顯考 / 妣、護喪妻－先夫、胞弟－故胞兄

7. 家屬欄姓名，依照先親後疏原則排列，例如：孝男、孝媳、孝女、女婿、孝孫、孝孫媳、孝孫女、孫婿、外孫、外孫媳、外孫女、外孫婿、胞兄、胞兄嫂、胞弟、胞弟媳、胞姊、胞姊夫、胞妹、胞妹婿。護喪妻 / 夫，則排最後並升高一格。

8. 注意將「相關條件」，如：懇辭、族繁不及備載等項目列入。

9. 請以正體字書寫，簡體字、錯別字，每字扣 3 分，每空格最多扣 5 分。

(四)第二站　第二題「奠禮流程」得分要領

1. 第二題「奠禮流程」配分 30 分。

2. 與第一題共用題目，注意題目所列之親屬關係及稱謂。

3. 請參閱本書第五章，熟讀通用家奠（祭）禮程序、儀節及行禮方式。

4. 公奠（祭）禮，熟記單位排列順序：

　　⑴ 地方首長，如：臺南市市長

　　⑵ 中央民意代表，如：立法委員

　　⑶ 地方民意代表，如：宜蘭縣議員

　　⑷ 行政官員，如：民政局局長

　　⑸ 非營利團體，如：中華生死學會、臺北市葬儀公會、獅子會

　　⑹ 營利單位，如：○○汽車股份有限公司

　　⑺ 臨時組成的單位，如：○○大學同學會

　　⑻ 團體公奠（祭）結束後，請個別來賓自由拈香

　　⑼ 瞻仰（視）遺容、大殮蓋棺、封釘禮、繞棺、發引（啓靈禮）、辭
　　　 客（辭外家）

5. 請以正體字書寫，簡體字、錯別字，每字扣 3 分，每空格最多扣 5 分。

(五)第二站　第三題「奠文」得分要領

1. 第三題「奠文」配分 30 分。

2. 研讀本書第四章奠（祭）文，熟悉寫作順序、語感。

3. 應考時寫作順序如下：

　　⑴ 以發語詞「維」字開始

　　⑵ 祭祀時間，如：中華民國○○○年○月○○日

　　⑶ 主祭者的稱謂，如：孝男○○、○○

　　⑷ 祭品種類，如：三牲醴酒

　　⑸ 祭祀對象之稱謂，如：父親大人之靈前

(6) 敘述亡者幼年家教、成長過程

(7) 緬懷亡者行誼、創業艱辛

(8) 持家方式、親友欽佩

(9) 老年享福、發病就醫

(10) 感嘆德星殞落、陰陽兩隔

(11) 虔誠祭祀、來格來嘗

(12) 結尾詞，嗚呼哀哉、伏惟尚饗

(六)第三站　第一題「奠禮會場布置」得分要領

1. 現場實作測試，本站總分 100 分，第一題「奠禮會場布置」配分 50 分，採扣分方式。

2. 測試時間 20 分鐘，時間足夠不必擔心。

3. 收賻桌、花籃、牌位、祭品及棺木，參考附圖（1~3），熟記關係位置，並照題意擺放即可。

4. 國旗摺法請參考本書第五章附圖練習，應考時摺疊於托盤中並放於司儀位置旁。

圖 9-1　會場佈置考場（德元禮儀公司提供）

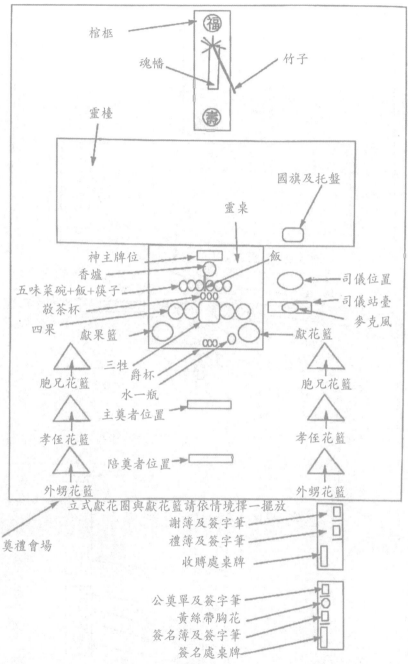

棺柩

魂幡

竹子

靈櫬

國旗及托盤

靈桌

神主牌位

香爐

五味菜碗＋飯＋筷子

敬茶杯

四果

獻果籃

飯

司儀位置

司儀站臺

麥克風

獻花籃

胞兄花籃

胞兄花籃

三牲

爵杯

水一瓶

主奠者位置

孝侄花籃

孝侄花籃

陪奠者位置

外甥花籃

外甥花籃

立式獻花圈與獻花籃請依情境擇一擺放

奠禮會場

謝簿及簽字筆

禮簿及簽字筆

收賻處桌牌

公奠單及簽字筆

黃絲帶胸花

簽名簿及簽字筆

簽名處桌牌

附圖一　情境1—一般模式之奠禮會場佈置標準圖（使用獻花籃）

資料來源：勞動部「喪禮服務乙級術科」技檢參考資料

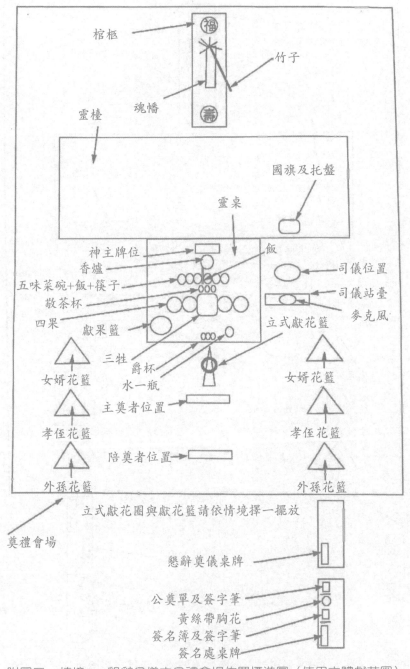

附圖二　情境2─懇辭奠儀之奠禮會場佈置標準圖（使用立體獻花圈）

資料來源：勞動部「喪禮服務乙級術科」技檢參考資料

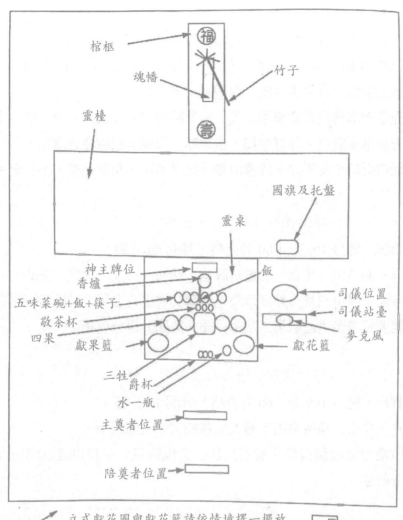

棺柩

魂幡

竹子

靈柩

國旗及托盤

靈桌

神主牌位
香爐
五味菜碗+飯+筷子
敬茶杯
四果
獻果籃

飯

司儀位置
司儀站臺
麥克風
獻花籃

三牲
爵杯
水一瓶

主奠者位置

陪奠者位置

奠禮會場

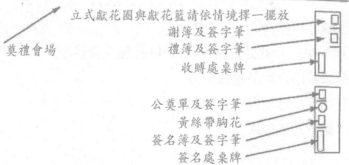

立式獻花圈與獻花籃請依情境擇一擺放
謝簿及簽字筆
禮簿及簽字筆
收賻處桌牌

公奠單及簽字筆
黃絲帶胸花
簽名簿及簽字筆
簽名處桌牌

附圖三　情境3—懇辭花籃之奠禮會場佈置標準圖（使用獻花籃）

資料來源：勞動部「喪禮服務乙級術科」技檢參考資料

㈦第三站　第二題「主持實務技能」得分要領

1. 第二題「主持實務技能」，現場實作測試，配分 50 分。
2. 測試時間 30 分鐘（含書寫草稿），場地回復原狀測試 10 分鐘。
3. 以國語主持，著黑色西服、白襯衫、黑皮鞋。
4. 請先參考本書第五章喪禮流程，出聲練熟口令及家、公奠（祭）流程。
5. 應考時拿到題目，先打草稿、畫重點，提醒自己應注意事項。
6. 朗誦口令時不急不徐、段落清楚、聲量適中、語氣莊重，不要緊張。

三、術科──丙級

㈠第一站　「殯葬文書實務技能」得分要領

1. 採筆試，總分 100 分，60 分合格，時間 50 分鐘。
2. 為同一個情境（死者），書寫牌位、魂幡、碑文、銘文、訃聞。
3. 請參閱本書第四章，熟讀稱謂、殯葬文書專有名詞並熟練書寫格式。
4. 其他要領請參考乙級第二站第一題「訃聞」得分要領

㈡第二站　「洗身、穿衣及化妝技能」得分要領

1. 採實作，總分 100 分，60 分合格，時間 70 分鐘。
2. 洗身、穿衣，建議須租用假人反覆練習，直到順手。
3. 化妝應考時建議自備「膚質良好」之模特兒，平時也應以同一人作為練習對象。

㈢第三站　「靈堂布置技能」得分要領

1. 採實作，總分 100 分，60 分合格，時間 40 分鐘（含善後）。
2. 牢記三寶架搭設順序及物品擺放位置。
3. 建議須租用三寶架反覆練習，直到順手。
4. 請參考以下「靈堂布置標準」圖。

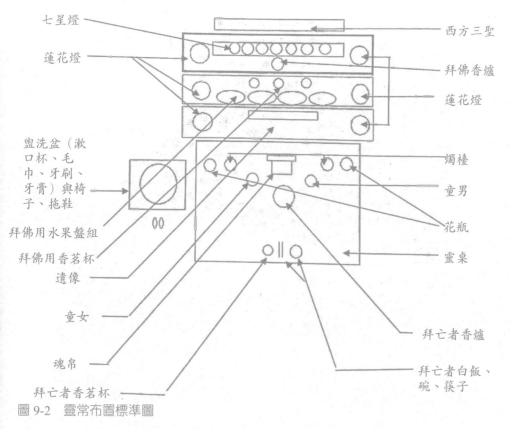

七星燈

蓮花燈

西方三聖

拜佛香爐

蓮花燈

盥洗盆（漱口杯、毛巾、牙刷、牙膏）與椅子、拖鞋

拜佛用水果盤組

拜佛用香茗杯

遺像

童女

魂帛

拜亡者香茗杯

燭檯

童男

花瓶

靈桌

拜亡者香爐

拜亡者白飯、碗、筷子

圖 9-2　靈常布置標準圖

資料來源：勞動部「喪禮服務乙級術科」技檢參考資料

第十章
殯葬相關法規

　　隨著社會進步，殯葬服務產業之內容也朝向多元化，既有的「墳墓設置管理條例」（1983 年制訂）已明顯不足。政府爲了因應時代潮流，從 2003 年以來制訂一系列新的殯葬相管法規，這些成爲臺灣現在與未來殯葬服務產業發展的主要依據。

　　其目地，就是要將殯葬設施的管理制度化，殯葬服務的內容透明化、契約標準化、服務人員證照化。根據筆者的歸納，目前殯葬的相關法規中，最重要的就是「殯葬管理條例」、「禮儀師管理辦法」、「殯葬服務定型化契約」、「生前殯葬服務定型化契約」、「消費者保護法」，及其他法規的相關條文，茲分節整理以下。

第一節　殯葬管理條例

民國 106 年 6 月 1 日 4 修訂

第一章

第 1 條

　　爲促進殯葬設施符合環保並永續經營；殯葬服務業創新升級，提供優質服務；殯葬行爲切合現代需求，兼顧個人尊嚴及公眾利益，以提升國民生活品質，特制訂本條例。

第 2 條

　　本條例用詞，定義如下：

一、殯葬設施：指公墓、殯儀館、禮廳及靈堂、火化場及骨灰（骸）存放設施。

二、公墓：指供公眾營葬屍體、埋藏骨灰或供樹葬之設施。

三、殯儀館：指醫院以外，供屍體處理及舉行殮、殯、奠、祭儀式之設施。

四、禮廳及靈堂：指殯儀館外單獨設置或附屬於殯儀館，供舉行奠、祭儀式之

設施。

五、火化場：指供火化屍體或骨骸之場所。

六、骨灰（骸）存放設施：指供存放骨灰（骸）之納骨堂（塔）、納骨牆或其他形式之存放設施。

七、骨灰再處理設備：指加工處理火化後之骨灰，使成更細小之顆粒或縮小體積之設備。

八、擴充：指增加殯葬設施土地面積。

九、增建：指增加殯葬設施原建築物之面積或高度。

十、改建：指拆除殯葬設施原建築物之一部分，於原建築基地範圍內改造，而不增加高度或擴大面積。

十一、樹葬：指於公墓內將骨灰藏納土中，再植花樹於上，或於樹木根部周圍埋藏骨灰之安葬方式。

十二、移動式火化設施：指組裝於車、船等交通工具，用於火化屍體、骨骸之設施。

十三、殯葬服務業：指殯葬設施經營業及殯葬禮儀服務業。

十四、殯葬設施經營業：指以經營公墓、殯儀館、禮廳及靈堂、火化場、骨灰（骸）存放設施為業者。

十五、殯葬禮儀服務業：指以承攬處理殯葬事宜為業者。

十六、生前殯葬服務契約：指當事人約定於一方或其約定之人死亡後，由他方提供殯葬服務之契約。

第 3 條

本條例所稱主管機關：在中央為內政部；在直轄市為直轄市政府；在縣（市）為縣（市）政府；在鄉（鎮、市）為鄉（鎮、市）公所。

主管機關之權責劃分如下：

一、中央主管機關：

　　㈠ 殯葬管理制度之規劃設計、相關法令之研擬及禮儀規範之訂定。

　　㈡ 對直轄市、縣（市）主管機關殯葬業務之監督。

　　㈢ 殯葬服務業證照制度之規劃。

㈣ 殯葬服務定型化契約之擬定。

㈤ 全國性殯葬統計及政策研究。

二、直轄市、縣（市）主管機關：

㈠ 直轄市、縣（市）立殯葬設施之設置、經營及管理。

㈡ 殯葬設施專區之規劃及設置。

㈢ 對轄區內公私立殯葬設施之設置核准、經營監督及管理。

㈣ 對轄區內公立殯葬設施廢止之核准。

㈤ 對轄區內公私立殯葬設施之評鑑及獎勵。

㈥ 殯葬服務業之經營許可、廢止許可、輔導、管理、評鑑及獎勵。

㈦ 違法設置、擴充、增建、改建、經營殯葬設施之取締及處理。

㈧ 違法從事殯葬服務業與違法殯葬行為之取締及處理。

㈨ 殯葬消費資訊之提供及消費者申訴之處理。

㈩ 殯葬自治法規之擬（制）定。

三、鄉（鎮、市）主管機關：

㈠ 鄉（鎮、市）公立殯葬設施之設置、經營及管理。

㈡ 埋葬、火化及起掘許可證明之核發。

㈢ 違法設置、擴充、增建、改建殯葬設施、違法從事殯葬服務業及違法
殯葬行為之查報。

前項第三款第一目設施之設置，須經縣主管機關之核准；第二目、第三
目之業務，於直轄市或市，由直轄市或市主管機關辦理之。

第二項第三款第二目之業務，於縣設置、經營之公墓或火化場，由縣主
管機關辦理之。

第二章　殯葬設施之設置管理

第 4 條

直轄市、縣（市）及鄉（鎮、市）主管機關，得分別設置下列公立殯葬設施：

一、直轄市、市主管機關：公墓、殯儀館、禮廳及靈堂、火化場、骨灰（骸）
存放設施。

二、縣主管機關：殯儀館、禮廳及靈堂、火化場。

三、鄉（鎮、市）主管機關：公墓、骨灰（骸）存放設施。

縣主管機關得視需要設置公墓及骨灰（骸）存放設施；鄉（鎮、市）主管機關得視需要設置殯儀館、禮廳及靈堂及火化場。

直轄市、縣（市）得規劃、設置殯葬設施專區

第 5 條

設置私立殯葬設施者，以法人或寺院、宮廟、教會為限。

本條例中華民國一百年十二月十四日修正之條文施行前私人或團體設置之殯葬設施，自本條例修正施行後，其移轉除繼承外，以法人或寺院、宮廟、教會為限。

私立公墓之設置或擴充，由直轄市、縣（市）主管機關視其設施內容及性質，定其最小面積。但山坡地設置私立公墓，其面積不得小於五公頃。

前項私立公墓之設置，經主管機關核准，得依實際需要，實施分期分區開發。

第 6 條

殯葬設施之設置、擴充、增建、改建，應備具下列文件報請直轄市、縣（市）主管機關核准；其由直轄市、縣（市）主管機關辦理者，報請中央主管機關備查：

一、地點位置圖。

二、地點範圍之土地登記（簿）謄本及地籍圖謄本。

三、配置圖說。

四、興建營運計畫。

五、管理方式及收費標準。

六、申請人之相關證明文件。

七、土地權利證明或土地使用同意書。

前項殯葬設施土地跨越直轄市、縣（市）行政區域者，應向該殯葬設施土地面積最大之直轄市、縣（市）主管機關申請核准，受理機關並應通知其他相關之直轄市、縣（市）主管機關會同審查。

殯葬設施於核准設置、擴充、增建或改建後，其核准事項有變更者，應備具相關文件報請直轄市、縣（市）主管機關核准；其由直轄市、縣（市）主管機關

辦理者，應報請中央主管機關備查。

第 7 條

直轄市、縣（市）主管機關依前條第一項受理設置、擴充、增建或改建殯葬設
施之申請，應於六個月內為准駁之決定。但依法應為環境影響評估者，其所需
期間，應予扣除。

前項期限得延長一次，最長以三個月為限。

殯葬設施經核准設置、擴充、增建或改建者，除有特殊情形報經主管機關延長
者外，應於核准之日起一年內施工，並應於開工後五年內完工。逾期未施工
者，應廢止其核准。

前項延長期限最長以六個月為限。

第 8 條

設置、擴充公墓，應選擇不影響水土保持、不破壞環境保護、不妨礙軍事設施
及公共衛生之適當地點為之；其與下列第一款地點距離不得少於一千公尺，與
第二款、第三款及第六款地點距離不得少於五百公尺，與其他各款地點應因地
制宜，保持適當距離。但其他法律或自治條例另有規定者，從其規定：

一、公共飲水井或飲用水之水源地。

二、學校、醫院、幼兒園。

三、戶口繁盛地區。

四、河川。

五、工廠、礦場。

六、貯藏或製造爆炸物或其他易燃之氣體、油料等之場所。

前項公墓專供樹葬者，得縮短其與第一款至第五款地點之距離。

第 9 條

設置、擴充殯儀館、火化場或骨灰（骸）存放設施，應與前條第一項第二款規
定之地點距離不得少於三百公尺，與第六款規定之地點距離不得少於五百公
尺，與第三款戶口繁盛地區應保持適當距離。但其他法律或自治條例另有規定
者，從其規定。

單獨設置、擴充禮廳及靈堂，應與前條第一項第二款規定之地點距離不得少於

二百公尺。但其他法律或自治條例另有規定者，從其規定。

第 10 條

都市計畫範圍內劃定為公墓、殯儀館、禮廳及靈堂、火化場或骨灰（骸）存放設施用地依其指定目的使用，或在非都市土地已設置公墓範圍內之墳墓用地者，不受前二條規定距離之限制。

第 11 條

依本條例規定設置或擴充之公立殯葬設施用地屬私有者，經協議價購不成，得依法徵收之。

第 12 條

公墓應有下列設施：

一、墓基。

二、骨灰（骸）存放設施。

三、服務中心。

四、公共衛生設施。

五、排水系統。

六、給水及照明設施。

七、墓道。

八、停車場。

九、聯外道路。

十、公墓標誌。

十一、其他依法應設置之設施。

前項第七款之墓道，分墓區間道及墓區內步道，其寬度分別不得小於四公尺及一點五公尺。

公墓周圍應以圍牆、花木、其他設施或方式，與公墓以外地區做適當之區隔。

專供樹葬之公墓得不受第一項第一款、第二款及第十款規定之限制。

位於山地鄉之公墓，得由縣主管機關斟酌實際狀況定其應有設施，不受第一項規定之限制。

第 13 條

　　殯儀館應有下列設施：

　　一、冷凍室。

　　二、屍體處理設施。

　　三、解剖室。

　　四、消毒設施。

　　五、廢（污）水處理設施。

　　六、停柩室。

　　七、禮廳及靈堂。

　　八、悲傷輔導室。

　　九、服務中心及家屬休息室。

　　十、公共衛生設施。

　　十一、緊急供電設施。

　　十二、停車場。

　　十三、聯外道路。

　　十四、其他依法應設置之設施。

第 14 條

　　單獨設置禮廳及靈堂應有下列設施：

　　一、禮廳及靈堂。

　　二、悲傷輔導室。

　　三、服務中心及家屬休息室。

　　四、公共衛生設施。

　　五、緊急供電設施。

　　六、停車場。

　　七、聯外道路。

　　八、其他依法應設置之設施。

第 15 條

　　火化場應有下列設施：

一、撿骨室及骨灰再處理設施。

二、火化爐。

三、祭拜檯。

四、服務中心及家屬休息室。

五、公共衛生設施。

六、停車場。

七、聯外道路。

八、緊急供電設施。

九、空氣污染防制設施。

十、其他依法應設置之設施。

第 16 條

骨灰（骸）存放設施應有下列設施：

一、納骨灰（骸）設施。

二、祭祀設施。

三、服務中心及家屬休息室。

四、公共衛生設施。

五、停車場。

六、聯外道路。

七、其他依法應設置之設施。

第 17 條

殯葬設施合併設置者，第十二條至前條規定之應有設施得共用之。殯葬設施設置完竣後，其有擴充、增建或改建者，亦同。

第十二條至前條設施設置之自治法規，由直轄市、縣（市）主管機關定之。但聯外道路寬度不得規定小於六公尺。

第 18 條

殯葬設施規劃應以人性化為原則，並與鄰近環境景觀力求協調，其空地宜多植花木。

公墓內應劃定公共綠化空地，綠化空地面積占公墓總面積比例，不得小於十分

之三。公墓內墳墓造型採平面草皮式者，其比例不得小於十分之二。

於山坡地設置之公墓，應有前項規定面積二倍以上之綠化空地。

專供樹葬之公墓或於公墓內劃定一定區域實施樹葬者，其樹葬面積得計入綠化空地面積。但在山坡地上實施樹葬面積得計入綠化空地面積者，以喬木為之者為限。

實施樹葬之骨灰，應經骨灰再處理設備處理後，始得為之。以裝入容器為之者，其容器材質應易於腐化且不含毒性成分。

第 19 條

直轄市、縣（市）主管機關得會同相關機關劃定一定海域，實施骨灰拋灑；或於公園、綠地、森林或其他適當場所，劃定一定區域範圍，實施骨灰拋灑或植存。

前項骨灰之處置，應經骨灰再處理設備處理後，始得為之。如以裝入容器為之者，其容器材質應易於腐化且不含毒性成分。實施骨灰拋灑或植存之區域，不得施設任何有關喪葬外觀之標誌或設施，且不得有任何破壞原有景觀環境之行為。

第一項骨灰拋灑或植存之自治法規，由直轄市、縣（市）主管機關定之。

第 20 條

設置、擴充、增建或改建殯葬設施完工，應備具相關文件，經直轄市、縣（市）主管機關檢查符合規定，並將殯葬設施名稱、地點、所屬區域、申請人及經營者之名稱公告後，始得啟用、販售墓基或骨灰（骸）存放單位。其由直轄市、縣（市）主管機關設置、擴充、增建或改建者，應報請中央主管機關備查。

前項應備具之文件，由直轄市、縣（市）主管機關定之。

第三章　殯葬設施之經營管理

第 21 條

直轄市、縣（市）或鄉（鎮、市）主管機關，為經營殯葬設施，得設殯葬設施管理機關（構），或置殯葬設施管理人員。

前項殯葬設施於必要時,並得委託民間經營。

第 21-1 條

各直轄市、縣(市)政府列冊各款、各類之低收入戶,使用直轄市、縣(市)或鄉(鎮、市)所經營或委託民間經營、代理、代管之下列公立殯葬設施,免收使用管理相關費用:

一、火化場。

二、骨灰(骸)存放設施。

前項骨灰(骸)存放設施免費之標準,由直轄市、縣(市)政府定之。

第 22 條

經營私立殯葬設施或受託經營公立殯葬設施,應備具相關文件經該殯葬設施所在地之直轄市、縣(市)主管機關許可。

依前項經許可經營殯葬設施後,其無經營事實或停止營業者,直轄市、縣(市)主管機關應廢止其許可。

第一項應備具之文件,由中央主管機關定之。

第 23 條

殯儀館及火化場經營者得向直轄市、縣(市)主管機關申請使用移動式火化設施,經營火化業務;其火化之地點,以合法設置之殯葬設施及其他經直轄市、縣(市)主管機關核准之範圍內為限。

前項設施之設置基準、應備功能、設備及其使用管理之辦法,由中央主管機關會同相關機關定之。

第 24 條

單獨設置之禮廳及靈堂不得供屍體處理或舉行殮、殯儀式;除出殯日舉行奠、祭儀式外,不得停放屍體棺柩。

第 25 條

公墓不得收葬未經核發埋葬許可證明之屍體或骨灰。骨灰(骸)存放設施不得收存未檢附火化許可證明、起掘許可證明或其他相關證明之骨灰(骸)。火化場或移動式火化設施,不得火化未經核發火化許可證明之屍體。

但依法遷葬者，不在此限。

申請埋葬、火化許可證明者，應檢具死亡證明文件，向直轄市、市或鄉（鎮、市）主管機關或其委託之機關申請核發。但於縣設置、經營之公墓或火化場埋葬或火化者，向縣主管機關申請之。

第 26 條

公墓內應依地形劃分墓區，每區內劃定若干墓基，編定墓基號次，每一墓基面積不得超過八平方公尺。但二棺以上合葬者，每增加一棺，墓基得放寬四平方公尺。其屬埋藏骨灰者，每一骨灰盒（罐）用地面積不得超過零點三六平方公尺。

直轄市、縣（市）主管機關為節約土地利用，得考量實際需要，酌減前項面積。

第 27 條

埋葬棺柩時，其棺面應深入地面以下至少七十公分，墓頂最高不得超過地面一公尺五十公分，墓穴並應嚴密封固。但因地方風俗或地質條件特殊報經直轄市、縣（市）主管機關核准者，不在此限。其墓頂最高不得超過地面二公尺。埋藏骨灰者，應以平面式為之。但以公共藝術之造型設計，經直轄市、縣（市）主管機關核准者，不在此限。

第 28 條

直轄市、縣（市）或鄉（鎮、市）主管機關得經同級立法機關議決，規定公墓墓基及骨灰（骸）存放設施之使用年限。

前項埋葬屍體之墓基使用年限屆滿時，應通知遺族撿骨存放於骨灰（骸）存放設施或火化處理之。埋藏骨灰之墓基及骨灰（骸）存放設施使用年限屆滿時，應通知遺族依規定之骨灰拋灑、植存或其他方式處理。無遺族或遺族不處理者，由經營者存放於骨灰（骸）存放設施或以其他方式處理之。

第 29 條

公墓內之墳墓棺柩、屍體或骨灰（骸），非經直轄市、縣（市）、鄉（鎮、市）主管機關或其委託之機關核發起掘許可證明者，不得起掘。但依法遷葬者，不在此限。

第 30 條

直轄市、縣（市）或鄉（鎮、市）主管機關對轄區內公立公墓內或其他公有土地上之無主墳墓，得經公告三個月確認後，予以起掘為必要處理後，火化或存放於骨灰（骸）存放設施。

第 31 條

公立殯葬設施有下列情形之一者，得擬具更新、遷移計畫，報經直轄市、縣（市）主管機關核准後辦理更新、遷移；其由直轄市、縣（市）主管機關辦理者，應報請中央主管機關備查：

一、不敷使用。

二、遭遇天然災害致全部或一部無法使用。

三、全部或一部地形變更。

四、其他特殊情形。

前項涉及殯葬設施之設置、擴充、增建或改建者，應依第六條規定辦理。

符合第一項各款規定情形之私立殯葬設施，其更新或遷移計畫，應報請直轄市、縣（市）主管機關核准。

第 32 條

公立殯葬設施因情事變更或特殊情形致無法或不宜繼續使用者，得擬具廢止計畫，報請直轄市、縣（市）主管機關核准；其由直轄市、縣（市）主管機關辦理者，應報請中央主管機關備查。

前項廢止計畫，應載明下列事項：

一、殯葬設施名稱及地點。

二、廢止之原因。

三、預定廢止之期日。

四、殯葬設施之使用現況。

五、善後處理措施。

公立公墓或骨灰（骸）存放設施，應於遷移完竣後，始得廢止。

第 33 條

公墓、骨灰（骸）存放設施應設置登記簿永久保存，並登載下列事項：

一、墓基或骨灰（骸）存放單位編號。

二、營葬或存放日期。

三、受葬者之姓名、性別、出生地及生死年月日。

四、墓主或存放者之姓名、國民身分證統一編號、出生地、住址與通訊處及其
　　與受葬者之關係。

五、其他經主管機關指定應記載之事項。

第 34 條

殯葬設施內之各項設施，經營者應妥為維護。

公墓內之墳墓及骨灰（骸）存放設施內之骨灰（骸）櫃，其有損壞者，經營者
應即通知墓主或存放者。

第 35 條

私立公墓、骨灰（骸）存放設施經營者向墓主及存放者收取之費用，應明定管
理費，並以管理費設立專戶，專款專用。本條例施行前已設置之私立公墓、骨
灰（骸）存放設施，亦同。

前項管理費之金額、收取方式及其用途，殯葬設施經營者應於書面契約中載
明。

第一項專戶之支出用途，以下列各款為限：

一、維護設施安全、整潔。

二、舉辦祭祀活動。

三、內部行政管理。

四、定型化契約所載明由管理費支應之費用。

第一項管理費專戶之設立、收支、管理、運用、查核及其他應遵行事項之辦
法，由中央主管機關定之。

第 36 條

私立或以公共造產設置之公墓、骨灰（骸）存放設施經營者，應將管理費以外
之其他費用，提撥百分之二，交由直轄市、縣（市）主管機關，成立殯葬設施
經營管理基金，支應重大事故發生或經營不善致無法正常營運時之修護、管理
等費用。本條例施行前已設置尚未出售之私立公墓、骨灰（骸）存放設施，自

本條例施行後，亦同。

第 37 條

私立或以公共造產設置之公墓、骨灰（骸）存放設施經營者，應按月將前條規定提撥之款項繕造交易清冊後，於次月底前交付直轄市、縣（市）主管機關。

第 38 條

直轄市、縣（市）主管機關對轄區內殯葬設施，應定期查核管理情形，並辦理評鑑及獎勵。

前項查核、評鑑及獎勵之自治法規，由直轄市、縣（市）主管機關定之。

第 39 條

墳墓因情事變更致有妨礙軍事設施、公共衛生、都市發展或其他公共利益之虞，經直轄市、縣（市）主管機關轉請目的事業主管機關認定屬實者，應予遷葬。但經公告為古蹟者，不在此限。

前項應行遷葬之合法墳墓，應發給遷葬補償費；其補償基準，由直轄市、縣（市）主管機關定之。但非依法設置之墳墓得發給遷葬救濟金；其要件及標準由直轄市、縣（市）主管機關定之。

第 40 條

直轄市、縣（市）或鄉（鎮、市）主管機關對其經營管理之公墓，為更新、遷移、廢止或其他公益需要，得公告其全部或一部禁葬。

經公告禁葬公墓之全部或一部，於禁葬期間不得埋葬屍體或埋藏骨灰。

鄉（鎮、市）主管機關為第一項公告，應報請縣主管機關備查。

第 41 條

直轄市、縣（市）或鄉（鎮、市）主管機關應依下列程序辦理遷葬：

一、公告限期自行遷葬；遷葬期限自公告日起，至少應有三個月之期間。

二、於應行遷葬墳墓前樹立標誌。

三、以書面通知墓主。無主墳墓，毋庸通知。

墓主屆期未遷葬者，除有特殊情形提出申請，經直轄市、縣（市）或鄉（鎮、市）主管機關核准延期者外，準用第三十條規定處理之。

第四章　殯葬服務業之管理及輔導

第 42 條

經營殯葬服務業，應向所在地直轄市、縣（市）主管機關申請經營許可後，依法辦理公司或商業登記，並加入殯葬服務業之公會，始得營業。

本條例施行前已依公司法或商業登記法辦理登記之殯葬場所開發租售業及殯葬服務業，並已報經所在地直轄市、縣（市）主管機關備查者，視同取得前項許可。

殯葬禮儀服務業於前二項許可設立之直轄市、縣（市）外營業者，應持原許可經營證明報請營業所在地直轄市、縣（市）主管機關備查，始得營業。但其設有營業處所營業者，並應加入該營業處所所在地之直轄市、縣（市）殯葬服務業公會後，始得營業。

殯葬設施經營業應加入該殯葬設施所在地之直轄市、縣（市）殯葬服務業公會，始得營業。

第一項規定以外之其他法人依其設立宗旨，從事殯葬服務業，應向所在地直轄市、縣（市）主管機關申請經營許可，領得經營許可證書，並加入所在地之殯葬服務業公會，始得營業；其於原許可設立之直轄市、縣（市）外營業者，準用前二項規定。

第一項申請經營許可之程序、事項、應具備之資格、條件及其他應遵行事項之辦法，由中央主管機關定之。

第 43 條

殯葬服務業依法辦理公司、商業登記或領得經營許可證書後，應於六個月內開始營業，屆期未開始營業者，由直轄市、縣（市）主管機關廢止其許可。但有正當理由者，得申請展延，其期限以三個月為限。

第 44 條

殯葬服務業於第四十二條申請許可事項有所變更時，應於十五日內，向許可經營之直轄市、縣（市）主管機關辦理變更登記。

第 45 條

殯葬禮儀服務業具一定規模者，應置專任禮儀師，始得申請許可及營業。

禮儀師應具備之資格、條件、證書之申請或換（補）發、執業管理及其他應遵行事項之辦法，由中央主管機關定之。

第一項一定規模，由中央主管機關於前項辦法施行後定之。

第 46 條

具有禮儀師資格者，得執行下列業務：

一、殯葬禮儀之規劃及諮詢。

二、殮殯葬會場之規劃及設計。

三、指導喪葬文書之設計及撰寫。

四、指導或擔任出殯奠儀會場司儀。

五、臨終關懷及悲傷輔導。

六、其他經中央主管機關核定之業務項目。

未取得禮儀師資格者，不得以禮儀師名義執行前項各款業務。

第 47 條

有下列各款情形之一，不得充任殯葬服務業負責人：

一、無行為能力或限制行為能力者。

二、受破產之宣告尚未復權者。

三、犯殺人、妨害自由、搶奪、強盜、恐嚇取財、擄人勒贖、詐欺、背信、侵占罪、性侵害犯罪防治法第二條所定之罪、組織犯罪防制條例第三條第一項、第二項、第六條、第九條之罪，經受有期徒刑一年以上刑之宣告確定，尚未執行完畢或執行完畢或赦免後未滿三年者。但受緩刑宣告者，不在此限。

四、受感訓處分之裁定確定，尚未執行完畢或執行完畢未滿三年者。

五、曾經營殯葬服務業，經主管機關廢止或撤銷許可，自廢止或撤銷之日起未滿五年者。但第四十三條所定屆期未開始營業或第五十七條所定自行停止業務者，不在此限。

六、受第七十五條第三項所定之停止營業處分，尚未執行完畢者。

殯葬服務業之負責人有前項各款情形之一者，由直轄市、縣（市）主管機關令其限期變更負責人；逾期未變更負責人者，廢止其許可。

第 48 條

殯葬服務業應將相關證照、商品或服務項目、價金或收費基準表公開展示於營業處所明顯處，並備置收費基準表。

第 49 條

殯葬服務業就其提供之商品或服務，應與消費者訂定書面契約。書面契約未載明之費用，無請求權；並不得於契約簽訂後，巧立名目，強索增加費用。

前項書面契約之格式、內容，中央主管機關應訂定定型化契約範本及其應記載及不得記載事項。

殯葬服務業應將中央主管機關訂定之定型化契約書範本公開並印製於收據憑證或交付消費者，除另有約定外，視為已依第一項規定與消費者訂約。

第 50 條

非依第四十二條規定經直轄市、縣（市）主管機關許可經營殯葬禮儀服務業之公司，不得與消費者簽訂生前殯葬服務契約。

與消費者簽訂生前殯葬服務契約之公司，須具一定規模；其應備具一定規模之證明、生前殯葬服務定型化契約及與信託業簽訂之信託契約副本，報請直轄市、縣（市）主管機關核准後，始得與消費者簽訂生前殯葬服務契約。

前項生前殯葬服務契約，中央主管機關應訂定定型化契約範本及其應記載及不得記載事項；一定規模，由中央主管機關定之。

第 51 條

殯葬禮儀服務業與消費者簽訂生前殯葬服務契約，其有預先收取費用者，應將該費用百分之七十五，依信託本旨交付信託業管理。除生前殯葬服務契約之履行、解除、終止或本條例另有規定外，不得提領。

前項費用，指消費者依生前殯葬服務契約所支付之一切對價。

殯葬禮儀服務業應將第一項交付信託業管理之費用，按月逐筆結算造冊後，於次月底前交付信託業管理。

中央主管機關對於第一項信託契約，應會商信託業目的事業主管機關，訂定定型化契約範本及其應記載及不得記載事項。

第 52 條

依前條第一項規定交付信託業管理之費用，其運用範圍以下列各款為限：

一、現金及銀行存款。

二、政府債券、經中央銀行及行政院金融監督管理委員會核准之國際金融組織來臺發行之債券。

三、以前款為標的之附買回交易。

四、經中央主管機關認定之一定等級以上信用評等之金融債券、公司債、短期票券、依金融資產證券化條例及不動產證券化條例發行之受益證券或資產基礎證券。

五、貨幣市場共同信託基金、貨幣市場證券投資信託基金。

六、債券型基金。

七、前二款以外之其他共同信託基金或證券投資信託基金。

八、依信託業法第十八條之一第二項所定信託業運用信託財產於外國有價證券之範圍。

九、經核准設置之殯儀館、火化場需用之土地、營建及相關設施費用。

前項第七款至第九款合計之投資總額不得逾投資時信託財產價值之百分之三十；第九款之投資總額不得逾投資時信託財產當時價值之百分之二十五。

第一項第九款殯儀館或火化場設置所需費用之認定、管理及其他應行遵行事項之辦法，由中央主管機關定之。

第 53 條

殯葬禮儀服務業依第五十一條第一項規定交付信託業管理之費用，信託業應於每年十二月三十一日結算一次。經結算未達預先收取費用之百分之七十五者，殯葬禮儀服務業應以現金補足其差額；已逾預先收取費用之百分之七十五者，得提領其已實現之收益。

前項結算應將未實現之損失計入。

第一項之結算，信託業應於次年一月三十一日前將結算報告送直轄市、縣（市）主管機關。

第 54 條

殯葬禮儀服務業解除或終止依第五十一條第一項規定與信託業簽訂之信託契約時，應指定新受託人；其信託財產由原受託人結算後，移交新受託人，於未移交新受託人前，其信託契約視為存續，由原受託人依原信託契約管理之。

殯葬禮儀服務業破產時，其依第五十一條第一項規定交付信託業管理之財產，不屬於破產財團。

殯葬禮儀服務業有下列情形之一時，其依第五十一條第一項規定交付信託業管理之財產，由信託業者報經直轄市、縣（市）主管機關核准後，退還與殯葬禮儀服務業簽訂生前殯葬服務契約且尚未履行完畢之消費者：

一、破產。

二、依法解散，或經直轄市、縣（市）主管機關廢止其許可。

三、自行停止營業連續六個月以上，或經直轄市、縣（市）主管機關勒令停業逾六個月以上。

四、經向直轄市、縣（市）主管機關申請停業期滿後，逾三個月未申請復業。

五、與信託業簽訂之信託契約因故解除或終止後逾六個月未指定新受託人。

消費者依前項領回金額以其簽訂生前殯葬服務契約已繳之費用為原則。但信託財產處分後不足支付全部未履約消費者已繳費用時，依消費者繳款比例領回。

第 55 條

直轄市、縣（市）主管機關為了解殯葬服務業依第三十五條規定提撥之款項、依第五十一條至前條規定預收生前殯葬服務契約之費用收支及交付信託之情形，得隨時派員或委託專業人員查核之，受查核者不得規避、妨礙或拒絕。

前項查核結果，直轄市、縣（市）主管機關得公開相關資訊。

第 56 條

殯葬禮儀服務業得委託公司、商業代為銷售生前殯葬服務契約；殯葬設施經營業除其他法令另有規定外，銷售墓基、骨灰（骸）存放單位，亦同。

殯葬服務業應備具銷售墓基、骨灰（骸）存放單位、生前殯葬服務契約之營業處所及依前項受委託之公司、商業相關文件，報請直轄市、縣（市）主管機關備查，並公開相關資訊。受委託之公司、商業異動時，亦同。

前項應公開資訊及其他應遵行事項之辦法，由中央主管機關定之。

第 57 條

殯葬服務業預定暫停營業三個月以上者，應於停止營業之日十五日前，以書面向直轄市、縣（市）主管機關申請停業；並應於期限屆滿十五日前申請復業。

前項暫停營業期間，以一年為限。但有特殊情形者，得向直轄市、縣（市）主管機關申請展延一次，其期間以六個月為限。

殯葬服務業開始營業後自行停止營業連續六個月以上，或暫停營業期滿未申請復業者，直轄市、縣（市）主管機關得廢止其許可。

第 58 條

直轄市、縣（市）主管機關對殯葬服務業應定期實施評鑑，經評鑑成績優良者，應予獎勵。

前項評鑑及獎勵之自治法規，由直轄市、縣（市）主管機關定之。

第 59 條

殯葬服務業之公會每年應自行或委託學校、機構、學術社團，舉辦殯葬服務業務觀摩交流及教育訓練課程。

第 60 條

殯葬服務業得視實際需要，指派所屬員工參加殯葬講習或訓練。

前項參加講習或訓練之紀錄，列入評鑑殯葬服務業之評鑑項目。

第五章　殯葬行為之管理

第 61 條

成年人且有行為能力者，得於生前就其死亡後之殯葬事宜，預立遺囑或以填具意願書之形式表示之。

死者生前曾為前項之遺囑或意願書者，其家屬或承辦其殯葬事宜者應予尊重。

第 62 條

辦理殯葬事宜，如因殯儀館設施不足須使用道路搭棚者，應擬具使用計畫報經當地警察機關核准，並以二日為限。但直轄市或縣（市）主管機關有禁止使用

道路搭棚規定者，從其規定。

前項管理之自治法規，由直轄市、縣（市）主管機關定之。

第 63 條

殯葬服務業不得提供或媒介非法殯葬設施供消費者使用。

殯葬服務業不得擅自進入醫院招攬業務；未經醫院或家屬同意，不得搬移屍體。

第 64 條

醫院依法設太平間者，對於在醫院死亡者之屍體，應負責安置。

醫院得劃設適當空間，暫時停放屍體，供家屬助念或悲傷撫慰之用。

醫院不得拒絕死亡者之家屬或其委託之殯葬禮儀服務業領回屍體；並不得拒絕使用前項劃設之空間。

第 65 條

醫院不得附設殮、殯、奠、祭設施。但本條例中華民國一百年十二月十四日修正之條文施行前已經核准附設之殮、殯、奠、祭設施，得於本條例修正施行後繼續使用五年，並不得擴大其規模；其管理及其他應遵行事項之辦法，由中央衛生主管機關會商中央主管機關定之。

第 66 條

前二條所定空間及設施，醫院得委託他人經營。自行經營者，應將服務項目及收費基準表公開展示於明顯處；委託他人經營者，醫院應於委託契約定明服務項目、收費基準表及應遵行事項。

前項受託經營者應將服務項目及收費基準表公開展示於明顯處。除經消費者同意支付之項目外，不得額外請求其他費用，並不得有第六十四條第三項行為。

第 67 條

殯葬禮儀服務業就其承攬之殯葬服務至遲應於出殯前一日，將出殯行經路線報請辦理殯葬事宜所在地警察機關備查。

第 68 條

殯葬禮儀服務業提供之殯葬服務，不得有製造噪音、深夜喧嘩或其他妨礙公眾

安寧、善良風俗之情事，且不得於晚間九時至翌日上午七時間使用擴音設備。

第 69 條

憲警人員依法處理意外事件或不明原因死亡之屍體程序完結後，除經家屬認領，自行委託殯葬禮儀服務業者承攬服務者外，應即通知轄區或較近之公立殯儀館辦理屍體運送事宜，不得擅自轉介或縱容殯葬服務業逕行提供服務。

公立殯儀館接獲前項通知後，應即自行或委託殯葬禮儀服務業運送屍體至殯儀館後，依相關規定處理。

非依前二項規定或未經家屬同意，自行運送屍體者，不得請求任何費用。

第一項屍體無家屬認領者，其處理之自治法規，由直轄市、縣（市）主管機關定之。

第 70 條

埋葬屍體，應於公墓內為之；骨灰或起掘之骨骸除本條例另有規定外，應存放於骨灰（骸）存放設施或火化處理；火化屍體，應於火化場或移動式火化設施為之。

第 71 條

本條例施行前依法設置之私人墳墓及墳墓設置管理條例施行前既存之墳墓，於本條例施行後僅得依原墳墓形式修繕，不得增加高度及擴大面積。

直轄市、縣（市）或鄉（鎮、市）主管機關經依第二十八條規定公墓墓基及骨灰（骸）存放設施之使用年限者，其轄區內私人墳墓之使用年限及使用年限屆滿之處理，準用同條規定。

第 72 條

本條例施行前公墓內既存供家族集中存放骨灰（骸）之合法墳墓，於原規劃容納數量範圍內，得繼續存放，並不得擴大其規模。

前項合法墳墓之修繕，準用前條第一項規定；其使用年限及使用年限屆滿之處理，準用第二十八條規定。

第六章　罰則

第 73 條

殯葬設施經營業違反第六條第一項或第三項規定，未經核准或未依核准之內容設置、擴充、增建、改建殯葬設施，或違反第二十條第一項規定擅自啓用、販售墓基或骨灰（骸）存放單位，處新臺幣三十萬元以上一百五十萬元以下罰鍰，並限期改善或補辦手續；屆期仍未改善或補辦手續者，得按次處罰，情節重大或拒不遵從者，得令其停止開發、興建、營運或販售墓基、骨灰（骸）存放單位、強制拆除或回復原狀。未經核准，擅自使用移動式火化設施經營火化業務，或火化地點未符第二十三條第一項規定者，亦同。

殯葬設施經營業違反第七條第三項規定未於開工後五年內完工者，處新臺幣十萬元以上五十萬元以下罰鍰，並限期完工；屆期仍未完工者，得按次處罰，其情節重大者，得廢止其核准。

前二項處罰，無殯葬設施經營業者，處罰設置、擴充、增建或改建者；無設置、擴充、增建或改建者，處罰販售者。

第 74 條

經營移動式火化設施之負責人或其受僱人執行火化業務發生違法情事，經檢察官提起公訴、聲請簡易判決處刑、緩起訴或依刑事訴訟法第二百五十三條、第二百五十四條規定為不起訴處分者，直轄市、縣（市）主管機關應禁止該設施繼續使用。但受無罪判決確定者，不在此限。

移動式火化設施經營者違反第二十三條第二項所定辦法所定有關設置、使用及管理之強制或禁止規定者，處新臺幣三萬元以上十五萬元以下罰鍰，並令其限期改善，屆期仍未改善者，得按次處罰並禁止其繼續使用，情節重大者，得廢止該設施之設置許可。

第 75 條

殯葬設施經營業或其受僱人違反第二十四條規定者，處新臺幣三萬元以上十五萬元以下罰鍰，並令其立即改善；拒不改善者，得按次處罰。其情節重大者，得廢止其禮廳及靈堂設置許可。

殯葬設施經營業或其受僱人違反第二十五條第一項規定，擅自收葬、收存或火

化屍體、骨灰（骸）者，處新臺幣三十萬元以上一百五十萬元以下之罰鍰。

火化場違反第二十五條第一項規定火化屍體，且涉及犯罪事實者，除行為人依法送辦外，得勒令其經營者停止營業六個月至一年。其情節重大者，得廢止其殯葬設施經營業之經營許可。

第 76 條

墓主違反第二十六條第一項面積規定者，應限期改善；屆期仍未改善者，處新臺幣六萬元以上三十萬元以下罰鍰，超過面積達一倍以上者，按其倍數處罰。

第 77 條

墓主違反第二十七條第一項規定者，應限期改善；屆期仍未改善者，處新臺幣十萬元以上五十萬元以下罰鍰，超過高度達一倍以上者，按其倍數處罰。

第 78 條

違反第二十九條起掘規定者，處新臺幣三萬元以上十五萬元以下罰鍰。

第 79 條

公墓、骨灰（骸）存放設施經營者違反第三十三條規定者，應限期改善；屆期仍未改善者，處新臺幣一萬元以上五萬元以下罰鍰。就同條第二款、第四款之事項，故意為不實之記載者，處新臺幣三十萬元以上一百五十萬元以下罰鍰。

第 80 條

私立公墓、骨灰（骸）存放設施經營者違反第三十五條第一項規定，未明定管理費、未設立管理費專戶或未依第二項規定於書面契約中載明管理費之金額、收取方式及其用途者，處新臺幣十萬元以上五十萬元以下罰鍰，並限期改善；屆期仍未改善者，得按次處罰。

私立公墓、骨灰（骸）存放設施經營者違反第三十五條第三項規定支出管理費者，處新臺幣三十萬元以上一百五十萬元以下罰鍰，並限期改善；屆期仍未改善者，得按次處罰。

私立公墓、骨灰（骸）存放設施經營者違反第三十五條第四項所定之辦法中有關專戶收支運用資料公開與更新、會計師查核簽證及相關資料報經備查之強制或禁止規定者，處新臺幣三萬元以上十五萬元以下罰鍰，並限期改善；屆期仍

未改善者，得按次處罰。

第 81 條

私立或以公共造產設置之公墓、骨灰（骸）存放設施經營者違反第三十六條規定者，依其所收取之其他費用之總額，定其罰鍰之數額處罰，並限期改善；屆期仍未改善者，得按次處罰。

第 82 條

私立或以公共造產設置之公墓、骨灰（骸）存放設施經營者違反第三十七條規定未按月繕造清冊交付者，處新臺幣三萬元以上十五萬元以下罰鍰，並限期改善；屆期仍未改善者，依所應交付之總額定其罰鍰數額處罰。

第 83 條

墓主違反第四十條第二項或第七十條規定者，處新臺幣三萬元以上十五萬元以下罰鍰，並限期改善；屆期仍未改善者，得按次處罰；必要時，由直轄市、縣（市）主管機關起掘火化後為適當之處理，其所需費用，向墓主徵收。

第 84 條

經營殯葬服務業違反第四十二條第一項至第五項規定者，除勒令停業外，並處新臺幣六萬元以上三十萬元以下罰鍰；其不遵從而繼續營業者，得按次處罰。

第 85 條

殯葬服務業違反第四十四條規定者，處新臺幣一萬元以上五萬元以下罰鍰，並限期改善；屆期仍未改善者，得按次處罰。

第 86 條

殯葬禮儀服務業違反第四十五條第一項規定，具一定規模而未置專任禮儀師者，處新臺幣十萬元以上五十萬元以下罰鍰，並應禁止其繼續營業；拒不遵從者，得按次加倍處罰，其情節重大者，得廢止其經營許可。

禮儀師違反第四十五條第二項所定辦法有關執行業務規範、再訓練之強制或禁止規定者，依其情節處新臺幣二萬元以上十萬元以下罰鍰，並限期改善；屆期仍未改善者，得按次處罰，其情節重大者，得廢止原核發處分並註銷證書，三年內並不得再核發禮儀師證書。

第 87 條

　未具禮儀師資格，違反第四十六條第二項之規定以禮儀師名義執行業務者，處新臺幣六萬元以上三十萬元以下罰鍰。連續違反者，並得按次處罰。

第 88 條

　殯葬服務業違反第四十八條、第四十九條第一項或第三項規定者，應限期改善；屆期仍未改善者，處新臺幣三萬元以上十五萬元以下罰鍰，並得按次處罰。

第 89 條

　非經直轄市、縣（市）主管機關許可經營殯葬禮儀服務業之公司違反第五十條第一項規定，與消費者簽訂生前殯葬服務契約者，處新臺幣六十萬元以上三百萬元以下罰鍰，並得按次處罰；其代理人或受僱人，亦同。

　殯葬禮儀服務業違反第五十條第二項規定未具一定規模或未經核准與消費者簽訂生前殯葬服務契約者，處新臺幣六萬元以上三十萬元以下罰鍰，並限期改善；屆期仍未改善者，得按次處罰，其情節重大者，得廢止其經營許可。

第 90 條

　殯葬禮儀服務業違反第五十一條第一項規定，處新臺幣二十萬元以上一百萬元以下罰鍰，並限期改善；屆期仍未改善者，得按次處罰，其情節重大者，得廢止其經營許可。

　殯葬禮儀服務業違反第五十一條第三項規定者，處新臺幣三萬元以上十五萬元以下罰鍰，並限期改善；屆期仍未改善者，得按次處罰。

第 91 條

　殯葬禮儀服務業違反第五十二條第一項交付信託業管理之費用運用範圍規定者，處新臺幣二十萬元以上一百萬元以下罰鍰，並限期改善；屆期仍未改善者，得按次處罰。

第 92 條

　殯葬禮儀服務業違反第五十三條第一項後段補足差額規定或第五十四條第一項規定未指定新受託人規定者，處新臺幣六萬元以上三十萬元以下罰鍰，並限期

改善；屆期末改善者，得按次處罰，並得廢止其經營許可。

第 93 條

信託業違反第五十三條第三項規定未送結算報告者，處新臺幣三萬元以上十五萬元以下罰鍰，並限期改善；屆期末改善者，得按次處罰。

第 94 條

殯葬服務業違反第五十五條第一項規定規避、妨礙或拒絕查核者，處新臺幣六萬元以上三十萬元以下罰鍰。

第 95 條

殯葬服務業違反第五十六條第一項規定委託公司、商業以外之人代為銷售，或違反第二項規定者，處新臺幣三萬元以上十五萬元以下罰鍰，並限期改善；屆期末改善者，得按次處罰。

第 96 條

殯葬服務業違反第五十七條第一項、第六十二條第一項、第六十三條、第六十七條或第六十八條規定者，處新臺幣三萬元以上十五萬元以下之罰鍰，並限期改善；屆期仍未改善者，得按次處罰，情節重大者，得廢止其許可。

醫院違反第六十四條第一項或第三項規定者，處新臺幣六萬元以上三十萬元以下罰鍰。

醫院或其受託經營者違反第六十六條規定，除未將服務項目及收費基準表公開展示於明顯處者，處新臺幣三萬元以上十五萬元以下罰鍰外，其餘處新臺幣六萬元以上三十萬元以下罰鍰。

醫院或其受託經營者違反第六十四條第三項或第六十六條第二項規定者，經處罰累計達三次者，直轄市、縣（市）主管機關應轉請直轄市、縣（市）衛生主管機關廢止該醫院附設殮、殯、奠、祭設施之核准。

第二項、第三項規定應處之罰鍰，於私立醫院，處罰其負責醫師。

第 97 條

醫院違反第六十五條規定附設殮、殯、奠、祭設施者，處新臺幣三十萬元以上一百五十萬元以下罰鍰，並令設施停止營運；繼續營運者，得按次處罰。

本條例中華民國一百年十二月十四日修正之條文施行前已經核准附設殮、殯、奠、祭設施之醫院違反第六十五條規定擴大其規模者，處新臺幣三十萬元以上一百五十萬元以下罰鍰，並限期改善；屆期仍未改善者，得按次處罰。

依前二項規定所處之罰鍰，於私立醫院，處罰其負責醫師。

第 98 條

憲警人員違反第六十九條第一項規定者，除移送所屬機關依法懲處外，並處新臺幣三萬元以上十五萬元以下罰鍰。

第 99 條

墓主違反第七十一條第一項前段或第七十二條第二項規定，修繕逾越原墳墓之面積或高度者，經限期改善，屆期仍未改善者，處新臺幣六萬元以上三十萬元以下罰鍰，超過面積或高度達一倍以上者，按其倍數處罰。

第七章　附則

第 100 條

為落實殯葬設施管理，推動公墓公園化、提高殯葬設施服務品質及鼓勵火化措施，主管機關應擬訂計畫，編列預算執行之。

第 101 條

為處理殯葬設施之設置、經營、骨灰拋灑、植存區域範圍之劃定等相關事宜，直轄市及縣（市）主管機關得邀集專家學者、公正人士或相關人員審議或諮詢之。

第 102 條

本條例公布施行前募建之寺院、宮廟及宗教團體所屬之公墓、骨灰（骸）存放設施及火化設施得繼續使用，其有損壞者，得於原地修建，並不得增加高度及擴大面積。

本條例公布施行前私建之寺院、宮廟，變更登記為募建者，準用前項規定。

第 103 條

殯葬禮儀服務業達第四十五條第三項所定之一定規模者，於第四十五條第二項所定辦法發布施行後三年內得繼續營業，期間屆滿前，應補送聘禮儀師證明，

經主管機關備查，始得繼續營業。

第 104 條

本條例施行細則，由中央主管機關定之。

第 105 條

本條例施行日期，由行政院定之。

附錄

「殯葬管理條例第 45 條第 1 項一定規模」內政部於 106 年 5 月 9 日修正發布，自 107 年 1 月 1 日起分 5 年 5 階段實施。

說明

一、「殯葬管理條例第 45 條第 1 項一定規模」業經本部於 106 年 5 月 9 日以臺內民字第 1061101612 號令修正發布，殯葬禮儀服務業者符合「資本額（或出資額）在 100 萬元以上」或「以農會從事殯葬禮儀服務業」之一者，應聘用專任禮儀師，另為避免對業界產生衝擊，明定自 107 年 1 月 1 日起分 5 年 5 階段實施。

二、5 階段實施方式，簡要說明如下（詳細規定請參修正規定附表）：

　㈠自 107 年 1 月 1 日起，實收資本額（登記資本額或出資額）在 1,000 萬元以上未達 5,000 萬元者，至少應置 1 名專任禮儀師；5,000 萬元以上未達 1 億元者至少 2 名；1 億元以上者至少 7 名（逾 1 億元部分，每達 1 億元，至少增加 1 名）。

　㈡至於資本額或出資額在「500 萬元以上」、「200 萬元以上」及「100 萬元以上」者，分別自 108 年、109 年及 110 年之 1 月 1 日起應聘至少 1 名。

　㈢另以「農會」從事者，自 109 年 1 月 1 日起應聘至少 1 名，自 111 年 1 月 1 日起至少 2 名。

三、未依規定配置禮儀師者，依殯葬管理條例第 86 條第 1 項規定：「處新臺幣 10 萬元以上 50 萬元以下罰鍰，並應禁止其繼續營業；拒不遵從者，得按次加倍處罰，其情節重大者，得廢止其經營許可。」

第二節　禮儀師管理辦法

106 年 5 月 23 日修訂

第 1 條

本辦法依殯葬管理條例（以下簡稱本條例）第四十五條第二項規定訂定之

第 2 條

具備下列資格者，得向中央主管機關申請核發禮儀師證書：

一、領有喪禮服務職類乙級以上技術士證。

二、修畢國內公立或立案之私立專科以上學校殯葬相關專業課程二十學分以
　　上。

三、於中華民國九十二年七月一日以後經營或受僱於殯葬禮儀服務業實際從事
　　殯葬禮儀服務工作二年以上。

前項第二款所定殯葬相關專業課程如附表，各科採認學分上限為二學分。

本辦法中華民國一百零六年五月二十三日修正施行前，經中央主管機關依禮儀
師管理辦法第二條第一項第二款殯葬相關專業課程認定作業程序認定或備查
者，亦為第一項第二款殯葬相關專業課程，並得於修正施行後三年內繼續開
設。其繼續開設者，應將認定科目與開課課程名稱、開課學年度及授課教師之
清冊報送中央主管機關備查。

第 3 條

申請核發禮儀師證書者，應檢具下列文件，以郵寄方式向中央主管機關為之：

一、申請表。

二、資格證明文件：

　　㈠ 喪禮服務職類乙級技術士證影本。

　　㈡ 於國內公立或立案之私立專科以上學校修畢殯葬相關科目學分證明文
　　　　件。

　　㈢ 經營殯葬禮儀服務業者，應檢具公司或商業登記證明及參加殯葬服務
　　　　業公會所開立之負責人資歷證明；受僱於殯葬禮儀服務業者，應檢具
　　　　在僱用單位或殯葬相關職業工會投保之勞保證明及僱用單位開立實際

從事殯葬禮儀服務工作資歷證明。

三、身分證明文件。

四、本人最近六個月內正面脫帽二吋半身相片二張。

曾在公立或立案之私立專科以上學校講授符合中央主管機關公告殯葬相關專業課程範圍之科目每科至少一學期或累計授課時數三十六小時以上，且每科至少二學分者，得檢具任教學校開立之授課證明抵免該科學分。

第 4 條

依本辦法取得禮儀師證書者，始得以禮儀師名義執行本條例第四十六條第一項所定業務。

第 5 條

犯殺人、妨害自由、搶奪、強盜、恐嚇取財、擄人勒贖、詐欺、背信、侵占罪、性侵害犯罪防治法第二條所定之罪、組織犯罪防制條例第三條第一項、第二項、第六條、第九條之罪，經受有期徒刑一年以上刑之宣告確定，尚未執行完畢，或執行完畢或赦免後未滿三年者，不得擔任禮儀師；已擔任者，撤銷或廢止其禮儀師證書。但受緩刑宣告者，不在此限。

第 6 條

禮儀師非經營或受僱於殯葬禮儀服務業，不得承攬處理殯葬事宜。

禮儀師應於前項經營或受僱情形變動三十日內，將該業之名稱、登記字號、登記所在地址及經營或受僱起始日期報中央主管機關備查並副知該業登記所在地之直轄市、縣（市）主管機關。

第 7 條

禮儀師有下列情形之一，中央主管機關得廢止原核發處分並註銷證書：

一、媒介非法殯葬設施、擅自進入醫院招攬業務、未經醫院或家屬同意搬移屍體，違法情節重大者。

二、將其證書出租、出借給他人使用或允諾他人以其名義執行業務者。

三、執行禮儀師業務犯刑法第一百二十二條第三項、貪污治罪條例第十一條第一項、第二項及第四項所定向公務員行賄罪，經法院判決有罪確定者。

四、違反前條規定者。

第 8 條

　　禮儀師證書有效期限為六年，期滿前六個月內，禮儀師應檢具其於證書有效期間完成中央主管機關或其委託之機關（構）、學校、團體辦理之專業教育訓練三十個小時以上證明文件、第三條第一項第一款、第三款及第四款文件，向中央主管機關申請換發禮儀師證書。

　　屆期未換證者，應檢具最近六年內完成三十個小時以上專業教育訓練之證明文件，依第三條規定，重行申請核發禮儀師證書。

第 8-1 條

　　前條所定專業教育訓練包括下列四類課程：

一、殯葬政策及法規。

二、禮儀師職業倫理。

三、殯葬相關公共衛生及傳染病防治。

四、殯葬服務趨勢及發展。

　　禮儀師應完成前項各款課程時數至少五小時。

第 9 條

　　直轄市、縣（市）主管機關知悉轄內禮儀師有第七條第一款至第四款所定情形，應通知中央主管機關。

第 10 條

　　禮儀師證書污損、破損、遺失或滅失時，禮儀師應檢具第三條第一項第一款、第三款及第四款文件，向中央主管機關申請補發；原發之證書註銷。

　　依前項規定補發之證書，以原發之證書有效期限為期限。

第 11 條

　　本辦法所定書、表格式，由中央主管機關定之。

第 12 條

　　本辦法自中華民國一百零一年七月一日施行。

　　本辦法修正條文自發布日施行。

　　附表：殯葬相關專業課程列表如下

壹、必修科目

科學領域	科目名稱	基本核心內容	採認學分上限
人文科學	殯葬禮儀	探討臺灣殯葬禮儀之意義、起源、內涵與功能，並說明宗教信仰與民間習俗對臺灣殯葬禮儀之影響。	2
	殯葬生死觀或殯葬倫理	1. 殯葬生死觀：探究殯葬禮儀形成背後之生死課題及價值觀點。 2. 殯葬倫理：殯葬服務過程中殯葬服務人員運用其專業知能時，應遵循之價值規範。	2
	殯葬文書或殯葬司儀或殯葬會場規劃與設計	1. 殯葬文書：訃文、碑文、銘文、祭文、輓聯等殯葬文書相關知能。 2. 殯葬司儀：規劃奠禮流程並主持家奠及公奠禮應具備之專業知能。 3. 殯葬會場規劃與設計：守靈場所、家奠與公奠會場之規劃及設計。	2
健康科學	臨終關懷及悲傷輔導	1. 臨終關懷：認識亡者臨終前情緒反應，探索緩和面臨死亡痛苦之非醫學方法。 2. 悲傷輔導：了解喪家在殯葬活動中之心理活動，及對喪親者提供失落陪伴或悲傷撫慰之相關知能。	2
社會科學	殯葬政策與法規	探討我國殯葬政策之變遷沿革，及殯葬法規條文意旨與內容。	2

貳、選修科目

科目名稱	基本核心內容	採認學分上限
殯葬學	對於殯葬總體現象，如歷史、制度或文化等面向之探討。	2
遺體處理與美容	殯葬禮儀服務中有關為遺體進行洗身、穿衣、化妝、修補、防腐或美容等方面之專業知識。	2

殯葬衛生	從事殯葬禮儀服務過程 中涉及公共衛生相關議題。	2
殯葬服務與管理	殯葬禮儀服務或組織體經營相關管理知能。	2
殯葬經濟學	經營殯葬服務業所需之經濟學、產業或市場分析相關知識。	2
殯葬設施	殯葬設施規劃、維護及管理之理論或實務。	2
殯葬規劃與設計	葬法設計或殯葬流程規劃等相關之理論或實務。	2
殯葬應用法規與契約	殯葬服務商品、殯葬消費行為涉及民法、消費者保護法或其他相關法規之探討。	2

第三節 殯葬服務定型化契約

　　訂定「殯葬服務定型化契約範本」之目的，在於減少日益增多的殯葬消費糾紛。以往殯葬服務契約內容大都由業者提供，其條文內容常偏袒業者或是語焉不詳（如：壽衣一套，未記載款式、質材、件數等），很容易產生爭議。

　　內政部民政司有鑑於此，於是訂立「殯葬服務定型化契約範本」規範服務契約應記載及不應記載之事項，以保障雙方之權益減少殯葬消費爭議。

壹、殯葬服務定型化契約範本

本契約於中華民國　　　年　　月　　　日經甲方攜回審閱　　　日
（契約審閱期間至少三日）
甲方：　　　　　　　　　　（簽章）
乙方：　　　　　　　　　　（簽章）
注意事項：
一、本契約附件一所列服務項目，應以莊嚴、簡樸為原則。

二、本契約附件一所列服務項目、規格及附件二所列實施程序與分工，因各殯葬服務業者實際提供服務而有不同，請消費者與殯葬服務業者謹慎決定。

立約人 ＿＿＿（消費者姓名）＿＿＿ （以下簡稱甲方）

＿＿（殯葬服務業者名稱）＿＿ （以下簡稱乙方）

茲為殯葬服務，經雙方合意訂立契約，約定條款如下：

第一條（契約標的）

　　本契約係由甲乙雙方訂定，由乙方提供○○○（以下稱被服務人）之殯葬服務。

第二條（廣告責任與自訂服務規範不得牴觸本契約）

　　乙方應確保廣告內容之真實，對甲方所負之義務不得低於廣告之內容。文宣與廣告均視為契約內容之一部分。

　　乙方自訂之殯葬服務相關規範，不得牴觸本契約。

第三條（服務內容、程序與分工）

　　乙方依本契約所提供之殯葬服務項目、規格與價格，如附件一。

　　本契約提供之殯葬服務實施程序與分工如附件二。

第四條（對價與付款方式）

　　本契約總價款為新臺幣＿＿＿＿元整，甲方應支付予乙方，作為提供殯葬服務之對價。

　　甲乙雙方議定簽約時，甲方繳付新臺幣＿＿＿＿元，餘款新臺幣＿＿＿＿元，經雙方議定於全部服務完成時繳納。

　　甲乙雙方議定付款方式如下：以□現金□刷卡□其他方式：＿＿＿。

　　乙方對甲方所繳納之款項，應開立發票。

第五條（規費負擔與外加費用）

　　本契約總價款不包含下列行政規費：

　　1. ＿＿＿＿＿＿＿＿＿＿。

　　2. ＿＿＿＿＿＿＿＿＿＿。

　　3. ＿＿＿＿＿＿＿＿＿＿。

第六條（提供服務之通知與切結）

　　乙方於接獲甲方通知時起，應即依本契約提供殯葬服務。

　　乙方提供接體服務者，應填具遺體接運切結書（如附件三）予甲方。

第七條（同級品之替換）

　　乙方於提供殯葬服務時，因不可抗力或不可歸責於乙方之事由，導致附件一所載之殯葬服務項目或商品無法提供時：

　　□甲方得依乙方提供之選項，選擇以同級或等值之商品或服務替代之。

　　□甲方得要求乙方扣除相當於該項服務或商品之價款。退款時，如有總價與分項總和不符者，該分項退款計算方式應以兩者比例為之。

第八條（契約之效力）

　　本契約有效期間自簽約日起至契約履行完成時止。

第九條（契約之完成）

　　本契約於乙方履行全部約定之服務內容，並經甲方於殯葬服務完成確認書（如附件四）上簽字確認後完成。

第十條（未經使用部分之購回）

　　附件一所載之服務項目或物品數量，於服務完成後，如有未經使用者，甲方得退還乙方，並扣除相當於該項服務或商品之價款。

　　前項退款如有總價與分項總和不符者，該分項退款計算方式應以兩者比例為之。

第十一條（違約及終止契約之處理）

　　乙方違反第六條第一項規定，經甲方催告仍未開始提供服務，或逾四小時未開始提供服務者，甲方得通知乙方解除契約，並要求乙方無條件返還已繳付之全部價款，乙方不得異議。甲方並得向乙方要求契約總價款　　倍（不得低於二倍）之懲罰性賠償。但無法提供服務之原因非可歸責於乙方者，不在此限。

　　乙方依本契約提供服務後，甲方終止契約者，乙方得將甲方已繳納之價款扣除已實際提供服務之費用，剩餘價款應於契約終止後七日內退還甲方。

第十二條（資料保密義務）

　　乙方因簽訂本契約所獲得有關甲方及被服務人之個人必要資料，負有保密義務。

第十三條（管轄法院）

　　雙方因消費爭議發生訴訟時，同意○○○○地方法院為管轄法院。但不得排除消費者保護法第四十七條及民事訴訟法第四百三十六條之九小額訴訟管轄法院之適用。

第十四條（契約分存）

　　本契約一式兩份，甲乙雙方各收執乙份，乙方不得藉故將應交甲方收執之契約收回或留存。

立契約書人：

　　　　　　　　　　　甲方：（消費者姓名）
　　　　　　　　　　　國民身分證統一編號：
　　　　　　　　　　　住址：
　　　　　　　　　　　電話：

　　　　　　　　　　　乙方：（殯葬服務業者名稱）
　　　　　　　　　　　營利事業統一編號：
　　　　　　　　　　　代表人：
　　　　　　　　　　　地址：
　　　　　　　　　　　電話：

中　　華　　民　　國　　　　年　　　　月　　　　日

中式○○殯葬服務契約服務項目、規格及價格

流程	服務項目	選項（依需要勾選）	規格說明	備註	價格
遺體接運	接運遺體	□至殯儀館	接體車、接體人員○人、遺體袋	（依契約第十條，請將可退還之品項於本欄註記）	
		□在宅	接體車、接體人員○人、遺體袋		
	遺體修補、防腐	□有　□無	專人防腐藥劑處理		
	遺體冰存	□殯儀館內冰存	○天		
		□移動式冰櫃在宅租用	○天		
安靈服務	靈位佈置、拜飯	□殯儀館內	靈位佈置、祭品代辦、代為祭拜○次		
		□在宅	靈位佈置、祭品代辦		
治喪協調	禮儀諮詢		禮儀師或專任禮儀人員○名		
	擇日、祭文撰擬	擇定出殯日期、撰寫祭文	禮儀師或專任禮儀人員○名		
	代辦申請事項		指派專人代辦死亡證明○份、除戶手續、火化（埋葬）許可		
	報備出殯路線		指派專人代辦		
	申請搭棚許可	□搭棚者適用	指派專人代辦		
發喪	訃聞印製		訃聞○份（規格請詳述）		
奠禮場地準備	場地租借	□殯儀館 □其他	○級禮廳（請說明空間大小與設備）		
		□戶外搭棚	棚架（規格、尺寸、素材請詳述）		
	花牌、鮮花佈置	花瓶、像框、花圈、保力龍字	○樣花，花牌規格、尺寸、素材請詳述、高腳花藍○對		

	禮堂佈置		○色布縵、○尺花山（或三寶架、祭壇）、地毯、指路牌○組、觀禮座椅○張、燈光、講臺		
	遺像	□彩色 □黑白	○吋照片（含框）		
	音響設備		音響主機○套、擴音喇叭○支、麥克風○支、控制人員○人		
	禮品		胸花○枚、簽名簿○本、禮簿○本、謝簿○本、公祭單○本、簽字筆○枝、奠儀袋、毛巾○份、香燭○份、紙錢（種類與數量）		
	運輸車輛、車位		靈車○部（規格請詳述）、家屬車輛○人座○部（規格請詳述）		
入殮移柩	壽衣		標準壽衣乙套（詳述規格、男女）		
	棺木	□土葬	棺木規格、材質、尺寸、顏色（請詳述）		
		□火化	環保火化棺木、套棺		
	棺內用品		蓮花被、蓮花枕、庫錢（數量）		
	孝服		黑長袍或麻孝服○套		
	祭品		牲禮○付、水果○樣、水酒、菜碗○碗		
	儀式主持人	移靈、入殮、火化	佛教或道教師父○人		

奠禮儀式	司儀、宣讀祭文		專任禮儀人員〇名		
	襄儀人員	引導公祭、襄助儀式進行	專任禮儀人員〇名		
	誦經人員、樂師	（在家修師姐）	宗教人員〇名、樂師〇人		
發引安葬		□火化	代為預訂火化日期、火化爐，交通車輛安排靈車〇部（規格請詳述）、家屬車輛〇人座〇部（規格請詳述）		
		□火化後進塔	扶棺人員〇人、骨灰罐（材質、大小、樣式）、刻字、瓷相、包巾		
		□土葬	扶棺人員〇人、神職人員〇人、靈車〇部、車輛〇人座〇部（規格請詳述）		
		□火化後以其他方式處理	請自行填列		
埋葬或存放設施	埋葬或骨灰（骸）存放安排	□甲方自備			
		□乙方代訂□墓基□塔位	代訂設施之標的、位置、面積、規格等請詳述	包含管理費在內	
		□乙方提供	請就提供墓基、塔位或其他骨灰（骸）存放設施之標的、規格詳述	包含管理費在內	
後續處理	關懷輔導		指派禮儀師或專人慰問		
	紀念日提醒		書面提醒單乙張		

| 其他 | | （請依個別需求，就本表未記載之項目詳列） | | |

※ 本契約總價款不包含下列行政規費：＿＿＿＿、＿＿＿＿、＿＿＿＿。

契約總價：新臺幣＿＿＿＿＿＿元整（含稅）

西式○○殯葬服務契約服務項目、規格及價格

流程	服務項目	選項 （依需要勾選）	規格說明	備註	價格
遺體接運	接運遺體	□至殯儀館	接體車、接體人員○人、遺體袋	（依契約第十條，請將可退還之品項於本欄註記）	
		□在宅	接體車、接體人員○人、遺體袋		
	遺體修補、防腐	□有　□無	專人防腐藥劑處理		
	遺體冰存	□殯儀館內冰存	○天		
		□移動式冰櫃在宅租用	○天		
安靈服務	靈位佈置	□殯儀館內	靈位佈置、祭品代辦、代為祭拜○次		
		□在宅	靈位佈置、祭品代辦		
治喪協調	禮儀諮詢		禮儀師或專任禮儀人員一名		
	擇日、祭文撰擬	擇定出殯日期、撰寫祭文	禮儀師或專任禮儀人員一名		
	代辦申請事項		指派專人代辦死亡證明○份、除戶手續、火化（埋葬）許可		
	報備出殯路線		指派專人代辦		
	申請搭棚許可	□搭棚者適用	指派專人代辦		
發喪	訃聞印製		訃聞○份（規格請詳述）		

奠禮場地準備	場地租借	□殯儀館 □其他	○級禮廳（請說明空間大小與設備）		
		□戶外搭棚	棚架（規格、尺寸、素材請詳述）		
	花牌、鮮花佈置	花瓶、相框、花圈、刻字	○樣花，花牌規格、尺寸、素材請詳述、高腳花籃○對		
	禮堂佈置	□中式	○色布縵、○尺花山（或三寶架、祭壇）、地毯、指路牌○組、觀禮座椅○張、燈光		
		□西式	布縵、○尺鮮花十字架、地毯、指路牌○組、觀禮座椅○張、燈光、講臺、鋼琴或電子琴		
	遺像		○吋彩色（黑白）照片（含框）		
	音響設備		音響主機○套、擴音喇叭○支、麥克風○支、控制人員○人		
	禮品	□中式	胸花○枚、簽名簿○本、禮簿○本、謝簿○本、公祭單○本、簽字筆○枝、奠儀袋、毛巾○份、香燭○份、紙錢（種類與數量）		
		□西式	十字胸花○枚、簽名簿○本、禮簿○本、謝簿○本、公祭單○本、簽字筆○枝、程序單○份		

	運輸車輛、車位	□在宅適用	靈車○部（規格請詳述）、家屬車輛○人座○部（規格請詳述）		
入殮移柩	壽衣	□中式	標準壽衣乙套（詳述規格、男女）		
		□西式	教友專用綢質壽衣乙套		
	棺木	□土葬	棺木規格、材質、尺寸、顏色請詳述		
		□火化	環保火化棺木、套棺		
	棺內用品	□中式	蓮花被、蓮花枕、庫錢（數量）		
		□西式	十字被、十字枕、棉紙		
	孝服	□中式	黑長袍或麻孝服○套		
		□西式	黑長袍○套		
	祭品	中式適用	牲禮○付、水果○樣、水酒		
	儀式主持人	中式（移靈、入殮、火化）	佛教或道教師父○人		
奠禮儀式	司儀、宣讀祭文		專任禮儀人員○名		
	襄儀人員	引導公祭、襄助儀式進行	專任禮儀人員○名		
	誦經人員、樂師		○宗教人員○名、○樂師○人		
發引安葬		□火化	代為預訂火化日期、火化爐，交通車輛安排靈車○部（規格請詳述）、家屬車輛○人座○部（規格請詳述）		

		□火化後進塔	扶棺人員○人、骨灰罐（材質、大小、樣式）、刻字、瓷相、包巾		
		□土葬	扶棺人員○人、神職人員○人、靈車○部、車輛○人座○部（規格請詳述）		
		□火化後以其他方式處理	請自行填列		
埋葬或放設施	埋葬或骨灰（骸）存放安排	□甲方自備			
		□乙方代訂 □墓基 □塔位	代訂設施之標的、位置、面積、規格等請詳述	包含管理費在內	
		□乙方提供	請就提供墓基、塔位或其他骨灰（骸）存放設施之標的、規格詳述	包含管理費在內	
後續處理	關懷輔導		指派禮儀師或專人慰問		
	紀念日提醒		書面提醒單乙張		
其他			（請依個別需求，就本表末記載之項目詳列）		
※ 本契約總價款不包含下列行政規費：＿＿＿＿＿、＿＿＿＿＿、＿＿＿＿＿。					
契約總價：新臺幣＿＿＿＿＿元整（含稅）					

附件二

○○殯葬服務契約實施程序與分工

流程	活動事項	分 工 情 形		備註
		殯葬公司負責	家屬或契約執行人配合	
臨終諮詢	關懷輔導	指派專人服務 服務專線：	隨侍在側、通知親友	填送服務通知書
	殯葬禮儀諮詢		家屬參與	
	成立治喪委員會	治喪計畫聯繫、協調	擬妥治喪委員名單	
	安排治喪場地	場地聯繫、代訂	參與決定	
	申辦死亡證明	指派專人代辦	準備身分證、健保卡	
遺體接運	接運遺體至殯儀館	指派專人、專車接運	準備乾淨衣服、陪同	收受遺體接運切結書
	遺體修補、防腐	委請專人服務		
	遺體冰存	代訂或提供冰櫃	在宅者負責提供場地	
安靈服務	□殯儀館內	靈位佈置、代為祭拜		
	□在宅	靈位佈置、祭品代辦	按時祭拜	
治喪協調	擇定公祭、出殯日期	委請專人擇日、代訂火化時間	提供○○○生辰、決定日期	
	遺像準備	指派專人代辦	選定相片	
	撰寫祭文	指派禮儀師或專業人員代筆	參與討論	
	辦理除戶手續	指派專人代辦	提供所需文件、資料	
	申請火化（埋葬）許可	指派專人代辦	提供所需文件、資料	
發喪	訃聞印製與發送	代為撰擬、印製	提供名單、自行寄送	
奠禮場地準備	禮堂佈置	指派專人辦理	參與決定	
	觀禮者席位安排	指派專人辦理	參與決定	
	公祭用品準備	指派專人籌辦		
	運輸工具、車位安排	指派專人辦理	詢問親友出席意願	

入殮移柩	遺體清洗、著裝、化妝	委請專人服務		
	遺體移至禮堂	指派專人服務		
	入殮用品準備	提供棺木、相關用品	陪葬用品（環保、簡樸為宜）	
	入殮	指派禮儀師或專業禮儀人員服務	全程參與	
	家奠法事	委請法師服務	全程參與	
奠禮儀式	工作人員分派	司儀、襄儀、祭文宣讀、服務引導等人員安排	指派奠儀收付人員、指定親友擔任接待	
	喪葬禮儀、服制穿戴指導	指派禮儀師或專業禮儀人員服務	配合穿戴及禮儀指導	
	典禮進行	依儀式進行	排定公祭單位順序、致謝	
	場地善後	指派專人辦理	指定數位親友協助監督	
發引安葬	□火化	指派專人代為安排	全程參與	
	□火化後進塔	指派專人扶棺護送、法事、交通安排、骨灰罐、祭品等提供	全程參與	
	□土葬	指派專人扶棺護送、交通安排、法事、祭品等提供	全程參與	
	□火化後其他方式處理	自行填列	自行填列	
埋葬或存放設施	□甲方自備		自行安排	
	□乙方代訂	設施代訂、帶看、協助訂約	（與第三者另訂契約）	
	□乙方提供	設施介紹、權利義務說明、訂約	（與乙方另訂契約）	

後續事宜	悲傷輔導	指派禮儀師或專人慰問		
	紀念日提醒	印製書面提醒單		
結帳	款項結清、契約完成	檢據請款	付清本契約價款	

附件三

遺體接運切結書

本＿＿＿＿＿＿（乙方）依據與＿＿＿＿＿（甲方）所簽「＿＿＿＿殯葬服務契約」（契約編號：第＿＿＿＿＿號）約定，接運＿＿＿＿＿（丙方）遺體。切結事項如下：

一、接體人員姓名：　　　　國民身分證統一編號：

　　　　　姓名：　　　　　國民身分證統一編號：

二、該遺體經甲方確定＿＿＿＿＿（丙方）無訛。簽名：

　　此　致

　　＿＿＿＿＿＿（甲方）

　　　　　　　　　　　　切　結　人：　　　　　（乙方）

　　　　　　　　　　　　代　表　人：

　　　　　　　　　　　　通訊地址：

　　　　　　　　　　　　聯絡電話：

中　華　民　國　　　年　　　月　　　日

殯葬服務完成確認書

_____（甲方）與_____（乙方）簽定「_____殯葬服務契約」（契約編號：第_____號），今乙方已依約提供殯葬服務，且內容與品質均合乎約定，本契約之帳款業已結清，雙方同意本契約已完成無訛，特此確認。

甲方：　　　　　　（簽章）

國民身分證統一編號：

通訊地址：

乙方：　　　　　　（簽章）

代表人：

營利事業統一編號：

通訊地址：

中　　華　　民　　國　　　　　年　　　　月　　　　日

內政部公告：「殯葬服務定型化契約範本」

內政部中華民國 95 年 6 月 27 日臺內民字第 09501049211 號公告。

貳、殯葬服務定型化契約應記載事項及不得記載事項

應記載事項

1. 當事人及其聯絡方式

   契約應載明消費者姓名、聯絡方式及殯葬服務業者名稱、聯絡方式。

2. 契約審閱期間

   契約及其附件之審閱期間應予載明不得少於三日。

   違反前項規定者，該條款不構成契約內容。但消費者得主張該條款仍構成契約內容。

3. 契約標的

   契約由消費者、殯葬服務業者雙方訂定，由殯葬服務業者提供被服務人之殯葬服務。

4. 廣告責任與自訂服務規範不得牴觸契約

   殯葬服務業者應確保廣告內容之真實，對消費者所負之義務不得低於廣告之內容。文宣與廣告均視為契約內容之一部分。

   殯葬服務業者自訂之殯葬服務相關規範，不得牴觸契約。

5. 服務內容與服務範圍

   殯葬服務業者提供之殯葬服務項目、規格與價格。

   契約提供之殯葬服務實施程序與分工。

6. 對價與付款方式

   契約總價款為新臺幣_____元整，消費者應支付予殯葬服務業者，作為提供殯葬服務之對價。

   消費者、殯葬服務業者雙方議定簽約時，甲方繳付新臺幣_____元，餘款新臺幣_____元，經雙方議定於全部服務完成時繳納。

   消費者、殯葬服務業者雙方議定付款方式如下：以□現金□刷卡□其他方式：_____。

   殯葬服務業者對消費者所繳納之款項，應開立發票。

7. 規費負擔與外加費用

契約總價款不包含下列行政規費：

1. _____ 。
2. _____ 。
3. _____ 。

8. 退款規定

殯葬服務業者依契約應退款者，如有總價與分項總和不符者，該分項退款計算方式應以兩者比例為之。

9. 提供服務之通知與切結

殯葬服務業者於接獲消費者通知時起，應即依約提供殯葬服務。

殯葬服務業者提供接體服務者，應填具遺體接運切結書予消費者。

10. 同級品之替換

殯葬服務業者於提供殯葬服務時，因不可抗力或不可歸責於殯葬服務業者之事由，導致殯葬服務項目或商品無法提供時：

□消費者得依殯葬服務業者提供之選項，選擇以同級或等值之商品或服務替代之。

□消費者得要求殯葬服務業者扣除相當於該項服務或商品之價款。

11. 契約之效力

契約有效期間自簽約日起至契約履行完成時止。

12. 契約之完成

殯葬服務業者履行全部約定之服務內容，並經消費者於殯葬服務完成確認書上簽字確認後完成。

13. 未經使用部分之購回

殯葬服務業者依約完成服務後，如有未經使用者，消費者得退還該殯葬服務業者，並扣除相當於該項服務或商品之價款。

14. 違約及終止契約之處理

殯葬服務業者應於接獲消費者通知起開始提供服務，經消費者催告仍

未開始提供服務，或逾四小時未開始提供服務者，消費者得通知殯葬服務業者解除契約，並要求該殯葬服務業者無條件返還已繳付之全部價款，殯葬服務業者不得異議。消費者並得向殯葬服務業者要求契約總價款＿＿＿倍（不得低於二倍）之懲罰性賠償。但無法提供服務之原因非歸責於該殯葬服務業者，不在此限。

殯葬服務業者依契約提供服務後，消費者終止契約者，殯葬服務業者得將消費者已繳納之價款扣除已實際提供服務之費用，剩餘價款應於契約終止後七日內退還消費者。

15. 資料保密義務

殯葬服務業者因簽約所獲得有關消費者及被服務人之個人必要資料，負有保密義務。

16. 管轄法院

雙方因消費爭議發生訴訟時，同意＿＿＿＿＿地方法院為管轄法院。但不得排除消費者保護法第四十七條及民事訴訟法第四百三十六條之九小額訴訟管轄法院之適用。

17. 契約分存

契約一式兩份，消費者、殯葬服務業者雙方各收執乙份，殯葬服務業者不得藉故將應交消費者收執之契約收回或留存。

不得記載事項

1. 不得約定廣告文字、圖片或服務項目僅供參考。

2. 不得於契約服務項目中使用概念模糊或不確定之名詞，例如「喪禮一場」或「禮儀人員一組」。

3. 不得約定日後因貨幣升、貶值、通貨膨脹或信託財產運用之損失等事由得要求消費者另為金錢之給付。

4. 不得約定殯葬服務業者得因實際情形片面變更提供服務品項而消費者不得異議。

5. 不得約定契約所載服務項目消費者若未使用則視同放棄，且不得更換。

6. 不得排除消費者要求解除契約之權利。

7. 不得約定簽約後消費者須將契約交由業者留存。

8. 不得為其他違反法律強制或禁止規定之約定。

　　內政部令：訂定「殯葬服務定型化契約應記載及不得記載事項」

　　中華民國 95 年 6 月 29 日臺內民字第 0950104921 號令訂定「殯葬服務定型化契約應記載及不得記載事項」，並自中華民國 96 年 1 月 1 日生效。

第四節　生前殯葬服務定型化契約

　　雖然除了少數大型的殯葬服務業者之外，傳統業者銷售生前殯葬服務契約的機會相當有限。但若參照國外的經驗（根據筆者了解，生前契約在美國的市佔率約 10%），生前契約在殯葬服務的市場中還是有其重要性，因此殯葬禮儀服務之人員仍須對此契約有基本的了解，以下為內政部民政司所制訂的「生前殯葬服務定型化契約－自用型」的相關規定。

壹、生前殯葬服務定型化契約範本（自用型）

本契約於中華民國　　年　　月　　日經甲方攜回審閱　　日 （契約審閱期間至少五日） 甲方：　　　　　（簽章） 乙方：　　　　　（簽章）
注意事項：本契約附件一所列服務項目與規格及附件二所列實施程序與分工，均無加註「其他」選項，以免各定型化契約變化太大，衍生之消費爭議更多。
立契約書人　（消費者姓名）　　　（以下簡稱甲方） 　　　　　　（殯葬服務業者名稱）　（以下簡稱乙方） 茲為殯葬服務，經雙方合意訂立契約，約定條款如下： 第一條（契約標的） 　　本契約係由甲乙雙方訂定，由乙方提供甲方本人死亡後之殯葬服務。

第二條（廣告責任與自訂服務規範不得牴觸本契約）

　　乙方應確保廣告內容之真實，對甲方所負之義務不得低於廣告之內容。文宣與廣告均視為契約內容之一部分。

　　乙方自訂之殯葬服務相關規範，不得牴觸本契約。

第三條（服務內容與服務範圍）

　　乙方依本契約所提供之殯葬服務項目與規格，如附件一。

　　乙方依本契約第四條收取總價款提供之殯葬服務，以＿＿＿＿＿、＿＿＿＿＿、＿＿＿＿＿縣（市）為服務範圍，如超出服務範圍時，其所生費用依第五條第二項規定處理。

第四條（對價與付款方式）

　　本契約總價款為新臺幣＿＿＿＿＿元整，甲方應支付予乙方，作為提供殯葬服務之對價。

　　甲乙雙方議定付款方式如下：

　　□一次總繳：甲方於簽約時將總價款新臺幣＿＿＿＿＿元整，以□現金□刷卡□其他方式繳款。

　　□分期繳付：簽約時甲方繳付新臺幣＿＿＿＿＿元，餘款新臺幣＿＿＿＿元，經雙方議定分＿＿＿＿期，按□月□季□半年□年分期繳納，以□現金□刷卡□其他方式繳款。

　　□其他付款方式：

　　乙方對甲方所繳納之款項，應開立發票。

第五條（規費負擔與外加費用）

　　本契約總價款不包含下列行政規費：

　　1.＿＿＿＿＿＿＿＿＿＿。

　　2.＿＿＿＿＿＿＿＿＿＿。

　　3.＿＿＿＿＿＿＿＿＿＿。

　　因甲方契約執行人之要求，致服務項目、規格變動，或須服務地點超出乙方服務範圍時，所生之費用，另為約定之。

第六條（服務程序與分工）

　　本契約提供之殯葬服務實施程序與分工如附件二。

第七條（契約執行人之指定）

　　乙方同意甲方指定_____為契約執行人（國民身分證統一編號：_____，聯絡電話：_____，願任契約執行人同意書如附件三），於甲方死亡後以自己名義執行本契約。

　　有下列情形之一者，甲方得變更契約執行人並通知乙方：

　　一、契約執行人先於甲方死亡。

　　二、契約執行人不願或不能繼續擔任。

　　三、甲方主動變更。

　　甲方簽約後，契約執行人不存在或無法執行本契約，而甲方不能指定或變更契約執行人者，依民法第一千一百三十八條所定繼承人之順序定之。

第八條（提供服務之通知與切結）

　　乙方於接獲甲方契約執行人通知時，應即依本契約提供殯葬服務。

　　乙方提供接體服務者，應填具遺體接運切結書（如附件四）予甲方契約執行人。

第九條（甲方親友對本契約應予尊重）

　　為確保本契約之履行，甲方親友對本契約內容應予尊重並應協助配合。

　　契約執行人與甲方親友就本契約履行意見不一致時，以本契約之內容及契約執行人之意見為準。

第十條（專任服務人員）

　　乙方為履行本契約時，應指派專任服務人員提供服務。

第十一條（同級品之替換）

　　因不可抗力或不可歸責於乙方之事由，致附件一所提供之殯葬服務項目或商品無法提供時，乙方應經甲方契約執行人之同意，以同級或等值以上之商品或服務替代之。

第十二條（預收款交付信託）

　　自訂約日起，至甲方死亡、契約終止或解除前，就甲方所繳納價款之百分之七十五，乙方應按月造冊於次月底前交付信託業管理，並於每會計年度終了後四個月內，將信託財產目錄及收支計算表送經會計師查核簽證後公布，供甲方查閱。

乙方對於前項交付信託之金錢，除法律另有規定或為甲方死亡後之本契約履行、契約終止或解除外，不得提領或動支。

乙方將第一項價款交付信託業或更換信託業者時，應以書面或依約定之方式主動告知甲方。

第十三條（遲延繳款之處理）

甲方應依約按時繳款，因故遲延付款或未繳款時，乙方同意給予甲方＿＿＿日之繳款寬限期，逾期並得對甲方進行催告；乙方自逾約定繳款日起得加收遲延利息＿＿＿＿（每日利率不得逾萬分之一），最高不得超過二個月。

第十四條（契約之完成及效力）

本契約於乙方履行全部約定之服務內容，並經甲方契約執行人於殯葬服務完成確認書（如附件五）上簽字確認後完成。

本契約有效期間自簽約日起至契約履行完成止。

甲方於未付清全部價款前死亡，乙方仍應依約提供殯葬服務，餘款由甲方契約執行人給付。

第十五條（契約之檢視與修改）

甲方死亡前，以簽約日為基準日，甲方得每＿＿＿年檢視本契約內容一次，並在總價款不變原則下，變更服務項目或規格，乙方應配合辦理。

第十六條（契約之解除、終止與退款）

本契約自簽訂日起十四日內，甲方得以書面向乙方解除契約，乙方應於契約解除日起＿＿日（最長不得逾三十日）內退還甲方已繳付之全部價款。

本契約簽訂逾十四日，甲方要求終止本契約時，乙方應於契約終止日起＿＿日（最長不得逾三十日）內退還甲方全部價款之百分之＿＿（不得低於百分之八十）；甲方選擇分期繳付者，退還甲方已繳付價款扣除契約總價百分之＿＿＿＿（不得高於百分之二十）後之餘額。但乙方已開始提供服務者，其費用應予扣除。

前項退還比例未填載者，視為應退還全部價款；甲方選擇分期繳付者，應退還全部已繳付價款。

甲方因空難、海難、戰爭或其他不可抗力事件死亡，致乙方無法依本契約提供服務時，乙方同意無條件終止本契約，並比照第一項規定退款。退款

之歸屬，依民法繼承編之規定辦理。

　　甲方係基於多層次傳銷參加人身分與乙方簽訂本契約時，契約之解除、終止與退款依公平交易法第二十三條之一至第二十三條之三規定辦理。

　　本契約以訪問買賣之方式成立者，適用消費者保護法有關訪問買賣之規定。

第十七條（履約責任之轉讓）

　　乙方經營權移轉時，應通知甲方，甲方於接獲該通知後得選擇繼續或終止本契約，如甲方選擇終止本契約，乙方應依前條第一項規定退款。

第十八條（違約之處理）

　　甲方違反第四條之約定，未繳款累計達二個月，經三十日以上期間之催告後，仍不履行者，乙方得以書面通知甲方解除本契約，並沒收甲方已繳納之價款作為損害賠償，但沒收之金額，最高不得逾總價款百分之二十，超過部分，應於解除契約後三十日內退還甲方。

　　依第十四條第三項之約定，甲方契約執行人於乙方履行服務前，表明拒絕給付餘款者，乙方得以書面通知甲方契約執行人解除本契約，並沒收甲方已繳納之價款作為損害賠償，但沒收之金額，最高不得逾總價款百之分二十，超過部分，應於解除契約後三十日內退還，有關退款之歸屬，依民法繼承編之規定辦理。

　　乙方應於接獲甲方死亡通知時起開始提供服務，經甲方契約執行人催告仍未開始提供服務，或逾四小時未開始提供服務，甲方契約執行人得逕自以書面通知乙方解除契約，並要求乙方無條件返還已繳付之全部價款，乙方不得異議。甲方契約執行人並得向乙方要求契約總價款　倍（不得低於二倍）之懲罰性賠償。但無法提供服務之原因非歸責於乙方者，不在此限。有關退款及懲罰性賠償款之歸屬，依民法繼承編之規定辦理。

第十九條（聯絡資訊變動之通知與資料保密）

　　本契約完成前，甲方或甲方契約執行人依本契約留存之聯絡資料有變動，或乙方之營業據點與聯絡方式有變更時，有互相通知之義務。

　　乙方因簽訂本契約所獲得有關甲方或甲方契約執行人之個人必要資料，負有保密義務。惟乙方得提供前開之個人資料予本契約之信託機構作為製發

憑證或受理甲方查詢之用。

第二十條（管轄法院）

　　雙方因消費爭議發生訴訟時，同意＿＿＿＿＿地方法院為管轄法院。但不得排除消費者保護法第四十七條及民事訴訟法第四百三十六條之九小額訴訟管轄法院之適用。

第二十一條（契約分存）

　　本契約一式三份，甲乙雙方各收執乙份，另一份予契約執行人。乙方不得藉故將應交甲方收執之契約收回或留存。

立契約書人：

　　　　　　　　甲方：（消費者姓名）

　　　　　　　　國民身分證統一編號：

　　　　　　　　住址：

　　　　　　　　電話：

　　　　　　　　契約執行人：

　　　　　　　　國民身分證統一編號：

　　　　　　　　住址：

　　　　　　　　電話：

　　　　　　　　乙方：（殯葬服務業者名稱）

　　　　　　　　營利事業統一編號：

　　　　　　　　代表人：

　　　　　　　　地址：

　　　　　　　　電話：

中　　華　　民　　國　　　　年　　　　月　　　　日

附件一

中式○○生前殯葬服務契約服務項目與規格

流程	服務項目	選項（依需要勾選）	規格說明
遺體接運	接運遺體	□至殯儀館	接體車、接體人員○人、接體袋
		□在宅	接體車、接體人員○人、接體袋
	遺體修補、防腐	□有　□無	專人防腐藥劑處理
	遺體冰存	□殯儀館內冰存	○天
		□移動式冰櫃在宅租用	○天
安靈服務	靈位佈置、拜飯	□殯儀館內	靈位佈置、祭品代辦
		□在宅	靈位佈置、祭品代辦
治喪協調	禮儀諮詢		禮儀師或專任禮儀人員一名
	擇日、祭文撰擬	擇定告別式日期、撰寫祭文	禮儀師或專任禮儀人員一名
	代辦申請事項	□代聯絡行政法醫開立死亡證明書	指派專人代辦申請殯儀館出殯禮堂暨火化（埋葬）許可
	報備出殯路線		指派專人代辦
	申請搭棚許可	□搭棚者適用	指派專人代辦
發喪	訃聞印製		訃聞○份（規格請詳述）
奠禮場地準備	場地租借	□殯儀館　□其他	○級禮廳（請說明空間大小與設備）
		□戶外搭棚	棚架（規格、尺寸、素材請詳述）
	花牌、鮮花佈置	花瓶、相框、花圈、保力龍字	○樣花、花牌規格、尺寸、素材請詳述、高架花籃○對
	禮堂佈置		○色布幔、○尺花山（或三寶架、祭壇）、地毯、指路牌○組、觀禮座椅○張、燈光、講臺
	遺像	□彩色 □黑白	○吋照片（含框）
	音響設備		音響主機○套、擴音喇叭○支、麥克風○支、控制人員○人

	禮品		胸花○枚、簽名簿○本、謝簿○本、公祭單○本、簽字筆○枝、毛巾○份、香燭○份、紙錢（種類與數量）
	運輸車輛、車位	□中型　　□大型巴士	靈車○部、家屬車輛○人座○部、禮車○部
入殮移柩	壽衣		標準壽衣乙套（詳述規格、男女）
	棺木	□土葬	棺木規格、材質、尺寸、顏色請詳述
		□火化	環保火化棺木、套棺
	棺內用品		蓮花被、蓮花枕、庫錢（數量）、壽內組
	孝服		黑長袍或麻孝服○套
	祭品	□素食　　□葷食	牲禮○付、水果○樣、水酒、菜碗○碗
	儀式主持人	中式適用（移靈、入殮、火化）	佛教或道教師父○人（在家修）
奠禮儀式	司儀、宣讀祭文		專任禮儀人員○名
	襄儀人員	引導公祭、襄助儀式進行	專任禮儀人員○名
	誦經人員、樂師	（在家修師姐）	宗教人員○名、樂師○人
遺體處理		□火化	代為預訂火化日期、火化爐、交通車輛安排靈車○部（規格請詳述）、家屬車○人座○部（規格請詳述）
		□火化後進塔	扶棺人員○人、骨灰罐（材質、大小、樣式）、刻字、瓷相、包巾

西式○○生前殯葬服務契約服務項目與規格

流程	服務項目	選項（依需要勾選）	規格說明
遺體接運	接運遺體	□至殯儀館	接體車、接體人員○人、接體袋
		□在宅	接體車、接體人員○人、接體袋
	遺體修補、防腐	□有　□無	專人防腐藥劑處理
	遺體冰存	□殯儀館內冰存	○天
		□移動式冰櫃在宅租用	○天
安靈服務	靈位佈置	□殯儀館內	靈位佈置、祭品代辦
		□在宅	靈位佈置、祭品代辦
治喪協調	禮儀諮詢		禮儀師或專任禮儀人員一名
	擇日、祭文撰擬	擇定告別式日期、撰寫祭文	禮儀師或專任禮儀人員一名
	代辦申請事項	□代聯絡行政法醫開立死亡證明書	指派專人代辦申請殯儀館出殯禮堂暨火化（埋葬）許可
	報備出殯路線		指派專人代辦
	申請搭棚許可	□搭棚者適用	指派專人代辦
發喪	訃聞印製		訃聞○份（規格請詳述）
奠禮場地準備	場地租借	□殯儀館　□其他	○級禮廳（請說明空間大小與設備）
		□戶外搭棚	棚架（規格、尺寸、素材請詳述）
	花牌、鮮花佈置	花瓶、相框、花圈、保力龍字	○樣花、花牌規格、尺寸、素材請詳述、高架花籃○對
	禮堂佈置		布幔、○尺鮮花十字架、地毯、指路牌○組、觀禮座椅○張、燈光、講臺○尺花臺
	遺像	□彩色　□黑白	○吋照片（含框）
	音響設備		音響主機○套、擴音喇叭○支、麥克風○支、控制人員○人
	禮品		十字胸花○枚、簽名簿○本、謝簿○本、公祭單○本、簽字筆○枝、毛巾○份、香燭○份
	運輸車輛、車位	□中型　□大型巴士	靈車○部、家屬車輛○人座○部、禮車○部

入殮移柩	壽衣		教友專用綢質壽衣乙套
	棺木	□土葬	棺木規格、材質、尺寸、顏色請詳述
		□火化	環保火化棺木、套棺
	棺內用品		十字被、十字枕、棉紙
	孝服		黑長袍○套
	祭品	□素食　□葷食	水果○樣
奠禮儀式	司儀		專任禮儀人員○名
	襄儀人員	引導公祭、襄助儀式進行	專任禮儀人員○名
	神職人員	□牧師　□神父	○神職人員○名、○詩班○人
遺體		□火化	代為預訂火化日期、火化爐、交通車輛安排靈車○部（規格請詳述）、家屬車○人座○部（規格請詳述）
處理		□火化後進塔	扶棺人員○人、骨灰罐（材質、大小、樣式）、刻字、瓷相、包巾

附件二

○○生前殯葬服務契約實施程序與分工

流程	活動事項	分工情形		備註
		殯葬公司負責	家屬或契約執行配合	
臨終諮詢	關懷輔導	指派專人服務	隨侍在側、通知親友	填送服務通知書
	殯葬禮儀諮詢	服務專線：00000000	家屬參與	
	安排治喪場地	場地聯繫、代訂	參與決定	
	申辦死亡證明	指派專人代辦	準備身分證	
遺體接運	接運遺體至殯儀館	指派專人、專車接運	陪同	收受遺體接運切結書
	遺體修補、防腐	委請專人服務		
	遺體冰存	代訂或提供冰櫃	在宅者負責提供場地	

安靈服務	☐殯儀館內	靈位安置		
	☐在宅	靈堂安置、祭品代辦	按時祭拜	
治喪協調	擇定公祭、出殯日期	委請專人擇日、代訂火化時間	提供○○○生辰、決定日期	
	遺像準備	指派專人代辦	選定相片或底片	
	撰寫祭文	指派禮儀師或專業人員代筆	參與討論	
	申請火化（埋葬）許可	指派專人代辦	提供所需文件	
發喪	訃聞印製與發送	代為撰擬、印製	提供名單、自行寄送	
奠禮場地準備	奠禮佈置	指派專人辦理	參與決定	
	觀禮者席位安排	指派專人辦理	參與決定	
	公祭用品準備	指派專人籌辦	專人點收、點退	
	運輸工具、車位安排	指派專人辦理	詢問親友出席意願	
入殮移柩	遺體清洗、著裝、化妝	委請專人服務		
	遺體移至禮堂	指派專人服務	陪同	
	入殮用品準備	提供棺木、相關用品	陪葬用品（環保、簡樸為宜）	
	入殮	指派專業禮儀人員服務		
	家奠法事	委請法師服務	全程參與	
奠禮儀式	工作人員分派	司儀、襄儀、祭文宣讀、服務引導等人員安排	指派奠儀收付人員、指定親友擔任接待	
	喪葬禮儀、服制穿戴指導	指派禮儀師或專業禮儀人員服務	配合穿戴及禮儀指導	
	典禮進行	依儀式進行	排定公祭單位順序、致謝	
	場地善後	指派專人辦理	指定數位親友協助督導	

遺體安葬	□火化	指派專人代為安排	全程參與	
	□火化後晉塔	指派專人扶棺護送、交通安排、骨灰罐、祭品等提供	全程參與	
	□土葬	指派專人扶棺護送、交通安排、骨灰罐、祭品等提供	全程參與	
	□火化後其他方式處理	自行填列	自行填列	

附件三

願任契約執行人同意書

本人＿＿＿＿同意依＿＿＿＿（甲方）與＿＿＿＿（乙方）簽定之生前殯葬服務契約（契約編號：第＿＿＿＿號）第七條擔任契約執行人，業已詳細審閱本契約全部條款及了解本契約第五、七、八、九、十一、十四、十八、十九條涉契約執行人之權利義務，並同意於甲方身故後執行本契約。

契約執行人：　　　　　　　（簽章）

國民身分證統一編號：

通訊住址：

聯絡電話：

中　　華　　民　　國　　　　年　　　　月　　　　日

附件四

遺體接運切結書（自用型）

本＿＿＿＿（乙方）依據與＿＿＿＿（甲方）所簽訂「＿＿＿＿生前殯葬服務契約」（契約編號：第＿＿＿＿號）約定，接運其遺體。切結事項如下：

一、接體人員姓名：＿＿＿＿　國民身分證統一編號：＿＿＿＿

　　　　　　姓名：＿＿＿＿　國民身分證統一編號：＿＿＿＿

二、該遺體經契約執行人或其指定人確定係甲方本人無訛。簽名：

此　致

＿＿＿＿＿＿（甲方契約執行人）

切　結　人：　　　　　　（乙方）

代　表　人：

通訊地址：

聯絡電話：

中　華　民　國　　　年　　　月　　　日

殯葬服務完成確認書（自用型）

　　_____（甲方）與_____（乙方）簽訂「_____生前殯葬服務契約」（契約編號：第_____號），今乙方已依約提供甲方殯葬服務，且內容與品質均合乎約定，本契約之帳款業已結清，雙方同意本契約已完成無訛，特此確認。

　　　　　　　　　甲方契約執行人：　　　（簽章）

　　　　　　　　　國民身分證統一編號：

　　　　　　　　　通訊地址：

　　　　　　　　　乙　　方：　　　（簽章）

　　　　　　　　　代表人：

　　　　　　　　　營利事業統一編號：

　　　　　　　　　通訊地址：

中　華　民　國　　　年　　　月　　　日

內政部公告：「生前殯葬服務定型化契約範本（自用型）」

內政部中華民國 95 年 6 月 27 日臺內民字第 09501049201 號公告。

貳、生前殯葬服務定型化契約（自用型）應記載及不得記載事項

應記載事項

1. 當事人及其聯絡方式

   契約應載明消費者姓名、聯絡方式及殯葬服務業者名稱、聯絡方式。

2. 契約審閱期間

   契約及其附件之審閱期間應予載明不得少於五日。

   違反前項規定者，該條款不構成契約內容。但消費者得主張該條款仍構成契約內容。

3. 契約標的

   契約係由消費者、殯葬服務業者雙方訂定，由殯葬服務業者提供消費者死亡後之殯葬服務。

4. 廣告責任與自訂服務規範不得牴觸契約

   殯葬服務業者應確保廣告內容之真實，對消費者所負之義務不得低於廣告之內容。文宣與廣告均視為契約內容之一部分。

   殯葬服務業者自訂之殯葬服務相關規範，不得牴觸契約。

5. 服務內容與服務範圍

   殯葬服務業者依契約所提供之殯葬服務項目與規格。

   殯葬服務業者依本契約收取總價款提供之殯葬服務，以＿＿＿、＿＿＿、＿＿＿＿＿縣（市）為服務範圍，如超出服務範圍時，其所生費用由消費者、殯葬服務業者雙方另為約定。

6. 對價與付款方式

   本契約總價款為新臺幣＿＿＿＿元整，消費者應支付予殯葬服務業者，作為提供殯葬服務之對價。

   消費者、殯葬服務業者雙方議定付款方式如下：

   □一次總繳：消費者於簽約時將總價款新臺幣＿＿＿＿元整，以□現金□刷卡□其他方式繳款。

□分期繳付：簽約時消費者繳付新臺幣＿＿＿＿＿元，餘款新臺幣＿＿＿＿＿

元，經雙方議定分＿＿＿＿＿期，按□月□季□半年□年分期繳納，以□

現金□刷卡□其他方式繳款。

□其他付款方式

殯葬服務業者對消費者所繳納之款項，應開立發票。

7. 規費負擔與外加費用

本契約總價款不包含下列行政規費：

1. ＿＿＿＿＿＿＿＿＿＿＿＿。

2. ＿＿＿＿＿＿＿＿＿＿＿＿。

3. ＿＿＿＿＿＿＿＿＿＿＿＿。

因消費者契約執行人之要求，致服務項目、規格變動，或須服務地點

超出殯葬服務業者服務範圍時，所生之費用，另為約定之。

8. 服務程序與分工

契約提供之殯葬服務實施程序與分工。

9. 契約執行人之指定

殯葬服務業者同意消費者指定＿＿＿＿＿＿為契約執行人（國民身分證統

一編號：＿＿＿＿＿＿，聯絡電話：＿＿＿＿＿＿，並附願任契約執行人同意

書），於消費者死亡後以自己名義執行本契約。

有下列情形之一者，消費者得變更契約執行人並通知殯葬服務業者：

⑴契約執行人先於消費者死亡。

⑵契約執行人不願或不能繼續擔任。

⑶消費者主動變更。

消費者簽約後，契約執行人不存在或無法執行契約，而消費者不能指

定或變更契約執行人者，依民法第一千一百三十八條所定繼承人之順

序定之。

10. 提供服務之通知與切結

殯葬服務業者於接獲消費者之契約執行人通知時，應即依本契約提供

殯葬服務。

殯葬服務業者提供接體服務者，應塡具遺體接運切結書予消費者之契約執行人。

11.消費者之親友對契約應予尊重

爲確保契約之履行，消費者之親友對契約內容應予尊重並應協助配合。

契約執行人與消費者之親友就契約履行意見不一致時，以本契約之內容及契約執行人之意見爲準。

12.專任服務人員

殯葬服務業者爲履行本契約時，應指派專任服務人員提供服 務。

13.同級品之替換

因不可抗力或不可歸責於殯葬服務業之事由，致契約所訂之殯葬服務項目或商品無法提供時，殯葬服務業者應經消費者之契約執行人同意，以同級或等值以上之商品或服務替代之。

14.預收款交付信託

自訂約日起，至消費者死亡、契約終止或解除前，就消費者所繳納價款之百分之七十五，殯葬服務業應按月造冊於次月底前交付信託業管理，並於每會計年度終了後四個月內，將信託財產目錄及收支計算表送經會計師查核簽證後公布，供消費者查閱。

殯葬服務業者對於前項交付信託之金錢，除法律另有規定或爲消費者死亡後之依本契約履行、契約終止或解除外，不得提領或動支。

殯葬服務業者將第一項價款交付信託業或更換信託業者時，應以書面或依約定之方式主動告知消費者。

15.遲延繳款之處理

消費者應依約按時繳款，因故遲延付款或未繳款時，殯葬服務業者同意給予消費者________日之繳款寬限期，逾期並得對消費者進行催告；殯葬服務業者自逾約定繳款日起得加收遲延利息________（每日利率不得逾萬分之一），最高不得超過二個月。

16. 契約之完成及效力

契約於殯葬服務業者履行全部約定之服務內容，並經消費者之契約執行人於殯葬服務完成確認書上簽字確認後完成。

契約有效期間自簽約日起至契約履行完成止。

消費者於未付清全部價款前死亡，殯葬服務業者仍應依約提供殯葬服務，餘款由消費者之契約執行人給付。

17. 契約之檢視與修改

消費者死亡前，以簽約日為基準日，消費者得每　　年檢視契約內容一次，並在總價款不變原則下，變更服務項目或規格，殯葬服務業者應配合辦理。

18. 契約之解除、終止與退款

契約自簽訂日起十四日內，消費者得以書面向殯葬服務業者解除契約，該殯葬服務業者應於契約解除日起＿＿＿＿日（最長不得逾三十日）內退還消費者已繳付之全部價款。

契約簽訂逾十四日，消費者要求終止契約時，殯葬服務業者應於契約終止日起＿＿＿＿日（最長不得逾三十日）內退還該消費者全部價款之百分之＿＿＿＿（不得低於百分之八十）；消費者選擇分期繳付者，退還該消費者已繳付價款扣除契約總價百分之

（不得高於百分之二十）後之餘額。但殯葬服務業已開始提供服務者，其費用應予扣除。

前項退還比例未填載者，視為應退還全部價款；消費者選擇分期繳付者，應退還全部已繳付價款。

消費者因空難、海難、戰爭或其他不可抗力事件死亡，致殯葬服務業者無法依契約提供服務時，殯葬服務業同意無條件終止契約，並比照第一項規定退款。退款之歸屬，依民法繼承編之規定辦理。

消費者係基於多層次傳銷參加人身分與殯葬服務業者簽訂本契約時，契約之解除、終止與退款依公平交易法第二十三條之一至第二十三條

之三規定辦理。

契約以訪問買賣之方式成立者，適用消費者保護法有關訪問買賣之規定。

19.履約責任之轉讓

殯葬服務業者之經營權移轉時，應通知消費者，消費者於接獲該通知後得選擇繼續或終止契約，如消費者選擇終止契約，殯葬服務業者應依前條第一項規定退款。

20.違約之處理

消費者違反契約所訂付款方式，未繳款累計達二個月，經三十日以上期間之催告後，仍不履行者，殯葬服務業者得以書面通知消費者解除契約，並沒收消費者已繳納之價款作為損害賠償，但沒收之金額，最高不得逾總價款百分之二十，超過部分，應於解除契約後三十日內退還消費者。

消費者於付清全部價款前死亡，殯葬服務業者仍應依約提供殯葬服務，餘款由消費者之契約執行人負責給付，如消費者之契約執行人於殯葬服務業之履行服務前，表明拒絕給付餘款者，殯葬服務業者得以書面通知消費者之契約執行人解除契約，並沒收消費者已繳納之價款作為損害賠償，但沒收之金額，最高不得逾總價款百之分二十，超過部分，應於解除契約後三十日內退還，有關退款之歸屬，依民法繼承篇之規定辦理。

殯葬服務業者應於接獲消費者死亡通知時起開始提供服務，經消費者之契約執行人催告仍未開始提供服務，或逾四小時未開始提供服務，消費者之契約執行人得逕自以書面通知殯葬服務業者解除契約，並要求其無條件返還已繳付之全部價款，殯葬服務業者不得異議。消費者之契約執行人並得向殯葬服務業者要求契約總價款＿＿＿＿倍（不得低於二倍）之懲罰性賠償。但無法提供服務之原因非歸責於殯葬服務業者，不在此限。有關退款及懲罰性賠償款之歸屬，依民法繼承編規定辦理。

21.聯絡資訊變動之通知與資料保密

契約完成前，消費者或其契約執行人依契約留存之聯絡資料有變動，或殯葬服務業者之營業據點與聯絡方式有變更時，有互相通知之義務。殯葬服務業者因簽約所獲得有關消費者或消費者之契約執行人之個人必要資料，負有保密義務。惟殯葬服務業者得提供前開之個人資料予本契約之信託機構作為製發憑證或受理消費者查詢之用。

22.管轄法院

消費者、殯葬服務業者雙方因消費爭議發生訴訟時，同意＿＿＿＿地方法院為管轄法院。但不得排除消費者保護法第四十七條及民事訴訟法第四百三十六條之九小額訴訟管轄法院之適用。

23.契約分存

契約一式三份，消費者、殯葬服務業者雙方各收執乙份，另一份予契約執行人。殯葬服務業者不得藉故將應交消費者收執之契約收回或留存。

不得記載事項

1. 不得約定廣告文字、圖片或服務項目僅供參考。
2. 不得於契約服務項目中使用概念模糊或不確定之名詞，例如「喪禮一場」或「禮儀人員一組」。
3. 不得約定日後因貨幣升、貶值、通貨膨脹或信託財產運用之損失等事由得要求消費者另為金錢之給付。
4. 不得約定殯葬服務業者得因實際情形片面變更提供服務品項而消費者不得異議。
5. 不得約定契約所載服務項目消費者若未使用則視同放棄，且不得更換。
6. 不得排除消費者要求解除契約之權利。
7. 不得約定簽約後消費者須將契約交由業者留存。
8. 不得為其他違反法律強制或禁止規定之約定。

　　內政部令：訂定「生前殯葬服務定型化契約（自用型）應記載及不得記載事項」

中華民國 95 年 6 月 29 日臺內民字第 0950104920 號令訂定「生前殯葬服務定型化契約（自用型）應記載及不得記載事項」，並自中華民國96 年 1 月 1 日生效。

第五節　消費者保護法

民國 104 年 6 月 17 日修訂

第一章　總則

第 1 條

為保護消費者權益，促進國民消費生活安全，提升國民消費生活品質，特制訂本法。

有關消費者之保護，依本法之規定，本法未規定者，適用其他法律。

第 2 條

本法所用名詞定義如下：

一、消費者：指以消費為目的而為交易、使用商品或接受服務者。

二、企業經營者：指以設計、生產、製造、輸入、經銷商品或提供服務為營業者。

三、消費關係：指消費者與企業經營者間就商品或服務所發生之法律關係。

四、消費爭議：指消費者與企業經營者間因商品或服務所生之爭議。

五、消費訴訟：指因消費關係而向法院提起之訴訟。

六、消費者保護團體：指以保護消費者為目的而依法設立登記之法人。

七、定型化契約條款：指企業經營者為與多數消費者訂立同類契約之用，所提出預先擬定之契約條款。定型化契約條款不限於書面，其以放映字幕、張貼、牌示、網際網路、或其他方法表示者，亦屬之。

八、個別磋商條款：指契約當事人個別磋商而合意之契約條款。

九、定型化契約：指以企業經營者提出之定型化契約條款作為契約內容之全部或一部而訂立之契約。

十、通訊交易：指企業經營者以廣播、電視、電話、傳真、型錄、報紙、雜

誌、網際網路、傳單或其他類似之方法，消費者於未能檢視商品或服務下而與企業經營者所訂立之契約。

十一、訪問交易：指企業經營者未經邀約而與消費者在其住居所、工作場所、公共場所或其他場所所訂立之契約。

十二、分期付款：指買賣契約約定消費者支付頭期款，餘款分期支付，而企業經營者於收受頭期款時，交付標的物與消費者之交易型態。

第 3 條

政府為達成本法目的，應實施下列措施，並應就與下列事項有關之法規及其執行情形，定期檢討、協調、改進之：

一、維護商品或服務之品質與安全衛生。

二、防止商品或服務損害消費者之生命、身體、健康、財產或其他權益。

三、確保商品或服務之標示，符合法令規定。

四、確保商品或服務之廣告，符合法令規定。

五、確保商品或服務之度量衡，符合法令規定。

六、促進商品或服務維持合理價格。

七、促進商品之合理包裝。

八、促進商品或服務之公平交易。

九、扶植、獎助消費者保護團體。

十、協調處理消費爭議。

十一、推行消費者教育。

十二、辦理消費者諮詢服務。

十三、其他依消費生活之發展所必要之消費者保護措施。

政府為達成前項之目的，應制訂相關法律。

第 4 條

企業經營者對於其提供之商品或服務，應重視消費者之健康與安全，並向消費者說明商品或服務之使用方法，維護交易之公平，提供消費者充分與正確之資訊，及實施其他必要之消費者保護措施。

第 5 條

政府、企業經營者及消費者均應致力充實消費資訊，提供消費者運用，俾能採取正確合理之消費行為，以維護其安全與權益。

第 6 條

本法所稱主管機關：在中央為目的事業主管機關；在直轄市為直轄市政府；在縣（市）為縣（市）政府。

第二章　消費者權益

第一節　健康與安全保障

第 7 條

從事設計、生產、製造商品或提供服務之企業經營者，於提供商品流通進入市場，或提供服務時，應確保該商品或服務，符合當時科技或專業水準可合理期待之安全性。

商品或服務具有危害消費者生命、身體、健康、財產之可能者，應於明顯處為警告標示及緊急處理危險之方法。

企業經營者違反前二項規定，致生損害於消費者或第三人時，應負連帶賠償責任。但企業經營者能證明其無過失者，法院得減輕其賠償責任。

第 7-1 條

企業經營者主張其商品於流通進入市場，或其服務於提供時，符合當時科技或專業水準可合理期待之安全性者，就其主張之事實負舉證責任。

商品或服務不得僅因其後有較佳之商品或服務，而被視為不符合前條第一項之安全性。

第 8 條

從事經銷之企業經營者，就商品或服務所生之損害，與設計、生產、製造商品或提供服務之企業經營者連帶負賠償責任。但其對於損害之防免已盡相當之注意，或縱加以相當之注意而仍不免發生損害者，不在此限。

前項之企業經營者，改裝、分裝商品或變更服務內容者，視為第七條之企業經營者。

第 9 條

輸入商品或服務之企業經營者，視為該商品之設計、生產、製造者或服務之提供者，負本法第七條之製造者責任。

第 10 條

企業經營者於有事實足認其提供之商品或服務有危害消費者安全與健康之虞時，應即回收該批商品或停止其服務。但企業經營者所為必要之處理，足以除去其危害者，不在此限。

商品或服務有危害消費者生命、身體、健康或財產之虞，而未於明顯處為警告標示，並附載危險之緊急處理方法者，準用前項規定。

第 10-1 條

本節所定企業經營者對消費者或第三人之損害賠償責任，不得預先約定限制或免除。

第二節　定型化契約

第 11 條

企業經營者在定型化契約中所用之條款，應本平等互惠之原則。

定型化契約條款如有疑義時，應為有利於消費者之解釋。

第 11-1 條

企業經營者與消費者訂立定型化契約前，應有三十日以內之合理期間，供消費者審閱全部條款內容。

企業經營者以定型化契約條款使消費者拋棄前項權利者，無效。

違反第一項規定者，其條款不構成契約之內容。但消費者得主張該條款仍構成契約之內容。

中央主管機關得選擇特定行業，參酌定型化契約條款之重要性、涉及事項之多寡及複雜程度等事項，公告定型化契約之審閱期間。

第 12 條

定型化契約中之條款違反誠信原則，對消費者顯失公平者，無效。

定型化契約中之條款有下列情形之一者，推定其顯失公平：

一、違反平等互惠原則者。

二、條款與其所排除不予適用之任意規定之立法意旨顯相矛盾者。

三、契約之主要權利或義務，因受條款之限制，致契約之目的難以達成者。

第 13 條

企業經營者應向消費者明示定型化契約條款之內容；明示其內容顯有困難者，應以顯著之方式，公告其內容，並經消費者同意者，該條款即為契約之內容。

企業經營者應給與消費者定型化契約書。但依其契約之性質致給與顯有困難者，不在此限。

定型化契約書經消費者簽名或蓋章者，企業經營者應給與消費者該定型化契約書正本。

第 14 條

定型化契約條款未經記載於定型化契約中而依正常情形顯非消費者所得預見者，該條款不構成契約之內容。

第 15 條

定型化契約中之定型化契約條款牴觸個別磋商條款之約定者，其牴觸部分無效。

第 16 條

定型化契約中之定型化契約條款，全部或一部無效或不構成契約內容之一部者，除去該部分，契約亦可成立者，該契約之其他部分，仍為有效。但對當事人之一方顯失公平者，該契約全部無效。

第 17 條

中央主管機關為預防消費糾紛，保護消費者權益，促進定型化契約之公平化，得選擇特定行業，擬訂其定型化契約應記載或不得記載事項，報請行政院核定後公告之。

前項應記載事項，依契約之性質及目的，其內容得包括：

一、契約之重要權利義務事項。

二、違反契約之法律效果。

三、預付型交易之履約擔保。

四、契約之解除權、終止權及其法律效果。

五、其他與契約履行有關之事項。

第一項不得記載事項，依契約之性質及目的，其內容得包括：

一、企業經營者保留契約內容或期限之變更權或解釋權。

二、限制或免除企業經營者之義務或責任。

三、限制或剝奪消費者行使權利，加重消費者之義務或責任。

四、其他對消費者顯失公平事項。

違反第一項公告之定型化契約，其定型化契約條款無效。該定型化契約之效力，依前條規定定之。

中央主管機關公告應記載之事項，雖未記載於定型化契約，仍構成契約之內容。

企業經營者使用定型化契約者，主管機關得隨時派員查核。

第 17-1 條

企業經營者與消費者訂立定型化契約，主張符合本節規定之事實者，就其事實負舉證責任。

第三節　特種交易

第 18 條

企業經營者以通訊交易或訪問交易方式訂立契約時，應將下列資訊以清楚易懂之文句記載於書面，提供消費者：

一、企業經營者之名稱、代表人、事務所或營業所及電話或電子郵件等消費者得迅速有效聯絡之通訊資料。

二、商品或服務之內容、對價、付款期日及方式、交付期日及方式。

三、消費者依第十九條規定解除契約之行使期限及方式。

四、商品或服務依第十九條第二項規定排除第十九條第一項解除權之適用。

五、消費申訴之受理方式。

六、其他中央主管機關公告之事項。

經由網際網路所為之通訊交易，前項應提供之資訊應以可供消費者完整查閱、

儲存之電子方式為之。

第 19 條

通訊交易或訪問交易之消費者，得於收受商品或接受服務後七日內，以退回商品或書面通知方式解除契約，無須說明理由及負擔任何費用或對價。

但通訊交易有合理例外情事者，不在此限。

前項但書合理例外情事，由行政院定之。

企業經營者於消費者收受商品或接受服務時，未依前條第一項第三款規定提供消費者解除契約相關資訊者，第一項七日期間自提供之次日起算。但自第一項七日期間起算，已逾四個月者，解除權消滅。

消費者於第一項及第三項所定期間內，已交運商品或發出書面者，契約視為解除。

通訊交易或訪問交易違反本條規定所為之約定，其約定無效。

第 19-1 條

（刪除）

第 19-2 條

消費者依第十九條第一項或第三項規定，以書面通知解除契約者，除當事人另有個別磋商外，企業經營者應於收到通知之次日起十五日內，至原交付處所或約定處所取回商品。

企業經營者應於取回商品、收到消費者退回商品或解除服務契約通知之次日起十五日內，返還消費者已支付之對價。

契約經解除後，企業經營者與消費者間關於回復原狀之約定，對於消費者較民法第二百五十九條之規定不利者，無效。

第 20 條

未經消費者要約而對之郵寄或投遞之商品，消費者不負保管義務。

前項物品之寄送人，經消費者定相當期限通知取回而逾期未取回或無法通知者，視為拋棄其寄投之商品。雖未經通知，但在寄送後逾一個月未經消費者表示承諾，而仍不取回其商品者，亦同。

消費者得請求償還因寄送物所受之損害，及處理寄送物所支出之必要費用。

第 21 條

企業經營者與消費者分期付款買賣契約應以書面為之。

前項契約書應載明下列事項：

一、頭期款。

二、各期價款與其他附加費用合計之總價款與現金交易價格之差額。

三、利率。

企業經營者未依前項規定記載利率者，其利率按現金交易價格週年利率百分之五計算之。

企業經營者違反第二項第一款、第二款之規定者，消費者不負現金交易價格以外價款之給付義務。

第四節　消費資訊之規範

第 22 條

企業經營者應確保廣告內容之真實，其對消費者所負之義務不得低於廣告之內容。

企業經營者之商品或服務廣告內容，於契約成立後，應確實履行。

第 22-1 條

企業經營者對消費者從事與信用有關之交易時，應於廣告上明示應付所有總費用之年百分率。

前項所稱總費用之範圍及年百分率計算方式，由各目的事業主管機關定之。

第 23 條

刊登或報導廣告之媒體經營者明知或可得而知廣告內容與事實不符者，就消費者因信賴該廣告所受之損害與企業經營者負連帶責任。

前項損害賠償責任，不得預先約定限制或拋棄。

第 24 條

企業經營者應依商品標示法等法令為商品或服務之標示。

輸入之商品或服務，應附中文標示及說明書，其內容不得較原產地之標示及說

明書簡略。

輸入之商品或服務在原產地附有警告標示者，準用前項之規定。

第 25 條

企業經營者對消費者保證商品或服務之品質時，應主動出具書面保證書。

前項保證書應載明下列事項：

一、商品或服務之名稱、種類、數量，其有製造號碼或批號者，其製造號碼或批號。

二、保證之內容。

三、保證期間及其起算方法。

四、製造商之名稱、地址。

五、由經銷商售出者，經銷商之名稱、地址。

六、交易日期。

第 26 條

企業經營者對於所提供之商品應按其性質及交易習慣，為防震、防潮、防塵或其他保存商品所必要之包裝，以確保商品之品質與消費者之安全。但不得誇張其內容或為過大之包裝。

第三章　消費者保護團體

第 27 條

消費者保護團體以社團法人或財團法人為限。

消費者保護團體應以保護消費者權益、推行消費者教育為宗旨。

第 28 條

消費者保護團體之任務如下：

一、商品或服務價格之調查、比較、研究、發表。

二、商品或服務品質之調查、檢驗、研究、發表。

三、商品標示及其內容之調查、比較、研究、發表。

四、消費資訊之諮詢、介紹與報導。

五、消費者保護刊物之編印發行。

六、消費者意見之調查、分析、歸納。

七、接受消費者申訴，調解消費爭議。

八、處理消費爭議，提起消費訴訟。

九、建議政府採取適當之消費者保護立法或行政措施。

十、建議企業經營者採取適當之消費者保護措施。

十一、其他有關消費者權益之保護事項。

第 29 條

消費者保護團體為從事商品或服務檢驗，應設置與檢驗項目有關之檢驗設備或委託設有與檢驗項目有關之檢驗設備之機關、團體檢驗之。

執行檢驗人員應製作檢驗紀錄，記載取樣、儲存樣本之方式與環境、使用之檢驗設備、檢驗方法、經過及結果，提出於該消費者保護團體。

消費者保護團體發表前項檢驗結果後，應公布其取樣、儲存樣本之方式與環境、使用之檢驗設備、檢驗方法及經過，並通知相關企業經營者。

消費者保護團體發表第二項檢驗結果有錯誤時，應主動對外更正，並使相關企業經營者有澄清之機會。

第 30 條

政府對於消費者保護之立法或行政措施，應徵詢消費者保護團體、相關行業、學者專家之意見。

第 31 條

消費者保護團體為商品或服務之調查、檢驗時，得請求政府予以必要之協助。

第 32 條

消費者保護團體辦理消費者保護工作成績優良者，主管機關得予以財務上之獎助。

第四章　行政監督

第 33 條

直轄市或縣（市）政府認為企業經營者提供之商品或服務有損害消費者生命、身體、健康或財產之虞者，應即進行調查。於調查完成後，得公開其經過及結

果。

前項人員為調查時，應出示有關證件，其調查得依下列方式進行：

一、向企業經營者或關係人查詢。

二、通知企業經營者或關係人到場陳述意見。

三、通知企業經營者提出資料證明該商品或服務對於消費者生命、身體、健康或財產無損害之虞。

四、派員前往企業經營者之事務所、營業所或其他有關場所進行調查。

五、必要時，得就地抽樣商品，加以檢驗。

第 34 條

直轄市或縣（市）政府於調查時，對於可為證據之物，得聲請檢察官扣押之。

前項扣押，準用刑事訴訟法關於扣押之規定。

第 35 條

直轄市或縣（市）主管機關辦理檢驗，得委託設有與檢驗項目有關之檢驗設備之消費者保護團體、職業團體或其他有關公私機構或團體辦理之。

第 36 條

直轄市或縣（市）政府對於企業經營者提供之商品或服務，經第三十三條之調查，認為確有損害消費者生命、身體、健康或財產，或確有損害之虞者，應命其限期改善、回收或銷燬，必要時並得命企業經營者立即停止該商品之設計、生產、製造、加工、輸入、經銷或服務之提供，或採取其他必要措施。

第 37 條

直轄市或縣（市）政府於企業經營者提供之商品或服務，對消費者已發生重大損害或有發生重大損害之虞，而情況危急時，除為前條之處置外，應即在大眾傳播媒體公告企業經營者之名稱、地址、商品、服務、或為其他必要之處置。

第 38 條

中央主管機關認為必要時，亦得為前五條規定之措施。

第 39 條

行政院、直轄市、縣（市）政府應置消費者保護官若干名。

消費者保護官任用及職掌之辦法，由行政院定之。

第 40 條

行政院為監督與協調消費者保護事務，應定期邀集有關部會首長、全國性消費者保護團體代表、全國性企業經營者代表及學者、專家，提供本法相關事項之諮詢。

第 41 條

行政院為推動消費者保護事務，辦理下列事項：

一、消費者保護基本政策及措施之研擬及審議。

二、消費者保護計畫之研擬、修訂及執行成果檢討。

三、消費者保護方案之審議及其執行之推動、連繫與考核。

四、國內外消費者保護趨勢及其與經濟社會建設有關問題之研究。

五、消費者保護之教育宣導、消費資訊之蒐集及提供。

六、各部會局署關於消費者保護政策、措施及主管機關之協調事項。

七、監督消費者保護主管機關及指揮消費者保護官行使職權。

消費者保護之執行結果及有關資料，由行政院定期公告。

第 42 條

直轄市、縣（市）政府應設消費者服務中心，辦理消費者之諮詢服務、教育宣導、申訴等事項。

直轄市、縣（市）政府消費者服務中心得於轄區內設分中心。

第五章　消費爭議之處理

第一節　申訴與調解

第 43 條

消費者與企業經營者因商品或服務發生消費爭議時，消費者得向企業經營者、消費者保護團體或消費者服務中心或其分中心申訴。

企業經營者對於消費者之申訴，應於申訴之日起十五日內妥適處理之。

消費者依第一項申訴，未獲妥適處理時，得向直轄市、縣（市）政府消費者保護官申訴。

第 44 條

消費者依前條申訴未能獲得妥適處理時，得向直轄市或縣（市）消費爭議調解委員會申請調解。

第 44-1 條

前條消費爭議調解事件之受理、程序進行及其他相關事項之辦法，由行政院定之。

第 45 條

直轄市、縣（市）政府應設消費爭議調解委員會，置委員七名至二十一名。

前項委員以直轄市、縣（市）政府代表、消費者保護官、消費者保護團體代表、企業經營者所屬或相關職業團體代表、學者及專家充任之，以消費者保護官為主席，其組織另定之。

第 45-1 條

調解程序，於直轄市、縣（市）政府或其他適當之處所行之，其程序得不公開。

調解委員、列席協同調解人及其他經辦調解事務之人，對於調解事件之內容，除已公開之事項外，應保守祕密。

第 45-2 條

關於消費爭議之調解，當事人不能合意但已甚接近者，調解委員得斟酌一切情形，求兩造利益之平衡，於不違反兩造當事人之主要意思範圍內，依職權提出解決事件之方案，並送達於當事人。

前項方案，應經參與調解委員過半數之同意，並記載第四十五條之三所定異議期間及未於法定期間提出異議之法律效果。

第 45-3 條

當事人對於前條所定之方案，得於送達後十日之不變期間內，提出異議。

於前項期間內提出異議者，視為調解不成立；其未於前項期間內提出異議者，視為已依該方案成立調解。

第一項之異議，消費爭議調解委員會應通知他方當事人。

第 45-4 條

關於小額消費爭議，當事人之一方無正當理由，不於調解期日到場者，調解委員得審酌情形，依到場當事人一造之請求或依職權提出解決方案，並送達於當事人。

前項之方案，應經全體調解委員過半數之同意，並記載第四十五條之五所定異議期間及未於法定期間提出異議之法律效果。

第一項之送達，不適用公示送達之規定。

第一項小額消費爭議之額度，由行政院定之。

第 45-5 條

當事人對前條之方案，得於送達後十日之不變期間內，提出異議；未於異議期間內提出異議者，視為已依該方案成立調解。

當事人於異議期間提出異議，經調解委員另定調解期日，無正當理由不到場者，視為依該方案成立調解。

第 46 條

調解成立者應作成調解書。

前項調解書之作成及效力，準用鄉鎮市調解條例第二十五條至第二十九條之規定。

第二節　消費訴訟

第 47 條

消費訴訟，得由消費關係發生地之法院管轄。

第 48 條

高等法院以下各級法院及其分院得設立消費專庭或指定專人審理消費訴訟事件。

法院為企業經營者敗訴之判決時，得依職權宣告為減免擔保之假執行。

第 49 條

消費者保護團體許可設立二年以上，置有消費者保護專門人員，且申請行政院評定優良者，得以自己之名義，提起第五十條消費者損害賠償訴訟或第五十三

條不作為訴訟。

消費者保護團體依前項規定提起訴訟者，應委任律師代理訴訟。受委任之律師，就該訴訟，得請求預付或償還必要費用。

消費者保護團體關於其提起之第一項訴訟，有不法行為者，許可設立之主管機關應廢止其許可。

優良消費者保護團體之評定辦法，由行政院定之。

第 50 條

消費者保護團體對於同一之原因事件，致使眾多消費者受害時，得受讓二十人以上消費者損害賠償請求權後，以自己名義，提起訴訟。消費者得於言詞辯論終結前，終止讓與損害賠償請求權，並通知法院。

前項訴訟，因部分消費者終止讓與損害賠償請求權，致人數不足二十人者，不影響其實施訴訟之權能。

第一項讓與之損害賠償請求權，包括民法第一百九十四條、第一百九十五條第一項非財產上之損害。

前項關於消費者損害賠償請求權之時效利益，應依讓與之消費者單獨個別計算。

消費者保護團體受讓第三項所定請求權後，應將訴訟結果所得之賠償，扣除訴訟及依前條第二項規定支付予律師之必要費用後，交付該讓與請求權之消費者。

消費者保護團體就第一項訴訟，不得向消費者請求報酬。

第 51 條

依本法所提之訴訟，因企業經營者之故意所致之損害，消費者得請求損害額五倍以下之懲罰性賠償金；但因重大過失所致之損害，得請求三倍以下之懲罰性賠償金，因過失所致之損害，得請求損害額一倍以下之懲罰性賠償金。

第 52 條

消費者保護團體以自己之名義提起第五十條訴訟，其標的價額超過新臺幣六十萬元者，超過部分免繳裁判費。

第 53 條

消費者保護官或消費者保護團體，就企業經營者重大違反本法有關保護消費者規定之行為，得向法院訴請停止或禁止之。

前項訴訟免繳裁判費。

第 54 條

因同一消費關係而被害之多數人，依民事訴訟法第四十一條之規定，選定一人或數人起訴請求損害賠償者，法院得徵求原被選定人之同意後公告曉示，其他之被害人得於一定之期間內以書狀表明被害之事實、證據及應受判決事項之聲明、併案請求賠償。其請求之人，視為已依民事訴訟法第四十一條為選定。

前項併案請求之書狀，應以繕本送達於兩造。

第一項之期間，至少應有十日，公告應黏貼於法院牌示處，並登載新聞紙，其費用由國庫墊付。

第 55 條

民事訴訟法第四十八條、第四十九條之規定，於依前條為訴訟行為者，準用之。

第六章　罰則

第 56 條

違反第二十四條、第二十五條或第二十六條規定之一者，經主管機關通知改正而逾期不改正者，處新臺幣二萬元以上二十萬元以下罰鍰。

第 56-1 條

企業經營者使用定型化契約，違反中央主管機關依第十七條第一項公告之應記載或不得記載事項者，除法律另有處罰規定外，經主管機關令其限期改正而屆期不改正者，處新臺幣三萬元以上三十萬元以下罰鍰；經再次令其限期改正而屆期不改正者，處新臺幣五萬元以上五十萬元以下罰鍰，並得按次處罰。

第 57 條

企業經營者規避、妨礙或拒絕主管機關依第十七條第六項、第三十三條或第三十八條規定所為之調查者，處新臺幣三萬元以上三十萬元以下罰鍰，並得按

次處罰。

第 58 條

企業經營者違反主管機關依第三十六條或第三十八條規定所為之命令者，處新臺幣六萬元以上一百五十萬元以下罰鍰，並得按次處罰。

第 59 條

企業經營者有第三十七條規定之情形者，主管機關除依該條及第三十六條之規定處置外，並得對其處新臺幣十五萬元以上一百五十萬元以下罰鍰。

第 60 條

企業經營者違反本法規定，生產商品或提供服務具有危害消費者生命、身體、健康之虞者，影響社會大眾經中央主管機關認定為情節重大，中央主管機關或行政院得立即命令其停止營業，並儘速協請消費者保護團體以其名義，提起消費者損害賠償訴訟。

第 61 條

依本法應予處罰者，其他法律有較重處罰之規定時，從其規定；涉及刑事責任者，並應即移送偵查。

第 62 條

本法所定之罰鍰，由主管機關處罰，經限期繳納後，屆期仍未繳納者，依法移送行政執行。

第七章　附則

第 63 條

本法施行細則，由行政院定之。

第 64 條

本法自公布日施行。但中華民國一百零四年六月二日修正公布之第二條第十款與第十一款及第十八條至第十九條之二之施行日期，由行政院定之。

第六節 民法—親屬、繼承、遺囑篇

民法—親屬篇（節錄）

民國 108 年 6 月 19 日修訂

第 967 條

稱直系血親者，謂己身所從出或從己身所出之血親。

稱旁系血親者，謂非直系血親，而與己身出於同源之血親。

第 968 條

血親親等之計算，直系血親，從己身上下數，以一世為一親等；旁系血親，從己身數至同源之直系血親，再由同源之直系血親，數至與之計算親等之血親，以其總世數為親等之數。

第 969 條

稱姻親者，謂血親之配偶、配偶之血親及配偶之血親之配偶。

第 970 條

姻親之親系及親等之計算如左：

一、血親之配偶，從其配偶之親系及親等。

二、配偶之血親，從其與配偶之親系及親等。

三、配偶之血親之配偶，從其與配偶之親系及親等。

第 971 條

姻親關係，因離婚而消滅；結婚經撤銷者亦同。

民法—繼承篇（節錄）

民國 108 年 6 月 19 日修訂

第 1138 條

遺產繼承人，除配偶外，依左列順序定之：

一、直系血親卑親屬。

二、父母。

三、兄弟姊妹。

四、祖父母。

第 1139 條

前條所定第一順序之繼承人，以親等近者為先。

第 1140 條

第一千一百三十八條所定第一順序之繼承人，有於繼承開始前死亡或喪失繼承權者，由其直系血親卑親屬代位繼承其應繼分。

第 1141 條

同一順序之繼承人有數人時，按人數平均繼承。但法律另有規定者，不在此限。

第 1144 條

配偶有相互繼承遺產之權，其應繼分，依左列各款定之：

一、與第一千一百三十八條所定第一順序之繼承人同為繼承時，其應繼分與他繼承人平均。

二、與第一千一百三十八條所定第二順序或第三順序之繼承人同為繼承時，其應繼分為遺產二分之一。

三、與第一千一百三十八條所定第四順序之繼承人同為繼承時，其應繼分為遺產三分之二。

四、無第一千一百三十八條所定第一順序至第四順序之繼承人時，其應繼分為遺產全部。

第 1145 條

有左列各款情事之一者，喪失其繼承權：

一、故意致被繼承人或應繼承人於死或雖未致死因而受刑之宣告者。

二、以詐欺或脅迫使被繼承人為關於繼承之遺囑，或使其撤回或變更之者。

三、以詐欺或脅迫妨害被繼承人為關於繼承之遺囑，或妨害其撤回或變更之者。

四、偽造、變造、隱匿或湮滅被繼承人關於繼承之遺囑者。

五、對於被繼承人有重大之虐待或侮辱情事，經被繼承人表示其不得繼承者。

前項第二款至第四款之規定，如經被繼承人宥恕者，其繼承權不喪失。

第 1146 條

　繼承權被侵害者，被害人或其法定代理人得請求回復之。

　前項回復請求權，自知悉被侵害之時起，二年間不行使而消滅；自繼承開始時起逾十年者亦同。

第 1147 條

　繼承，因被繼承人死亡而開始。

第 1148 條

　繼承人自繼承開始時，除本法另有規定外，承受被繼承人財產上之一切權利、義務。但權利、義務專屬於被繼承人本身者，不在此限。

　繼承人對於被繼承人之債務，以因繼承所得遺產為限，負清償責任。

第 1148-1 條

　繼承人在繼承開始前二年內，從被繼承人受有財產之贈與者，該財產視為其所得遺產。

　前項財產如已移轉或滅失，其價額，依贈與時之價值計算。

第 1149 條

　被繼承人生前繼續扶養之人，應由親屬會議依其所受扶養之程度及其他關係，酌給遺產。

第 1150 條

　關於遺產管理、分割及執行遺囑之費用，由遺產中支付之。但因繼承人之過失而支付者，不在此限。

第 1151 條

　繼承人有數人時，在分割遺產前，各繼承人對於遺產全部為公同共有。

第 1152 條

　前條公同共有之遺產，得由繼承人中互推一人管理之。

第 1153 條

　繼承人對於被繼承人之債務，以因繼承所得遺產為限，負連帶責任。

繼承人相互間對於被繼承人之債務，除法律另有規定或另有約定外，按其應繼分比例負擔之。

民法—遺囑篇

民國 108 年 6 月 19 日修訂

第 1186 條

無行為能力人，不得為遺囑。

限制行為能力人，無須經法定代理人之允許，得為遺囑。但未滿十六歲者，不得為遺囑。

第 1187 條

遺囑人於不違反關於特留分規定之範圍內，得以遺囑自由處分遺產。

第 1188 條

第一千一百四十五條喪失繼承權之規定，於受遺贈人準用之。

第二節　方式

第 1189 條

遺囑應依左列方式之一為之：

一、自書遺囑。

二、公證遺囑。

三、密封遺囑。

四、代筆遺囑。

五、口授遺囑。

第 1190 條

自書遺囑者，應自書遺囑全文，記明年、月、日，並親自簽名；如有增減、塗改，應註明增減、塗改之處所及字數，另行簽名。

第 1191 條

公證遺囑，應指定二人以上之見證人，在公證人前口述遺囑意旨，由公證人筆記、宣讀、講解，經遺囑人認可後，記明年、月、日，由公證人、見證人及遺囑人同行簽名，遺囑人不能簽名者，由公證人將其事由記明，使按指印代之。

前項所定公證人之職務，在無公證人之地，得由法院書記官行之，僑民在中華民國領事駐在地為遺囑時，得由領事行之。

第 1192 條

密封遺囑，應於遺囑上簽名後，將其密封，於封縫處簽名，指定二人以上之見證人，向公證人提出，陳述其為自己之遺囑，如非本人自寫，並陳述繕寫人之姓名、住所，由公證人於封面記明該遺囑提出之年、月、日及遺囑人所為之陳述，與遺囑人及見證人同行簽名。

前條第二項之規定，於前項情形準用之。

第 1193 條

密封遺囑，不具備前條所定之方式，而具備第一千一百九十條所定自書遺囑之方式者，有自書遺囑之效力。

第 1194 條

代筆遺囑，由遺囑人指定三人以上之見證人，由遺囑人口述遺囑意旨，使見證人中之一人筆記、宣讀、講解，經遺囑人認可後，記明年、月、日及代筆人之姓名，由見證人全體及遺囑人同行簽名，遺囑人不能簽名者，應按指印代之。

第 1195 條

遺囑人因生命危急或其他特殊情形，不能依其他方式為遺囑者，得依左列方式之一為口授遺囑：

一、由遺囑人指定二人以上之見證人，並口授遺囑意旨，由見證人中之一人，將該遺囑意旨，據實作成筆記，並記明年、月、日，與其他見證人同行簽名。

二、由遺囑人指定二人以上之見證人，並口述遺囑意旨、遺囑人姓名及年、月、日，由見證人全體口述遺囑之為真正及見證人姓名，全部予以錄音，將錄音帶當場密封，並記明年、月、日，由見證人全體在封縫處同行簽名。

第 1196 條

口授遺囑，自遺囑人能依其他方式為遺囑之時起，經過三個月而失其效力。

第 1197 條

　　口授遺囑，應由見證人中之一人或利害關係人，於為遺囑人死亡後三個月內，提經親屬會議認定其真偽，對於親屬會議之認定如有異議，得聲請法院判定之。

第 1198 條

　　下列之人，不得為遺囑見證人：

　　一、未成年人。

　　二、受監護或輔助宣告之人。

　　三、繼承人及其配偶或其直系血親。

　　四、受遺贈人及其配偶或其直系血親。

　　五、為公證人或代行公證職務人之同居人助理人或受僱人。

第三節　效力

第 1199 條

　　遺囑自遺囑人死亡時發生效力。

第 1200 條

　　遺囑所定遺贈，附有停止條件者，自條件成就時，發生效力。

第 1201 條

　　受遺贈人於遺囑發生效力前死亡者，其遺贈不生效力。

第 1202 條

　　遺囑人以一定之財產為遺贈，而其財產在繼承開始時，有一部分不屬於遺產者，其一部分遺贈為無效；全部不屬於遺產者，其全部遺贈為無效。但遺囑另有意思表示者，從其意思。

第 1203 條

　　遺囑人因遺贈物滅失、毀損、變造，或喪失物之占有，而對於他人取得權利時，推定以其權利為遺贈；因遺贈物與他物附合或混合而對於所附合或混合之物取得權利時亦同。

第 1204 條

以遺產之使用、收益為遺贈，而遺囑未定返還期限，並不能依遺贈之性質定其期限者，以受遺贈人之終身為其期限。

第 1205 條

遺贈附有義務者，受遺贈人以其所受利益為限，負履行之責。

第 1206 條

受遺贈人在遺囑人死亡後，得拋棄遺贈。

遺贈之拋棄，溯及遺囑人死亡時發生效力。

第 1207 條

繼承人或其他利害關係人，得定相當期限，請求受遺贈人於期限內為承認遺贈與否之表示；期限屆滿，尚無表示者，視為承認遺贈。

第 1208 條

遺贈無效或拋棄時，其遺贈之財產，仍屬於遺產。

第四節　執行

第 1209 條

遺囑人得以遺囑指定遺囑執行人，或委託他人指定之。

受前項委託者，應即指定遺囑執行人，並通知繼承人。

第 1210 條

未成年人、受監護或輔助宣告之人，不得為遺囑執行人。

第 1211 條

遺囑未指定遺囑執行人，並未委託他人指定者，得由親屬會議選定之；不能由親屬會議選定時，得由利害關係人聲請法院指定之。

第 1211-1 條

除遺囑人另有指定外，遺囑執行人就其職務之執行，得請求相當之報酬，其數額由繼承人與遺囑執行人協議定之；不能協議時，由法院酌定之。

第 1212 條

遺囑保管人知有繼承開始之事實時，應即將遺囑交付遺囑執行人，並以適當方法通知已知之繼承人；無遺囑執行人者，應通知已知之繼承人、債權人、受遺贈人及其他利害關係人。無保管人而由繼承人發現遺囑者，亦同。

第 1213 條

有封緘之遺囑，非在親屬會議當場或法院公證處，不得開視。

前項遺囑開視時，應製作紀錄，記明遺囑之封緘有無毀損情形，或其他特別情事，並由在場之人同行簽名。

第 1214 條

遺囑執行人就職後，於遺囑有關之財產，如有編製清冊之必要時，應即編製遺產清冊，交付繼承人。

第 1215 條

遺囑執行人有管理遺產，並為執行上必要行為之職務。

遺囑執行人因前項職務所為之行為，視為繼承人之代理。

第 1216 條

繼承人於遺囑執行人執行職務中，不得處分與遺囑有關之遺產，並不得妨礙其職務之執行。

第 1217 條

遺囑執行人有數人時，其執行職務，以過半數決之。但遺囑另有意思表示者，從其意思。

第 1218 條

遺囑執行人怠於執行職務，或有其他重大事由時，利害關係人，得請求親屬會議改選他人；其由法院指定者，得聲請法院另行指定。

第五節　撤回

第 1219 條

遺囑人得隨時依遺囑之方式，撤回遺囑之全部或一部。

第 1220 條

前後遺囑有相牴觸者，其牴觸之部分，前遺囑視為撤回。

第 1221 條

遺囑人於為遺囑後所為之行為與遺囑有相牴觸者，其牴觸部分，遺囑視為撤回。

第 1222 條

遺囑人故意破毀或塗銷遺囑，或在遺囑上記明廢棄之意思者，其遺囑視為撤回。

第七節　戶籍法（節錄）

民國 104 年 1 月 21 日

第一章　總則

第 5-1 條

本法所稱戶籍資料，指現戶戶籍資料、除戶戶籍資料、日據時期戶口調查簿資料、戶籍登記申請書、戶籍檔案原始資料、簿冊及電腦儲存媒體資料。

前項所稱現戶戶籍資料，指同一戶長戶內現住人口、曾居住該址之遷出國外、死亡、受死亡宣告及廢止戶籍之非現住人口戶籍資料；除戶戶籍資料，指戶長變更前戶籍資料。

現戶戶籍資料、除戶戶籍資料及戶籍登記申請書格式內容，由中央主管機關定之。

第二章　登記之類別

第 6 條

在國內出生未滿十二歲之國民，應為出生登記。無依兒童尚未辦理出生登記者，亦同。

第 13 條

對於未成年子女權利義務之行使或負擔，經父母協議或經法院裁判確定、調解

或和解成立由父母一方或雙方任之者，應為未成年子女權利義務行使負擔登記。

第 14 條

死亡或受死亡宣告，應為死亡或死亡宣告登記。

檢察機關、軍事檢察機關、醫療機構於出具相驗屍體證明書、死亡證明書或法院為死亡宣告之裁判確定後，應將該證明書或裁判要旨送當事人戶籍地直轄市、縣（市）主管機關。

前項辦理程序、期限、方式及其他應遵行事項之辦法，由中央主管機關定之。

第 36 條

死亡登記，以配偶、親屬、戶長、同居人、經理殮葬之人、死亡者死亡時之房屋或土地管理人為申請人。

第 37 條

在矯正機關內被執行死刑或其他原因死亡，無人承領者，由各該矯正機關通知其戶籍地戶政事務所為死亡登記。

第 38 條

因災難死亡或死亡者身分不明，經警察機關查明而無人承領時，由警察機關通知其戶籍地戶政事務所為死亡登記。

第 39 條

死亡宣告登記，以聲請死亡宣告者或利害關係人為申請人。

第 48-2 條

下列戶籍登記，經催告仍不申請者，戶政事務所應逕行為之：

一、出生登記。

二、監護登記。

三、輔助登記。

四、未成年子女權利義務行使負擔登記。

五、死亡登記。

六、初設戶籍登記。

七、遷徙登記。

八、更正、撤銷或廢止登記。

九、經法院裁判確定、調解或和解成立之身分登記。

第八節　遺贈稅及大陸人民繼承臺灣遺產法

壹、遺產及贈與稅法（節錄）

民國 106 年 6 月 14 日修訂

第一章　總則

第 1 條

凡經常居住中華民國境內之中華民國國民死亡時遺有財產者，應就其在中華民國境內境外全部遺產，依本法規定，課徵遺產稅。

經常居住中華民國境外之中華民國國民，及非中華民國國民，死亡時在中華民國境內遺有財產者，應就其在中華民國境內之遺產，依本法規定，課徵遺產稅。

第 2 條

無人承認繼承之遺產，依法歸屬國庫；其應繳之遺產稅，由國庫依財政收支劃分法之規定分配之。

第 3 條

凡經常居住中華民國境內之中華民國國民，就其在中華民國境內或境外之財產為贈與者，應依本法規定，課徵贈與稅。

經常居住中華民國境外之中華民國國民，及非中華民國國民，就其在中華民國境內之財產為贈與者，應依本法規定，課徵贈與稅。

第 3-1 條

死亡事實或贈與行為發生前二年內，被繼承人或贈與人自願喪失中華民國國籍者，仍應依本法關於中華民國國民之規定，課徵遺產稅或贈與稅。

第 3-2 條

因遺囑成立之信託，於遺囑人死亡時，其信託財產應依本法規定，課徵遺產稅。

信託關係存續中受益人死亡時，應就其享有信託利益之權利未領受部分，依本法規定課徵遺產稅。

第 4 條

本法稱財產，指動產、不動產及其他一切有財產價值之權利。

本法稱贈與，指財產所有人以自己之財產無償給予他人，經他人允受而生效力之行為。

本法稱經常居住中華民國境內，係指被繼承人或贈與人有左列情形之一：

一、死亡事實或贈與行為發生前二年內，在中華民國境內有住所者。

二、在中華民國境內無住所而有居所，且在死亡事實或贈與行為發生前二年內，在中華民國境內居留時間合計逾三百六十五天者。但受中華民國政府聘請從事工作，在中華民國境內有特定居留期限者，不在此限。

本法稱經常居住中華民國境外，係指不合前項經常居住中華民國境內規定者而言。

本法稱農業用地，適用農業發展條例之規定。

第 10 條

遺產及贈與財產價值之計算，以被繼承人死亡時或贈與人贈與時之時價為準；被繼承人如係受死亡之宣告者，以法院宣告死亡判決內所確定死亡日之時價為準。

第 12-1 條

本法規定之下列各項金額，每遇消費者物價指數較上次調整之指數累計上漲達百分之十以上時，自次年起按上漲程度調整之。調整金額以萬元為單位，未達萬元者按千元數四捨五入：

一、免稅額。

二、課稅級距金額。

三、被繼承人日常生活必需之器具及用具、職業上之工具，不計入遺產總額之

金額。

四、被繼承人之配偶、直系血親卑親屬、父母、兄弟姊妹、祖父母扣除額、喪葬費扣除額及身心障礙特別扣除額。

財政部於每年十二月底前，應依據前項規定，計算次年發生之繼承或贈與案件所應適用之各項金額後公告之。所稱消費者物價指數，指行政院主計總處公布，自前一年十一月起至該年十月底為止十二個月平均消費者物價指數。

第二章　遺產稅之計算

第 13 條

遺產稅按被繼承人死亡時，依本法規定計算之遺產總額，減除第十七條、第十七條之一規定之各項扣除額及第十八條規定之免稅額後之課稅遺產淨額，依下列稅率課徵之：

一、五千萬元以下者，課徵百分之十。

二、超過五千萬元至一億元者，課徵五百萬元，加超過五千萬元部分之百分之十五。

三、超過一億元者，課徵一千二百五十萬元，加超過一億元部分之百分之二十。

第 14 條

遺產總額應包括被繼承人死亡時依第一條規定之全部財產，及依第十條規定計算之價值。但第十六條規定不計入遺產總額之財產，不包括在內。

第 15 條

被繼承人死亡前二年內贈與下列個人之財產，應於被繼承人死亡時，視為被繼承人之遺產，併入其遺產總額，依本法規定徵稅：

一、被繼承人之配偶。

二、被繼承人依民法第一千一百三十八條及第一千一百四十條規定之各順序繼承人。

三、前款各順序繼承人之配偶。

八十七年六月二十六日以後至前項修正公布生效前發生之繼承案件，適用前項

之規定。

第 16 條

左列各款不計入遺產總額：

一、遺贈人、受遺贈人或繼承人捐贈各級政府及公立教育、文化、公益、慈善機關之財產。

二、遺贈人、受遺贈人或繼承人捐贈公有事業機構或全部公股之公營事業之財產。

三、遺贈人、受遺贈人或繼承人捐贈於被繼承人死亡時，已依法登記設立為財團法人組織且符合行政院規定標準之教育、文化、公益、慈善、宗教團體及祭祀公業之財產。

四、遺產中有關文化、歷史、美術之圖書、物品，經繼承人向主管稽徵機關聲明登記者。但繼承人將此項圖書、物品轉讓時，仍須自動申報補稅。

五、被繼承人自己創作之著作權、發明專利權及藝術品。

六、被繼承人日常生活必需之器具及用品，其總價值在七十二萬元以下部分。

七、被繼承人職業上之工具，其總價值在四十萬元以下部分。

八、依法禁止或限制採伐之森林。但解禁後仍須自動申報補稅。

九、約定於被繼承人死亡時，給付其所指定受益人之人壽保險金額、軍、公教人員、勞工或農民保險之保險金額及互助金。

十、被繼承人死亡前五年內，繼承之財產已納遺產稅者。

十一、被繼承人配偶及子女之原有財產或特有財產，經辦理登記或確有證明者。

十二、被繼承人遺產中經政府闢為公眾通行道路之土地或其他無償供公眾通行之道路土地，經主管機關證明者。但其屬建造房屋應保留之法定空地部分，仍應計入遺產總額。

十三、被繼承人之債權及其他請求權不能收取或行使確有證明者。

第 16-1 條

遺贈人、受遺贈人或繼承人提供財產，捐贈或加入於被繼承人死亡時已成立之公益信託並符合左列各款規定者，該財產不計入遺產總額：

殯葬禮儀──理論與實務（增訂版）

一、受託人為信託業法所稱之信託業。

二、各該公益信託除為其設立目的舉辦事業而必須支付之費用外，不以任何方式對特定或可得特定之人給予特殊利益。

三、信託行為明定信託關係解除、終止或消滅時，信託財產移轉於各級政府、有類似目的之公益法人或公益信託。

第 17 條

左列各款，應自遺產總額中扣除，免徵遺產稅：

一、被繼承人遺有配偶者，自遺產總額中扣除四百萬元。

二、繼承人為直系血親卑親屬者，每人得自遺產總額中扣除四十萬元。其有未滿二十歲者，並得按其年齡距屆滿二十歲之年數，每年加扣四十萬元。但親等近者拋棄繼承由次親等卑親屬繼承者，扣除之數額以拋棄繼承前原得扣除之數額為限。

三、被繼承人遺有父母者，每人得自遺產總額中扣除一百萬元。

四、第一款至第三款所定之人如為身心障礙者保護法第三條規定之重度以上身心障礙者，或精神衛生法第五條第二項規定之病人，每人得再加扣五百萬元。

五、被繼承人遺有受其扶養之兄弟姊妹、祖父母者，每人得自遺產總額中扣除四十萬元；其兄弟姊妹中有未滿二十歲者，並得按其年齡距屆滿二十歲之年數，每年加扣四十萬元。

六、遺產中作農業使用之農業用地及其地上農作物，由繼承人或受遺贈人承受者，扣除其土地及地上農作物價值之全數。承受人自承受之日起五年內，未將該土地繼續作農業使用且未在有關機關所令期限內恢復作農業使用，或雖在有關機關所令期限內已恢復作農業使用而再有未作農業使用情事者，應追繳應納稅賦。但如因該承受人死亡、該承受土地被徵收或依法變更為非農業用地者，不在此限。

七、被繼承人死亡前六年至九年內，繼承之財產已納遺產稅者，按年遞減扣除百分之八十、百分之六十、百分之四十及百分之二十。

八、被繼承人死亡前，依法應納之各項稅捐、罰鍰及罰金。

九、被繼承人死亡前，末償之債務，具有確實之證明者。

十、被繼承人之喪葬費用，以一百萬元計算。

十一、執行遺囑及管理遺產之直接必要費用。

被繼承人如為經常居住中華民國境外之中華民國國民，或非中華民國國民者，不適用前項第一款至第七款之規定；前項第八款至第十一款規定之扣除，以在中華民國境內發生者為限；繼承人中拋棄繼承權者，不適用前項第一款至第五款規定之扣除。

第 17-1 條

被繼承人之配偶依民法第一千零三十條之一規定主張配偶剩餘財產差額分配請求權者，納稅義務人得向稽徵機關申報自遺產總額中扣除。

納稅義務人末於稽徵機關核發稅款繳清證明書或免稅證明書之日起一年內，給付該請求權金額之財產予被繼承人之配偶者，稽徵機關應於前述期間屆滿之翌日起五年內，就未給付部分追繳應納稅賦。

第 18 條

被繼承人如為經常居住中華民國境內之中華民國國民，自遺產總額中減除免稅額一千二百萬元；其為軍警公教人員因執行職務死亡者，加倍計算。被繼承人如為經常居住中華民國境外之中華民國國民，或非中華民國國民，其減除免稅額比照前項規定辦理。

三、超過五千萬元者，課徵六百二十五萬元，加超過五千萬元部分之百分之二十。

一年內有二次以上贈與者，應合併計算其贈與額，依前項規定計算稅額，減除其已繳之贈與稅額後，為當次之贈與稅額。

第 23 條

被繼承人死亡遺有財產者，納稅義務人應於被繼承人死亡之日起六個月內，向戶籍所在地主管稽徵機關依本法規定辦理遺產稅申報。但依第六條第二項規定由稽徵機關申請法院指定遺產管理人者，自法院指定遺產管理人之日起算。被繼承人為經常居住中華民國境外之中華民國國民或非中華民國國民死亡時，在中華民國境內遺有財產者，應向中華民國中央政府所在地之主管稽徵機關辦理

遺產稅申報。

同一贈與人在同一年內有兩次以上依本法規定應申報納稅之贈與行為者，應於辦理後一次贈與稅申報時，將同一年內以前各次之贈與事實及納稅情形合併申報。

第 26 條

遺產稅或贈與稅納稅義務人具有正當理由不能如期申報者，應於前三條規定限期屆滿前，以書面申請延長之。

前項申請延長期限以三個月為限。但因不可抗力或其他有特殊之事由者，得由稽徵機關視實際情形核定之。

第 28 條

稽徵機關於查悉死亡事實或接獲死亡報告後，應於一個月內填發申報通知書，檢附遺產稅申報書表，送達納稅義務人，通知依限申報，並於限期屆滿前十日填具催報通知書，提示逾期申報之責任，加以催促。

前項通知書應以明顯之文字，載明民法限定繼承及拋棄繼承之相關規定。

納稅義務人不得以稽徵機關未發第一項通知書，而免除本法規定之申報義務。

第 29 條

稽徵機關應於接到遺產稅或贈與稅申報書表之日起二個月內，辦理調查及估價，決定應納稅額，繕發納稅通知書，通知納稅義務人繳納；其有特殊情形不能在二個月內辦竣者，應於限期內呈准上級主管機關核准延期。

第 30 條

遺產稅及贈與稅納稅義務人，應於稽徵機關送達核定納稅通知書之日起二個月內，繳清應納稅款；必要時，得於限期內申請稽徵機關核准延期二個月。

遺產稅或贈與稅應納稅額在三十萬元以上，納稅義務人確有困難，不能一次繳納現金時，得於納稅期限內，向該管稽徵機關申請，分十八期以內繳納，每期間隔以不超過二個月為限。

經申請分期繳納者，應自繳納期限屆滿之次日起，至納稅義務人繳納之日止，依郵政儲金一年期定期儲金固定利率，分別加計利息；利率有變動時，依變動

後利率計算。

遺產稅或贈與稅應納稅額在三十萬元以上，納稅義務人確有困難，不能一次繳納現金時，得於納稅期限內，就現金不足繳納部分申請以在中華民國境內之課徵標的物或納稅義務人所有易於變價及保管之實物一次抵繳。中華民國境內之課徵標的物屬不易變價或保管，或申請抵繳日之時價較死亡或贈與日之時價為低者，其得抵繳之稅額，以該項財產價值占全部課徵標的物價值比例計算之應納稅額為限。

本法中華民國九十八年一月十二日修正之條文施行前所發生未結之案件，適用修正後之前三項規定。但依修正前之規定有利於納稅義務人者，適用修正前之規定。

第四項抵繳財產價值之估定，由財政部定之。

第四項抵繳之財產為繼承人公同共有之遺產且該遺產為被繼承人單獨所有或持分共有者，得由繼承人過半數及其應繼分合計過半數之同意，或繼承人之應繼分合計逾三分之二之同意提出申請，不受民法第八百二十八條第三項限制。

第 37 條

戶籍機關受理死亡登記後，應即將死亡登記事項副本抄送稽徵機關。

第 40 條

被繼承人死亡前在金融或信託機關租有保管箱或有存款者，繼承人或利害關係人於被繼承人死亡後，依法定程序，得開啟被繼承人之保管箱或提取被繼承人之存款時，應先通知主管稽徵機關會同點驗、登記。

貳、大陸地區人民繼承被繼承人在臺灣地區之遺產管理辦法

民國 104 年 1 月 20 日修訂

第 1 條

本辦法依臺灣地區與大陸地區人民關係條例（以下簡稱本條例）第六十七條之一第三項規定訂定之。

第 2 條

法院依本條例第六十七條之一第一項指定財政部國有財產署（以下簡稱國產署）為遺產管理人所管理之遺產，依本辦法管理、處分、移交。

第 3 條

本辦法執行事項，由管轄法院所在之國產署所屬分署辦理。

前項管轄法院與遺產所在分屬二個以上國產署分署轄區時，該法院所在之分署就不動產之管理、變賣或涉訟事項，得委任不動產所在之分署辦理。

第 4 條

國產署經法院指定為遺產管理人後，應即聲請法院發給裁定確定證明書，並辦理下列事項：

一、接管遺產及編製遺產清冊。

二、為保存遺產必要之處置。

三、聲請法院對大陸地區以外之繼承人、債權人及受遺贈人為公示催告。

被繼承人之債權人或受遺贈人為已知者，應通知其陳報權利。

第 5 條

國產署於接管遺產後，經審認大陸地區繼承人身分有疑義時，應通知該繼承人補正或循司法程序確定繼承權。

第 6 條

有大陸地區以外之繼承人表示繼承時，經國產署審查有繼承權，應將遺產移交該繼承人，同時通知已知之債權人、受遺贈人及大陸地區繼承人，並向法院聲請解任遺產管理人職務。

第 7 條

國產署得依遺產性質，委託適當人員、機關（構）保管。

第 8 條

國產署為清償債權、交付遺贈物或移交遺產予大陸地區繼承人，有變賣遺產之必要者，應聲請法院許可後辦理。

依前項規定處分之遺產，其遺產總額以實際售價為準。

第 9 條

被繼承人之遺產，在大陸地區以外之地區有受遺贈人時，國產署依民法規定於計算大陸地區繼承人之特留分後移交遺贈物。

前項繼承人之特留分大於新臺幣二百萬元者，以新臺幣二百萬元為特留分；小於新臺幣二百萬元者，以實際金額為特留分。但大陸地區繼承人為臺灣地區人民之配偶者，其特留分不受新臺幣二百萬元之限制。

第九節　傳染病防治、屍體解剖補助、醫師法

壹、傳染病防治法（節錄）

民國 106 年 6 月 19 日修訂

第 1 條

為杜絕傳染病之發生、傳染及蔓延，特制訂本法。

第 2 條

本法主管機關：在中央為衛生福利部；在直轄市為直轄市政府；在縣（市）為縣（市）政府。

第 3 條

本法所稱傳染病，指下列由中央主管機關依致死率、發生率及傳播速度等危害風險程度高低分類之疾病：

一、第一類傳染病：指天花、鼠疫、嚴重急性呼吸道症候群等。

二、第二類傳染病：指白喉、傷寒、登革熱等。

三、第三類傳染病：指百日咳、破傷風、日本腦炎等。

四、第四類傳染病：指前三款以外，經中央主管機關認有監視疫情發生或施行防治必要之已知傳染病或症候群。

五、第五類傳染病：指前四款以外，經中央主管機關認定其傳染流行可能對國民健康造成影響，有依本法建立防治對策或準備計畫必要之新興傳染病或症候群。

中央主管機關對於前項各款傳染病之名稱，應刊登行政院公報公告之；有調整必要者，應即時修正之。

第 42 條

下列人員發現疑似傳染病病人或其屍體，末經醫師診斷或檢驗者，應於二十四小時內通知當地主管機關：

一、病人或死者之親屬或同居人。

二、旅館或店鋪之負責人。

三、運輸工具之所有人、管理人或駕駛人。

四、機關、學校、學前教（托）育機構、事業、工廠、礦場、寺院、教堂、殯葬服務業或其他公共場所之負責人或管理人。

五、安養機構、養護機構、長期照顧機構、安置（教養）機構、矯正機關及其他類似場所之負責人或管理人。

六、旅行業代表人、導遊或領隊人員。

貳、屍體解剖喪葬費用補助標準

民國 102 年 10 月 24 日修訂

第 1 條

本標準依傳染病防治法第五十條第五項規定訂定之。

第 2 條

因傳染病或疑似傳染病致死屍體，經中央主管機關施行病理解剖檢驗者，每一個案給付喪葬補助費新臺幣三十萬元。

第 3 條

前條喪葬補助費之請求權人，依下列順序定之：

一、配偶。

二、直系血親卑親屬。

三、父母。

四、兄弟姊妹。

五、祖父母。

六、曾祖父母或三親等旁系血親。

七、一親等直系姻親。

前項請求權人如為二人以上者，應推由一人代表領取。

第 4 條

請求權人申請喪葬補助費，應填具申請書，並檢附下列文件，向死者戶籍所在地之主管機關提出申請：

一、個案之死亡證明書或屍體相驗證明書正本。

二、戶籍證明文件（證明請求權人與死者之親屬關係）。

三、屍體病理解剖檢驗通知書正本。

四、其他中央主管機關指定之文件。

第 5 條

地方主管機關受理前條申請案後，應於一個月內就所附文件進行初審，並將初審結果作成報告，連同補助費申請書及相關證明資料，轉陳中央主管機關審核。

第 6 條

中央主管機關接獲前條申請案後，應將審定結果以書面通知請求權人。

前項審定結果，同意補助喪葬費用者，應於二個月內完成補助費用之撥付，並副知個案戶籍所在地之主管機關。

第 7 條

本標準自發布日施行。

參、醫師法（節錄）

民國 107 年 12 月 19 日修訂

第 11-1 條

醫師非親自檢驗屍體，不得交付死亡證明書或死產證明書。

第 16 條

醫師檢驗屍體或死產兒，如為非病死或可疑為非病死者，應報請檢察機關依法相驗。

第 17 條

醫師如無法令規定之理由，不得拒絕診斷書、出生證明書、死亡證明書或死產證明書之交付。

參考書目

中文書籍

白行簡，李娃傳，唐。藝文印書館印行

楊家駱主編，1976。黃編本歷代職官表附清史稿職官志。臺北：鼎文書局

楊樹達，1976。漢代婚喪禮俗考。臺北：華世出版社

張迅齊編譯，1978。清代北平風俗圖。臺北：長春樹出版社

王雲五，1980。四書今註今譯。臺灣商務印書館股份有限公司

蔡漢賢，1982。從職業道德的重要性論如何建立我國社會工作人員專業守則。
　　　臺北：臺北市社會福利學會

南懷瑾，1984。易經繫辭傳別講（上）。臺北：老古文化事業公司

蕭冬然，1984。易經繫辭傳新解。易學出版社

龍冠海，1985。雲五社會科學大辭典：臺北：商務書局

尚秉和，1985。歷代社會風俗事物考。臺北：臺灣商務印書館股份有限公司

梁湘潤，1985。中西對照萬年曆。臺北：臺灣文源書局有限公司

洪惟仁，1986。臺灣禮俗語典。臺北：自立晚報

王同億，1987。英漢辭海：中國：國防工業出版社

金寄水、周沙塵，1989。王府生活實錄。臺北：淑馨出版社

王愈榮，1989。殯葬禮儀。臺北：天主教教務協進會出版社

呂子振，1990。家禮大成。臺南：西北出版社

楊炯山，1991。婚喪禮儀手冊。新竹：臺灣省立新竹社會教育館

黃文博，1992。臺灣冥魂傳奇。臺北：臺原藝術文化基金會、臺原出版社

南懷瑾，1992。易經繫辭傳別講（下）。臺北：老古文化事業公司

夏征農，1992。辭海。臺北：臺灣東華書局股份有限公司

傅偉勳，1993。死亡的尊嚴與生命的尊嚴：從臨終精神醫學到現代生死學。臺
　　　北：正中書局

蒲慕州，1993。墓葬與生死：中國古代宗教之省思。臺北：聯經出版事業公司

王貴民，1993。中國禮俗史。臺北：文津出版社

劉道超、周榮益，1994。神祕的擇吉。臺北：書泉出版社

段德智，1994。死亡哲學。臺北：洪葉文化事業有限公司

侯良，1994。馬王堆傳奇。臺北：東大圖書公司

徐福全、鍾福山、蕭玉煌，1994。禮儀民俗論述專輯（第四輯）。臺北：內政部

申士垚，傅美琳，1996。中國風俗大辭典。臺北：國家出版

李學勤，馮爾康，1996。中國古代生活叢書—中國古代的祭祀。北京：商務印書館國際有限公司

徐啟庭，1997。周禮漫談。臺北：頂淵文化事業有限公司

紀俊臣，1997。禮儀民俗論述專輯（第八輯）。臺北：內政部

王夫子，1997。殯葬文化學—死亡文化的全方位解讀（上、下卷）。中國：社會出版社

李景林，王素玲，邵漢明 譯注，1997。儀禮譯注。臺北：建宏出版社

林志強，楊志賢，1997。儀禮漫談。臺北：頂淵文化事業有限公司

姜義華 注譯，1997。新譯禮記讀本。臺北：三民書局

樹軍，1997。京城喪事。北京：九洲圖書出版社

徐吉軍，1998。中國喪葬史。江西：高校出版社

楊國柱，1998。打造往生天堂—臺灣墓地管理的公共選擇。板橋：稻鄉出版社

雷紹鋒、張俊超，1998。漢族喪葬祭儀舊俗譚。武漢：武漢出版社

劉曄原，鄭惠堅，1998。中國古代祭祀。臺北：臺灣商務印書館股份有限公司

謝寶富，1998。北朝婚喪禮俗研究。北京：首都師範大學出版社

杜敏，1998。歷代吊祭文。西安：三秦出版社

杜希宙，黃濤，1998。中國歷代祭禮。北京：北京圖書館出版社

陸益龍，1998。中國歷代家禮。北京：北京圖書館出版社

李無未，1998。中國歷代殯禮。北京：北京圖書館出版社

姚漢秋，1999。臺灣喪葬古今談。臺北：臺原藝術文化基金會、臺原出版社

韓國河，1999。秦漢魏晉喪禮制度研究。陝西：陝西人民出版社

行政院勞工委員會職業訓練局，2000。中華民國職業分類典。臺北：行政院勞工委員會職業訓練局

尉遲淦，2000。生死學概論。臺北：五南圖書出版有限公司

楊炯山，2000。喪葬禮儀。新竹：竹林書局

朱金龍，2001。喪事活動指南。上海：上海科學普及出版社

黃有志，鄧文龍，2001。往生契約概論。作者自印

楊國柱，2001。提升殯葬產業發展暨殯葬法規修正評議。臺北：臺北市政府社
　　會局福利社會雜誌社

謝冰瑩，2002。新譯四書讀本。臺北：三民書局股份有限公司

朱金龍，2002。殯葬文化研究（上）。上海書店出版社

朱金龍，2002。殯葬文化研究（下）。上海書店出版社

鈕則誠，王士峰，2002。生命教育與生死管理論叢 第壹輯－殯葬教育與管理。
　　中華生死學會、中華殯葬教育學會

林先知造曆館，2003。林先知通書便覽。臺中：文林出版社

陶百川、王澤鑑、劉宗榮、葛克昌，2003。最新六法要旨增編全書。臺北：三
　　民書局股份有限公司

中文期刊：

郭為藩，1991。角色理論在教育學上之意義（上）。國立臺灣師範大學教育研
　　究所集刊，頁 6-12

職業訓練局，1992。職業證照制度推行的現況與展望。工業職業教育第 11 卷第
　　1 期，頁 9-12。

林崇智，1992。從孔子說：「死，葬之以禮，祭之以禮。」淺談－變遷社會中
　　的喪葬禮俗。屏中學報第 2 卷，頁 91-97

吳藝苑，許秀藝，1994。儀禮士喪禮中的禮義。孔孟月刊第三十二卷第九期

安娜‧瑪麗亞‧阿瑪羅，1994。中國古代的生死禮儀。文化雜誌

許忠仁，1998.9.15。喪禮儀式習俗與悲傷諮商。諮商與輔導第 153 期，頁 14-16

呂應鐘，2001.6。論殯葬禮儀之改革。臺灣文獻 52：2，頁 85-106

顏愛靜，2001.8-9。殯葬改革路上你和我－談如何超越殯葬改革的困境與迷思。
　　人與地第 212/213 卷，頁 4-7

楊國柱，2001.10。見證殯葬產業的發展史－從開發寶塔到經營禮儀服務ㄚ福座
　　公司。人與地第 214/215 卷，頁 105-107

高繼昌，2001。殯葬改革應從擬定「現代化殯葬禮儀範例」做起。內政部社區
　　發展季刊第九十六期，頁 142-145

朱金龍，2001.4。面對 WTO 的中國殯葬業。殯葬文化研究第 9 期，頁 14-15

言者，2002.2。實施殯葬執業資格證書「制度」時不我待。殯葬文化研究第 15 期，頁 8

楊國柱，2002.3。日據時期臺灣的殯葬管理與殯葬文化改革。北縣文化第 72 卷，頁 38-50

外文書籍

Pine, Vanderlyn R. **Caretaker of the Dead**. 1975,. Irvington Publisher,Inc.

Lair, George S. *COUNSELING THE TERMINALLY ILL:Sharing the Journey*

Wass, Hannelore *DYING:Facing the Facts*. 1995.Taylor & Francis

鈴木清一郎、馮作民譯，1989。增訂臺灣舊慣習俗信仰。臺北：眾文圖書股份有限公司

Wolfelt, Alan D. *INTERPERSONAL SKILLS TRAINNING(A Handbook for Funeral Home Staffs)* 1990, Accelerated Development Inc.

O'connell, Peter J. 彭懷真 等 譯，1991。社會學辭典。臺北：五南圖書出版有限公司

Turner , Jonathan H. *The Structure of Sociological Theory* 吳曲輝等譯，1992。社會學理論的結構。臺北：桂冠股份有限公司

Professional Training Schools *Mortuary Administration and Funeral Management* 1984. Texas: Professional Training Schools, Inc.

Ritzer, George *Sociological Theory* 馬康莊，陳信木 譯，1995。社會學理論。臺北：麥格羅希爾

Worden, J. William *Grief counseling and grief therapy: a handbook for the mental health practitioner,2nd ed.* 李開敏，林方皓，張玉仕，葛書倫 合譯，1995。悲傷輔導與悲傷治療。臺北：心理出版社股份有限公司

Lattanzi-Licht, Marcia and Connor, Stephen 1995 Care of the Dying: The Hospice Approach. in Wass, Hannelore and Neimeyer, Robert A. eds. DYING: Facing the Facts. Washington: Taylor& Francis.

Wass, Hannelore. and Neimezer, Robert A. *DYING: Facing the Facts* 1995, Taylor & Francis

Howarth, Glennys *LAST RITES- THE WORK OF THE MODERN FUNERAL DIRECTOR* 1996, the Baywood Publishing Company

Gove, Philip B. *Webster's Third New International Dictionary* 1966,BY G. & C. MERRIAM CO. 臺北：新陸書局

Howarth, Glennys, 1996 . *Last rites : the work of the modern funeral director.* Amityville, New York : Baywood Publishing Company

Doka, Kenneth J. *Living With Grief: After Sudden Loss* 許玉來、成蒂、林方皓、陳美琴、楊筱華、葛書倫、呂嘉惠等 譯，2002。與悲傷共渡：走出親人遽逝的喪慟。臺北：心理出版社股份有限公司

外文期刊

Fulton, Robert L. *The Clergyman and the Funeral Director: A Study in Role Conflict* Social Forces, Vol. 39 Issue 4,317-323, 1961.5

Bluford,Verada *UNDERTAKERS & undertaking-United States* Occupational Outlook Quarterly, Vol. 37 Issue 1,p38,3p,1c, Spring 1993

Spencer E, Cahill *Some rhetorical directions of funeral direction* Work & Occupation ,Vol.22 Issue 2: 115-122, 1995 .5

Cahill, Spencer E. *UNDERTAKERS & undertaking: PHETORICAL criticism-Social aspects* Work & Occupations, Vol. 22 Issue 2,p115,22p, 1995.5

Newman, Judith *FUNERAL rites & ceremonies-United States;UNDERTAKERS & undertaking-United States* Harper's Magazine,Vol 295 Issue 1770,p61,9p,1c, Nov 97.

Cahill, Spencer E. *The case of North American funeral direction.* Symbolic Interaction, Vol. 22 Issue 2：105-115，1999.

Cahill, Spencer E. *UNDERTAKERS & undertaking: PROFESSIONAL socialization* Symbolic Interaction, Vol. 22 Issue 2,p105,15p, 1999

學位論文

徐福全，1980。儀禮士喪禮既夕禮儀節研究。國立臺灣師範大學國文研究所碩士論文

徐福全，1984。臺灣民間傳統喪葬儀節研究。國立臺灣師範大學國文研究所博
　　士論文

謝文琦，1992。臺灣天主教喪禮研究。私立輔仁大學宗教學研究所碩士論文

張永昇，1994。宋代士庶人之喪葬禮俗研究。國立成功大學碩士論文

崔昌源，1995。中韓社會文化中通過儀禮之比較研究（以喪葬儀禮變遷爲例）。
　　國立臺灣大學社會學研究所博士論文研究初稿

林祖耀，1996。中國喪葬禮俗中的宗教思想極其現代意義。私立輔仁大學宗教
　　學研究所碩士論文

陳麗蓮，1997。早期儒家喪禮思想研究。國立中山大學中文碩士

何淑宜，1999。明代士紳與通俗文化的關係——以喪葬禮俗爲例的考察。國立
　　臺灣師範大學歷史研究所碩士論文

羅素如，1999。殯葬人員對死亡的態度與生死學課程需求初探。私立南華大學
　　生死學研究所碩士論文

吳俊緯，1999。臺灣地區殯儀館空間形成與相關行爲之研究。私立逢甲大學建
　　築學研究所碩士論文

李慧仁，1999。殯葬業應用 ISO9000 品質保證制度之個案研究。私立南華大學
　　生死學研究所碩士論文

黃美華，2000。司馬光《書儀》研究。國立中興大學中國文學研究所碩士論文

蔡侑霖，2001。臺中地區喪葬禮俗初探——從城鄉差異看喪葬改革。私立南華
　　大學生死學研究所碩士論文

羅佩瑜，2002。臺灣殯喪業現代化的研究——臺北地區的例子。國立政治大學
　　社會學研究所碩士論文

陳姿吟，2002。最後的儀容——遺體修復人員之專業養成。私立南華大學生死
　　學研究所碩士論文

陳川青，2002。臺北市殯葬設施及管理服務所面臨的困境之探討與因應對策之
　　研究。私立南華大學生死學研究所碩士論文

邱麗芬，2002。當前美國殯葬教育課程設計初探——兼論國內殯葬相關教育的
　　實施現況。私立南華大學生死學研究所碩士論文

陳明莉，2002。鹿港喪葬禮俗研究。私立南華大學生死學研究所碩士論文

研究報告

江慶林，1983。臺灣地區現行喪葬禮俗研究報告。中華民國臺灣史蹟研究中心
　　研究組

莊英章，1990。從喪葬禮俗探討改善喪葬設施之道。行政院研究發展考核委員
　　會

劉光揆，郭繼森，李清文，1992。配合內政部派赴韓國、日本考察殯葬設施及
　　管理制度報告書。臺北市殯葬管理處

崔昌源，1993。臺北市殯儀館葬儀式田野資料（第二、三次）。國立臺灣大學
　　社會學研究生

鄭英弘，鄧文龍，2000。澳洲、紐西蘭殯葬設施考察報告。內政部

黃有志，尉遲淦，鄧文龍，2001。殯葬業證照制度可行性之研究。內政部

龔鵬程，2001。通用喪葬儀式專案研究。臺北市政府文化局

王祿旺，2001。殯葬服務如何邁向 e 世紀。20e 世紀殯葬改革研討會大會手冊。
　　臺北：內政部主辦 / 財團法人臺北市行天宮協辦

余光弘，2002。從人口結構變遷看臺灣殯葬服務業的發展趨勢。2002 年國際殯
　　葬文化交流會。湖南：長沙民政職業技術學院主辦

其他

徐福全，2002。為殯葬業者塑造新形象座談會。臺北：南華大學生死所主辦

中國土地經濟學會研討會，1999。殯葬文化與設施用地永續發展學術研討會集。
　　臺北：土地經濟學會

紀棟欽，1998。21 世紀臺灣殯葬業應有的社會地位與新形象。【死亡尊嚴座談
　　會】臺北：南華大學主辦

技術士技能檢定喪禮服務職類乙級
術科測試應檢參考資料

試題編號：20300－108204～108206

審定日期：108 年 7 月 2 日

技術士技能檢定喪禮服務職類乙級術科測試應檢參考資料目錄
（第二部分）

壹、術科測試試題使用說明

一、本術科測試試題分三站實施，第一站及第二站採「紙筆測試」，統一於當梯次學科測試當天下午進行測試；第三站採「現場實作測試」，測試日期及時間依第三站術科辦理單位通知為準。

二、術科辦理單位應於測試 10 日前將「術科測試應檢參考資料」（第二部分）以掛號寄交應檢人。第一站及第二站辦理單位寄送第一站及第二站資料（測試應檢參考資料壹～捌）；第三站辦理單位寄送第三站資料（測試應檢參考資料壹、玖～拾肆）。

三、三站名稱分別如下：

第一站：治喪流程規劃書與殯葬服務定型化契約實務技能（紙筆測試）

第二站：訃聞、奠禮流程及奠文（紙筆測試）

第三站：奠禮會場布置與主持實務技能（現場實作測試）

四、每一站成績各以 100 分為滿分，該站成績得 60 分以上（含 60 分）者為及格，三站均及格者，術科測試方為及格。

五、測試時間：

第一站及第二站：二小時

第三站：一小時

六、第一站「治喪流程規劃書與殯葬服務定型化契約實務技能」測試，試題包含第一題「治喪流程規劃書實務技能」及第二題「殯葬服務定型化契約實務技能」。第一題測試，應檢人依試題指定情境規劃撰寫，將正確詞語填入作答區空格，完成一份從接案後遺體安置到後續關懷之治喪流程規劃書；第二題測試，應檢人應依指定情境，將正確答案填入作答區空格，並完成一份完整之「殯葬服務契約」或「生前殯葬服務契約」。

七、第二站「訃聞、奠禮流程及奠文」測試，試題包含第一題「訃聞」、第二題「奠禮流程」、第三題「奠文」三部分。「訃聞」及「奠禮流程」須依題目情境（例如：亡者身分、性別、宗教信仰、發訃者身分、治喪時間、治喪地點等）規劃撰寫；「奠文」部分，應檢人須依題目情境，按致奠者身分將適當之語詞填入奠文空格中，再依正確結構將奠文重組，依序填入正確代碼。

八、第三站「奠禮會場布置與主持實務技能」測試，應檢人只能以術科場地提供

之器材、物件測試。

九、術科測試應檢人不得攜帶規定文具外之物品,違反者依「技術士技能檢定作業及試場規則」規定辦理。

十、應檢人應於辦理單位排定之時間到達指定之地點報到,測試開始 15 分鐘後,不得要求進場受測。

十一、術科測試成績待第三站測試結束後寄送。

貳、第一站及第二站術科測試應檢人須知

一、測試方式及時間

㈠本職類乙級術科測試第一站及第二站採紙筆測試,並依「試題保密」方式命製,測試前不公布試題。「紙筆測試」與學科測試同日舉行,術科紙筆測試時間共二小時(第一站及第二站合併測試,測試時間包含閱讀試題及作答時間)。

㈡測試時間開始十五分鐘後不准入場,測試時間開始四十五分鐘後始准出場。

二、測試注意事項

㈠應檢人應攜帶准考證及身分證,並自備文書用具(如:原子筆、修正液或修正帶)。

㈡應檢人有下列情形之一者,其術科第一站及第二站測試成績以零分計算:

1. 冒名頂替。

2. 持用偽造或變造之應檢證件。

3. 互換座位或試題、答案卷(卡)。

4. 傳遞文稿、參考資料、書寫有關文字之物件或有關信號。

5. 隨身夾帶書籍文件、參考資料、有關文字之物件或有關信號。

6. 不繳交試題、答案卷(卡)。

7. 使用非試題規定之工具。

8. 窺視他人答案卷(卡)、故意讓人窺視其答案或相互交談。

9. 在桌椅、文具、肢體、准考證或其他處所,書(抄)寫有關文字、符號。

10. 未遵守本規則,不接受監場人員勸導,擾亂試場內外秩序。

術科紙筆測試中有前項情形之一者,予以扣考,不得繼續應檢,並於規定

可離場時間後，始得離場。

㈢應檢人有下列各款情事之一者，測試成績扣二十分（第一站及第二站各扣十分）。

1.測試完後，發現誤坐他人座位致誤用他人答案卷（卡）作答。

2.拆開或毀損答案卷彌封角、裁割答案卷（卡）用紙或污損答案卷（卡）。

3.撕去卷面浮籤、於答案卷（卡）上書寫姓名或其他文字、符號。

4.測試時間開始未滿四十五分鐘，經勸導不聽從而離場。

5.測試中將行動電話、呼叫器、穿戴式裝置或其他具資訊傳輸、感應、拍攝、記錄功能之器材及設備隨身攜帶、置於抽屜、桌椅或座位旁。

6.使用未經中央主管機關公告之電子計算器。

㈣應檢人有下列各款情事之一者，測試成績扣十分（第一站及第二站各扣五分）。

1.測試開始鈴響前，即擅自翻閱試題內容、在答案卷（卡）上書寫。

2.測試時間結束後，仍繼續作答，或繳卷後未即離場，且經勸導不聽從。

3.測試進行中，發現誤坐他人座位致誤用他人答案卷（卡）作答，並即時正。

4.自備稿紙書寫進場。

5.離場後，未經監場人員許可，再進入試場。

6.在測試場地吸菸、嚼食口香糖、檳榔或飲用含酒精之飲料，經勸導不聽。

7.每節測試時間結束前將試題或答案抄寫夾帶離場，且經勸導不聽從。

㈤應檢人未依規定作答之答案卷，人工閱卷時依下列規定處理：

1.作答均應使用黑或藍原子筆、鋼筆作答，凡第一站或第二站有以鉛筆或未依規定顏色作答情形者，每站各扣二點五分。

2.作答劃記位置錯誤，或單選題有二個以上答案之劃記者，以書寫錯誤內容扣分。

3.塗改答案之劃記模糊不清無法辨識者，以書寫錯誤內容扣分。

4.答案卷上註記不應有之文字、符號或標記者，第一站及第二站測試成績以零分計算。

㈥應檢人如有上述第（五）點第1項之情事時，第一站、第二站術科測試成

績分數計算至小數點 1 位。

(七)應檢人須詳聽監場人員說明試場規則，依規定測試。

(八)答案如有塗改時，可使用修正液（帶）擦拭，卷面應保持整潔。

(九)第一站及第二站比照術科測試採筆試非測驗題方式處理，本試題未規定事項，依「技術士技能檢定作業及試場規則」規定辦理。

參、第一站及第二站應檢人自備文具表

項次	工具名稱	規格尺寸	數量	單位	備註
1	原子筆或鋼筆	墨水顏色為黑色或藍色、廠牌不拘	不拘	支	紙筆測試用，數量自行斟酌
2	修正液（帶）或其他塗改工具	白色	1	組	建議使用，非必要

肆、第一站及第二站術科試題說明

第一站

一、試題名稱：治喪流程規劃書與殯葬服務定型化契約實務技能

二、測試時間：第一站與第二站合併測試，共二小時。

三、試題編號：20300-108204

四、測試說明：

(一)本站採紙筆測試方式，測試後由監評人員集中閱卷評分。

(二)本站測試內容合計兩大題：第一題為「治喪流程規劃書實務技能」，第二題為「殯葬服務定型化契約實務技能」。第一題應檢人依試題指定情境規劃撰寫治喪流程規劃書；第二題應檢人依試題指定情境完成一份「殯葬服務契約」或「生前殯葬服務契約」。

(三)本站總分為 100 分，第一題「治喪流程規劃書實務技能」配分為 60 分，第二題「殯葬服務定型化契約實務技能」配分為 40 分。

五、一般作答規定：

(一)一律以橫書作答。

(二)作答均應使用黑或藍原子筆、鋼筆作答，凡第一站或第二站有以鉛筆或未

依規定顏色作答情形者，每站各扣 2.5 分。

㈢ 答案如有塗改時，可使用修正液（帶），卷面應保持整潔。

㈣ 答題時，請依試題說明依題號順序於所附答案紙上作答。

㈤ 測試方式為「填空」者，參考範例之作答空格數僅為參考，實際題目空格數將配合試題情境有所調整。

六、第一題「治喪流程規劃書實務技能」作答及計分：

㈠ 應檢人須依據題目情境於答案紙本指定空格內作答。

㈡ 本題配分 60 分，評分採扣分方式，評分標準如下：

　1. 每空格內填寫錯誤文字內容或未填寫者，每空格扣 5 分，最高扣至 60 分。

　2. 答案請依本測試參考資料附表及教育部《重編國語辭典修訂本》之正體字書寫，簡體（化）字、錯別字，每空格每錯 1 字扣分 1 分，錯 5 字以上者，該空格以零分計。

　3. 撰寫同義字（詞），多寫或少寫文字但不影響原字詞意思者，皆不扣分。

七、第二題「殯葬服務定型化契約實務技能」作答及計分：

㈠ 本題作答以內政部公告之殯葬服務定型化契約範本、應記載及不得記載事項，或不同類型生前殯葬服務定型化契約範本、應記載及不得記載事項為準。

㈡ 本題測試方式包括「填空及選擇」及「契約文件完整度」二部分，應檢人應依指定情境完成一份完整之服務契約書。

㈢ 本題評分指標包括「填空暨選擇作答是否正確」及「契約應附之文件是否完整」，作答規則如下：

　1. 填空暨選擇：應檢人須針對題目內容劃有底線，並標示題號處（如 (1)、(2)、(3)、(4) 等）進行作答。須以「填空」方式作答者，請依文字，依序填入答案紙本之作答區；須以「選擇」方式作答者，請就條文下方虛線框處所提示之「參考答案」，選出正確者，並將其編號（如 A、B、C…等）依序填入作答區。

　2. 契約文件完整度：應檢人應針對題目情境，判斷契約附件由上至下之排序，再於答案紙本指定作答區，將附件編號（如：A、B、C、D、E 等）填入空格中；如應檢人認為該附件非此情境契約書應夾附者，不得將其

編號填入空格。

(四)本題配分 40 分，評分採扣分方式，評分標準如下：

1. 「填空暨選擇」空格內填寫錯誤文字內容或未填寫者，每空格扣 5 分；「契約文件完整度」之契約附件順序填錯者，扣分 10 分。本題最高扣至 40 分。

2. 答案請依本測試參考資料附表及教育部《重編國語辭典修訂本》之正體字書寫，簡體（化）字、錯別字，每空格每錯 1 字扣分 1 分，錯 5 字以上者，該空格以零分計。

3. 填空答案涉及價款金額者，應以中文大寫（如：零、壹、貳、參、肆、伍、陸、柒、捌、玖、拾、佰、仟、萬等）書寫；其餘涉及數字者（除「契約審閱期」外），皆應以國字（如一、二、三、四等）書寫，否則該空格以答錯論，應扣 5 分。

4. 撰寫同義字（詞），多寫或少寫文字但不影響原字詞意思者，皆不扣分。

八、其他應注意事項

(一)應檢人須詳聽監場人員說明，依規定受檢。

(二)應檢人測試結束後，應將試題及答案紙本交予監場人員。

(三)其他事項，悉依「技術士技能檢定作業及試場規則」規定辦理。

第二站

一、試題名稱：訃聞、奠禮流程及奠文

二、測試時間：第一站與第二站合併測試，共二小時。

三、試題編號：20300-108205

四、測試說明：

(一)本站採紙筆測試方式，測試後由監評人員採集中閱卷評分。

(二)本站總分 100 分，配分方式如下：

1. 第一題「訃聞」佔 40%。

2. 第二題「奠禮流程」佔 30%。

3. 第三題「奠文」佔 30%。

(三)答案請依本測試參考資料附表及教育部《重編國語辭典修訂本》之正體字書寫，簡體（化）字、錯別字，每字扣 3 分，每空格最高扣 5 分。

五、一般作答規定：

 (一)一律以橫書作答。

 (二)作答均應使用黑或藍原子筆、鋼筆作答，凡第一站或第二站有以鉛筆或未依規定顏色作答情形者，每站各扣 2.5 分。

 (三)答案如有塗改時，可使用修正液（帶），卷面應保持整潔。

 (四)答題時，請依試題說明依題號順序於所附答案紙上作答。

 (五)測試方式為「填空」者，參考範例之作答空格數僅為參考，實際題目空格數將配合試題情境有所調整。

六、第一題「訃聞」、第二題「奠禮流程」作答及計分：

 (一)應檢人須依據試題情境，於答案紙本指定空格內作答。

 (二)第一題配分 40 分、第二題配分 30 分，評分採扣分方式，評分標準如下：

  1.每空格內填寫錯誤文字內容或未填寫者，每空格扣 5 分，最高扣至該題零分為止。

  2.答案請依本測試參考資料附表及教育部《重編國語辭典修訂本》之正體字書寫，簡體（化）字、錯別字，每空格每錯 1 字扣分 3 分，每空格最高扣 5 分。

  3.撰寫同義字（詞），多寫或少寫文字但不影響原字詞意思者，皆不扣分。

七、第三題「奠文」作答及計分：

 (一)應檢人須依據試題，於答案紙本指定空格內作答。

 (二)本題配分 30 分，奠文填空 20 分、奠文重組 10 分，評分採扣分方式，評分標準如下：

  1.奠文填空：每空格內填寫錯誤文字內容或未填寫者，每空格扣 5 分，最高扣至 20 分。答案請依參考語詞書寫，簡體（化）字、錯別字，每空格每錯 1 字扣分 3 分，每空格最多扣 5 分。

  2.奠文重組：每錯 1 格扣 2 分，最高扣至 10 分。

八、作答說明：

 (一)訃聞：

  1.依題目指定情境（例如：亡者身分、性別、宗教信仰、發訃者身分、治喪時間、治喪地點等）撰寫訃聞，於答案紙本作答。

  2.敬語部分：亡者年齡以虛歲計，59 歲以下用「先」、60 歲以上且無親長

用「顯」；若亡者 60 歲以上但上有親長則用「先」。

3. 稱謂部分：男性 60 歲以上者，可用「老先生」；女性 60 歲以上且配偶已過世者，用「太夫人」，若滿 60 歲但配偶仍健在者，用「老夫人」。佛教信仰情境題，男性、女性皆可用「居士」。

4. 年齡部分：29 歲以下稱「得年」；30～59 歲稱「享年」；60～89 歲稱「享壽」；90～99 歲稱「享耆壽」；100 歲以上稱「享嵩壽」。

(二) 奠禮流程

1. 依題目情境寫出奠禮流程。

2. 基於性別平權的觀念，護喪妻或（不）杖期夫都排於家奠禮首位奠拜。

3. 亡者若為已婚女性時，外家安排於直系卑親屬之後，先行於配偶平輩內親屬前獻奠，但主喪者不在此限。

4. 封釘禮：男歿請宗親族長執斧，女歿請外家代表執斧。

5. 公奠流程安排原則：依序為治喪當地地方民選首長→民意代表（中央先於地方）→行政官員→立案之非營利團體代表（如財團法人或社團法人代表）→營利單位代表（如公司行號）→臨時組成之單位代表。

(三) 奠文：應檢人須依題目情境及所設定之體例格式，於答案紙本指定空格內作答。

伍、第一站及第二站術科試題參考範例

第一站：「治喪流程規劃書實務技能與殯葬服務定型化契約實務技能」

第一題「治喪流程規劃書實務技能」

【情境類型：館內治喪、民間信仰】

一、情境說明：

(一) 賴小同先生民國 31 年 3 月 22 日生，99 年 5 月 20 日（農曆 4 月 8 日）上午 5 時 10 分因腎衰竭病逝於高雄市立醫院，賴府家住十全路大廈 10 樓，室內空間很狹小，無法布置豎靈樘，賴小同先生與其家屬雖無特別宗教信仰，但逢社區廟慶，亦會拿香跟拜。家屬希望至少完成頭七儀式後再辦理出殯，不過由於家屬成員或因工作或因求學等因素，也不希望停殯期間超過一個月。

㈡家屬預估將發出 250 份訃聞，預計會有 200 人參加家公奠禮。目前擇日共有 99 年 5 月 20 日、5 月 21 日、5 月 25 日、6 月 3 日、6 月 25 日上午 7 點爲入殮吉時，高雄市立第一殯儀館（附設火化場）於 99 年 5 月 20 日、5 月 25 日、6 月 3 日、6 月 25 日上午 9 時至 12 時僅有甲、乙、丙三種禮廳可供租賃（特種禮廳可容納 400 餘人；甲種禮廳可容納 200 餘人；乙種禮廳可容納 60 餘人；丙種禮廳可容納 40 餘人），家屬希望奠禮後，開放親朋好友瞻仰遺容，之後隨即火化，火化後靈骨另擇 99 年 7 月 3 日安厝於高雄○○寶塔，未出殯前，遺體暫時冰存殯儀館。

㈢另查閱萬年曆，農曆 99 年、100 年都沒有閏月。又李美女與賴小同夫妻倆鶼鰈情深，李美女不但在治喪期間悲慟不已，辦完喪禮之後極可能難以走出傷痛。

二、請依上述提示情境，規劃撰寫從接案後遺體安置到後續關懷之治喪流程規劃書。

★作答注意事項（務必仔細閱讀）：

一、本部分請針對題目治喪流程規劃書之「服務流程」、「日期時間」、「服務項目」及「服務說明」等欄之空格【　】，於答案紙本依空格編號填入對應答案。

二、治喪規劃書之「日期時間」，除有特別指定以農曆作答外，請一律以「國曆」作答，未依指示逕以「農曆」或其他曆法作答者，比照答錯扣分。日期時間格式請依範例作答，否則該空格扣 5 分（如日期應以 100 年 5 月 20 日格式作答，如以 100.5.20 或 100/5/20 等其他格式作答者予以扣分）。

治喪流程規劃書

服務流程	日期（時間）	服務項目	服務說明
遺體接運	99 年 5 月 20 日上午 6 時	接運遺體	1. 遺體接運至【 (1) 】、代辦入館手續 2. 家屬自辦申請【 (2) 】書 3. 接體車○輛、接體人員○人、遺體袋○個

335

	99 年 5 月 20 日 上午 7 時	遺體冰存	1. 殯儀館內冰存、代辦冰存手續 2. 冰存【(3)】天
安靈 服務	99 年 5 月 20 日 上午 7 時 30 分	靈位布置、拜飯	1.【(4)】內（地點） 2. 靈位布置、祭品代辦、代為祭拜○次
治喪 協調	配合家屬需求	禮儀諮詢	禮儀師或專任禮儀人員○名
	99 年 5 月 21 日	擇日、訃聞撰擬	1. 擇定出殯日期、撰寫訃聞 2. 禮儀師或專任禮儀人員○名
	99 年 5 月 22 日	代辦申請事項	指派專人代辦申請火化許可證明
	99 年 5 月 27 日	報備「出殯路線」	【(5)】
	99 年 5 月 27 日	申請「道路搭棚許可」	【(6)】
發喪	99 年 5 月 23 日	【(7)】	250 份（規格：略）
作七	【(8)】	代辦作七儀式	1. 法事人員○人 2. 專業禮儀人員陪同 3. 代訂作七祭品
奠禮 場地 準備	99 年 5 月 21 日	場地租借	1. 高雄市立第一殯儀館 2.【(9)】種禮廳（請說明空間大小與設備）
	99 年 6 月 2 日	花牌、鮮花布置	1. 花瓶、像框、花圈、保力龍字 2. ○樣花，花牌規格、尺寸、素材請詳述、高腳花籃○對
	99 年 6 月 2 日	【(10)】	○色布縵、○尺花山（或三寶架、祭壇）、地毯、指路牌○組、觀禮座椅○張、燈光○組、講臺○組
	99 年 6 月 2 日	遺像	○吋彩色照片（含框）
	99 年 6 月 2 日	音響設備	音響主機○套、擴音喇叭○支、麥克風○支、控制人員○人

	99 年 6 月 3 日	禮品及受賻文具	胸花〇枚、簽名簿〇本、禮簿〇本、謝簿〇本、公奠單〇本、簽字筆〇枝、奠儀袋、毛巾〇份、香燭〇份、紙錢（種類與數量）
	99 年 6 月 3 日	運輸車輛、車位	靈車〇部（詳述規格）、家屬車輛〇人座〇部（詳述規格）
入殮移柩	【(11)】	遺體退冰	代辦遺體退冰手續
	99 年 6 月 3 日	準備壽衣	壽衣乙套（詳述規格、性別）
	99 年 6 月 3 日	準備棺木	環保火化棺木、套棺各 1 具
	99 年 6 月 3 日	準備【(12)】	水被或蓮花被、菱角枕或蓮花枕、過山褲、桃枝、庫錢等（數量）
	【(13)】	遺體處理	1. 洗身、穿衣、化妝 2.【(14)】（描述遺體入棺方式） 3. 禮體人員 2 人或代辦申請手續
	99 年 6 月 3 日	準備孝服	黑長袍或麻孝服〇套
	99 年 6 月 3 日	準備奠祭品	牲禮〇付、水果〇樣、水酒、菜碗〇碗
	99 年 6 月 3 日	儀式主持	1. 移靈、入殮（穿衣、封釘） 2. 禮儀人員或宗教師〇人
奠禮儀式	99 年 6 月 3 日	主持奠禮儀式、點主儀式、封釘儀式、代撰寫及宣讀哀章、奠文	1. 封釘之前，開放瞻仰遺容 2. 司儀 1 人
	99 年 6 月 3 日	【(15)】	襄儀人員 2 人
	99 年 6 月 3 日	誦經及喪樂演奏	在家修誦經人員〇名、樂師〇人
發引安葬	99 年 6 月 3 日	火化	1. 扶棺人員〇人 2. 火化儀式主持 1 人

	99 年 6 月 3 日	【(16)】	1.【(17)】於高雄〇〇寶塔 2. 骨灰罐（材質、大小、樣式）、刻字、瓷相、包巾、鮮花一對、素果一份
後續關懷與處理	配合家屬需求	關懷輔導	1. 指派禮儀師或專人慰問 2. 視需要予以悲傷撫慰或轉介
	99 年 7 月 3 日	【(18)】	1.【(19)】於高雄〇〇寶塔 2. 提供骨灰存放設施（詳述標的、規格），價金包含管理費在內 3. 禮請誦經人員〇人與風水師 1 名 4. 鮮花、素果由家屬自備
	【(20)】	紀念日提醒	1. 百日 2. 郵寄書面提醒單乙張
	【(21)】 （農曆）		1. 對年 2. 郵寄書面提醒單乙張
	〇年〇月〇日 （農曆）或之後		1. 合爐 2. 郵寄書面提醒單乙張
其他	略	略	略

第二題「殯葬服務定型化契約實務技能」

【情境類型：殯葬服務定型化契約】

一、情境說明

㈠李金河老先生民國 18 年 2 月 23 日生，於 103 年 6 月 20 日晚間 11 時因呼吸困難急送臺中榮民總醫院，經急救無效由醫院宣告死亡，遺體暫放於醫院太平間，次女李小珍（以下簡稱李女）經友人介紹下，在 103 年 6 月 21 日上午前往「弘海生命禮儀股份有限公司」（以下簡稱弘海公司）臺中市聯絡處，經洽談後李女決定當下簽約，雙方約定內容重點如下：

1. 靈位及告別式均在自宅辦理，並採中式禮儀，家屬同意將李老先生遺體火化後骨灰進塔，納骨塔位由家屬自行處理，不在本契約服務內。

2. 總費用為新臺幣 25 萬元整，但不包含火化及開立火化證明等規費，公司

接受信用卡付款，約定先付給公司一成訂金，餘款等到全部服務完成後再給付。

　　3.若有不可抗力或不可歸責於弘海公司之事由，導致原約定殯葬服務項目或商品無法提供時，得要求該公司扣除相當於該項服務或商品之價款。

㈡雙方約定於103年6月21日下午由弘海公司派員將亡者遺體接至李宅，之後於同年7月20日上午8時假李宅前道路搭棚設家奠禮、9時設公奠禮。

二、請依上述提示情境，完成以下殯葬服務契約。

★作答注意事項：

一、本題請針對「契約內文」等欄之空格【　】，於答案紙本依空格編號填入對應答案。

二、另針對「契約附件」部分，請按題目給定之情境，並依據內政部公告「殯葬服務定型化契約範本」、「生前殯葬服務定型化契約範本（自用型）」及「生前殯葬服務定型化契約範本（家用型）」，判斷本題契約附件由上至下之排序，再於答案紙本指定作答區，將本題契約附件之編號（如：A、B、C、D、E 等）依序填入指定空格中；如應檢人認為該附件非此情境契約書應夾附者，不得將其編號填入空格。

弘海生命殯葬服務契約

本契約於中華民國 103 年 6 月 21 日經甲方攜回審閱　0　日（契約審閱期間至少【　(1)　】日）

甲方：　李小珍　　　　（簽章）
乙方：　弘海生命禮儀股份有限公司　（簽章）

立約人　　李小珍　　　　　　　　（以下簡稱甲方）
　　　　　弘海生命禮儀股份有限公司（以下簡稱乙方）　　茲為殯葬服務，經雙方合意訂

立契約，約定條款如下：

第一條　本契約係由甲乙雙方訂定，由乙方提供【　(2)　】（以下稱被服務人）之殯葬服務。

第二條　乙方應確保契約內容之真實，對甲方所負之義務不得低於契約之內容。
　　　　【　　　　　　　　　　　　(3)　　　　　　　　　　　　】。

339

乙方自訂之殯葬服務相關規範，不得牴觸本契約。

第三條　乙方依本契約所提供之殯葬服務【　　　(4)　　　】，如附件○。本契約提供之殯葬服務實施程序與分工如附件○。

第四條　本契約總價款為新臺幣貳拾伍萬元整，甲方應支付予乙方，作為提供殯葬服務之對價。甲乙雙方議定簽約時，甲方繳付新臺幣貳萬伍仟元，餘款新臺幣貳拾貳萬伍仟元整，經雙方議定於【　　　(5)　　　】時繳納。
甲乙雙方議定付款方式如下：以□現金　■刷卡　□其他方式：＿＿＿＿＿。
乙方對甲方所繳納之款項，應開立【　　　(6)　　　】。

第五條　【　　　　　　　　　　　　　　(7)　　　　　　　　　　　　　　】

第六條　本契約總價款不含火化及開立火化證明等費用。

第七條　乙方於【　　　(8)　　　】時起，應即依本契約提供殯葬服務。乙方提供接體服務者，應填具【　　　(9)　　　】（如附件○）

第八條　乙方於提供殯葬服務時，因不可抗力或不可歸責於乙方之事由，導致附件○所載之殯葬服務項目或商品無法提供時：
□甲方得依乙方提供之選項，選擇以同級或等值之商品或服務替代之。
■甲方得要求乙方扣除相當於該項服務或商品之價款。退款時，如有總價與分項總和不符者，該分項退款計算方式應以兩者比例為之。

第九條　本契約有效期自【　　　(10)　　　】。

第十條　本契約於乙方 行全部約定之服務內容，並經甲方於【　　　(11)　　　】（如附件○）上簽字確認後完成。

第十一條 附件○所載之服務項目或物品數量，於服務完成後，如有未經使用者，
【⎽⎽⎽⎽⎽(12)⎽⎽⎽⎽⎽】。

> 參考答案：
> (A) 甲方得退還乙方，並扣除相當於該項服務或商品之價款
> (B) 甲方僅得更換與於該項價款等值之服務或商品
> (C) 則視同放棄，且不得更換

第十二條 乙方違反第六條第一項規定，經甲方催告仍未開始提供服務，或逾
【⎽⎽⎽⎽⎽(13)⎽⎽⎽⎽⎽】小時未開始提供服務者，甲方得通知乙方解除契約，並要
求乙方無條件返還已繳付之全部價款，乙方不得㄰議。甲方並得向乙方要求契約
總價款【⎽⎽⎽⎽⎽(14)⎽⎽⎽⎽⎽】倍之懲罰性賠償。但無法提供服務之原因非可歸責
於乙方者，不在此限。
乙方依本契約提供服務後，甲方終止契約者，乙方得將甲方已繳納之價款扣除
已實際提供服務之費用，剩餘價款應於契約終止後七日內退還甲方。

第十三條 乙方因簽訂本契約所獲得有關甲方及被服務人之個人必要資料，負有【⎽⎽⎽⎽
(15)⎽⎽⎽⎽⎽】義務。

第十四條 雙方因消費爭議發生訴訟時，同意臺中地方法院為管轄法院。但不得排除第
四十七條及民事訴訟法第四百三十六條之九小額訴訟管轄法院之適用。

第十五條 本契約一式兩份，甲乙雙方各收執乙份，乙方不得藉故將應交甲方收執之契約
收回或留存。

立契約書人：

甲方：李小玲
國民身分證統一編號：○○○○○○○○○○
住址：臺中市太平區中山路○○號 3 樓
電話：04-555-7777

乙方：弘海生命禮儀股份有限公司　　　　　┌─────┐
營利事業統一編號：○○○○○○○　　　　│ 公司 │
代表人：王○利　　　　　　　　　　　　　│ 印　 │
地址：臺中市西屯區臺中港路三段 179 號之三└─────┘
電話：04-555-6666

中　　華　　民　　國　　　　103　　　年　　　6　　　月　　　21　　　日

（附件○中式）弘海生命殯葬服務契約○○○○、○○○○○

流程	服務項目	選項（依需要勾選）	規格說明	備註	價格
遺體接運	接運遺體	□至殯儀館	接體車、接體人員 3 人、遺體袋	（以下略）	（以下略）
		■在宅			
	遺體修補、防腐	□有　■無			
	遺體冰存	□殯儀館內冰存			
		■移動式冰櫃在宅租用	（略）		
安靈服務	靈位布置、拜飯	□殯儀館內			
		■在宅	靈位布置、祭品代辦		
治喪協調	禮儀諮詢		禮儀師或專任禮儀人員 1 名		
	擇日、奠文撰擬	擇定出殯日期、撰寫奠文	禮儀師或專任禮儀人員 1 名		
	代辦申請事項		乙方指派專人代辦死亡證明 2 份、除戶手續、火化（或埋葬）許可		
	報備出殯路線		乙方指派專人代辦		
	申請道路搭棚許可	■道路搭棚者適用	乙方指派專人代辦		
發喪	（略）		（略）		
奠禮場地準備	場地租借	□室內： □殯儀館 □其他：			

		■戶外：道路搭棚	棚架 1 組（規格、尺寸、素材略）		
	花牌、鮮花布置	花籃（架）、花圈、保麗龍字	（略）		
	（略）		（略）		
	遺像	■彩色 □黑白	1. 無酸相片紙電腦影像輸出 2. 柳安木框 3. 加玻璃		
	音響設備		1. 中控設備 1 套 2. 無線麥克風 4 支 3. 擴音喇叭 6 支		
	禮品		毛巾 500 盒		
	運輸車輛、車位		（略）		
入殮移柩	壽衣		標準壽衣 1 套（中式、男性）		
	棺木	□土葬			
		■火化	環保火化棺木、套棺		
	（略）		（略）		
	（略）		（略）		
	（略）		（略）		
	儀式主持人	移靈、入殮、火化	佛教師父 5 人		
奠禮儀式	司儀、宣讀奠文		專任禮儀人員 1 名		
	襄儀人員	（略）	（略）		
	誦經人員、樂師	（在家修師姐）	宗教人員、樂師各 7 名		
發引安葬		（以下略）	（以下略）		

埋葬或存放設施	埋葬或骨灰（骸）存放安排	■甲方自備			
		□乙方代訂： 　　□墓基 　　□塔位			
		□乙方提供			
後續處理	關懷輔導		指派禮儀師或專人慰問		
	紀念日提醒		書面提醒單乙張		
其他			（請依個別需求，就本表末記載之項目詳列）		
契約總價：新臺幣　　　　　貳拾伍萬　　　　　元整（含稅）					

（附件○）：弘海生命殯葬服務契約實施程序與分工

流程	活動事項	分工情形		備註
		殯葬公司負責	家屬或契約執行人配合	
臨終諮詢	關懷輔導	指派專人服務	隨侍在側、通知親友	填送服務通知書
	殯葬禮儀諮詢	服務專線：	家屬參與	
	成立治喪委員會	治喪計畫聯繫、協調	擬妥治喪委員名單	
	安排治喪場地	場地聯繫、代訂	參與決定	
	申辦○○○○書	指派專人代辦	準備○○○、○○○	
遺體接運	運遺體至○○	指派專人、專車接運	準備乾淨衣服、陪同	收受○○○○切結書
	遺體修補、防腐	無		
	遺體冰存	提供冰櫃	在宅者負責提供場地	
安靈服務	□○○○內			
	■在○	靈位布置、代為祭拜		

治喪協調	擇定公奠、出殯日期	委請專人擇日、代訂火化時間	提供○○○生辰、決定日期	
	遺像準備	指派專人代辦	選定相片	
	撰寫奠文	指派禮儀師或專業人員代筆	參與討論	
	辦理除戶手續	指派專人代辦	提供所需文件、資料	
	申請○○○○○許可	指派專人代辦	提供所需文件、資料	
發喪	○○○○○○	○○○○○○	○○○○○○○	
奠禮場地準備	○○布置	指派專人辦理	參與決定	
	觀禮者席位安排	指派專人辦理	參與決定	
	公奠用品準備	指派專人籌辦		
	運輸工具、車位安排	指派專人辦理	詢問親友出席意願	
入殮移柩	遺體○○○○○	委請專人服務		
	遺體移至禮堂	指派專人服務		
	○○○○準備	○○○○○○○○	○○○○○	
	入殮	指派禮儀師或專業禮儀人員服務	全程參與	
	家奠法事	委請法師服務	全程參與	
奠禮儀式	工作人員分派	司儀、襄儀、祭文宣讀、服務引導等人員安排	指派奠儀收付人員、指定親友擔任接待	
	喪葬禮儀、服制穿戴指導	指派禮儀師或專業禮儀人員服務	配合穿戴及禮儀指導	
	典禮進行	依儀式進行	排定公祭單位順序、致謝	
	場地善後	指派專人辦理	指定數位親友協助監督	

發引安葬	□○○		
	■○○○○○	指派專人扶棺護送、交通安排、法事、祭品等提供	全程參與
	□○○		
	□○○○○○○		
埋葬或存放設施	■甲方自備		
	□乙方代訂	設施代訂、帶看、協助訂約	（與第三者另訂契約）
	□乙方提供		
後續事宜	悲傷輔導	指派禮儀師或專人慰問	
	紀念日提醒	印製書面提醒單	
結帳	款項結清、契約完成	檢據請款	付清本契約價款

文件 C

（附件○）○○○○○書

本　弘海生命禮儀股份有限公司　　　　　　　　（乙方）依據與＿＿＿＿＿（甲方）所簽「弘海生命殯葬服務契約」（契約編號：第○○○○○○號）約定，接運李金河（丙方）遺體。切結事項如下：

一、接體人員姓名：＿＿＿＿＿　國民身分證統一編號：＿＿＿＿＿＿

　　　　　　姓名：＿＿＿＿＿　國民身分證統一編號：＿＿＿＿＿＿

二、該遺體經甲方確定　李金河　（丙方）無訛。簽名：＿＿＿＿＿＿＿＿

此致

_____（甲方）

切 結 人：　　　　　　（乙方）

代 表 人：

通訊地址：

聯絡電話：

中　　華　　民　　國　　　　年　　　　月　　　　日

347

（附件○）○○○○○○○書

_____（甲方）與 弘海生命禮儀股份有限公司（乙方）簽定「弘海殯葬服務契約」（契約編號：第○○○○○○號），今乙方已依約提供殯葬服務，且內容與品質均合乎約定，本契約之帳款業已結清，雙方同意本契約已完成無訛，特此確認。

甲方：_____（簽章）
國民身分證統一編號：
通訊地址：

乙方：_____（簽章）
代表人：
營利事業統一編號：
通訊地址：

中　　華　　民　　國　　　年　　　月　　　日

（附件○）○○○○○○○○○書

　　本人王○利同意依 李小珍（甲方）與弘海生命禮儀股份有限公司（乙方）簽定之生前殯葬服務契約（契約編號：第○○○○○○號）第七條擔任契約執行人，業已詳細審閱本契約全部條款及了解本契約第五、七、八、九、十一、十四、十八、十九條涉契約執行人之權利義務，並同意於甲方身故後執行本契約。

契約執行人：王○利（簽章）

國民身分證統一編號：○○○○○○○○○○

通訊住址：臺中市○○路○○號○樓之○

聯絡電話：04-○○○○○○○

中　　華　　民　　國　　　103　　年　　　月　　　日

第二站：訃聞、奠禮流程及奠文

請依下列情境由孝男發訃，撰寫傳統訃聞並規劃臺灣傳統家、公奠禮流程及完成奠文撰寫。

蔡○○老先生幼時家境清寒，30歲時為家計之所需離鄉創業經商；其為人誠懇篤實，克勤克儉以興家立業，於商界中仁義待人，樹德典範。

蔡公於中華民國98年4月12日上午8時30分因胃癌病逝臺北市○○醫院，遺體隨即送往臺北市立第二殯儀館冰存；家屬訂於98年4月20日下午1時整於該館○○廳舉行家奠禮，1時30分舉行公奠，2時整大殮蓋棺，發引安葬新北市萬里區○○墓園。

蔡○○老先生生於民國7年7月11日，生前育有子2人、媳2人（張姓、林姓）、女1人（適陳）、男孫3人、女孫2人、男外孫2人；妻尚存（吳姓），胞弟1人，胞弟媳（李姓），侄1人，侄女1人。

相關條件：

1. 不收賻儀、輓額、花籃、花圈等
2. 行禮方式：護喪妻（或妻）行鞠躬禮、孝眷（含女婿）行三跪九叩禮、孝侄（含侄女）行一跪三叩禮、亡者之胞弟（弟媳）、族親、外家及姻親代表行鞠躬禮。基於性別平權的觀念，護喪妻排於家奠禮首位奠拜。
3. 公奠單位計有：新北市○市長○○先生、立法院○立法委員○○女士、新北市議會○議員○○先生、○○○○股份有限公司（總經理及同仁代表）、（社團法人）○○○○協會（理事長及協會代表）、（亡者）○○中學同窗會（同窗代表）

第一題：訃聞

(1) 蔡公　諱○○府君　(2) 中華民國九十八年四月十二日（農曆三月○日）星期○上午八時三十分病逝於○○醫院　(3) 民國七年七月十一日　(4) 九十二歲　享壽　孝男○○○○○○暨全體孝眷等　(5) 當即移靈臺北市立第二殯儀館○○廳　(6)　(7) 謹擇於民國九十八年四月三十日（農曆三月二十五日）星期○下午一時正　(8) ○○廳舉行家奠禮一時三十分公奠二時整　(9) 隨即　(10) 新北市萬里區○○墓園　(11)

寅鄉友戚親姻

證 (12)

聞

孝媳 (13)　張○○　林○○　○○　○○
孝女　○○（適陳）

孝孫 (14)　陳○○　○○　○○　○○
孝孫女　○○　○○
孝外孫　陳○○　陳○○

(15)　○○

孝姪 (16)　李○○　○○
孝姪女　○○　吳○○

(17)

輓聯　賻儀　花籃　花圈 (18)
花圈 (19)

同　泣　啓

351

第二題：奠禮流程

1.家奠禮（孝男、孝媳、孝女、孝女婿站立於答禮位置）

項次	程序儀節	孝眷行禮方式	備註
1	告靈	略	
2	蔡公○○老先生家奠禮開始，奏樂	略	
3	護喪妻（或妻）為亡夫獻奠	鞠躬禮	
4	＿＿＿(1)＿＿＿獻奠	＿＿＿(2)＿＿＿	
5	女婿獻奠	三跪九叩禮	
6	孝孫、孝孫女獻奠	三跪九叩禮	
7	＿＿＿(3)＿＿＿獻奠	＿＿＿(4)＿＿＿	
8	＿＿＿(5)＿＿＿獻奠	＿＿＿(6)＿＿＿	
9	孝侄、孝侄女獻奠	＿＿＿(7)＿＿＿	
10	宗親代表獻奠	鞠躬禮	
11	＿＿＿(8)＿＿＿獻奠	鞠躬禮	
12	姻親代表獻奠	鞠躬禮	

2. 公奠禮（孝男、孝媳、孝女、孝女婿站立於答禮位置）

項次	程序儀節		孝眷行禮方式	備註
1	公奠禮開始前五分鐘，向與會人員報告：「蒞會機關首長、公司團體代表、各位來賓、各位親友，蔡公○○老先生公奠禮，預定於下午一時三十分舉行，尚未就座者請進入會場就座；尚未登記公奠之單位，請向公奠登記處登記，謝謝。」請孝眷於靈前就位，襄儀（禮生）就位。		略	
2	(9) ，奏樂		略	
3	孝眷代表致謝詞 （致謝詞完畢後）請孝眷退回答禮位置			
4	蔡公○○老先生「生平事略」介紹（或以回憶錄播放 VCR）		（播放回憶錄時，孝眷以不遮擋螢幕位置站立觀看。）	
5	機關首長暨民意代表獻奠	請新北市○市長○○先生靈前獻奠	孝眷行鞠躬禮致謝	
		請 (10) 靈前獻奠		
		請 (11) 靈前獻奠		
6	公司團體代表獻奠	請○○○○協會公奠，主奠者靈前就位、與（陪）奠者靈前就位	孝眷行鞠躬禮致謝	
		請 (12) 公奠，主奠者靈前就位、與（陪）奠者靈前就位		
		請 (13) 公奠，主奠者靈前就位、與（陪）奠者靈前就位		
7	(8)			
8	禮成，奏樂		略	
9	瞻仰遺容			
10	吉時到，大殮蓋棺			

353

11	封釘禮	請宗親族長執斧，孝眷跪於靈柩兩側		
12	繞棺	眷繞棺三匝（跪爬或站立行走皆可）		
13	發引（啓靈禮）			
14	(15)		孝眷於禮堂前跪謝親友並請親友留步	

第三題：奠文撰寫

請依題目所述之情境由子女撰寫傳統體例之奠父文（哀章），參用下列語詞範例，選擇下列參考語詞適當之詞彙引用至各列句空格中，並依奠文撰寫結構調整列句（A~M）次序前後排列位置，撰寫正確奠文於答案紙。

奠文撰寫結構：(1) 稱頌死者之出身……

(2) 讚美其嘉言懿行……

(3) 期望其多造福……

(4) 對亡者之感念……（得視題目之內容）

參考語詞：夢入黃粱　淚灑三觴　幼承庭訓　德星忽殞

筆路襤褸　碩德闛闛　來格來嘗　三牲醴酒

奠文例句：㈠請就上列參考語詞，擇一適當語詞填入答案紙本作答區。

㈡再依正確結構將奠文重組，於答案紙本作答區依序填入正確代碼。

A. 年高德劭　福祿康祥

B. 陽居^{不孝男}○○、○○暨全體孝眷，謹以＿＿＿(1)＿＿＿之儀跪奠於

C. 吾父有知＿＿＿(2)＿＿＿

D. 父親大人之靈前，哀言曰：嗚呼

E. 今茲家奠＿＿＿(3)＿＿＿親友偎聚　醴酒頻斟

F. 嗚呼哀哉　伏惟　尚饗

G. 胡天不佑＿＿＿(4)＿＿＿藥石罔效　無術返魂

H. 中華民國九十八年○月○○日歲次己丑年○月○○日之良辰

I. 館舍驟捐　路隔參商　哲人遽萎＿＿＿(5)＿＿＿

354

J. 篤信忠悼　閭里稱揚＿＿＿(6)＿＿＿默默耕耘

K. 緬懷父親　和藹慈祥＿＿＿(7)＿＿＿賦性聰穎

L.　　　　　　　維

M. 克勤克儉　家境漸昌＿＿＿(8)＿＿＿戚友同欽

陸、第一站及第二站術科試題答題參考範例

第一站：治喪流程規劃書與殯葬服務定型化契約實務技能

第一題：治喪流程規劃書（60分）

（採扣分制，書寫錯誤內容或未填寫者每格扣5分，簡體（化）字、錯別字每格每字扣1分）

題號	答案	題號	答案
(1)	殯儀館	(12)	棺內用品
(2)	死亡證明	(13)	99年6月3日
(3)	14	(14)	遺體先入棺但不封棺
(4)	殯儀館	(15)	引導跪拜、襄助儀式進行
(5)	免報備	(16)	火化後暫厝
(6)	免申請	(17)	暫厝
(7)	訃聞核稿及印製	(18)	正式晉塔
(8)	99年5月26日	(19)	安厝
(9)	甲	(20)	99年8月27日

(10)	禮堂布置	(21)	100 年 4 月 8 日
(11)	99 年 6 月 2 日		

第二題：殯葬服務定型化契約實務技能（40 分）

一、填空及選擇

　　（採扣分制，書寫錯誤內容或未填寫者每格扣 5 分，簡體（化）字、錯別字每格每字扣 1 分）

題號	答案	題號	答案
(1)	3	(9)	遺體接運切結書
(2)	李金河	(10)	C
(3)	B	(11)	殯葬服務完成確認書
(4)	項目、規格及價格	(12)	A
(5)	全部服務完成	(13)	四
(6)	發票	(14)	二
(7)	B	(15)	保密
(8)	接獲甲方通知		

二、契約完整度（請依契約附件規定順序，以 A、B、C、D 等文件編號由上至下填入指定括弧空格內

（採扣分制，書寫錯誤內容或未填寫者每格扣 10 分，本項契約完整度最高扣 10 分）

順序	文件編號
1	文件（ A ）
2	文件（ B ）
3	文件（ C ）
4	文件（ D ）

第二站：訃聞、奠禮流程及奠文

第一題：訃聞（40 分）

（採扣分制，書寫錯誤內容或未填寫者每格扣 5 分，簡體（化）字、錯別字每格每字扣 3 分）

題號	答案	題號	答案
(1)	顯考	(11)	叨在
(2)	慟於	(12)	哀此訃
(3)	距生於	(13)	孝男
(4)	享耆壽	(14)	孝女婿
(5)	隨侍在側	(15)	胞弟
(6)	親視含殮	(16)	胞弟媳
(7)	遵禮成服	(17)	護喪妻
(8)	假該館	(18)	懇辭
(9)	大殮蓋棺	(19)	族繁不及備載
(10)	發引安葬		

第二題：奠禮流程（30 分）

（採扣分制，書寫錯誤內容或未填寫者每格扣 5 分，簡體（化）字、錯別字每格每字扣 3 分）

題號	答案	題號	答案
(1)	孝男、孝媳、孝女	(9)	蔡公〇〇老先生公奠禮開始
(2)	三跪九叩禮	(10)	立法院〇立法委員〇〇女士
(3)	（孝）外孫	(11)	新北市議會〇議員〇〇先生
(4)	三跪九叩禮	(12)	〇〇〇〇股份有限公司
(5)	胞弟、胞弟媳	(13)	〇〇中學同窗會
(6)	鞠躬禮	(14)	個別來賓自由拈香
(7)	一跪三叩禮	(15)	辭客
(8)	（亡者配偶的）外家代表		

第三題：奠文寫作（30分）

一、填空（20分）

（採扣分制，書寫錯誤內容或未填寫者每格扣5分，簡體（化）字、錯別字每格每字扣3分）

題號	答案	題號	答案
(1)	三牲醴酒	(5)	德星忽殞
(2)	來格來嘗	(6)	篳路襤褸
(3)	淚灑三觴	(7)	幼承庭訓
(4)	夢入黃粱	(8)	碩德闈闡

二、重組：請依奠文體例結構依序將例句英文代碼A～M填入括號中（10分）（每錯1格扣2分）

順序	英文代碼
1	(L)
2	(H)
3	(B)
4	(D)
5	(K)
6	(J)
7	(M)
8	(A)
9	(G)
10	(I)
11	(E)
12	(C)
13	(F)

柒、附表

一、喪禮服務乙級術科第一站及第二站測試統一用字表

（作答時如遇下列用語，應依本表之統一用字書寫，否則比照錯別字、簡體（化）字，予以扣分）

用字舉例	統一用字	說　　明
公布、分布、頒布	布	
徵兵、徵稅、稽徵	徵	
部分、身分	分	
帳、帳目、帳戶	帳	
韭菜	韭	
礦、礦物、礦藏	礦	
釐訂、釐定	釐	
使館、 館、圖書館	館	
穀、穀物	穀	
行蹤、失蹤	蹤	
妨礙、障礙、阻礙	礙	
贍餘	贍	
占、占有、獨占	占	
牴觸	牴	
雇員、雇主、雇工	雇	名詞用「雇」
僱、僱用、聘僱	僱	動詞用「僱」
贓物	贓	
黏貼	黏	
計畫	畫	名詞用「畫」
策劃、規劃、擘劃	劃	動詞用「劃」
蒐集	蒐	
菸 、菸酒	菸	
儘先、盡量	儘	
麻類、亞麻	麻	
電表、水表	表	

擦刮	刮	
拆除	拆	
磷、 化磷	磷	
貫徹	徹	
澈底	澈	
祇	祇	副詞
並	並	連接詞
聲請	聲	對法院用「聲請」
申請	申	對行政機關用「申請」
關於、對於	於	
給與	與	給與實物
給予、授予	予	給予名位、榮譽等抽象事物
紀錄	紀	名詞用「紀錄」
記錄	記	動詞用「記錄」
事蹟、史蹟、遺蹟	蹟	
蹤跡	跡	
糧食	糧	
覆核	覆	
復查	復	
複驗	複	
拈香、自由拈香	拈	
內、棺內用品、殯儀館內、自宅內	內	
證明、死亡證明書	證	
辭客、辭生	辭	
禮、奠禮、鞠躬禮	禮	
訃聞	聞	
核稿及印製	製	
貳拾萬元	貳	
參萬元	參	
伍仟元	仟	
陸佰元	佰	

遺體		體	

備註：本表統一用字係依中華民國 62 年 3 月 13 日立法院（第 1 屆）第 51 會期第 5 次會議及中華民國 75 年 11 月 25 日第 78 會期第 17 次會議認可及教育部《重編國語辭典修訂本》編製而成。

二、喪禮服務乙級術科第一站及第二站測試同義字詞表

（作答時如遇下列用語，使用同義字詞不予扣分）

字詞舉例	同義字詞
自宅	住家、住宅、喪宅
移動式冰櫃	移動式 藏冰櫃、移動式 凍冰櫃、移動式 藏櫃、移動式 凍櫃
出殯行經路線	出殯路線、出殯經過路線
禮堂搭設及布置	禮堂布置、靈堂搭設及布置、告別式會場搭設及布置、奠禮會場搭設及布置、式場搭設及布置、會場搭設及布置（布與佈同義）
棺內用品	壽內用品、入殮用品
安厝	奉厝、安奉、奉安
遺體入棺	遺體入殮、遺體大殮
封棺	封釘、封柩
孝服	喪服
襄儀人員	襄儀
關懷輔導	後續關懷
訃聞核稿及印製	訃聞校稿及印製、訃聞核對及印製、訃聞校對及印製
晉塔	進塔
引導跪拜	引導奠（祭）拜、引導家公奠（祭）
襄助儀式進行	協助儀式進行、幫助儀式進行
先慈	先妣、先母
先嚴	先考、先父
全泣啓	同泣啓、全泣啓
孝侄、侄	孝姪、姪

捌、第一站及第二站術科測試時間配當表

第一站及第二站（與當梯次學科測試日期同一日）

時間	內容	備註
13：50	應檢人入場	
14：00－16：00	第一站、第二站測試	實際測試時間及日期依據當年度全國技術士技能檢定簡章及測試通知單辦理

玖、第三站應檢人須知

一、術科測試第三站為「奠禮會場布置與主持實務技能」，採「現場實作測試」。

二、應檢人應攜帶身分證、准考證及術科測試通知單，於測試前 20 分鐘辦妥報到手續。

三、應檢人應按時進場，測試時間開始後 15 分鐘尚未進場者，不准進場。

四、應檢人不得攜帶規定以外的器材或資料進場；使用墊板、筆盒（或筆袋）時，應以透明材質為原則。違反者相關項目的成績不予計分。

五、應檢人依場次和測試號碼參加測試，同時應檢查術科辦理單位提供之設備機具、材料，如有疑義，應即告知監評人員處理，測試開始後，不得再提出。

六、應檢人對於測試器材之使用應注意安全，如發生意外傷害，應自負一切責任。

七、測試時間開始或停止，須依照監評人員指示進行，不得自行提前或延後。

拾、第三站術科測試場地機具設備表

（3 崗位）

項目	名稱	規格	單位	數量	備註
1	長條桌	長 × 寬 180 公分（±5 公分）×60 公分（±5 公分）	張	6	
2	桌罩	須依長條桌長寬高尺寸訂製，並罩住整張桌子，一體成形。	條	6	

3	禮謝文具組	題名簿、禮簿、謝卡、簽字筆×4、公奠單	份	3	
4	簽名處桌牌	29.7公分（+2公分）×10.8公分（+2公分）×7公分（+2公分）三角型立牌	個	3	
5	文具組（監評人員使用）	尺45公分、鉛筆、橡皮擦、紅藍筆各1、訂書機（針）	份	6	
6	收賻處桌牌	29.7公分（+2公分）×10.8公分（+2公分）×7（+2公分）三角型立牌	個	3	
7	三牲	素食果凍材質，並以真空包裝完整的魚、雞、豬肉三牲。	付	3	
8	牲禮盤	30公分（±5公分）×50公分（±5公分）	個	3	
9	神主牌位	30公分（±2公分）×10公分（±2公分）（紙製或木製）	個	3	
10	香爐	圓型不易破碎材質【12公分（+3公分）高】	個	3	
11	爵杯	圓形金屬製（高5公分（±1公分））	個	9	
12	敬茶杯	圓形瓷製（高5公分（±1公分））	個	9	
13	礦泉水	礦泉水（約600ml瓶裝）	瓶	3	
14	國旗	正7號規格-120公分（±5公分）×180公分（±5公分）尼龍/布製	面	3	
15	長尾夾	2吋	個	12	
16	托盤（承國旗用）	L42.7公分（±5公分）×W30.3公分（±5公分）（P.P材質）	個	3	
17	水果	水果（模型/4樣不同水果）	個	12	
18	水果盤	高腳盤，材質為木質、金屬、美耐皿皆可。	個	12	
19	黃絲帶胸花	100裝/包	包	3	

20	五味菜碗＋飯＋筷子	飯 1 碗、菜 5 碗，共計 6 碗 pvc 圖 +6mm 合成板共 6 樣，黏貼於塑膠碗內	份	3	
21	獻花圈	獻花圈（直徑 60 公分（±5 公分））	個	3	
22	立式三腳架	立式三腳架高 120 公分（±10 公分）	個	3	
23	獻花籃（含緞帶製花束）	緞帶花製——花束／籃	份	3	
24	獻果籃（含模型水果）	水果模型 4 個 */ 籃	份	3	
25	主奠者指示牌	長 29.7 公分（±1 公分）× 寬 10.8 公分（±1 公分）× 高 7 公分（±1 公分）三角型立牌	個	3	
26	陪奠者指示牌	長 29.7 公分（±1 公分）× 寬 10.8 公分（±1 公分）× 高 7 公分（±1 公分）三角型立牌	個	3	
27	實體棺木	標誌有福字與壽字實體棺木——至少長 200× 寬 61× 高 58 公分	個	3	不可用紙箱或木箱替代
28	懇辭奠儀立牌	至少長 29.7× 寬 10.8× 高 7 公分三角型立牌	個	3	
29	司儀臺	材質不拘，檯面可供司儀書寫；至少高 70× 寬 45× 深 30 公分。	個	3	
30	麥克風	無線手持式麥克風，不必裝設擴音器。	個	3	
31	靈檯	一、規格：2 層式，上下層間距至少 50 公分，寬面至少 3 公尺、高度至少 1.5 公尺、深度至少 1 公尺。 二、祭檯擺設：桌裙、遺像框（含座）、緞帶花（以鋪滿上層檯面為原則）、燈 2 座、上下層桌裙，後遮布	組	3	

		幔、祭檯上層背景圖（應高於祭檯最上層 1 公尺、且寬度不得小於祭檯寬面）。			
32	靈桌	90×90 公分，不限材質，2 張合併使用	張	6	
33	靈桌用桌巾	90×180 公分，訂製桌巾	張	3	
34	白紙	A4	張	6	
35	花籃	緞帶花，寬 50 公分（±5 公分）× 高 90 公分（±5 公分）	個	30	
36	家屬致贈花籃之稱謂名牌	至少寬 15× 長 20 公分護貝打洞含掛鉤（掛在花籃上方）	個	30	
37	棺車	承載棺木用推車，有固定車輪之踏板。	臺	3	
38	背景布幔	高至少 2.7 公尺，寬至少 3 公尺	組	3	
39	靈檯上層背景圖	不得小於靈檯寬面，背景圖案內容不拘	組	3	
40	監評人員桌椅		組	6	
41	計時器		個	6	
42	時鐘		個	1	置於測試場內，作為各場次測試計時之依據

拾壹、第三站術科試題說明

一、試題名稱：奠禮會場布置與主持實務技能

二、測試時間：一小時

三、試題編號：20300-108206

四、測試說明：

　　㈠採實際操作方式，由監評人員現場評分。

㈡本站計有二個階段，配分合計 100 分，第一階段為奠禮會場布置，測試時間 20 分鐘；第二階段為奠禮主持，測試時間 40 分鐘（含場地恢復時間 10 分鐘）。應檢人必須於測試時間內完成奠禮會場布置後，再進行奠禮主持的測試，並於儀式結束後完成恢復場地。

㈢試題決定方式：測試前由每場到場應檢人術科編號最小者依序進行抽籤，抽籤結果應由監評人員註記於各應檢人評審表上，以確定該場次測試情境（依抽籤結果，同場次應檢人可能測試不相同情境）。

五、第一階段奠禮會場布置操作說明：

㈠請依抽題情境進行奠禮會場相關物品之布置，測試時間 20 分鐘。

㈡本測試情境三種模式如下：

1. 情境 A：一般模式（胞兄、孝侄、外甥致贈花籃）
2. 情境 B：懇辭奠儀（女婿、孝侄、外孫致贈花籃。使用立式獻花圈）
3. 情境 C：懇辭花籃

㈢三種情境之會場布置標準如附圖一至附圖三。每個情境均須完成覆旗儀式前之國旗摺疊，摺疊法請參考附圖四。

㈣應檢人進入奠禮會場時，將會場準備區之相關禮器與物品，移動至會場進行布置，（如收賻桌整體布置及禮謝文具擺放）、簽到桌整體布置、靈桌整體布置、靈柩、主奠者與陪奠者指示牌、覆旗國旗摺疊後放置於托盤之準備等，鑑於國人靠右行進及避免進出會場的動線重疊，簽名桌及收賻桌一致規定擺放於面對會場之右側。神主牌位置依照圖示的方向（與桌緣形成之角度不得大於 15 度）及位置（不得偏離 10 公分）。

㈤應檢人於第一階段測試後，才可進行第二階段奠禮主持測試。

㈥響應環保與回應部分縣市政府推動電子輓聯之做法，故測試以花籃布置為主，不考輓聯懸掛。

六、第二階段奠禮主持測試操作說明：

㈠「奠禮主持」請依抽題情境主持家奠、公奠儀式，測試時間 30 分鐘；奠禮主持測試結束後，場地回復原狀，測試時間 10 分鐘。

㈡應檢人進入本階段測試後，不得再針對奠禮會場中之布置進行調整，否則「奠禮會場布置」乙項測試扣 50 分。

㈢實際測試請依抽題內容按正確順序主持家奠、公奠儀式，請參考附件 1、

2。

㈣應檢人在會場中就司儀位置，可以使用考場提供之空白 A4 紙現場製作主持程序之草稿及據此於主持時以國語宣讀，並按照附件 1 參考範例語法格式應檢，奠禮主持時間（含製作草稿）不得超過 30 分鐘，超過時間及用非國語應試者本項測試扣 50 分，草稿內容不列入評分標準，但測試完應繳回。草稿紙及抽題情境題目紙未繳回或攜出考場者，本項測試扣 50 分。

㈤考場提供草稿撰擬材料僅作為應檢人測試中提詞與協助記憶之用，應檢人亦可不製作草稿逕行應試，惟不可據此要求增加考試時間。完成草稿後，應告知監評人員開始進行奠禮主持測試，全部流程僅能執行一次，不得自行喊停，要求從頭再做。自行重複流程主持或奠禮主持中出現笑場者，本階段測試扣 50 分。

㈥應檢人於測試時間內進行奠禮主持完後並將奠禮會場布置用品歸位，經監評人員同意即可離場。

附圖一、情境 A：一般模式之奠禮會場布置標準圖（使用獻花籃）

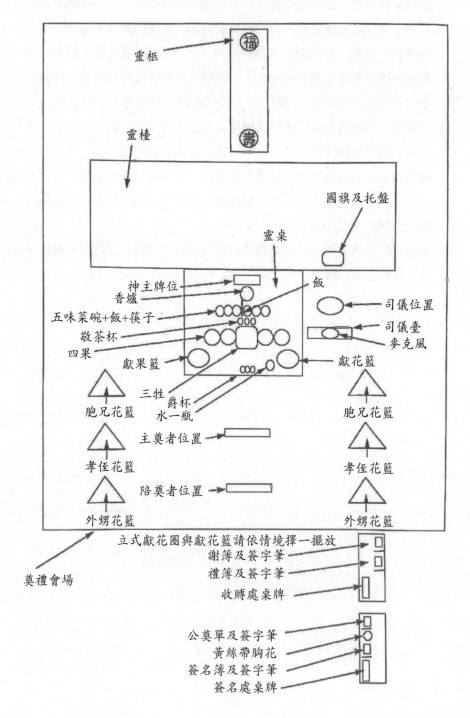

靈柩

福

壽

靈幃

國旗及托盤

靈桌

神主牌位
香爐
五味菜碗+飯+筷子
敬茶杯
四果
獻果籃

飯

司儀位置

司儀臺
麥克風

獻花籃

三牲
爵杯
水一瓶

胞兄花籃

胞兄花籃

主奠者位置

孝侄花籃

孝侄花籃

陪奠者位置

外甥花籃

外甥花籃

奠禮會場

立式獻花圈與獻花籃請依情境擇一擺放
謝簿及簽字筆
禮簿及簽字筆
收賻處桌牌

公奠單及簽字筆
黃絲帶胸花
簽名簿及簽字筆
簽名處桌牌

附圖二、情境 B：懇辭奠儀之奠禮會場布置標準圖（使用立式獻花圈）

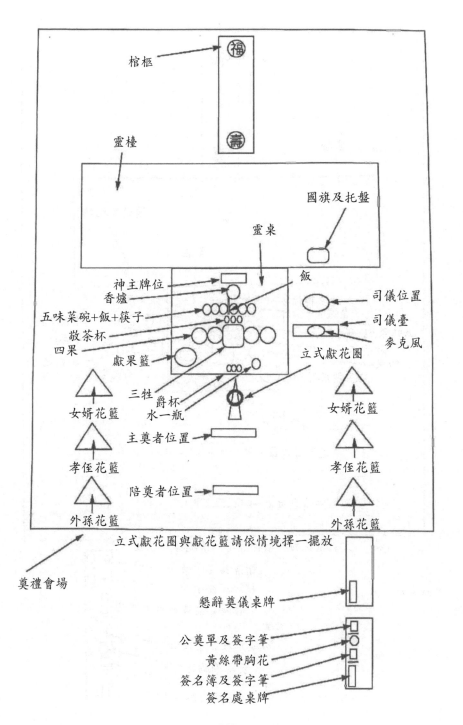

棺柩

福

壽

靈檯

國旗及托盤

靈桌

神主牌位
香爐
五味菜碗＋飯＋筷子
敬茶杯
四果
獻果籃

飯

司儀位置

司儀臺

麥克風

立式獻花圈

女婿花籃

三牲
爵杯
水一瓶

女婿花籃

主奠者位置

孝侄花籃

孝侄花籃

陪奠者位置

外孫花籃

外孫花籃

立式獻花圈與獻花籃請依情境擇一擺放

奠禮會場

懇辭奠儀桌牌

公奠單及簽字筆
黃絲帶胸花
簽名簿及簽字筆
簽名處桌牌

附圖三、情境 C：懇辭花籃之奠禮會場布置標準圖（使用獻花籃）

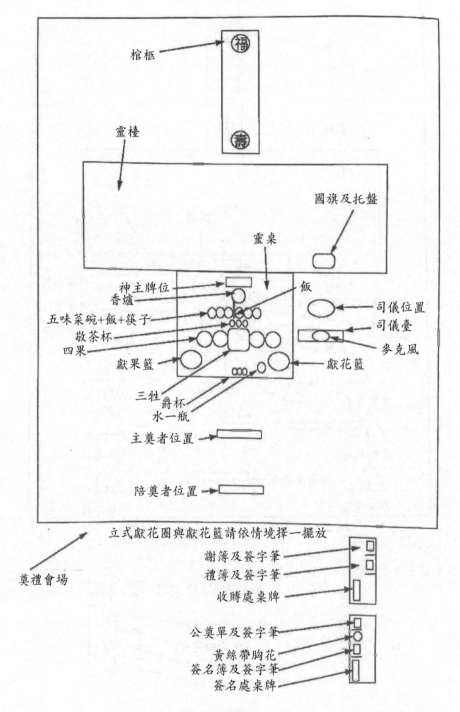

附圖四、覆旗儀式前國旗摺疊法標準圖

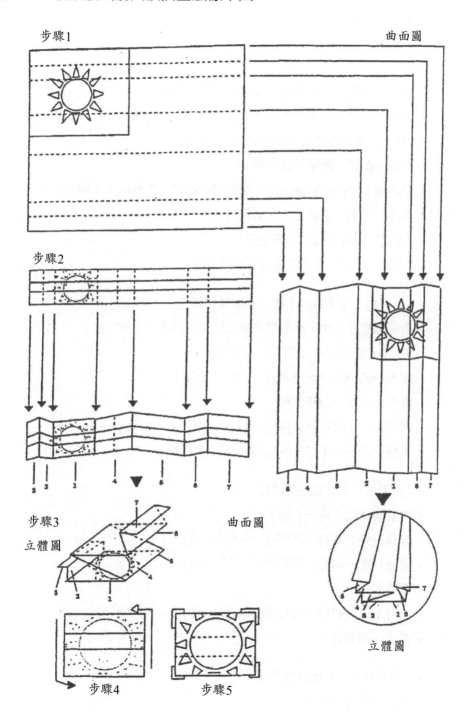

步驟1　　　　　　　　　　　　　　　　　　曲面圖

步驟2

步驟3　　　　　　　　　　　曲面圖
立體圖

步驟4　　　步驟5

立體圖

附件 1：【參考範例】

※ 以下亡者、家屬姓名及公奠單位名稱係採用「捌、測試試題範例」（第 21 頁）
之情境

　　㈠家奠

- 故王英雄先生出殯奠禮，家奠禮開始，奏樂。
- 孝男、孝媳、孝女靈前就陪奠者位置→跪（主奠者後方）。
- （護喪）妻林美麗女士靈前就主奠者位置。
- 上香→獻花→獻果→獻香茗。
- 恭讀奠文→向夫君靈位行三鞠躬禮→鞠躬、再鞠躬、三鞠躬。
- 禮成→孝男、孝媳、孝女請起立。
- （護喪）妻林美麗女士請復位。
- （孝男、孝媳、孝女請退回答禮位置。）

- （接下來）由孝男、孝媳、孝女靈前就位。
- 由孝男擔任主奠，孝媳與孝女就陪奠者位置→上香。
- 獻花→跪→叩首、再叩首、三叩首→起。
- 獻果→跪→叩首、再叩首、六叩首→起。
- 獻香茗→跪→恭讀哀章。
- 向父親大人靈位行哀奠禮→叩首、再叩首、九叩首→起。
- 禮成→孝男、孝媳、孝女請退回答禮位置。

- （接下來）由女婿靈前就位。
- 由女婿擔任主奠→上香。
- 獻花→跪→叩首、再叩首、三叩首→起。
- 獻果→跪→叩首、再叩首、六叩首→起。
- 獻香茗→跪。
- 向岳父大人靈位行哀奠禮→叩首、再叩首、九叩首→起。
- 禮成→請復位。

- （接下來）由外孫靈前就位。
- 由外孫擔任主奠→上香。

- 獻花→跪→叩首、再叩首、三叩首→起。
- 獻果→跪→叩首、再叩首、六叩首→起。
- 獻香茗→跪。
- 向外祖父大人靈位行哀奠禮→叩首、再叩首、九叩首→起。
- 禮成→請復位。

- （接下來）請王英雄先生的胞兄、胞兄嫂、胞妹、胞妹婿靈前就位。
- 兩側孝眷長跪
- 由胞兄擔任主奠，胞兄嫂、胞妹、胞妹婿就陪奠者位置。
- 上香→獻花→獻果→獻香茗。
- 向胞弟、胞兄之靈位行三鞠躬禮→鞠躬、再鞠躬、三鞠躬。
- 禮成→家屬答禮，請復位。
- 兩側孝眷起立

- （接下來）請王英雄先生的內兄、姨妹、襟弟靈前就位。
- 兩側孝眷長跪。
- 由內兄擔任主奠，姨妹、襟弟就陪奠者位置。
- 上香→獻花→獻果→獻香茗。
- 向妹夫、姊夫、襟兄之靈位行三鞠躬禮→鞠躬、再鞠躬、三鞠躬。
- 禮成→家屬答禮，請復位。
- 兩側孝眷起立

- （接下來）請王英雄先生的堂兄、表姊靈前就位。
- 兩側孝眷長跪。
- 由堂兄擔任主奠，表姊就陪奠者位置。
- 上香→獻花→獻果→獻香茗。
- 向堂弟、表弟之靈位行三鞠躬禮→鞠躬、再鞠躬、三鞠躬。
- 禮成→家屬答禮，請復位。
- 兩側孝眷起立

- （接下來）由王英雄先生的孝侄（侄子）、孝侄女（侄女）靈前就位。
- 由孝侄（侄子）擔任主奠，孝侄女（侄女）就陪奠者位置。

- 上香→獻花→獻果→獻香茗→跪。
- 向叔父大人靈位行哀奠禮
- 叩首、再叩首、三叩首→起。
- 禮成→家屬答禮，請復位。

- （接下來）由王英雄先生的外甥、外甥女靈前就位。
- 由外甥擔任主奠，外甥女就陪奠者位置。
- 上香→獻花→獻果→獻香茗→跪。
- 向舅父大人靈位行哀奠禮。
- 叩首、再叩首、三叩首→起。
- 禮成→家屬答禮，請復位。

- 故王英雄先生出殯奠禮，家奠禮結束，奏樂。

㈡公奠

- 故王英雄先生出殯奠禮，公奠禮開始，奏樂。
- 請王英雄先生治喪委員會公奠。
- 主奠者治喪委員會主任委員張忠孝先生靈前就位。
- 陪奠者治喪委員林仁愛先生靈前就位。
- 下一個公奠單位大河市政府請準備。
- 主奠者就位。
- 陪奠者就位。
- 上香、獻花、獻果。
- 向王英雄先生靈位行鞠躬禮。
- 鞠躬，禮成。
- 家屬答禮，請復位。
- 非常感謝治喪委員會主任委員張忠孝先生暨治喪委員會成員蒞臨致奠。

- （接下來）請大河市政府公奠。
- 主奠者市長王信義先生靈前就位。
- 下一個公奠單位立法委員黃甲乙服務處請準備。
- 主奠者就位。

- 上香、獻花、獻果。
- 向王英雄先生靈位行鞠躬禮。
- 鞠躬，禮成。
- 家屬答禮，請復位。
- 非常感謝市長王信義先生蒞臨致奠。

- （接下來）請立法委員黃甲乙服務處公奠。
- 主奠者立法委員黃甲乙先生靈前就位。
- 下一個公奠單位大河市議員吳丙丁服務處請準備。
- 主奠者就位。
- 上香、獻花、獻果。
- 向王英雄先生靈位行鞠躬禮。
- 鞠躬，禮成。
- 家屬答禮，請復位。
- 非常感謝立法委員黃甲乙先生蒞臨致奠。

- （接下來）請大河市議員吳丙丁服務處公奠。
- 主奠者（市）議員吳丙丁先生靈前就位。
- 下一個公奠單位中河區公所請準備。
- 主奠者就位。
- 上香、獻花、獻果。
- 向王英雄先生靈位行鞠躬禮。
- 鞠躬，禮成。
- 家屬答禮，請復位。
- 非常感謝（市）議員吳丙丁先生蒞臨致奠。

- （接下來）請中河區公所公奠。
- 主奠者區長林和平先生靈前就位。
- 下一個公奠單位小河里里長辦公室請準備。
- 主奠者就位。
- 上香、獻花、獻果。

- 向王英雄先生靈位行鞠躬禮。
- 鞠躬，禮成。
- 家屬答禮，請復位。
- 非常感謝區長林和平先生蒞臨致奠。

- （接下來）請小河里里長辦公室公奠。
- 主奠者里長呂八德先生靈前就位。
- 下一個公奠單位小河里義工隊請準備。
- 主奠者就位。
- 上香、獻花、獻果。
- 向王英雄先生靈位行鞠躬禮。
- 鞠躬，禮成。
- 家屬答禮，請復位。
- 非常感謝里長呂八德先生蒞臨致奠。

- （接下來）請小河里義工隊公奠。
- 主奠者隊長康壬癸先生靈前就位。
- 下一個公奠單位東方木業公司請準備。
- 主奠者就位。
- 上香、獻花、獻果。
- 向王英雄先生靈位行鞠躬禮。
- 鞠躬，禮成。
- 家屬答禮，請復位。
- 非常感謝隊長康壬癸先生蒞臨致奠。

- （接下來）請東方木業公司公奠。
- 主奠者董事長游綠木先生靈前就位。
- 主奠者就位。
- 上香、獻花、獻果。
- 向王英雄先生靈位行鞠躬禮。
- 鞠躬，禮成。

- 家屬答禮，請復位。
- 非常感謝董事長游綠木先生蒞臨致奠。

- 故王英雄先生出殯奠禮，公奠禮結束，奏樂。

拾貳、第三站術科測試試題範例

第三站：奠禮會場布置與主持實務技能

一、情境說明

　　居住於大河市且任職該市警察局的王英雄先生，生於民國 60 年 5 月 4 日，103 年 8 月 1 日上午 2 時 10 分執行巡邏勤務時，因公殉職，謹擇於 103 年 8 月 20 日上午 9 時至 11 時假大河市立殯儀館景行廳舉行家、公奠禮，經協調與確認奠禮中必須舉行覆蓋國旗於靈柩之儀式。王英雄先生之相關資料如下：

(一)王英雄先生與其家人之宗教信仰：一般佛道教

(二)王英雄家屬成員：
- 父親、母親、岳父、岳母
- 妻子林美麗（備有奠文）
- 長子 1 人、長媳 1 人、女兒 1 人（備有哀章）
- 女婿 1 人
- 外孫 1 人
- 胞兄 1 人、胞兄嫂 1 人、胞妹 1 人、胞妹婿 1 人
- 內兄 1 人，姨妹 1 人、襟弟 1 人
- 堂兄 1 人，表姊 1 人
- 侄子 1 人，侄女 1 人
- 外甥 1，外甥女 1 人

(三)公奠單位／主奠者：
- 治喪委員會／主任委員張忠孝先生及陪奠者治喪委員林仁愛先生
- 大河市政府／市長王信義先生
- 中河區公所／區長林和平先生
- 小河里里長辦公室／里長呂八德先生
- 立法委員黃甲乙服務處／立法委員黃甲乙先生

- 大河市議員吳丙丁服務處 /（市）議員吳丙丁先生
- 小河里義工隊 / 隊長康壬癸先生
- 東方木業公司 / 董事長游綠木先生

㈣會場準備區備有下列禮器與物品，包含

1. 長條桌 *2

2. 桌巾 *3

3. 禮謝文具組

4. 簽名處桌牌

5. 懇辭奠儀桌牌

6. 收賻處桌牌

7. 三牲

8. 牲禮塑膠盤子

9. 神主牌位

10. 香爐

11. 爵杯

12. 敬茶杯

13. 礦泉水

14. 國旗及托盤

15. 水果盤及水果

16. 黃絲帶胸花

17. 五味菜碗 + 飯 + 筷子

18. 立式獻花圈

19. 獻花籃

20. 獻果籃

21. 主奠者指示牌

22. 陪奠者指示牌

23. 棺柩

24. 司儀臺

25. 麥克風

26. 靈櫬

27. 靈桌

28. 白紙

29. 花籃與致贈者名牌

二、請依抽題情境進行奠禮會場相關物品之布置，測試時間 20 分鐘。

情境 A

情境 B

情境 C

每個情境均須完成覆旗儀式前之國旗摺疊。

三、「奠禮主持」請依抽題內容按正確順序主持家奠、公奠儀式，測試時間
30 分鐘。

四、依抽題內容主持家奠、公奠儀式結束後，場地回復原狀，測試時間 10 分鐘。

※ 備註：響應環保與回應部分縣市政府推動電子輓聯之做法，故測試以花籃布置
為主，不考輓聯懸掛。

附件 2：【操作範例】

一、奠禮會場布置：（略）

二、奠禮主持：應檢人必須於測試考場就司儀位置，依抽題內容進行家屬成員之
正確順序主持家奠流程，再依執行公奠單位正確順序主持公奠流程。

三、抽題範例：家奠家屬成員包括：

①胞兄、胞兄嫂、胞妹、胞妹婿

②孝男、孝媳、孝女

③外孫

④護喪妻

公奠單位包括：

①大河市政府／市長王信義先生

②東方木業公司／董事長游綠木先生

③大河市議員吳丙丁服務處／（市）議員吳丙丁先生

④治喪委員會／主任委員張忠孝先生及陪奠者治喪委員林仁愛先生

㈠家奠

- 故王英雄先生出殯奠禮，家奠禮開始，奏樂。

- 孝男、孝媳、孝女靈前就陪奠者位置→跪（主奠者後方）。

- 護喪妻林美麗女士靈前就主奠者位置。
- 上香→獻花→獻果→獻香茗。
- 恭讀奠文→向夫君靈位行三鞠躬禮→鞠躬、再鞠躬、三鞠躬。
- 禮成→孝男、孝媳、孝女請起立。
- 護喪妻林美麗女士請復位。
- （孝男、孝媳、孝女請退回答禮位置。）

- （接下來）由孝男、孝媳、孝女靈前就位。
- 由孝男擔任主奠，孝媳與孝女就陪奠者位置→上香。
- 獻花→跪→叩首、再叩首、三叩首→起。
- 獻果→跪→叩首、再叩首、六叩首→起。
- 獻香茗→跪→恭讀哀章。
- 向父親大人靈位行哀奠禮→叩首、再叩首、九叩首→起。
- 禮成→孝男、孝媳、孝女請退回答禮位置。

- （接下來）由外孫靈前就位。
- 由外孫擔任主奠→上香。
- 獻花→跪→叩首、再叩首、三叩首→起。
- 獻果→跪→叩首、再叩首、六叩首→起。
- 獻香茗→跪。
- 向外祖父大人靈位行哀奠禮→叩首、再叩首、九叩首→起。
- 禮成→請復位。

- （接下來）請王英雄先生的胞兄、胞兄嫂、胞妹、胞妹婿靈前就位。
- 兩側孝眷長跪。
- 由胞兄擔任主奠，胞兄嫂、胞妹、胞妹婿就陪奠者位置。
- 上香→獻花→獻果→獻香茗。
- 向胞弟、胞兄之靈位行三鞠躬禮→鞠躬、再鞠躬、三鞠躬。
- 禮成→家屬答禮，請復位。
- 兩側孝眷起立。
- 故王英雄先生出殯奠禮，家奠禮結束，奏樂。

㈡公奠

- 故王英雄先生出殯奠禮，公奠禮開始，奏樂。
- 請王英雄先生治喪委員會公奠。
- 主奠者治喪委員會主任委員張忠孝先生靈前就位。
- 陪奠者治喪委員林仁愛先生靈前就位。
- 下一個公奠單位大河市政府請準備。
- 主奠者就位。
- 陪奠者就位。
- 上香、獻花、獻果。
- 向王英雄先生靈位行鞠躬禮。
- 鞠躬，禮成。
- 家屬答禮，請復位。
- 非常感謝治喪委員會主任委員張忠孝先生暨治喪委員會成員蒞臨致奠。

- （接下來）請大河市政府公奠。
- 主奠者市長王信義先生靈前就位。
- 下一個公奠單位大河市議員吳丙丁服務處請準備。
- 主奠者就位。
- 上香、獻花、獻果。
- 向王英雄先生靈位行鞠躬禮。
- 鞠躬，禮成。
- 家屬答禮，請復位。
- 非常感謝市長王信義先生蒞臨致奠。

- （接下來）請大河市議員吳丙丁服務處公奠。
- 主奠者（市）議員吳丙丁先生靈前就位。
- 下一個公奠單位東方木業公司請準備。
- 主奠者就位。
- 上香、獻花、獻果。
- 向王英雄先生靈位行鞠躬禮。
- 鞠躬，禮成。

- 家屬答禮，請復位。
- 非常感謝（市）議員吳丙丁先生蒞臨致奠。

- （接下來）請東方木業公司公奠。
- 主奠者董事長游綠木先生靈前就位。
- 主奠者就位。
- 上香、獻花、獻果。
- 向王英雄先生靈位行鞠躬禮。
- 鞠躬，禮成。
- 家屬答禮，請復位。
- 非常感謝董事長游綠木先生蒞臨致奠。

- 故王英雄先生出殯奠禮，公奠禮結束，奏樂。

拾參、第三站術科測試評審表

第三站：奠禮會場布置與主持實務技能

共 2 頁

姓名		崗位編號		布置情境		主持情境		評審結果	□合　格
准考證號碼		測試日期	年　　月　　日						□不合格
檢定項目：奠禮會場布置　時間：20分鐘	評分項目	評分內容						扣分	評分說明
	1	收賻桌、簽名桌及司儀臺擺放正確位置，擺設位置錯誤或歪斜，每一張各扣 5 分。							
	2	靈桌、收賻桌、簽名桌巾未鋪、錯誤或未拉平整，每一件各扣 5 分。							
	3	收賻桌上正確擺放收賻桌牌（桌牌字朝外），並放置禮簿及謝簿（以使用者書寫方向為準）、簽字筆，少放、多放、擺錯位置及方向，每項物品各扣 5 分（題意載明懇辭奠儀時不得擺放以上物品，僅能擺放懇辭奠儀之牌子，多放一項物品，每一項各扣 5 分）。							

	4	簽名桌上正確擺放桌牌（桌牌字朝外）以及題名簿（以使用者書寫方向為準）、黃絲帶胸花、公奠單與簽字筆。少放、多放、擺錯位置及方向，每一項物品各扣5分。		
	5	獻花圈、獻花籃、獻果籃擺放於正確位置，少放、多放或擺錯位置，每一項物品各扣5分。麥克風未放或擺錯位置扣5分。		
	6	香爐、茶杯3個、爵杯3個、三牲、水果盤、五味碗、飯、筷子（筷尖朝外）、水1瓶擺放於靈桌正確位置，少放或擺錯方向、位置，每一項各扣5分。		
	7	主奠者與陪奠者指示牌正確擺放（字朝會場門口），少放或擺錯位置，每一項各扣5分。		
	8	棺柩頭尾方向與位置正確擺放並固定棺車輪子，方向、位置錯誤或未固定棺車輪子各扣10分。		
	9	國旗正確摺疊於托盤中，並擺放於正確位置。國旗未正確摺疊、擺錯位置或觸及地面各扣5分。		
	10	依胞兄、女婿、孝姪、外甥、外孫次序署名致贈的花籃從內而外，依正確位置擺放，致贈者名牌正面朝外排放，少放、多放、方向錯誤或擺錯位置，每一對各扣5分。		
	11	未移動棺柩或棺柩掉落，扣50分。		
	12	神主牌位放錯方向（與桌緣形成之角度大於15度）或擺錯位置（偏離大於10公分），扣50分。		
	13	測試時間完成後仍進行調整者，扣50分。		
檢定項目：奠禮主持　時間：40分鐘	準備工作	1. 應檢人應著深色標準西裝及同色深色長褲、著白襯衫、黑色包腳皮鞋（領帶不在計分項目）、儀容整齊清潔，不符以上穿著每項扣5分；空著中山裝或服裝上有揭示身分或所屬服務單位之標示者扣10分。		
		2. 應檢人應就司儀正確位置，手持麥克風主持，錯誤者各扣5分。		
	家奠部分	1. 開場宣告詞與結束宣告詞（不包括姓、名、先生/女士），未說、多說、少說或錯誤者，每一次扣20分。		
		2. 以口令指示該組家屬至靈前就位（不包括姓、名、先生/女士），未說、多說、少說或錯誤者，每一次扣20分。		

		3. 以正確口令說明主奠者，陪奠者的位置（不包括姓、名、先生／女士），未說、多說、少說或錯誤者，每一次扣 20 分。		
		4. 正確說出家屬與亡者彼此間之稱謂關係，每一輩分未說、多說、少說或錯誤者，每一次扣 5 分。		
		5. 正確說出上香、獻花、獻果、獻香茗之順序或內容，未說、少說、多說或錯誤者，每一次扣 5 分。		
		6. 正確說出恭讀奠文或哀章，未說、多說、少說或錯誤者，每一次扣 5 分。		
		7. 正確說出家屬應行之禮儀（叩首禮或鞠躬禮）與口令（跪、叩首、起、答禮、長跪、起立等），未說、多說、少說或錯誤者，每一次各扣 5 分。		
		8. 以口令指示致奠者復位，未說、多說、少說或錯誤者，每一次扣 5 分。		
	公奠部分	1. 開場宣告詞與結束宣告詞（不包括姓、名、先生／女士），未說、多說、少說或錯誤者，每一次扣 20 分。		
		2. 正確說出公奠單位之名稱，未說、多說、少說或錯誤者，每一次扣 20 分。		
		3. 邀請公奠單位主奠者、陪奠者靈前就位（不包括姓、名、先生／女士），未說、多說、少說或錯誤者，每一次扣 20 分。		
		4. 提醒下一個公奠單位預先準備，未說、多說、少說或錯誤者每一次扣 5 分。		
		5. 正確說出上香、獻花、獻果之順序，未說、多說、少說或錯誤者每一次扣 5 分。		
		6. 行禮、答禮、禮成、復位、答謝，未說、多說、少說或錯誤者，每一次扣 5 分。		
	整體流程	1. 有下列任一情形者，每項各扣 50 分： (1)家、公奠流程，未說、多說、少說、說錯亡者、主奠者、陪奠者姓、名、先生／女士。 (2)非以國語應試。 (3)主持奠禮中嬉笑或主持無故停頓中斷、自行重來。 (4)家、公奠組別邀請順序錯置、未依情境自行增加組別或整組遺漏。 (5)草稿紙及抽題情境題目紙未繳回或攜出考場者。 (6)未於測試時間內完成。		

		2. 口齒清晰度不足者，扣 5 分。		
		3. 音調平淡、不富感情者，扣 5 分。		
		4. 損壞考場器材或場地恢復時未將奠禮布置測試擺設物歸位者扣 20 分。		

扣分		得分	
監評人員、監評長簽名 （請勿於測試結束前先行簽名）			

註：本評分表採扣分方式，以 100 分為滿分，得 60 分（含）以上者為及格。

拾肆、第三站術科測試時間配當表

每日排定測試場次為 6 場，上、下午各 3 場

（測試日期與時間依術科辦理單位通知為準）

時間	內容	備　註
7：30～8：00	監評前協調會議（含監評檢查機具設備） 第一場應檢人報到	
8：00～8：20	1. 第一場預備 2. 應檢人抽題 3. 場地設備、機具及材料等作業說明 4. 測試應注意事項說明 5. 應檢人試題疑義說明 6. 應檢人檢查設備及材料	
8：20～9：20	第一場測試及評審 第二場應檢人報到	
9：20～9：40	1. 第二場預備 2. 應檢人抽題 3. 場地設備、機具及材料等作業說明 4. 測試應注意事項說明 5. 應檢人試題疑義說明 6. 應檢人檢查設備及材料	
9：40～10：40	第二場測試及評審 第三場應檢人報到	

10：40～11：00	1. 第三場預備 2. 應檢人抽題 3. 場地設備、機具及材料等作業說明 4. 測試應注意事項說明 5. 應檢人試題疑義說明 6. 應檢人檢查設備及材料	
11：00～12：00	第三場測試及評審	
12：00～13：00	用餐及休息 第四場應檢人報到	
13：00～13：20	1. 第四場預備 2. 應檢人抽題 3. 場地設備、機具及材料等作業說明 4. 測試應注意事項說明 5. 應檢人試題疑義說明 6. 應檢人檢查設備及材料	
13：20～14：20	第四場測試及評審 第五場應檢人報到	
14：20～14：40	1. 第五場預備 2. 應檢人抽題 3. 場地設備、機具及材料等作業說明 4. 測試應注意事項說明 5. 應檢人試題疑義說明 6. 應檢人檢查設備及材料	
14：40～15：40	第五場測試及評審 第六場應檢人報到	
15：40～16：00	1. 第六場預備 2. 應檢人抽題 3. 場地設備、機具及材料等作業說明 4. 測試應注意事項說明 5. 應檢人試題疑義說明 6. 應檢人檢查設備及材料	
16：00～17：00	第六場測試及評審	
17：00～17：30	召開檢討會	

技術士技能檢定喪禮服務職類丙級
術科測試應檢參考資料

試題編號：20300-970301

審定日期：97 年 3 月 20 日

修訂日期：99 年 12 月 18 日

修訂日期：102 年 1 月 30 日

修訂日期：102 年 3 月 28 日

修訂日期：102 年 8 月 14 日

修訂日期：102 年 11 月 06 日

修訂日期：102 年 11 月 27 日

修訂日期：103 年 11 月 11 日

修訂日期：104 年 11 月 25 日

技術士技能檢定喪禮服務職類丙級術科測試應檢參考資料目錄

（第二部分）

壹、技術士技能檢定喪禮服務職類丙級術科測試試題使用說明

一、本術科測試試題分三站實施，三站測試成績皆須及格方能取得術科合格資格。

第一站：殯葬文書技能實作　　第二站：洗身、穿衣及化妝技能實作　　第三站：靈堂布置技能實作

二、測試時間：第一站：50分鐘　　第二站：70分鐘　　第三站：40分鐘

三、第一站「殯葬文書技能實作」測試之試題數有 5 種情境（甲、乙、丙、丁、戊），每種情境各有 3 種訃聞題型。應檢人應依題意之情境撰寫魂帛〈靈位牌〉、魂幡、碑文、骨灰罐銘文、傳統訃聞。應檢人入測試站後，於測試前由監評人員公開徵求應檢人代表，採電腦抽題方式，自題庫中抽出 1 種題型，再依該題型所對應之試題實施測試，例如抽中「乙 - 訃聞 2-2」即測試乙情境之魂帛（靈位牌）、魂幡、碑文、骨灰罐銘文及訃聞 2-2。測試用之測試題目、參考答案及其作答用之答案紙規格，由主管機關於測試前寄給術科辦理單位印製辦理。

四、第二站「洗身、穿衣及化妝技能實作」測試分「洗身、穿衣技能」和「化妝技能」二類。測試前由監評人員公開徵求應檢人代表抽出以「男性」或「女性」之遺體方式擇一實施測試，處理順序為：洗身→穿衣→化妝。

㈠洗身、穿衣技能：分準備工作、洗身、穿衣三部分，應檢人於測試前須完成準備工作，測試時先對假人之服裝模特兒做洗身技能實作後，再做穿衣技能實作。

㈡化妝技能：每一應檢人自備模特兒 1 名（男、女皆可），模特兒須素面。延續洗身、穿衣的遺體性別之方式實施測試，如應檢人代表之前抽出以「男性」之遺體方式實施測試，而應檢人之模特兒若為「女性」，仍應以「男性」之遺體方式進行化妝技能之處理，反之亦然。

五、第三站「靈堂布置技能實作」測試，應檢人只能以術科場地提供之器材、物件，參加檢測，不得自行攜帶任何工具器物。

六、各試場依術科測試「試場及時間分配表」之規定進行測試，測試時間開始 15 分鐘後，即不准進場。

七、應檢人於受測日前 14 天收到辦理單位寄送之試題及資料，請詳細閱讀。

貳、技術士技能檢定喪禮服務職類丙級術科測試應檢人須知

一、應檢人應依時間配當表排定時間辦妥報到手續：

　　㈠攜帶身分證、准考證及術科測試通知單。

　　㈡「洗身、穿衣及化妝技能實作」測試，測試通知單須填寫模特兒姓名及身分證字號。

二、「洗身、穿衣及化妝技能實作」術科測試，應檢人應自備模特兒一名，於報到及測試時接受檢查，其條件為：

　　㈠年滿 15 歲以上，應帶身分證（或下列證件之一：居留證、工作證、護照、駕照……等）。

　　㈡不得紋眼線、紋眉、紋唇。

　　㈢以素面應檢，並一律著長褲。

三、應檢人所帶模特兒須符合上列三項條件並通過檢查，違反者該測試中「化妝」該單項分數以零分計分。

四、「洗身、穿衣及化妝技能實作」術科測試於報到時發給模特兒碼牌（號碼牌應於該測試完畢離開測試站時交回）。

五、測試過程中，不得與模特兒交談，模特兒亦不得給應檢人任何提醒或協助，否則立即取消應檢資格。

六、應檢人及模特兒，於測試中因故要離開試場時，須經現場監評人員核准，並派員陪同始可離開，時間不得超過 10 分鐘，並不另加給時間。

七、應檢人及模特兒之服裝儀容應整齊，長髮應以化妝髮帶紮妥；不得佩戴會干擾測試進行的珠寶及飾物。

八、應檢人及模特兒不得攜帶規定以外的器材入場（如應檢人自備器材表），否則相關項目的成績不予計分。

九、應檢人所帶化妝品及保養品均應合法，並有明確標示，否則相關項目的成績予以扣分。

十、應檢人依組別和測試號碼參加測試，同時應檢查測試單位提供之設備機具、材料，如有疑義，應即告知監評人員處理，測試開始後，不得再提出。

十一、術科測試分三個站進行：第一站為殯葬文書技能測試，第二站為洗身、穿

衣及化妝技能試場，第三站為靈堂與奠禮場地布置技能測試，各站依照監評人員口令進行。

十二、術科辦理單位依時間配當表辦理抽題，並將電腦設置到抽題操作界面，會同監評人員、應檢人，全程參與抽題、處理電腦操作及列印簽名事項。應檢人依抽題結果進行測試，遲到者或缺席者不得有異議。

十三、殯葬文書技能實作測試站抽題：測試前由該站監評負責人公開徵求應檢人代表進行抽題，再以所抽中之試題進行測試（該場次同組應檢人測試同1題）。

十四、洗身、穿衣及化妝技能實作測試站抽題：測試前由該試場（站）監評負責人公開徵求應檢人代表進行抽題，再從所抽中之「男性」或「女性」之遺體方式實施測試（該場次同組應檢人以同一性別之遺體方式實施測試）。

十五、喪禮服務術科測試成績計算方法如下：

㈠「殯葬文書技能」、「洗身、穿衣及化妝技能」和「靈堂布置技能」三站實作測試，測試項目、評分重點及配分，詳見該技能評分表及評分說明。

㈡每一站成績各以100分為滿分，各站成績均得60分以上（含60分）者為及格，3站中如有一站成績不滿60分則以不合格計。

十六、各試場依術科測試「試場及時間分配表」之規定進行測試，測試時間開始15分鐘後，即不准進場。

十七、應檢人對外緊急通信，須填寫辦理單位製作的通信卡，經負責監評人員核准方可為之。

十八、應檢人對於機具操作應注意安全，如操作不當發生意外傷害，應自負一切責任。

十九、測試時間開始或停止，須依照口令進行，不得自行提前或延後。

二十、應檢人除遵守本須知所訂事項以外，應隨時注意辦理單位或監評人員臨時通知的事宜。

參、技術士技能檢定喪禮服務職類丙級術科測試應檢人自備工具表

項次	工具名稱	規格尺寸	數量	單位	備註
1	合法化妝品		1	套	(1) 保養製品 (2) 化妝製品 (3) 相關工具

備註：應檢人自備模特兒（男、女皆可，年滿 15 歲以上）以素面應檢。模特兒須攜帶身分證明（身分證、居留證、工作證、護照、駕照……等），測試時不得隨身攜帶規定以外之器材、配件、圖說、行動電話、呼叫器或其他電子通訊攝錄器材等。

肆、技術士技能檢定喪禮服務職類丙級術科測試工具及材料表

項目	名稱	規格	單位	數量	備註
1	垃圾桶	小型不用蓋			
2	萬年桶	不用蓋			
3	泡棉拖把		支	6	
4	文具用品	尺〈45 公分〉、鉛筆、橡皮擦、藍筆、紅筆	組	1	監評人員使用
5	感染性事業廢棄物垃圾袋		包	1	
6	素色毛巾	約 30cm×80cm	條	108	
7	素色浴巾	約 90cm×200cm	條	18	
8	待消毒袋	約 30cm × 20cm 以上	個	18	
9	垃圾袋〈黑〉	約 30cm × 20cm 以上	包	1	
10	紙尿布		大包	1	
11	飯碗	紙質	包	1	
12	筷子	塑膠	包	1	
13	清潔手套	50 雙 / 盒　大中小規格（須購買整盒）	盒	3	

14	大毛巾		條	6	
15	活性碳口罩		盒	1	
16	腳套		盒	1	

伍、技術士技能檢定喪禮服務職類丙級術科測試殯葬文書技能測試說明

一、測試時間：50 分鐘

二、測試說明：

　㈠採筆試方式，測試後由監評人員評分。

　㈡應檢人入測試站後，於測試前由監評人員公開徵求應檢人代表，採電腦抽題方式，自題庫中抽出 1 種題型，再依該題型所對應之試題實施測試，例如抽中「乙 - 訃聞 2-2」即測試乙情境之魂帛（靈位牌）、魂幡、碑文、骨灰罐銘文及訃聞 2-2。傳統訃聞請以適當文字填入空格內。

　㈢應檢人應配帶准考證及文書用具（原子筆、尺、橡皮擦或立可白（帶））。

　㈣應檢人應於限定時間內完成測試，測試開始 30 分鐘始可交卷。

　㈤應檢人依題意之情境在空格內撰寫「魂帛」（「靈位牌」）、「魂幡」、「碑文」、「骨灰罐銘文」，並在「傳統訃聞」空格內，依據「殯葬文書技能測試評分表」提示語辭，填入適當文字。基督教試題無「魂帛」（「靈位牌」）、「魂幡」等二類。

　㈥應檢人應以正體字書寫。

　㈦「魂帛」（「靈位牌」）、「魂幡」、「碑文」、「骨灰罐銘文」等，應以正體字書寫。如以簡體字、錯別字、漏字、多寫，凡有錯誤，該評分項目扣 30 分。

　㈧傳統訃聞以正體字書寫。每格錯 1 字（含以上）、簡體字、錯別字、漏字、多寫，凡有錯誤，每格扣 10 分。

　㈨基於尊重多元社會之發展，本試題寫作不拘泥「兩生合一老」的書寫方式。

陸、技術士技能檢定喪禮服務職類丙級術科測試殯葬文書技能測試試題範例

請依下列情境撰寫魂帛（靈位牌）、魂幡、碑文、骨灰罐銘文、訃聞

一、以妻之名義發訃聞（父母尚存）

題目：

賴○○先生民國51年○○月○○日生，102年○月○日（農曆○月○日）上午○時○分因病逝於高雄市○○醫院，遺體冷藏於高雄市立殯儀館。

妻李○○、父母尚存，育有女1人，訂102年○月○日（農曆○月○日）（星期○）在該館○○廳上午○時○分家奠○時公奠○時○分大殮蓋棺，隨即發引火化靈骨安厝於高雄市○○區○○寶塔，請以妻之名義發訃。

賴先生居住地：高雄

答案：見後附【甲1-5】範例。

二、離婚單身女性

題目：

張女士生於民國40年○○月○○日，102年○月○○日（農曆○月○○日）上午○時○○分病逝於○○醫院，遺體冷藏於新北市立殯儀館，訂102年○月○○日（農曆○月○○日）（星期○）在該館○○廳，上午8時30分家奠，九時正公奠隨即發引火化靈骨安厝於新北市○○區○○寶塔。

張女士與前夫離婚多年，育有一女李○○，胞兄1人，兄嫂1人林○○，胞弟2人（二弟未婚），胞弟媳1人林○○，胞妹2人，妹婿2人陳○○，朱○○，堂弟1人張○○、堂妹1人張○○，義兄1人謝○○。

張女士祖籍：湖南長沙

註記事項：不收奠儀

答案：見後附【乙1-5】範例。

三、佛教：

題目：

陳母鄭○○居士生於民國3年○月○日，102年元月○日（農曆12月○○日）下午6時30分於自宅往生、停柩在堂，於102年元月○日（農曆12月○○日）（星期○）上午9時於喪宅請法師主持法會，10時正請親友拈香隨即發引火化靈骨安厝於花蓮縣○○

鄉○○寶塔。

　　子 1 人，媳 1 人方○○（歿），孫 3 人○○（長孫歿）、○○、○○，孫媳 2 人
鄭○○、劉○○，孫女 3 人○○（適朱）、○○（適張）、○○（適郭），孫婿 3 人朱
○○、張○○、郭○○，曾孫 4 人，曾孫女 2 人，曾外孫 5 人朱○○、張○○、張○○、
張○○、郭○○，曾外孫女 5 人朱○○（適李）、朱○○、郭○○、郭○○、郭○○，
曾外孫女婿 1 人李○○，玄外孫女 2 人李○○、李○○。

　　陳府居住地：花蓮

```
答案：見後附【丙 1-5】範例。
```

四、基督教
題目：

　　黃林○○姊妹生於主後 1915 年○月○○日，主後 2013 年○月○日上午○時○○分
安息，遺體冷藏於臺中市立殯儀館，訂主後 2013 年○月○○日（星期○）○時○分，假
該館○○廳舉行安息禮拜○時發引安葬臺中市○○區○○墓園。

　　子 2 人、媳 2 人周○○、徐○○，女 2 人○○（適李）、○○（適陳），婿 2 人李
○○（長婿已歿）、陳○○，孫 4 人，孫媳 2 人高○○、邱○○，孫女 2 人○○（適
張）、○○，孫婿 1 人張○○，外孫 2 人李○○、陳○○，外孫女 2 人李○○（適賴）、
李○○，外孫婿 1 人賴○○，曾孫女 1 人○○，曾外孫 1 人張○○，曾外孫女 1 人張
○○，外曾孫 2 人賴○○、賴○○。

　　黃府祖籍：山東萊陽
　　註記事項：不收輓額

```
答案：見後附【丁 1-5】範例。
```

五、靈柩空運返臺
題目：

　　許老先生生於民國 24 年○○月○○日，民國 102 年 1 月○○日（農曆 12 月○日）
上午 6 時○○分在日本東京家中病逝，102 年 2 月○○日將靈柩空運返臺，豎靈於臺中市
自宅。

　　謹訂於 102 年○月○日（農曆正月○日）（星期○）下午 1 時假臺中市立殯儀館
○○廳家奠，1 時 30 分公奠，隨即發引安葬於臺中市○○區○○墓園。

　　許夫人高○○尚存，有孝男 3 人，孝媳 3 人朱○○、劉○○、王○○，孝女 1 人
○○（適沈），女婿 1 人沈○○，孝孫 3 人，孝孫女 2 人，外孫 1 人沈○○，外孫女 1 人
沈○○，胞弟 2 人，胞弟媳 2 人劉○○、方○○，胞妹 2 人○○（適林）、○○（適張），

395

妹婿 2 人林○○、張○○，孝侄 2 人，孝侄女 2 人。

　　許府燈號（姓氏發源地）：高陽

　　答案：見後附【戊 1-5】範例。

甲 1：魂帛（靈位牌）

先
考
賴
公
諱
○
○
府
君
之
靈
位

甲 2：魂幡

先考賴公諱○○府君之正魂

高

先
考
賴
公
諱

〇
〇
府
君
之
佳
城

雄

生
於
民
國
一
〇
二
年
〇
〇
月
〇
〇
日

殁
於
民
國
五
十
一
年

孝
女
〇
〇
〇
叩
立

甲4：骨灰罐銘文

高
先考賴公諱○○府君之靈骨
雄

生於民國五十一年○○月○○日
殁於民國一○二年○○月○日

孝女○○奉祀

先夫賴公○○先生慟於中華民國一○三年○月○○日(農曆○月○日)上午○時○分病
逝於高雄市○○醫院距生於民國五十一年○○月○○日享年五十三歲蒙李○○率妻
○○等隨侍在側當即移靈高雄市立殯儀館親視殮殯遵禮成服謹擇於民國一○三年○
月○○日(農曆○月○○日)星期○上午○○時正假該館○○廳家奠○時○○分公奠○
時○分大殮蓋棺隨即發引火化靈骨安厝於高雄市○○區○○寶塔　叩在明

姻親戚友鄉寅

誼　哀此訃

妻　李○○
孝男女　○○○　○○○
服父母　○○○
反服
反服
（族繁不及備載）

全
泣
啟

訃聞

乙 1：魂帛（靈位牌）

先母張〇〇女士之往生靈位

乙 2：魂幡

先母張〇〇女士之正魂

乙3：碑文

生於民國一四〇二年〇〇月〇〇日
歿於

湖南
先母張〇〇女士之墓
長沙

孝女〇〇叩立

402

乙4：骨灰罐銘文

湖南
長沙

先母張○○女士之靈骨

生於民國四十二年○○月○○日
歿於

孝女○○奉祀

403

乙5：訃聞範例

先母張○○女士慟於中華民國一○三年○○月○○日(農曆○月○○日)上午○時○○分病逝於○○醫院距生於民國四十年○○月○○日享壽六十三歲孝女○○等隨侍在側當即移靈新北市立殯儀館○○廳親視含殮遵禮成服謹擇於民國一○三年○月○○日(農曆○月○○日)星期○上午八時三十分假該館○○廳家奠九時正公奠隨即發引火化靈骨安厝新北市○○區○○寶塔　叨在

親戚友鄉寅
誼

哀此訃

聞

仝

孝女　李○○
胞兄　張○○
胞嫂　林○○
胞弟　張○○　張○○
胞弟媳　林○○　張○○
胞妹　張○○〈適陳〉　張○○〈適朱〉
胞妹婿　陳○○　朱○○
堂弟　張○○
堂妹　張○○
義兄　謝○○
（族繁不及備載）

泣　啟

懇辭奠儀

丙1：魂帛（靈位牌）

佛力超薦陳母鄭○○居士之往生蓮位

丙 2：魂幡

佛力超薦陳鄭○○居士正魂

丙3：碑文

花　　　　　　　　　　　生於民國一〇二年元月〇〇日

蓮　顯妣陳母鄭太夫人〇〇之墓　歿於民國一三〇二年〇月〇日

　　　　　　　男一大房叩立

花
顯妣陳母鄭太夫人〇〇靈骨
蓮

生於民國一三〇二年元月〇〇日
歿於

男一大房奉祀

408

顯妣陳母鄭太夫人閨名○○居士緣盡於中華民國一○一年元月○日(農曆十二月○○日)
星期○下午六時三十分蒙佛接引往生距生於民國三年○月○日享高壽 一○○歲孝男
○○等隨侍在側如法助念親覩合殮遺禮成服停柩在堂謹擇於中華民國一○二年一月○
○日(農曆十二月○○日)星期○在宅營奠家屬隨奉念佛禮懺上午九時禮請
明法師主持法會十時恭請親友拈香隨即發引火化靈骨安厝於花蓮縣○○鄉○○寶塔

叩在

寅鄉友戚親姻

誼念佛迴向

聞 卍

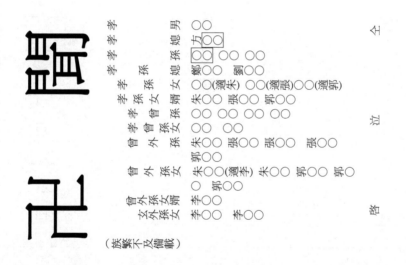

男　方○○　○○　○○

媳　鄭○○　劉○○

孫　○○　○○

孫媳　○○(適朱)　○○(適張)　○○(適郭)

孫女　朱○○　張○○　郭○○

孫婿　朱○○　郭○○

曾孫　○○　○○

曾孫女　朱○○　張○○　張○○

外孫　○○　張○○　張○○

外孫女　郭○○(適李)　朱○○　郭○○

外孫女婿　朱○○　郭○○

曾外孫女　李○○　李○○

孝　孝孝孝　孝孫　孝孫女　孝孫婿　曾孝孫　曾孫女　曾外孫　曾外孫女　玄外孫女

全　泣　啟

（族繁不及備載）

409

丁1：碑文

山東
萊陽

主內黃林○○姊妹之墓

子○○○○立

生於主後一九一五年○○月○○日
歿於主後二○一三年○○月○○日

丁 2：骨灰罐銘文

山東

萊陽　主內黃林○○姊妹之遺骨

生於主後一九一五年○○月○○○日
歿於主後二○一三年○○月○○○日

子○○○○立

主內黃林○○姐妹於主後二○一三年○月○日上午○時○○分蒙主恩召安息主懷距生於主後一九二五年○月○○日享壽九十歲字○○○○隨侍在側當即移靈台中市立殯儀館親視含殮遵禮成訂於主後二○一三年○○月○○日星期○上午○時○分假該館○○廳舉行安息禮拜隨即發引安葬台中市○○區○○墓園候主再臨叨在再叩臨

姻親戚友鄉寅 誼 哀此訃

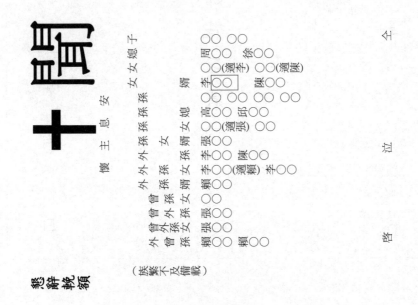

十 訃聞

懷 主安息

懇辭輓額

（族繁不及備載）

全 立 啟

戊 1：靈位牌

顯考許公諱○○府君之靈位

戊2：魂幡

顯考許公諱〇〇府君之正魂

戊 3：碑文

高

顯考許公諱○○府君之佳城

陽

生於民國二十四年一○二年一○○月○○○○日

歿

男三大房叩立

415

高
顯考許公諱○○府君之靈骨
陽

男三大房奉祀

生於民國二十四年一○○月○○○○日
歿於民國一○二年

416

戊5：訃聞範例

顯考許公諱○○府君慟於中華民國一○二年一月○○日(農曆十二月○日)上午六時○○
分在日本東京壽終正寢距生於民國廿四年○○月○○日享壽七十九歲慟萱堂○○率男○○
○ ○○ ○○暨全體孝眷人等恭奉靈柩返台暨靈堂在堂謹擇於民國一○二年二月○○
日(農曆正月○○日)星期○下午二時正假台中市立殯儀館○○廳家奠二時三十分公奠隨
即發引安葬台中市○○區○○墓園 叩在

賻　鄉友　戚　親　姻

誼　哀此
　　　訃

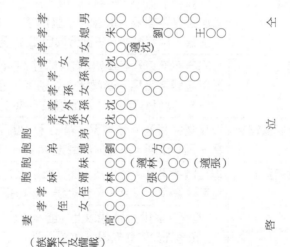

　　　　全

　　　　泣

　　　　啓

妻　孝女　侄　女侄婿　妹媳弟　孫女孫婿　外孫女孫　孝女女婿　孝女　孝男媳女

（族繁不及備載）

417

柒、技術士技能檢定喪禮服務職類丙級術科測試殯葬文書技能測試評分表

測試項目：殯葬文書（時間50分鐘）	測試單位		測試日期	年　月　日	姓名	編號
	評分項目	評分內容			扣分	評分說明
	魂帛（靈位牌）	1. 同義字不扣分：蓮位／魂帛／牌位／神主、先慈／先母、先考／先父 2. 以正體字書寫。簡體字、錯別字、漏字、多寫，凡有錯誤，本評分項目扣30分。				
	魂幡	1. 同義字不扣分：先慈／先母、先考／先父 2. 以正體字書寫。簡體字、錯別字、漏字、多寫，凡有錯誤，本評分項目扣30分。				
	碑文	1. 同義字不扣分：墓／佳城、叩立／立石 2. 以正體字書寫。簡體字、錯別字、漏字、多寫，凡有錯誤，本評分項目扣30分。				
	骨灰罐銘文	以正體字書寫。簡體字、錯別字、漏字、多寫，凡有錯誤，本評分項目扣30分。				
	傳統訃聞	以正體字書寫。每格錯1字（含以上）、簡體字、錯別字、漏字、多寫，凡有錯誤，每格扣10分。				
		(1) 顯考／顯妣—60歲以上（含60歲）　先考先父先慈先母—60歲以下　先夫、先室（不限年齡）　主內（不限年齡、性別）				
		(2) ○公或○母				
		(3) 諱○或閨名				
		(4) 府君、夫人、太夫人、先生、女士、居士、弟兄、姊妹				
		(5) 病逝於				
		(6) 距生於				

		⑺ 年齡（以虛歲計）：得年：29 歲以下 享年：30-59 歲 享壽：60-89 歲 享耆壽：90-99 歲 享嵩壽：100 歲以上		
		⑻ 隨侍在側		
		⑼ 當即移靈		
		⑽ 親視含殮		
		⑾ 遵禮成服／安息禮成		
		⑿ 停柩在堂		
		⒀ 豎靈在堂		
		⒁ 謹擇於		
		⒂ 家奠或公奠／安息禮拜		
		⒃ 大殮蓋棺		
		⒄ 隨即發引火化／安葬		
		⒅ 安厝於○○寶塔		
		⒆ 安葬於○○公墓		
		⒇ 候主再臨		
		㉑ 叨在		
		㉒ 哀此訃		
		㉓ 「卍」／「+」懷主息安（由右至左）、 「聞」		
		㉔ 家屬稱謂及排序		
		㉕ 仝泣啓／同泣啓／全泣啓		
		㉖ 族繁不及備載		
		㉗ 懇辭輓額		
		㉘ 懇辭奠儀		

		⒆ 其他應記載事項： 〈1〉以佛教方式發訃如：「緣盡於」、 「蒙佛接引」、「如法助念」、 「禮請法師」、「念佛禮懺」、 「拈香」、「啓建淨業道場」 〈2〉以基督教方式發訃如：「主後」、 「蒙 主恩召」、「安息主懷」 〈3〉靈柩空運返臺如：「壽終正寢」、 「恭奉靈柩返臺」		
總計	扣分			
	得分 （扣分超過 100 分以 0 分計）			
監評長簽名		監評人員簽名		

請勿於測試結束前先行簽名

捌、技術士技能檢定喪禮服務職類丙級術科測試殯葬文書技能實作評審說明

一、「殯葬文書技能實作」測試之試題數有 5 種情境（甲、乙、丙、丁、戊），每種情境各有 3 種訃聞題型。應檢人應依題意之情境撰寫魂帛〈靈位牌〉、魂幡、碑文、骨灰罐銘文、傳統訃聞。應檢人入測試站後，於測試前由監評人員公開徵求應檢人代表，採電腦抽 題方式，自題庫中抽出 1 種題型，再依該題型所對應之試題實施測試，例如抽中「乙 - 訃聞 2-2」即測試乙情境之魂帛（靈位牌）、魂幡、碑文、骨灰罐銘文及訃聞 2-2。

二、應檢人應準時進入測試站，配帶准考證及所需文具。

三、應檢人以直式作答，並應於限定時間內完成測試，測試開始 30 分鐘始可交卷。

四、應檢人依題意之情境撰寫「魂帛」（「靈位牌」）、「魂幡」、「碑文」、「骨灰罐銘文」及在「傳統訃聞」空格內填入適當文字等五類。基督教試題無「魂帛」（「靈位牌」）、「魂幡」等二類。

五、應檢人應以正體字書寫。

六、「魂帛」（「靈位牌」）、「魂幡」、「碑文」、「骨灰罐銘文」等，應以

正體字書寫。如以簡體字、錯別字、漏字、多寫，凡有錯誤，該評分項目扣 30 分。

七、傳統訃聞以正體字書寫。每格錯 1 字（含以上）、簡體字、錯別字、漏字、多寫，凡有錯誤，每格扣 10 分。

八、評審時應注意不同宗教及題意所使用的詞語。

九、基於尊重多元社會之發展，本試題寫作不拘泥「兩生合一老」的書寫方式。

玖、技術士技能檢定喪禮服務職類丙級術科測試洗身、穿衣及化妝技能實作試題

測試項目：洗身、穿衣、化妝技能

測試時間：70 分鐘

測試說明：

1. 本試題共 2 題，於測試前由應檢人代表抽取以「男性」或「女性」之遺體方式擇一實施 洗身、穿衣、化妝技能測試。

2. 測試流程分二個階段進行：

   ⑴ 第一階段為洗身、穿衣技能操作，測試時間為 40 分鐘，並依序評分洗身、穿衣；洗身、穿衣技能的操作對象為假人。

   ⑵ 第二階段為遺體化妝技能操作，測試時間為 30 分鐘，並依序評分；遺體化妝技能的操 作對象為真人。

   ⑶ 第一階段洗身、穿衣技能測試佔本項成績 60 分，第二階段為遺體化妝技能測試佔本項成績 40 分。

第一階段洗身、穿衣測試試題：

測試時間：40 分鐘

測試說明：

1. 應檢人應當場戴口罩（遮住口、鼻），穿著隔離衣、戴手套、腳套、帽子。

2. 準備用淨身水。

3. 用大毛巾遮住胸部及生殖器以維護亡者尊嚴。

4. 檢視推床或停屍抬，固定輪子，確認遺體停放安全性。

5. 服務前，先向亡者鞠躬致意，說出：「您好！現在正準備為您進行洗身、穿衣、化妝服務，希望您能夠滿意！」

421

6. 檢視遺體隨身物品及遺體狀況，並更換手套。

7. 應檢人應觀察遺體特徵及收妥財物飾品。

8. 正確、詳實填寫遺體資料卡〈各欄內容請參考遺體資料表範例填寫〉。凡有錯誤（含簡體 字、錯別字、漏字、多寫），本項目扣 10 分。

〔範例〕

應檢人檢定編號： _____012_____

技術士技能檢定喪禮服務職類丙級術科測試洗身、穿衣及化妝技能遺體資料卡

亡者姓名	○○○	建卡日期	97 年 11 月 29 日
入殮日期	○年○月○日		
家屬姓名	○○○	聯絡電話	09000080000
遺體紀錄			
亡者隨身物品	無		
遺體狀況	無缺損完整性遺體		
遺體處理流程	洗身 → 穿衣→ 化妝 →入殮		
著衣樣式	中式男性壽衣〈中式女性壽衣〉		

扣分： _____

監評人員簽名：

辦理單位戳記：

---

9. 遺體正面仰臥，以擦拭方式進行洗身，不須翻身擦拭背部。

10. 用衛生紙清潔生殖器與肛門〈由生殖器往肛門方向擦拭〉，加強局部清潔並注意擦拭方向。

11. 移除遺體尿布。

12. 用毛巾擦拭臀部前，為避免排泄物污染盆水，須再更換另一雙手套。

13. 用毛巾擦拭臀部（由生殖器往肛門方向擦拭）。

14. 用毛巾擦拭臉部前，為避免殘餘排泄物污染盆水，須再更換另一雙手套。

15. 用毛巾擦拭臉部、頸部、耳朵。

16. 用毛巾擦拭軀幹及上肢。

17. 用毛巾擦拭下肢。

18. 注意感染性廢棄物的丟棄與放置。

19. 擦拭遺體必須使用濕毛巾，使用過之毛巾不可重複擦拭。

20. 應檢人於工作過程中應用毛巾覆蓋胸部及下體以維護亡者尊嚴。

21. 應檢人應依據評分表規定，將遺體依序穿著褲子。

22. 依序穿著上衣。

23. 將扣上衣服鈕子，擺整妥當。

24. 動作熟練順暢、溫柔輕巧。

25. 於工作過程中應給亡者適當支托。

26. 穿衣技能部份於測試時間內未完成者，每一項目各扣 20 分。穿衣技能之 1~3 項，未依 順序執行另扣 10 分。

＊請影印發給應檢人填寫

應檢人檢定編號：_____012_____

技術士技能檢定喪禮服務職類丙級術科測試洗身、穿衣及化妝技能遺體資料卡

亡者姓名	○○○	建卡日期	___年___月___日
入殮日期	○年○月○日		
家屬姓名	○○○	聯絡電話	09000080000
遺體紀錄			
亡者隨身物品			
遺體狀況			
遺體處理流程			
著衣樣式			

監評人員簽名：

（請勿於測試結束前先行簽名）

辦理單位戳記：

填寫說明：

1. 應檢人檢定編號、建卡日期、亡者隨身物品、遺體狀況、遺體處理流程及著衣樣式等 6 項欄位，請以正體字填入資料。

2. 未正確填寫（含簡體字、錯別字、漏字、多寫），本項目扣 10 分。

第二階段遺體化妝測試試題：

測試項目： 第一試題男性遺體化妝

測試時間：30 分鐘

測試說明：

1. 情境：本試題為男性亡者，未經冷凍冰存的遺體，是完整性遺體在常溫下的化妝。

2. 配合日光燈的光線，表現自然膚色。

3. 不須裝戴假睫毛，但須夾睫毛、刷睫毛。

4. 須描繪自然的眼線。

5. 化妝程序不拘，但完成之臉部化妝需乾淨、色彩調和。

6. 須符合年齡、性別做適切的化妝，表現自然的妝容，避免產生色塊堆積。

7. 應檢人可攜帶具有珠光、亮粉的彩妝組合盤入場應試，但因珠光亮粉易造成炫光感擴散五官輪廓及產生炫彩華麗感，且易與遺體化妝的莊嚴肅穆感主題不符，所以遺體化妝（模特兒）臉上之彩妝呈現不可使用含珠光、亮粉的化妝品，不符合上述規定者，依據評分表該細項項目扣 4 分。

8. 整體表現需切題。

9. 服務結束，向亡者鞠躬致意及說出敬語。如：「我已經完成洗身、穿衣、化妝的服務工作，謝謝您的合作，希望您能夠滿意！」

注意事項：

1. 應檢人自備模特兒（男、女皆可）以素面應檢，一律著長褲。

2. 模特兒須年滿 15 歲。

3. 模特兒化妝髮帶、毛巾應於測試前處理妥當。

4. 本項測試自眼、鼻、嘴、耳朵消毒開始，消毒液請用化妝水替代。

5. 粉底應配合膚色，厚、薄適中均勻而無分界限。

6. 化妝品的取用應以挖勺取出或刮下粉末使用。

7. 本項依評分表所列項目採扣分法計分，應檢時間內一項未完成者除該項扣 4 分外，整體感亦扣 4 分。

8. 於規定時間內未完成項目超過兩項以上（含兩項）者，男性遺體化妝技能部分扣 28 分。

9. 應檢人可攜帶具有珠光、亮粉的彩妝組合盤入場應試，但因珠光亮粉易造成炫光感擴散五官輪廓及產生炫彩華麗感，且易與遺體化妝的莊嚴肅穆感主題不符，所以遺體化妝（模特兒）臉上之彩妝呈現不可使用含珠光、亮粉的化妝品，不符合上述規定者，依據評分表該細項項目扣 4 分。

10. 模特兒如有紋唇、紋眉、紋眼線者不得參加考試。

11. 模特兒一律粧妥素色化妝髮帶入場。

12. 應檢人應仔細閱讀「應檢人自備工具表」並備妥一切應檢必需用品。

13. 器具物品的使用應避免污染，可使用一次性物品，但注意廢棄物的處理。

14. 無法重複使用之物品應立即丟棄，可重複使用之器具應置入「待消毒物品袋」。

15. 工作完畢後隔離衣、手套及帽子脫除後丟棄於感染性廢棄物袋。

16. 應檢完所有物品應歸回原位，妥善收好並恢復測試場地之清潔（必要時擦乾地板）。

17. 模特兒應卸妝才可離場。

測試項目： 第二試題女性遺體化妝

測試時間：30 分鐘

測試說明：

1. 情境：本試題為 50 歲女性亡者，未經冷凍冰存的遺體，是完整性遺體在常溫下的化妝。

425

2. 配合日光燈的光線，表現自然膚色。

3. 表現自然、柔和、淡雅的妝容，避免產生色塊堆積。

4. 不須裝戴假睫毛，但須夾睫毛、刷睫毛。

5. 須描繪自然的眼線。

6. 應檢人可攜帶具有珠光、亮粉的彩妝組合盤入場應試，但因珠光亮粉易造成炫光感擴散 五官輪廓及產生炫彩華麗感，且易與遺體化妝的莊嚴肅穆感主題不符，所以遺體化妝（模特兒）臉上之彩妝呈現不可使用含珠光、亮粉的化妝品，不符合上述規定者，依據評分 表該細項項目扣 4 分。

7. 化妝程序不拘，但完成之臉部化妝須乾淨、色彩調和。

8. 須符合年齡、性別做適切的化妝。

9. 化妝品不可使用含有珠光或亮粉的產品。

10.整體表現須切題。

11.服務結束，向亡者鞠躬致意及說出敬語。如：「我已經完成洗身、穿衣、化妝的服務工作，謝謝您的合作，希望您能夠滿意！」

注意事項

1. 應檢人自備模特兒（男、女皆可）以素面應檢，一律著長褲。

2. 模特兒須年滿 15 歲。

3. 模特兒化妝髮帶、毛巾應於測試前處理妥當。

4. 本項測試自消毒開始，消毒液請用化妝水替代。

5. 粉底應配合膚色，厚、薄適中均勻而無分界限。

6. 化妝品的取用應以挖勺取出或刮下粉沫使用。

7. 本項依評分表所列項目採扣分法計分，應檢時間內一項未完成者除該項扣 4 分外，整體感亦扣 4 分。

8. 於規定時間內未完成項目超過兩項以上（含兩項）者，女性遺體化妝技能部分扣 28 分。

9. 應檢人可攜帶具有珠光、亮粉的彩妝組合盤入場應試，但因珠光亮粉易造成炫光感擴散五官輪廓及產生炫彩華麗感，且易與遺體化妝的莊嚴肅穆感主題不符，所以遺體化妝（模特兒）臉上之彩妝呈現不可使用含珠光、亮粉的化妝品，不符合上述規定者，依據評分表該細項項目扣 4 分。

10. 模特兒如有紋唇、紋眉、紋眼線者不得參加測試。

11. 模特兒一律紮妥素色化妝髮帶入場。

12. 應檢人應仔細閱讀「應檢人自備工具表」並備妥一切應檢必需用品。

13. 器具物品的使用應避免污染，可使用一次性物品，但注意廢棄物的處理。

14. 無法重複使用之物品應立即丟棄，可重複使用之器具應置入「待消毒物品袋」。

15. 工作完畢後隔離衣、手套及帽子脫除後丟棄於感染性廢棄物袋。

16. 應檢完所有物品應歸回原位，妥善收好並恢復測試場地之清潔（必要時擦乾地板）。

17. 模特兒應卸妝才可離場。

拾、技術士技能檢定喪禮服務職類丙級術科測試洗身、穿衣及化妝技能實作評分表

一、洗身、穿衣技能評分表

<table>
<tr><td rowspan="12">測試項目：□男性、□女性（時間40分鐘）60分</td><td>測試單位</td><td></td><td>測試日期</td><td colspan="2">年　月　日</td><td>姓名</td><td>編號</td></tr>
<tr><td>監評長簽名</td><td></td><td>監評人員簽名</td><td colspan="2"></td><td colspan="2"></td></tr>
<tr><td colspan="4">評分內容</td><td>扣分</td><td colspan="2">評分說明</td></tr>
<tr><td colspan="4">1. 本題分四類，每類分項評分，每一項目未依規定執行，一律各扣10分，但穿衣技能未依規定執行，每一項目各扣20分。
2. 洗身技能應首先依序完成1~7項、13~15項，未依順序執行各另扣10分。
3. 穿衣技能之1~3項，未依順序執行另扣10分。</td><td></td><td colspan="2"></td></tr>
<tr><td rowspan="6">一、洗身技能</td><td colspan="3">1. 符合規定穿著隔離衣、戴手套、口罩、帽子、腳套。</td><td></td><td colspan="2"></td></tr>
<tr><td colspan="3">2. 用大毛巾遮住胸部及生殖器以維護亡者尊嚴。</td><td></td><td colspan="2"></td></tr>
<tr><td colspan="3">3. 檢視推床或停屍檯，固定輪子。</td><td></td><td colspan="2"></td></tr>
<tr><td colspan="3">4. 服務前，向亡者鞠躬致意。</td><td></td><td colspan="2"></td></tr>
<tr><td colspan="3">5. 檢視遺體。</td><td></td><td colspan="2"></td></tr>
<tr><td colspan="3">6. 更換手套。</td><td></td><td colspan="2"></td></tr>
</table>

	7. 正確填寫遺體處理資料卡。		
	8. 用衛生紙清潔生殖器與肛門（由生殖器往肛門方向擦拭）。		
	9. 移除遺體尿布。		
	10. 毛巾擦拭臀部前，更換手套避免排泄物污染盆水。		
	11. 用濕毛巾擦拭臀部（由生殖器往肛門方向擦拭）。		
	12. 毛巾擦拭臉部前，更換手套避免殘餘排泄物污染盆水。		
	13. 用濕毛巾擦拭臉、頸、耳朵。		
	14. 用濕毛巾擦拭軀幹及上肢。		
	15. 用濕毛巾擦拭下肢。		
	16. 用毛巾擦拭動作（方向、力道、熟練度、連貫性）。		
	17. 未首先依順序完成 1~7 項之扣分。		
	18. 未依順序完成 13~15 項之扣分。		
二、穿衣技能	1. 依序穿著褲子。		
	2. 依序穿著上衣。		
	3. 將衣服釦子扣好，衣服擺整妥當。		
	4. 完整套上手套。		
	5. 完整穿妥襪子。		
	6. 完整穿妥鞋子。		
	7. 工作過程中應給亡者適當支托。		
	8. 未依順序完成 1~3 項之扣分。		
三、服務倫理	1. 尊重遺體；不得毀損遺體或任其掉落地面。		
	2. 於工作中，用毛巾遮住胸部及生殖器。		
	3. 將臉盆水倒掉，並保持地板乾燥。		
	4. 善後處理：所有物品歸回原位，妥善收。		
四、衛生行為	1. 使用過的毛巾丟入感染性事業廢棄物袋。		
	2. 尿布、手套是否丟入感染性事業廢棄物袋。		
	3. 工作過程中口罩是否罩住口鼻。		

		扣分	
	總計	得分 （扣分超過 60 分以 0 分計）	
備註		「洗身技能」部分： 擦拭方法除清理排泄物有方向規定外，其餘擦拭方法無特定方式如由身體中心至邊緣、由上而下或由左而右等擦拭限制，擦拭遺體各部位以不重複來回污染為原則。	

〈請勿於測試結束前先行簽名〉

二、化妝技能評分表

測試項目： □男性遺體化妝（時間 40 分鐘）60 分　時間 30 分鐘（40 分）	測試單位：	測試日期	年　月　日	姓　名	編號		
	監評長簽名：	監評人員簽名					
		評　分　內　容				扣分	評分說明
		1. 本題分三類，每類分項評分，每一項目未依規定執行，一律各扣 4 分。					
		2. 技能部分 3~9 項未完成項目超過兩項以上（含兩項）者，扣 28 分。					
		3. 模特兒如有紋唇、紋眉、紋眼線者，本測試遺體化妝技能部分扣 40 分。					
	一、技能部分	1. 臉部消毒：先做眼、耳、口、鼻的消毒。					
		2. 臉部消毒：再次全臉消毒。					
		3. 粉底 (1) 均勻 (2) 自然、無分界線。					
		4. 眉型 (1) 眉色 (2) 形狀、對稱。					
		5. 眼影 (1) 色彩 (2) 修飾、對稱。					
		6. 眼線 (1) 線條順暢 (2) 眼型修飾。					
		7. 有無 (1) 夾睫毛 (2) 刷睫毛。					
		8. 腮紅 (1) 色彩 (2) 修飾、對稱。					
		9. 唇膏 (1) 色彩 (2) 修飾、對稱。					
		10. 無使用含有珠光或亮粉的彩妝產品。					
		11. 整體感(1)符合主體(2)色彩搭配(3)潔淨(4)協調。					
	二、工作倫理	1. 操作過程：正確使用化妝品及工具。					
		2. 應檢人儀態整潔適度。					
		3. 動作熟練度：動作輕巧、熟練。					
		4. 化妝過程有用毛巾遮住領口避免污染。					
		5. 服務結束，向亡者鞠躬致意及說出敬語。					

429

三、衛生行為	1. 使用過程中工具清潔、擺放整齊。		
	2. 筆狀色彩化妝品，使用「前、後」以酒精棉球消毒。		
	3. 可重複使用之工具用畢後置入待消毒物品袋。		
	4. 工作完畢後脫除隔離衣、戴手套、口罩、帽子有丟入感染性廢棄物袋。		
	5. 模特兒有紮妥素色化妝髮帶入場。		
總計	扣分		
	得分（扣分超過 40 分以 0 分計）		

拾壹、技術士技能檢定喪禮服務職類丙級術科測試洗身、穿衣及化妝技能實作總評分表

測試時間	日期	中華民國　　　年　　　月　　　日			
	時間	上午　　時　　分　到　下午　　時　　分　共　　小時　分			
術科測試號碼	姓名	洗身、穿衣（60分）	化妝（40分）	總分	
監評人員簽名					
監評長簽名					

請勿於測試結束前先行簽名

拾貳、技術士技能檢定喪禮服務職類丙級術科測試洗身、穿衣及化妝技能 實作評審說明

一、「洗身、穿衣及化妝技能實作」測試分「洗身、穿衣技能」和「化妝技能」二類。本項測試前，由監評人員公開徵求應檢人代表抽出以「男性」或「女性」之遺體方式擇一實施測試，處理順序為：洗身→穿衣→化妝。

(一)洗身、穿衣技能：分準備工作、洗身、穿衣三部分，應檢人於測試前須完成準備工作，測試時先對假人之服裝模特兒做洗身技能實作後，再做穿衣技能實作。

(二)化妝技能：每一應檢人自備模特兒1名（男、女皆可），模特兒須素面。延續洗身、穿衣的遺體性別之方式實施測試，如應檢人代表之前抽出以「男性」之遺體方式實施測試，而應檢人之模特兒若為「女性」，仍應以「男性」之遺體方式進行化妝技能之處理。

二、第一階段洗身、穿衣技能測試佔本項成績60分，第二階段為化妝技能測試佔本項成績40分。

三、本測試監評人員應於測試開始前檢查應檢人之模特兒，該模特兒須符合以下標準，違反者該測試中「化妝」該單項分數扣40分：

(一)年滿15歲以上，應帶身分證（或下列證件之一：居留證、工作證、護照、駕照……等）。

(二)不得紋眼線、紋眉、紋唇。

(三)以素面應檢。

四、遺體化妝「一、技能部分」3～9項未完成項目超過兩項以上（含兩項）者，扣28分。

拾參、技術士技能檢定喪禮服務職類丙級術科測試靈堂布置技能實作試題

測試項目：靈堂場地布置

測試時間：40分鐘

測試說明：

一、應檢人不須自備工具。

二、應檢人依現場所配置之喪葬物件，搭設本測試指定的靈堂，靈堂布置標準如下圖。

三、搭設順序不拘，須在 20 分鐘以內完成，另剩餘時間要完成善後工作。

四、應檢人應熟練、正確且整齊地搭設靈堂與擺放相關物品。

五、應檢人應於監評人員確認無誤後，經指示完成場地恢復及清潔工作。

靈堂布置標準圖

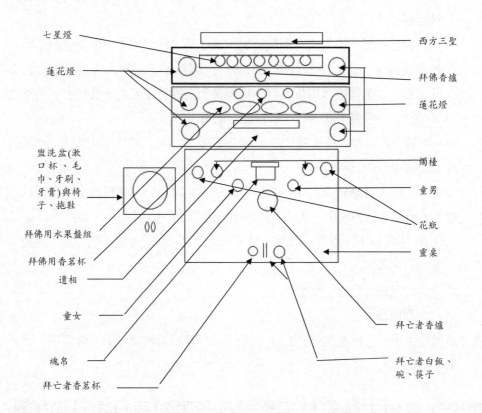

拾肆、技術士技能檢定喪禮服務職類丙級術科測試靈堂布置技能實作評分表

測試項目：靈堂布置技能（時間40分鐘）	測試單位		測試日期	年　月　日		姓名	編號
	監評長簽名		監評人員簽名				
	評分內容				扣分	評分說明	
	1. 靈堂布置技能 1-17 項未依規定執行，一律各扣 10 分。 2. 靈堂布置用品摔落地上，每一物件每次另扣 10 分。 3. 靈堂布置技能 1-15 項，如有 2 項未正確、完整擺置（裝設），或插電點亮燈具，視為未完成 靈堂布置，扣 20 分 4. 善後工作未依規定執行，扣 20 分。						
	一、靈堂布置技能（20分鐘）	1. 正確、完整裝設三寶架、靈桌幃布。					
		2. 正確、完整擺置西方三聖。					
		3. 正確、完整擺置七星燈。					
		4. 插電點亮七星燈。					
		5. 正確、完整擺置蓮花燈。					
		6. 插電點亮蓮花燈。					
		7. 正確、完整擺置供奉拜佛香爐。					
		8. 正確、完整擺置供奉拜佛用香茗杯。					
		9. 正確、完整擺置祭品拜佛用水果盤組。					
		10. 正確、完整擺置遺相。					
		11. 正確、完整擺置魂帛。					
		12. 正確、完整擺置拜亡者之香爐。					
		13. 正確、完整擺置童男、童女。					
		14. 正確、完整擺置亡者之香茗杯。					
		15. 正確、完整擺置燭檯及花瓶。					
		16. 正確、完整擺置祭拜亡者之飯菜及筷子（以亡者 方向為準）。					

	17. 正確、完整擺置盥洗盆（漱口杯、毛巾、牙刷、牙膏）、椅子及鞋子（以亡者方向為準）。			
	18. 靈堂布置用品摔落地上。			
	19. 未完成靈堂布置。			
二、善後工作（20分鐘）	將各式布置拆除，並將物品、設備整齊地歸復原位。			
總計	扣分			
	得分（扣分超過 100 分以 0 分計）			

拾伍、技術士技能檢定喪禮服務職類丙級術科測試靈堂布置技能實作評審說明

測試項目：靈堂場地布置

測試時間：40 分鐘（含善後工作 20 分鐘）

測試說明：

1. 應檢人依現場所配置之喪葬物件，搭設本測試指定的靈堂。

2. 搭設順序不拘，須在時間內完成。

3. 應檢人應熟練、正確且整齊地搭設靈堂與擺放相關物品。

4. 應檢人應於監評人員確認無誤後，經指示完成場地恢復及清潔工作。

拾陸、技術士技能檢定喪禮服務職類丙級術科測試時間配當表

每一測試場，每日排定測試場次為上、下午各乙場；程序表如下

時間	內容	備註
07：30～08：00	1. 監評前協調會議（含監評檢查機具設備）。 2. 應檢人報到完成。	

08：00～08：30	1. 應檢人抽題及工作崗位。 2. 場地設備、機具及材料等作業說明。 3. 測試應注意事項說明。 4. 應檢人試題疑義說明。 5. 應檢人檢查設備及材料。 6. 其他事項。	
08：30－12：00	第一場測試及進行評審。	
12：00－13：00	1. 監評人員休息用膳時間。 2. 第二場應檢人報到。	
13：00～13：30	1. 應檢人抽題及工作崗位。 2. 場地設備、機具及材料等作業說明。 3. 測試應注意事項說明。 4. 應檢人試題疑義說明。 5. 應檢人檢查設備及材料。 6. 其他事項。	
13：30～17：00	第二場測試及進行評審。	
17：00～17：30	召開檢討會。	

20300喪禮服務 乙級 工作項目01：臨終服務

1. (2) 對臨終關懷的敘述何者有誤？ ①提升死亡品質 ②延長其生命 ③協助完成遺願 ④生命回顧肯定人生價值。

2. (3) 臨終病人面臨死亡時，下列何者對他的幫助最小？ ①家人的陪伴 ②靈性的支持力量 ③告訴她不要胡思亂想，安心養病 ④引導他生命回顧。

3. (2) 有關緩和醫療的說法，下列何者正確？ ①緩和醫療事實上就是「安樂死」 ②緩和醫療不惜用各種方法解決困難問題，讓生命不 遺憾 ③緩和醫療尊重病人的自主權，必要時可以協助病人提早結束生命 ④為讓喪親者易於走過哀慟，病人死亡的場所，依家屬的意願做決定。

4. (2) 下列何種型態將是臺灣安寧醫療推展的未來趨勢？ ①以醫院和社區居家型態為主 ②以居家和社區式照顧服務為主 ③以共同照顧為主 ④以獨立安寧緩和醫療機構為主。

5. (1) 下列何者不是安寧療護的重點？ ①安寧理念正視的是死亡，而不是生命 ②安寧理念爭取的是當下最好的生活品質 ③安寧療護是全人的照顧 ④安寧照護提供的是以病人與家屬為一體的全家照顧。

6. (3) 安寧緩和醫療照顧的四項照顧原則，請問下列何項不正確？ ①「身、心、社會、靈性模式」是團隊合作模式，以症狀控制為優先 ②重視生活品質提升與善終的目標 ③人際關係的融洽性是癌末照顧最重要的基礎 ④最後是病人的表情安詳，心理上可以接受死亡，能放下，有靈性上的成長與依持方向。

7. (4) 下列有關癌末病人的死亡恐懼，何者不正確？ ①病人的「死亡恐懼」未獲得適當處理，會造成「自行了斷」 ②「死亡恐懼」來自生存法則的挫敗與未來方向的不確定 ③安寧緩和醫療是與時間競賽的照顧，照顧者要跑得比病人快，以免悲劇發生 ④產生「死亡恐懼」的病人，沒辦法提升其「自我生命的價值與內在力量」。

8. (4) 自殺屬於何種被剝奪的悲傷？ ①與死者關係未被認可 ②失落事實未被社會認可 ③悲傷者本身未被社會認可 ④死亡形式未被社會允許。

9. (1) 同性戀屬於何種被剝奪的悲傷？ ①與死者關係未被認可 ②失落事實未被社會認可 ③悲傷者本身未被社會認可 ④死亡形式未被社會允許。

10. (2) 對於臨終病人的家屬，以下的想法何者是錯誤的？ ①盡量說出家人彼此之間的心聲，讓臨終病人與家屬能夠彼此道謝、道愛、道歉、道別 ②盡量不要在

臨終病人面前做出可以感受任何歡樂的事，因為這樣會加深臨終病人的痛苦 ③盡量做好後事的準備 ④臨終病人的家屬也是需要被照顧的。

11. (3) 有些臨終者在臨終階段會一直不斷的訴說陳年往事，此時照顧者應如何因應？ ①請醫護人員給予鎮定劑 ②遠離臨終者讓其無說話對象而保持安靜 ③協助臨終者進行生命回顧，幫助其肯定其一生的價值 ④鼓勵臨終者期盼來生。

12. (4) 面對臨終病人可以提供何項照護？A.減輕其情緒壓力B.為讓臨終者心情平靜，避免親友探望打擾C.聆聽其心願且協助處理未了的心願D.協助其隱藏或忽略其良心上的不安E.尋找生命的意義F.尊重其宗教信仰的需求G.遺產的處理H.喪葬諮詢 ①CDEFGH ②ACDEF ③BCDGH ④ACEFGH。

13. (1) 下列何者是臨終者的生理需求？ ①呼吸、食慾、如廁、睡眠、疼痛控制 ②醫療照護、怕被拋棄 ③維持尊嚴、自己決定 ④來自家人、朋友及醫護人員的支持。

14. (2) 下列何者是臨終者的安全需求？ ①呼吸、食慾、如廁、睡眠、疼痛控制 ②醫療照護、怕被拋棄 ③維持尊嚴、自己決定 ④來自家人、朋友及醫護人員的支持。

15. (3) 下列何者是臨終者的尊重需求？ ①呼吸、食慾、如廁、睡眠、疼痛控制 ②醫療照護、怕被拋棄 ③維持尊嚴、自己決定 ④來自家人、朋友及醫護人員的支持。

16. (4) 下列何者是臨終者的愛及歸屬需求？ ①呼吸、食慾、如廁、睡眠、疼痛控制 ②醫療照護、怕被拋棄 ③維持尊嚴、自己決定 ④來自家人、朋友及醫護人員的支持。

17. (4) 下列何者是臨終者的自我實現需求？ ①呼吸、食慾、如廁、睡眠、疼痛控制 ②醫療照護、怕被拋棄 ③維持尊嚴、自己決定 ④完成心願。

18. (1) 強調了解和追尋悲傷者對失落的認識或了解，是下列哪一項的觀點？ ①意義重建 ②壓力模式 ③社會認知 ④悲傷任務論。

19. (2) 強調以危機的觀點來看待喪親死亡，是下列哪一項的觀點？ ①意義重建 ②壓力模式 ③社會認知 ④悲傷任務論。

20. (3) 強調因為失落事件破壞了個人與死者間的角色關係，無法維持其自我認同而導致憂鬱，是下列哪一項的觀點？ ①意義重建 ②壓力模式 ③社會認知 ④悲傷任務論。

21. (4) 強調經驗悲傷的痛苦是喪慟者必要的過程，是下列哪一項的觀點？ ①意義重建 ②壓力模式 ③社會認知 ④悲傷任務論。

22. (13) 對失落的描述下列哪些為非？ ①乳房切除是屬關係性失落 ②考試落榜是屬象徵性失落 ③失去友誼是屬實質性失落 ④失去親人是生命性失落。

23. (23) 下列對悲傷反應的敘述，哪些錯誤？ ①絕望是屬心理層面 ②質疑人生意義是屬社會層面 ③人際疏離是靈性層面 ④易怒、哭泣是屬行為層面。

24. (14) 關於安寧療護（Hospice Care）的概念，下列哪些為非？ ①偏重靈性需求 ②目的是為了提升生活品質，運用止痛藥來控制疼痛，過著日常般的生活 ③尊重你的文化背景、信仰和價值觀 ④協助病人早日進入淨土。

25. (14) 下列敘述哪些正確？ ①陳（潮）式呼吸是瀕死病人常見的症狀 ②大都數的人臨終前都會感覺餓 ③民間常言的「男穿鞋、女帶紗」是形容瀕死病人常見的肢體發紺現象 ④聽覺是瀕死病人最後失去功能的感官。

26. (134) 喪禮服務人員執行從醫院接送臨終病人返家待終之作業時，應注意的事項哪些錯誤？ ①提醒家屬向院方辦理出院，同時要院方開立死亡證明書一同帶回家 ②抵達家門口，引導家屬在病人耳邊輕聲說：「到了！」使其有安全感 ③病人進家門前，應先焚燒魂轎 ④病人身體與臉部應以白布覆上。

27. (123) 下列敘述哪些錯誤？ ①在醫學傳統上對於死亡的傳統定義僅以呼吸停止作為判斷 ②美國哈佛大學「死亡定義委員會」提出「不可逆的昏迷」，以「腦皮質死」為判定依據 ③「植物人」即是呈現「腦死」的狀態 ④死亡是一個「逐漸進行的過程」。

28. (123) 喪禮服務人員如果能協助臨終病人提早規劃喪葬事宜，有哪些優點？ ①讓病人與家屬間比較容易有共識 ②實踐病人的殯葬自主權 ③協助病人依自己的意願達到善終 ④讓家屬提早決定放棄治療。

29. (124) 儒家面對死亡時最後與最高的期許為「以正而終」，有關此理念因應現代社會的詮釋，下列說明哪些是正確的？ ①代表的是一個人能死得其時、死得其所的期盼 ②是一種要求尊嚴死的死亡態度 ③意謂辭世時能子孫滿堂並斷氣於自宅正廳 ④需要亡者善盡一生責任與義務，其家屬也善盡奉養的心力與職責。

30. (13) 對於癌末病人最好坦白告知其病情的原因，下列何者為是？ ①多數病人對自己的身體狀況比誰都清楚，無法隱瞞 ②避免醫療資源的浪費 ③給予病人參

與醫療決策的機會 ④有助於過世後拜藥懺的功德。

31.（124）癌末病人的身體經常發生哪些症狀？ ①壓瘡 ②水腫 ③毛髮增長 ④呼吸困難。

32.（23）癌末病人需要身心靈全方面的照顧，然而下列有哪些可歸類為癌末病人心理及靈性層面的需求？ ①過世前能與家人及親友告別 ②有心事的時候可以有表達的機會 ③能尋求自己的宗教信仰 ④能夠洗澡與更換乾淨的衣物。

33.（13）癌末病人除了在身心靈層面需要被照顧外，還需要下列有哪些關家庭及社會層面的需求？ ①過世前能與家人及親友告別 ②注射止痛劑 ③與病友分享生病經驗 ④能夠洗澡與更換乾淨的衣物。

34.（124）癌末病人家屬的被照顧需求為何？ ①希望能了解病人病情、照顧等相關問題的發展與變化 ②知道有哪些社會資源或義工團體能協助 ③能夠接受止痛劑的注射 ④能夠尋找生命與受苦的意義。

35.（24）下列哪些是屬於安寧療護中有關「好死」的描述？ ①痛與不適的症狀能夠完全消失 ②有機會安排自己的後事及向親友告別 ③子女都能賺大錢 ④釋放過往的人際衝突。

36.（14）有關臨終病人的瀕死過程與徵象描述，下列何者為是？ ①嗜睡、昏迷或譫妄是屬於神經系統的衰竭 ②大小便失禁與水腫是因為內分泌系統衰竭 ③發燒、寒顫與盜汗是呼吸系統衰竭的現象 ④病人吵著要回家是臨死知覺的現象。

37.（23）下列何者為臨終病人所出現臨終譫妄的狀態描述？ ①病人出現譫妄是一種心理病態的反應 ②病人出現譫妄時要維持環境安靜，避免吵雜 ③病人還是會有斷續的清醒期 ④病人出現譫妄的症狀是注意力變好、遠期記憶力變差。

38.（23）有關病人出現臨終大量出血的描述，下列何者不正確？ ①腫瘤長在大血管周圍的患者，如頭頸部腫瘤的患者在化療後容易發生 ②等到事情發生時才告知家屬，避免其擔心恐懼 ③盡量讓病人保持清醒 ④準備深色毛巾給病人覆蓋，避免使用淺色床單。

39.（134）喪禮服務人員可從下列哪些狀況知道返家侍終的病人可能已經死亡？ ①胸部無呼吸起伏 ②測量頸靜脈是否停止跳動 ③頜關節鬆弛，嘴巴微張 ④大小便失禁。

40.（124）Tomer和Eliason（1996）採用死亡焦慮之綜合模式（Comprehensive Model of

Death Anxiety; CMDA）進行高齡者死亡焦慮之研究，認為死亡焦慮與下列哪些因素相關？　①與過去關聯之遺憾　②與未來關聯之遺憾　③對於大自然信仰關聯之遺憾　④死亡的意義。

41.（234）根據Tomer和Eliason（1996）的看法，面對死亡焦慮可以採用下列因應策略？①疼痛治療　②存在治療　③生命回顧　④生命規劃。

42.（234）有關佛教淨土宗臨終助念的敘述，下列何者不正確？　①念佛有助於提升臨終者的內在力量　②念佛可以協助臨終者做好身體康復的準備　③臨終助念時，勿讓家屬圍在病患身旁，避免難以割捨親情而無法往生西方　④可以引導病患觀想彌勒淨土的依止莊嚴。

43.（34）有關一貫道道親的臨終關懷事宜，下列何者不正確？　①可以準備彌勒真經被，幫助病患心神安定　②助念前，可先向病患開示勸告抱持三寶，觀想仙佛聖像　③除了為臨終者助念，也應關懷引導家屬接受傅油聖事　④可以引導病患觀想西方淨土的依止莊嚴。

44.（34）下列何者對於臨終醫療處置的名詞說明有誤？　①DNR（Do-Not-Resuscitate），指的是拒絕心肺復甦術　②CPR（Cardiopulmonary Resuscitation），指的是心肺復甦術　③ACP（Advance Care Planning），指的是緩和醫療　④LST（Life Sustaining Treatments），指的是防止腦死醫療措施。

45.（134）依據《儀禮 士喪禮》記載，下列哪些儀式非士階級男子臨終的處理方式？①遷居燕寢　②屬纊　③不絕於男子之手　④招魂者面向北方招魂。

46.（23）依據《儀禮 士喪禮》記載，下列哪些儀式非士階級男子臨終的處理方式？①遷居正寢　②招魂者面向南方招魂　③招魂時的呼喊聲為：「如之何！」④行禱於五祀。

47.（34）喪禮服務人員對於返家侍終之臨終病人，可能須提供下列何者服務？　①遺體接運　②拼腳尾物　③拼廳　④遮神。

48.（24）下列臨終照顧項目何者屬於全社區的照顧？　①對於病患家屬的照顧　②建立合作轉介系統　③對病人疼痛給予嗎啡等藥物緩解　④落實二十四小時oncall制度。

49.（123）下列何者是臨死覺知的現象？　①迴光反照　②用語言或非語言動作表達旁人不懂的境界　③預知時至　④詢問醫護人員病情。

50. (124) 依《儀禮・士喪禮》記載：「男子不絕於婦人之手，婦人不絕於男子之手」，所謂「男子不絕於婦人之手」下列敘述何者錯誤？　①男女授受不親，男子不可隨便牽女子的手　②傳統男子做決定不需要假婦人之手　③男子於臨終階段時，均須由男性扶持與更衣　④處理喪事皆為男性，絕不可讓婦人參與意見。

51. (123) 有一基督教家庭之長輩病危，其家屬通知禮儀公司前往準備服務，服務人員的準備工作下列敘述哪些不正確？　①詢問家屬是否有受洗的教堂及認識的神父　②請家屬誦唸可蘭經陪伴　③準備可擺放牌位及香爐的桌子　④提醒家屬聯繫牧師進行禱告。

52. (123) 關於回教徒的臨終諮詢，喪禮服務人員提供的資訊何者不正確？　①詢問未來塔位欲安排何處　②棺木樣式的選擇說明　③歸空後壽衣的準備　④提醒不放陪葬品。

53. (123) 喪禮服務人員對於住院的癌末病人返家侍終的做法，下列敘述哪些錯誤？　①通常回家拔管後即斷氣，因此可於離院時請醫師開立死亡證明書　②喪禮服務人員應請家屬先焚燒魂轎　③服務人員應在旁引導擔架進家門時須頭內腳外　④告知家屬病患往生後須致電衛生所，請衛生所醫師進行行政相驗。

20300喪禮服務 乙級工作項目 02：初終與入殮服務

1. (1) 根據《增訂家禮大成》有關初終舉哀的記載，下列何者正確？　①孝子遇民間忌諱重日仍可以照常舉哀，無須避諱　②君王若逢臣子之喪，若曆書上註記有忌諱時，君王不得御臨發哀　③復禮招魂舉行之前，家屬必須先完成變服舉哀　④舉哀的「哀」指的是眼睛流出「涕」的意思。

2. (2) 華人傳統喪葬禮俗中對於亡者壽服的說法，下列何者錯誤？　①壽衣的單位為層或重　②亡者的衣服皆為右衽、結絞　③壽衣的口袋必須密縫　④壽衣的質料避免採用綢緞的材質。

3. (2) 有關遺體化妝的觀念與說法，下列何者正確？　①遺體化妝需要因季節不同而選用不同的商品　②遺體因死亡不再有新陳代謝，皮膚性質已無中、乾性皮膚的區別　③完整性無缺損遺體在冬季冰存一週後，退冰約12小時最適合穿衣與化妝　④瞻仰遺容的禮廳若使用黃色光源，為遺體化妝時應盡量採用冷色系的彩妝用品。

4. (1) 下列相同尺寸相同工法的A級材質骨灰罐，其價格由高至低排列，何者正確？

A.碧玉B.黃玉C.黑花崗D.大理石　①ABCD　②ACDB　③BACD　④CBAD。

5. (4) 就佛教的喪禮來說，布置一個莊嚴的小佛堂（靈堂），除了放置亡者的靈位，不宜供奉下列哪樣用品？　①西方三聖像　②亡者的遺照　③香爐　④金童、玉女。

6. (1) 依戶籍法第48條，死亡戶籍登記之申請，應於事件發生或確定後幾日內爲之？①30　②60　③90　④120。

7. (3) 依戶籍法第62條，因死亡，死者之國民身分證如何處理？　①由戶政事務所蓋註銷章交還家屬　②由戶政事務所截角後交還家屬　③由戶政事務所截角後收回　④由戶政事務所蓋註銷章收回。

8. (4) 依戶籍法施行細則第22條規定，戶長死亡，以下處理方式何者爲非？　①該戶籍登記資料列爲除戶備份保存　②戶內尚有設籍人口者，應由該項登記之申請人，擇定戶內具行爲能力者一人繼爲戶長　③戶內設籍人口均爲無行爲能力人，應由最年長者一人繼爲戶長　④戶內設籍人口均爲限制行爲能力人時，應由鄰長暫代戶長。

9. (4) 下列何者不是殯葬管理條例規定骨灰（骸）存放設施收存骨灰（骸）應檢附之文件？　①火化許可證明　②主管機關出具骨灰（骸）來源之相關文件　③起掘許可證明　④死亡（或相驗）證明書。

10. (1) 依戶籍法第36條，以下哪些人可以爲死亡登記之申請人？A.配偶B.親屬C.同姓者D.同居人E.經理殯葬之人F.鄰居　①ABDE　②ABCD　③ABDF　④ABEF。

11. (4) 按臺灣傳統禮俗，下列何者不是大殮時棺中布置的用品？　①水被　②菱角枕　③七星板　④照心鏡。

12. (3) 佛教不鼓勵入殮時棺中擺放物品，惟家屬如於喪禮規劃中有所要求，下列何者較不適合作爲入殮時的用品？　①檀香粉　②羅漢鞋　③過山褲　④皈依證。

13. (2) 下列乃佛教臨終與初終助念之禁忌敘述：A.不得向病者歎息哭泣，以免引動愛情，有礙往生B.臨終之時，臨終者一定要調整成吉祥臥，不可隨便C.往生後八小時內，不得手觸屍體，更不得哭泣D.勿拜腳尾飯但可焚燒紙錢，以作爲往生者靈魂趕赴地府之盤纏。請問以上何者正確？　①ABCD　②AC　③BC　④ABC。

14. (1) 依《儀禮·士喪禮》言，下列對小殮之敘述，哪些是錯誤的？A.襲三稱後用

衣被將死者裹束起來爲小殮B.襲三稱與將死者裹束衣被不同日C.將亡者遺體抬起置入棺內爲小殮D.將亡者遺體放置夷盤爲小殮　①CD　②ABD　③ABC　④BD。

15.（ 3 ）臺灣喪禮實務流程包括：A.入殮B.落壙C.移柩D.啓攢E.火化F.進塔G.奠禮。以上按傳統禮俗須擇吉時的有哪幾項？　①ADE　②ACDG　③ABCDF　④EFG。

16.（ 3 ）以下有關金銀紙之一般用途描述何者正確？A.庫錢在某些地區可用於入殮時固定遺體B.壽金用於拜土地公及神明C.大銀作爲買路與施捨陰間鬼魂之用，小銀作爲祭拜祖先之用D.福金與四方金皆可用於安葬日拜后土　①ABC　②AC　③ABD　④ABCD。

17.（ 4 ）按閩南傳統居家治喪的喪葬儀式，大殮前後流程之項目如下：A.辭生B.棺中布置C.封釘D.乞手尾錢E.大殮F.停殯。下列流程順序何者正確？　①ABCDEF　②BACDEF　③BCAFDE　④ADBECF。

18.（ 2 ）爲剛接運返家的亡者進行洗身穿衣作業時，考量冰存至出殯前退冰入殮的需求，請就下列各項作業排出適當流程順序：A.爲亡者穿上尿布B.去除亡者衣物與尿布C.檢查遺體狀況D.工作人員穿戴防護衣等裝備E.登錄遺體狀況F.爲亡者洗身G.工作人員撤去防護衣等裝備H.工作人員清洗雙手I.爲亡者穿衣Ｊ.廢棄物處理　①HCEBDFGAIGJH　②HDBCEFAIGJH　③HDCEBFAIGJH　④HCEDBEFAIGJH。

19.（ 4 ）有關爲女性亡者化妝的做法，下列何者不恰當？　①化妝人員必須穿防護衣、戴口罩與手套等裝備　②化妝前應與家屬溝通或取得亡者生前照片，確認其偏好③化妝前應以酒精棉片爲亡者進行五官與全臉的消毒　④上粉底時，應手持海綿採左右來回摩擦的方式以利妝容均勻。

20.（ 3 ）有關爲亡者穿衣的作業，下列何者適當？　①爲避免沖煞，不得請家屬幫忙爲亡者穿鞋戴帽　②當亡者手腳變僵硬時，可在其四肢關節處塗抹乳液以軟化其肢體方便穿衣　③穿戴傳統老年男性壽衣時，最外層爲短褂，再往內則是以同款布料所製的長袍　④亡者以穿布鞋爲佳，但考量陰陽相異，故市售壽鞋未分左右腳。

21.（ 2 ）請選出下列有關臺灣民間傳統豎靈的適當做法？A.一般在病人移鋪至水床的臨終階段，就應先寫好靈位牌並懸掛照片，事先佈置好孝堂B.提供亡者魂神依

憑的禮器，包含靈位牌或魂身C.通常是在「拼腳尾」後再完成布置孝堂的作業D.豎靈後亡者子孫需要早晚「捧飯」E.豎靈後子孫在柩旁鋪蓆而眠，俗稱「睏棺腳」　①ABCD　②BCDE　③ACDE　④ABDE。

22.（ 1 ）請選出下列有關臺灣傳統豎靈後「捧飯」的適當做法？A.捧飯主要是由子孫向亡者「叫起叫睏」B.客籍人士每天照三餐捧飯是根據過去以農為生的生活習慣所致C.早晨捧飯除了供應早餐外也應提供盥洗用具、香與紙錢D.捧飯一般會延續到對年，之後改為初一、十五，到合爐後則依年節祭祀E.早晚捧飯必須在天亮前與天黑後舉行　①ABC　②BCD　③ABD　④ACE。

23.（ 1 ）下列哪些是傳統喪禮中屬於遺體處理的項目？A.洗身B.豎靈C.作七D.五服制度E.入殮F.穿衣G.返主H.百日I.點主　①AEF　②ADE　③ACD　④AFI。

24.（ 3 ）下列哪些是傳統喪禮中屬於安頓亡者魂神的項目？A.點主B.豎靈C.合爐D.五服制度E.入殮F.安葬G.返主H.百日I.洗身　①ABCDE　②BCGHI　③ABCGH　④BCDEG。

25.（ 4 ）下列何種靈位牌的寫法有誤？　①顯考賴公諱大同府君之神王　②賴大同先生靈位　③佛力超薦賴大同居士之蓮位　④顯考賴公大同老先生之佳城。

26.（ 2 ）下列何種魂幡的寫法有誤？　①顯考賴公諱大同府君之正魂　②賴大同先生靈位　③佛力超薦賴大同居士之正魂　④顯考賴公大同老先生之魂幡。

27.（ 2 ）依據《儀禮·士喪禮》的敘述，有關魂神依憑處理的說法何者正確？　①「設重」的時間點早於「為銘」　②安葬後透過「重」迎亡者之精魂而返　③「重」上刻有亡者姓名，「明旌」上則無　④啟殯之前「明旌」放於「重」之上時，通常是朝向南方。

28.（ 4 ）有關豎靈的做法，下列何者適當？　①在豎靈階段為亡者準備的一套衣物應該摺疊好放在香爐旁　②為方便親友弔唁，可將孝堂的屋前棚架延伸搭到自宅門口馬路上　③設置在自宅的孝堂豎靈檯必須要等到返主除靈後才能拆除　④靈位牌上書寫亡者姓名的紙張顏色，通常依照亡者性別之「男青女黃」原則來處理。

29.（ 3 ）請選出以正信佛教信仰方式布置孝堂時，豎靈檯上可以擺放的物品？A.西方三聖像B.三清道祖像C.水果D.香爐E.玫瑰念珠F.亡者牌位G.耶穌受難像H.玫瑰經①ABCD　②ACDE　③ACDF　④BDGH。

30.（ 2 ）請選出以天主教信仰但又能包容華人傳統文化的孝堂布置時可以擺放的物品？

A.西方三聖像B.三清道祖像C.水果D.香爐E.玫瑰念珠F.亡者牌位G.耶穌受難像
H.玫瑰經　①ABCDEF　②CDEFGH　③ACDEFG　④BCDEGH。

31.（4）依據臺灣傳統殯葬禮俗，如在宅治喪，擇於退冰後於告別奠禮當日上午舉行入
殮儀式，喪禮服務人員應事先執行的前置作業有哪些？A.依據和消費者簽訂的
殯葬定型化服務契約內容，向協力廠商訂購壽衣、棺木與棺內用品等B.依據亡
者冰存的時間與當時的氣候，決定遺體退冰時間，並依規劃確實完成關閉移動
式冰櫃電源C.向所屬服務單位領取棺椅或棺車等裝備D.提醒家屬準備硃砂筆以
利入殮時點主蓋棺E.與家屬討論並確認接板的動線F.依據入殮吉日課表所載資
料，提醒當日歲數與生肖，正沖及偏沖的所有重服眷屬迴避入殮所有流程
①ABCD　②CDEF　③ADEF　④ABCE。

32.（2）請選出依據臺灣傳統殯葬禮俗，服務土葬個案的遺體入棺作業時，必須事先
準備的裝備或物品？A.七星板B.稻灰或茶葉C.蓮花金、蓮花銀、紙錢或庫錢
D.菱角枕E.生鴨蛋F.米斗G.掩（遮）身幡H.過山衣　①BCDEG　②ABCDG
③ACEFH　④BDFGH。

33.（4）請選出依據臺灣傳統殯葬禮俗，服務土葬個案的放板作業時，必須事先請家屬
或工作人員代為準備的物品？A.七星板B.細竹圈C.壽金和小銀D.掃帚E.米一包
F.米斗G.掩（遮）身幡H.過山褲　①ACEF　②BDGH　③CEFG　④BCDE。

34.（4）有關醫院針對在院死亡者家屬提供之服務，下列敘述何者不符合殯葬管理條例
規定？　①醫院依法設太平間者，對於在醫院死亡者之屍體，應負責安置
②醫院得劃設適當空間停放屍體，供家屬助念或悲傷撫慰之用　③醫院不得拒
絕死亡者之家屬或其委託之殯葬禮儀服務業領回屍體　④醫院已依規定附設之
殮、殯、奠、祭設施，自中華民國100年12月14日起得繼續使用5年。

35.（4）下列殯葬禮儀服務業者提供在宅治喪之做法，何者違反殯葬管理條例規定？
①因鄰近殯儀館禮廳不足，為辦理出殯奠禮在自宅前道路搭棚2日　②出殯前1
日晚間10時召集家屬在宅為亡者默禱守夜　③因鄰近殯儀館冰櫃數量不足，將
遺體置入移動式冰櫃並在宅停放　④於出殯當天將出殯行經路線報請辦理殯葬
事宜所在地警察機關備查。

36.（4）有關醫院針對亡者家屬提供服務，下列哪些敘述符合殯葬管理條例規定？A.醫
院依法設太平間者，對於在醫院死亡者之屍體，應負責安置B.醫院得劃設適當
空間停放屍體，供家屬悲傷撫慰或辦理殮殯事宜之用C.醫院不得拒絕死亡者之

家屬或其委託之殯葬禮儀服務業領回屍體D.醫院已依規定附設之殮、殯、奠、祭設施，自中華民國100年12月14日修正之條文施行日起即不得繼續使用E.未經醫院或家屬同意，不得搬移屍體　①ABCDE　②ACDE　③ABE　④ACE。

37. (3) 喪禮習俗中，入殮是將大體整飾好移放置棺內的過程，大體須放正的禮俗意義為何？　①表示沒有偏袒任何一房的子孫　②瞻仰遺容時比較好看　③表示亡者生前正直清白　④方便大體固定。

38. (4) 下列敘述何者不符殯葬管理條例規定？　①殯葬服務業不得提供或媒介非法殯葬設施供消費者使用　②殯葬服務業不得擅自進入醫院招攬業務　③殯葬禮儀服務業對於不明原因死亡之屍體，如未經家屬同意或鄰近公立殯儀館委託，自行運送屍體者，不得請求任何費用　④憲警人員依法處理意外事件死亡屍體程序完結後，未開立死亡證明書前，不得運送屍體。

39. (4) 傳統入殮禮俗中，多會放置多種陪殮品，下列何者是怕亡者回家，表示陰陽兩隔之物？A.豆豉B.菱角枕C.桃枝D.石頭　①BC　②AC　③BD　④AD。

40. (3) 亡者遺體若因水腫而導致腹部腫脹，遺體處理人員可自遺體何處將腹水引流排出？　①腹部肚臍上方　②後背脊椎下方　③腹部低位處　④腹部高位處。

41. (3) 身體死亡的過程順序為何？A.細胞性死亡B.生物性死亡C.臨床死亡D.腦死　①A→B→C→D　②C→B→A→D　③C→D→B→A　④B→A→C→D。

42. (1) 人類老年期的體被系統會產生下列何種變化，遺體處理時應予注意？　①皮膚變薄　②腋下長出粗糙的毛髮　③體毛增加　④皮下脂肪增厚。

43. (4) 下列何種信仰不排斥為亡者設立牌位？A.民間信仰B.基督教C.天主教D.佛教E.伊斯蘭教　①ABD　②ADE　③ACDE　④ACD。

44. (4) 依遺體腐敗的三個階段，請選出正確的順序：A.身體浮腫B.頭、頸、腹部出現屍綠現象C.皮膚鬆散滑落　①ABC　②BCA　③CBA　④BAC。

45. (4) 喪禮服務人員進行殯葬服務流程規劃前，應當發揮傾聽與溝通技巧收集個案的哪些資料？A.生平事略B.宗教信仰C.死亡原因D.治喪地點E.家族病史F.社經背景G.未竟事宜H.其他禁忌I.曾經購買過的人壽保險商品J.家庭概況　①ABCDEF　②ABCDEFGHI　③ABCDEFGHIJ　④ABCDFGHIJ。

46. (3) 協助將亡者遺體從醫院太平間移往殯儀館時的注意事項，下列何者適當？①避免干擾路人，進出電梯時，請家屬靜默不得開口提醒亡者進出電梯　②避免亡者兩手空空，要請家屬準備十張以上的冥紙讓亡者一路握住　③提醒家屬將亡者貴重物品取下並做保管　④移動的路途中，為避免亡者魂魄沒有跟上移

靈隊伍，提醒家屬不得向亡者說話。

47. (3) 臺灣一般信仰道教者，若發生意外事故過世，下列何者爲豎靈前之先行儀式？
①助念8小時 ②洗身與穿衣 ③到意外現場進行引魂 ④繳庫儀式。

48. (2) 使用冰櫃保存遺體的原理，在於抑制遺體內的什麼成分發生變化，以減低遺體
變質發臭的現象？ ①脂肪 ②蛋白質 ③鈣質 ④水分。

49. (1) 人體死亡後三小時到屍僵期間，身體酸鹼值如何變化 ①微鹼性變成酸性
②微酸性變成鹼性 ③中性變成微鹼性 ④中性變成酸性。

50. (1) 依傳染病防治法規定罹患第一類法定傳染病致死之屍體，經中央主管機關認爲
實施病理解剖始能了解傳染病因或控制疫情時，下列敘述何者正確？ ①家屬
不得拒絕配合，但中央主管機關得補助喪葬費用 ②家屬可以拒絕配合，無須
理會要求 ③家屬可以拒絕配合，但須填具原因切結書 ④家屬不得拒絕配
合，但中央主管機關無法補助喪葬費用。

51. (4) 若在殯儀館進行入殮作業時，下列何者行爲不妥當？ ①應確實檢查亡者佩帶
之識別卡 ②移動遺體時應小心謹慎 ③遺體入棺前應先鋪設棺底用品 ④避
免家屬過度悲傷，由喪禮服務人員自行到化妝室領取遺體即可。

52. (3) 一般完整性的遺體若要存放至死後第5天才進行入殮出殯，若選擇以冰存的方
式來保存時，冰櫃溫度設定在攝氏幾度爲宜？ ①零下10度到零下15度之間
②10度到15度之間 ③零度到4度之間 ④不必考慮溫度。

53. (3) 在殯儀館治喪規劃設計重點中，下列何者爲入殮階段應規劃事項？ ①核對骨
罐刻字 ②指導家眷早、晚拜飯的意義與做法 ③遺體退冰、沐浴、更衣與化
妝 ④發引與辭客。

54. (13) 依據臺灣傳統殯葬禮俗，下列有關入殮作業之說明，哪些錯誤？ ①家屬接板
時，以簡單之「角、吹、樂、音」擇一引導，並由四名以上抬棺者協助將棺木
抬到喪家，謂之「放財」 ②爲亡者入殮時要準備上被、下褥與枕等等 ③客
家喪俗在入殮時，多準備亡者的衣與褲，在蓋棺前，讓子孫抽褲，象徵財庫讓
亡者帶走 ④依照客家的習俗，男歿由族長封柩，女歿由娘家代表封柩。

55. (24) 不同宗教進行之入殮儀式，下列敘述哪些正確？ ①正信佛教徒的入殮佛事中
的封棺儀式可由子女或法師主持 ②信仰基督教的安息教友，入殮禮拜通常安
排的流程包含默禱、唱詩、讀經、禱告、勸慰、入殮與祝禱 ③一貫道道親歸
空後的入殮儀式中，可由教主阿訇協助歸空者手抱合同 ④天主教徒安息後的

入殮禮中可安排降福棺木、灑聖水的儀式。

56. (134) 就公共衛生與個人健康的考量，喪禮服務人員執行入殮作業時，下列哪些做法不恰當？ ①採用打桶方式保存遺體的做法合乎公共衛生的要求，值得推廣 ②負責入殮作業的喪禮服務人員也應當穿戴防護衣、口罩與手套等完整裝備 ③按照禮俗入殮蓋棺前必須將亡者的紙尿褲去除，取出的紙尿褲屬於一般家庭性廢棄物，丟到一般性垃圾桶即可 ④工作人員執行入殮時已全程配戴手套，因此作業後去除手套時，無須再清洗雙手。

57. (13) 喪禮服務人員執行入殮作業時，要注意哪些有關手部與手指甲的衛生事宜？ ①不宜蓄長指甲，而且應養成正確洗手的習慣 ②處理遺體完後最適合手部皮膚的消毒液是90%的酒精 ③酒精消毒手部的原理是使病原體的蛋白質凝固 ④工作時只要有配戴手套就可以不用取下手上的戒指、手鐲。

58. (34) 有關喪禮服務人員完成入殮後應執行的善後作業，下列敘述哪些正確？ ①擦拭過亡者體液的衛生紙用紙巾妥善包裹後，可丟在一般性垃圾桶 ②使用過的棺罩，可以在上午10點後，透過充足的陽光曝曬，達到紅外線的物理消毒效果 ③為亡者修眉的修眉刀在清洗乾淨後，必須在完全浸泡在水中，並在達攝氏100度的滾水中煮5分鐘後取出瀝乾以達消毒效果 ④化妝後使用的塑膠挖杓遭污染後，可在清洗乾淨後，完全浸泡於餘氯量200ppm的氯液中浸泡2分鐘以上，達到化學消毒法的效果。

59. (34) 有關殯儀館屍體處理事宜，下列敘述哪些錯誤？ ①屍體處理設施係指供屍體防腐、清洗、修補或美容化妝使用等設施 ②一般的屍體處理如果採用打桶的方式，可在死亡後二十四小時後進行入殮 ③可裝置「正壓空調設備」以過濾空氣控制病菌污染源 ④以防腐處理來保存遺體者無須為亡者沐浴、淨身，避免皮膚破損降低防腐效果。

60. (23) 有關醫院針對亡者家屬提供服務，下列哪些敘述符合殯葬管理條例規定？ ①醫院得劃設適當空間作為太平間，供家屬辦理簡易入殮處理事宜之用 ②醫院不得拒絕死亡者之家屬或其委託之殯葬禮儀服務業領回屍體 ③自中華民國101年7月1日起醫院不得新設殮、殯、奠、祭設施 ④在醫院死亡者之屍體，應先送至太平間停放並經家屬完成助念或悲傷撫慰儀式後，始得搬移離院。

61. (124) 有關憲警人員依法處理意外事件或不明原因死亡屍體之程序，下列哪些敘述不符殯葬管理條例規定？ ①屍體若無家屬認領，應即通知轄區或較近之公、私

立殯儀館辦理屍體運送事宜　②殯儀館接獲憲警人員通知辦理屍體運送事宜後，不得再委託殯葬禮儀服務業運送屍體　③未經家屬同意，憲警人員自行委託殯葬服務業者運送屍體者，不得請求費用　④須經當地警察機關開立死亡證明後，始得移動屍體。

62. (13) 服務一貫道道親歸空後的初終事宜，依據其宗教信仰，下列哪些物品宜主動提供，或提醒家屬準備？　①檀香末　②十字念珠　③白陽三聖像　④乳香。

63. (12) 下列對於封釘順序的描述哪些較符合禮俗？　①若亡者為女性則右肩→左肩→右腳→左腳　②若亡者為男性則左肩→右肩→左腳→右腳　③若亡者為女性則右肩→右腳→左肩→左腳　④若亡者為男性則左肩→左腳→右肩→右腳。

64. (34) 有關遺體處理與入殮禮俗之吉祥話，下列敘述哪些錯誤？　①「目周洗金金，子孫人人得萬金」是沐浴吉祥話　②「吃一口芹荣，呼咱子孫人人都勤快」是辭生吉祥話　③「一點東方甲乙木，子孫代代居福祿」是點主吉祥話　④「新婦頭，查某囝腳」是封釘吉祥話。

65. (12) 按《儀禮·士喪禮》記述初終禮儀中，下列哪些解釋錯誤？　①甸人係指掌管館舍雜務的小吏　②重木係指用於抬棺的橫木　③復是招魂復魄的禮儀　④襲三稱係指為死者穿上三套衣服。

66. (24) 按傳統民間信仰，下列對於儀式所屬階段之描述哪些正確？　①辭生屬於臨終階段儀式　②辭客與辭外家皆屬於發引階段之儀式　③辭願屬於入殮階段儀式　④辭土屬於臨終階段儀式。

67. (234) 喪禮服務人員某甲被指派承接五天前已簽訂殯葬定型化契約案件，出發前與家屬電話聯繫獲悉：亡者為享耆壽九十六歲終身未婚的王老先生，生前被診斷為肺癌末期後，選擇在醫院接受緩和醫療，今日凌晨在病房過世，家屬決定在自宅以民間佛道教土葬的方式治喪，下列哪些不會是某甲應執行的初終服務項目？　①拼廳　②收受遺體接運切結書　③帶領家屬接外家　④向家屬提具服務完成確認書。

68. (124) 有關將亡者遺體安置於自宅治喪的遮神做法，下列哪些適當？　①水鋪置於廳堂內必須先遮神，再處理遺體　②遺體與神廳不同室，可以不必遮神　③遮神後，遺族仍應向神明或祖先早晚上香　④遺體與神廳不同樓層，可以不必遮神。

69. (12) 有關臺灣民間傳統喪葬禮俗對於初終遺體安置的描述，下列哪些正確？　①家

中男性最高輩份的長者去世，遺體可安置於正廳的龍邊，頭朝內，腳朝外　②依古禮，上有長輩未成年而夭折者，遺體不能移至正廳　③家中女性最高輩份的長者去世，遺體可安置在正廳虎邊，頭朝外，腳朝內　④古俗凡未成年而夭折者在家中過世，稱爲「冷喪」。

70. (124) 依據《儀禮·士喪禮》的描述，下列哪些是人死亡後第一天所進行的儀式？
①楔齒　②赴於君　③筮宅　④綴足。

71. (134) 在臺灣民間傳統禮俗中，於自宅治喪時，下列哪些是初終階段會用到的物品？
①紅紙　②金斧　③魂轎　④水床。

72. (124) 對於初終階段有關遺體處理之敘述，下列哪些正確？　①《增訂家禮大成》中言：「在床謂之屍」　②《增訂家禮大成》中言：「捐館就木」謂人之已亡　③《儀禮·士喪禮》中描述人死後第一天應將「奠脯醢、醴酒」置於遺體的腳尾　④《儀禮·士喪禮》中所說的「死於適室」中的「室」，對於天子來說是指他平時所使用的「路寢」空間。

73. (13) 有關臺灣傳統喪葬禮俗中對於「乞水」的說法，請選出正確的選項：　①乞水時必須先在溪邊焚香禱告後，用銅板擲筊得聖筊後方能取水　②乞水時由配偶代表，在沒有穿孝服的情形下捧陶鉢去取水　③乞水時必須用陶鉢順著水流盛水④乞水時可以用陶鉢取水多次，水量應足夠爲亡者沐浴。

74. (234) 服務遺體複驗的個案時，有關遺體處理的作業，下列敘述哪些比較合乎人性關懷？　①遺體驗屍後應隨即推入冷凍櫃冰存，待出殯前一天再行退冰與洗身　②遺體驗屍後要注意並登錄屍體留下來的跡證，如傷口、疤痕與撕裂傷等，以利後續的遺體處理　③遺體驗屍後最好先將遺體進行重整，再推入冷凍櫃冰存④亡者佩戴的首飾或遺物經法醫或檢察官確認與案情無關可發還家屬處理時，應確實登記數量並請家屬簽收。

75. (24) 執行遺體洗身、穿衣與化妝服務時，有關工作人員的衛生防護，下列敘述哪些錯誤？　①工作前與工作後都應徹底清洗雙手　②爲了工作方便，工作人員可以只佩戴外科手套和口罩即可，只要小心點，防護衣可以省略　③凡碰觸遺體的毛巾及衛生紙等皆應丟入感染性廢棄物垃圾桶　④當亡者家屬要一同協助洗身、穿衣時，無須爲家屬準備防護裝備，只要記得提醒家屬要洗手即可。

76. (23) 爲亡者進行洗頭作業時，下列哪些做法不恰當？　①使用蓮蓬頭爲亡者洗頭時，可用毛巾套住蓮蓬頭，避免水花四濺　②遺體退冰後的頭髮顯得黏濕，清

洗前不宜先將頭髮梳開　③為亡者洗頭時，單純使用潤絲精即可，無須使用洗髮精　④必須用指腹以鋸齒狀或放射狀的方式進行清洗。

77. (123) 以福馬林注射進行遺體防腐，可達到哪些效果？　①降低遺體臉部水腫或氣腫　②讓亡者皮膚呈現紅潤的氣色　③讓亡者的嘴巴恢復到正常位置　④讓遺體變得柔軟有彈性。

78. (123) 臺灣傳統殯葬習俗中，下列哪些是入殮時之禁忌？　①忌生肖沖犯　②忌啼哭淚滴亡者身上　③忌入棺時人影為屍所壓　④忌逢節慶。

79. (134) 下列哪些為禮儀服務人員代辦申請使用殯儀設施時，應備之文件？　①死亡（或相驗）證明書　②亡者身分證正反面影本及私章　③申請書及代辦委託書　④合法業者之證明。

80. (13) 下列哪些是豎靈後，喪禮服務人員應向家屬提醒說明的事項？　①捧飯的做法與注意事項　②注意腳尾紙錢必須一張一張慢慢持續燃燒不可中斷　③注意環香必須持續點燃不可中斷　④寄孝家屬返家回到孝堂後必須將孝服穿戴好才能上香。

81.(13) 有關殯葬禮儀服務業提供殯葬服務時應注意之事項，下列敘述哪些符合殯葬管理條例規定？　①不得於晚間9時至翌日上午7時間使用擴音設備　②如須使用道路搭棚辦理殯葬事宜，應擬具使用計畫報經當地殯葬主管機關核准，並以2日為限　③殯葬禮儀服務業就其承攬之殯葬服務至遲應於出殯前1日，將出殯行經路線請辦理殯葬事宜所在地警察機關備查　④殯葬禮儀服務業遇有因意外事件死亡之屍體，除經家屬認領後自行委託、經依法處理之憲警人員屬意委託或經較近公立殯儀館委託等情形外，不得擅自逕行提供服務。

82. (34) 下列所述違法殯葬行為裁處之罰鍰額度，哪些符合殯葬管理條例（以下稱本條例）規定？　①殯葬禮儀服務業辦理殯葬事宜時未依規定之時間使用擴音設備，妨礙公眾安寧者，應處新臺幣6萬元至30萬元罰鍰　②殯葬禮儀服務業遇有因意外事件死亡之屍體，違反本條例第69條規定擅自逕行提供服務者，應處新臺幣6萬元以上至30萬元以下罰鍰　③醫院依法附設太平間並委託他業經營者，如受託經營者未將收費基準表公開展示於明顯處，應處新臺幣3萬元以上15萬元罰鍰　④對於在醫院死亡者之屍體，如醫院拒絕其家屬委託之殯葬禮儀服務業領回者，應處新臺幣6萬元以上30萬元以下罰鍰。

83. (123) 遺體防腐人員，應了解人體循環系統原理，下列敘述哪些正確？　①體循環又

稱為大循環　②肺循環是將缺氧血送到肺臟　③肺循環又稱為小循環　④體循環是將充氧血送到心臟。

84.（123）下列哪些屬於遺體重建的項目？　①定位　②固定　③填充　④防腐。

85.（134）關於佛教喪禮的一般信仰，下列敘述哪些錯誤？　①若墮三塗，可因佛事之功德，讓亡者往生淨土　②中陰身時期，為亡靈做佛七，等待因緣成熟，或隨習（慣）、隨業、或隨念、隨重、隨緣、隨願轉生　③人有七魄，斷氣之後，每七日散去一魄，四十九日七魄散盡，魂魄分離才是在世生命真正結束，因此每七日散魄時，藉由課誦或唸佛煉鑄其形魄，莫讓散去的魄漂泊無依　④死亡只是肉身的暫時死亡，靈魂並不死亡，死亡的肉身，在往生後四十九日還要復活起來，再與靈魂結合為一。

86.（24）申請辦理下列事項，哪些需要檢附死亡證明書？　①報備出殯路線　②辦理除戶手續　③申請路邊搭棚　④申請火化許可。

87.（13）基於法令程序與公共衛生考量，下列何者為遺體於殯儀館進行洗身、更衣與冰存時必要之注意事項？　①具備死亡證明書或相驗屍體證明書　②遺體須助念八小時　③遺體冰存時，須檢核識別手（腳）圈　④遺體必須化妝完成。

88.（234）民間傳統拜飯的目的是？　①唯恐往生者因飢餓而傷害生者　②表達對長輩事死如事生的敬意　③藉由行動的身教，讓後代看到侍親的孝道　④體會感念親恩的精神。

89.（14）親人在醫院過世時，當家屬確定由某家殯葬禮儀服務業者承辦親人喪禮服務，下列文件何者無須簽定？　①買賣塔位同意書　②殯葬服務定型化契約　③遺體接運切結書　④生前殯葬服務契約。

90.（23）下列何者為意外死亡案件取得死亡證明文件的程序項目？　①請醫師開立死亡證明　②於管轄警察單位製作筆錄　③請檢察官開立相驗證明　④請衛生單位開立死亡證明。

91.（234）傳統習俗在入殮前經常舉行辭生的儀式，一般可能會由下列何種人為之？　①地方首長　②喪禮服務業者　③福壽雙全的好命人　④子孫代表。

92.（123）下列何者不是基督教入殮儀式棺內用品？　①銀紙　②蓮花被　③隨身褲　④聖經。

93.（234）現代臺灣傳統喪禮習俗中，示喪模式下列何者為正確？　①忌中：表示家中最低輩分之女性過世　②慈制：表示家中最高輩分之女性過世　③喪中：表示家

中晚輩亡故，其長輩健在　④嚴制：表示家中最高輩分之男性過世。

94. (14) 民間傳統書寫神主牌的方式，下列哪些正確？　①以「生、老、病、死、苦」來計算字數的吉凶　②道教儀軌很少計算內容吉凶　③基督教通常以「安、息、主、懷」來計算字數的吉凶　④以「興、旺、死、絕」來計算字數的吉凶。

20300喪禮服務 乙級 工作項目03：殯儀服務

1. (3) 傳統喪服制度對於服喪之原則，下列敘述何者爲非？　①「親親」是由親情推恩的人際網絡，主要有直系血親、旁系血親、外親等三大系　②已嫁的女兒，對原生的宗族成員服喪，應降一等喪服　③「出入」是爲伯母、叔母等，雖無血緣關係，但因其嫁入此家族，關係與伯叔同樣親近，須比照伯叔關係來服喪　④「尊尊」是在宗法封建制度下，建立在君臣結構下依身分高下與社會關係來定喪服的輕重。

2. (3) 在喪服「五服四等」之禮制中，其服制下列何者爲非？　①正服，爲父母等　②降服，爲出嫁之姊妹　③加服，爲母姅（母親兄弟的妻子）　④義服，爲業師。

3. (3) 根據《家禮大成》，父、母亡故，孝子應於何時開始執杖？　①亡故之日起　②入殮之日起　③成服之日起　④開弔之日起。

4. (4) 傳統喪服制度對於服喪中「長幼」之原則，下列敘述何者爲非？　①「長幼」是對未成年的身分來作爲服喪輕重之標準，爲降低白髮人送黑髮人之遺憾，乃以家庭倫理之長幼有序作爲降服之考量　②殤者依其年齡可分爲「長殤」、「中殤」、「下殤」三等服制　③子生三月，若已經取名，死則哭之；未取名，則不哭　④未滿十歲者，爲無服之殤，以日易月，殤而無服。

5. (4) 在傳統殯葬禮俗中，對於亡者行「七七齋」的追薦科儀法事，下列敘述何者有誤？　①中陰的最長壽命爲七日，若於七日中未受生，即再相續，前後共七次，決定得生　②作七佛事對亡靈未投生之前，有轉惡業爲善業之效，助其消除業障　③亡靈若墜三塗，可因佛事之功德，減輕痛苦　④人死後每七日散去一魄，四十九日七魄散盡，魂魄分離，故有「作七」儀式，以佛法煉鑄其形魄，不讓人魄飄散無所依泊。

6. (4) 《禮記》中所言「小祥祭」，其舉行之時間爲何？　①自死亡日算起第十三個

月 ②自死亡日算起第二十五個月 ③自衬算起第二十七個月 ④自衬算起第
十三個月。

7.(3) 在傳統殯葬禮儀，禮經中之禮制與現代殯葬禮俗之對應，下列敘述何者有誤？
①朝夕哭奠→早晚拜飯 ②易簀→搬鋪 ③飯含→口含銀 ④設重→立魂帛。

8.(4) 《禮記》曰：「親親以三爲五，以五爲九，上殺、下殺、旁殺，而親畢矣。」
下列敘述何者有誤？ ①「以三爲五」的「三」，是以我爲中心，上至父母，
下至子女，是最親密的三代親屬關係，感情交流深哀痛亦深 ②「以五爲
九」，是從五代再往上下推及二代，成爲九代，離核心的我愈遠，彼此的關係
就愈淡薄 ③「上殺」是指親密的直系血親上推到高祖爲止 ④「下殺」是指
親密的直系血親推到來孫爲止。

9.(4) 傳統喪葬禮制對「孝杖」有其規範，下列敘述何者有誤？ ①父喪杖用竹，取
其節歷四時而不變 ②母喪用桐杖，謂心內悲切，同於父也 ③長與心齊，孝
子執此以扶其身 ④大殮之日執起，俟服闋焚於墓前。

10.(3) 臺灣傳統殯葬禮俗行爲中，下列敘述何者爲非？ ①向外發出亡者的喪訊，稱
之爲「報喪」 ②親戚好友聽聞噩訊，立即前往弔祭，稱之爲「覓喪」 ③入
殮後，親友前來弔祭，稱之爲「探鋪」 ④喪家接受親友的弔賻，必須答禮，
稱之爲「答紙」。

11.(1) 爲緬懷其業師，以學生具名之「輓聯」，下列何者爲宜？ ①「當年幸立程
門雪，此日空懷馬帳風」 ②「搶天呼地靈椿長逝，椎心泣血風木同悲」
③「雲深竹徑樽尚在，雪壓芝田夢不回」 ④「夢斷北堂，春雨朵花千古恨；
機懸東璧，秋風桐葉一天愁」。

12.(3) 郵寄訃聞時封面之書寫，下列何者爲非？ ①對方郵遞區號應印紅色框以表吉
利，宜先查清楚並用清晰字體書寫 ②書寫親友姓名的大長方框應印紅色粗
框，書寫對方姓名應大方整齊地在框內書寫 ③「訃」字故應以紅色大字標明
以示禮貌 ④己方郵遞區號暨框一律用黑色印刷。

13.(3) 有關「訃聞」之書寫，下列敘述何者正確？ ①書寫收件人姓名字體應整齊端
正，末尾寫「收」、「啓」以示謙恭 ②爲對收信人表示禮貌，訃聞封面之
「訃」字應以紅色印刷 ③喪宅與靈堂設置地址不同時，應一併列印清楚
④爲表族人眾多，姻親外戚之人名皆一併印上。

14.(3) 有關「訃聞」之紙張顏色與字體，下列敘述何者錯誤？ ①內文中之「聞」

字，爲對收信人表示禮貌，應以紅色印刷　②紙張顏色可依宗教別選定，佛教儀式者得採用黃色印刷　③於儒家禮制，高齡長者逝世得使用粉紅色或紅色紙張，代表老喜喪　④圖案與字體大小選取應端莊典雅爲要，在觀感上以莊嚴肅穆爲原則。

15.（ 1 ）下列帖式之稱謂，何者有誤？　①對妻之兄弟稱謂爲「尊外兄弟」　②對親家之兄（弟）稱謂爲「某老姻伯（叔）」　③對妻之表兄弟稱謂爲「某表舅兄」④對兄弟之親家稱謂爲「某老姻翁」。

16.（ 4 ）慰問喪親家屬，請問下列語詞何者爲非？　①慰問喪女：鍾情國秀，寶悅塵迷②慰問喪妻：忽夢炊臼，鳳鸞分影　③慰問喪兄弟：棠萼飄墜，雁陣分群④慰問喪父：萱堂仙逝，陟岵靡瞻。

17.（ 2 ）下列殯葬語詞之用法，何者有誤？　①以車馬助喪謂之「賵」　②母制稱「大孝」　③出柩曰「駕輀」　④以衣殮死者之身謂之「襚」。

18.（ 3 ）下列殯葬文書之用法，何者有誤？　①在床曰「屍」，在棺曰「柩」　②報凶聞謂之「訃」　③「捐館就木」云病之將死　④慰孝子謂之「唁」。

19.（ 3 ）王老先生是位退休的大學教授，擔任教師三十餘年；於大學任教期間，致力於學術研究及教學，深受學生的愛戴與敬仰，作育英才無數。以下「輓額」語詞，適合王老先生者共有哪些？A.福壽全歸B.徽音頓渺C.文曲光沉D.畫荻風高E.寶婺星沉F.斗山安仰G.修文赴召H.杏壇楷模I.端木遺風　①BCDF　②ACDEG③ACFH　④CFGHI。

20.（ 3 ）致男喪輓軸之用詞，下列何者爲宜？A.寶婺星沉B.碩德流芳C.德懿歸仙D.泰山其頹E.德範長昭F.彤管流芳G.南極星沉　①ABDF　②BCDE　③BDEG④ABDG。

21.（ 1 ）致女喪輓軸之用詞，下列何者爲宜？A.閨幃遽捐B.碩德流芳C.久欽懿範D.泰山其頹E.德範長昭F.淑愼堪傳G.慈竹霜寒H.南極星沉I.淑人其萎　①ACFGI②BCDEH　③ABDEH　④BDEFI。

22.（ 4 ）國人赴大陸旅遊若遭逢意外身故，火化後回臺，若以亡者之父親之名發訃，在傳統體例之訃聞內容中，必須載明之相關內容應爲下列其中之哪些項目？A.亡者之稱謂及姓名B.亡者的生歿年月C.死亡原因D.享年（壽）幾何E.隨侍在側、親視含殮F.停柩何處G.家、公奠時間H.家、公奠地點I.發引何處火化J.遺族及其稱謂　①ABCDEFGHIJ　②ABDEGH!　③ABDEHJ　④ABDGHJ。

23. (2) 當代殯葬文書之應用，下列何者正確？ ①將對亡者表彰或哀悼的文句書寫在宣紙上，用框加以裱裝，懸於靈堂之上方，稱之為「輓幛」 ②將對亡者表彰或哀悼的文句書寫在宣紙或白布上，不加框而直接捲起或摺疊的，懸於靈堂之上方，稱之為「輓軸」 ③輓額、輓軸可依照亡者的年齡，高壽者一律使用粉紅色布 ④輓聯是古代輓歌的變體之作，用來哀悼亡者的輓辭，書寫在六尺長四尺寬的綢緞布上。

24. (3) 傳統喪葬禮制帖文稱謂之規範，下列敘述何者正確？ ①伯叔無子，過房與伯叔為子者，子稱伯叔為「繼父」 ②嫡長孫為祖父母，父歿則應為「承重孫」，餘孫亦同 ③母嫁後夫，子稱後夫為「繼父」 ④生母死，父娶後妻，謂之「養母」。

25. (1) 下列對臺灣傳統殯葬禮俗在道教科儀之敘述，何者有誤？ ①解結是為亡者打開恐懼的心結，接受死亡的事實 ②度橋是協助亡者渡過奈何橋，解脫沉淪之苦 ③繳庫是幫亡者還清出生時向各庫官所借支的庫錢得以出世，對後世子孫是為信用教育之展現 ④打城是道士以法力打開城門，使亡魂得以脫出接受超渡。

26. (2) 臺灣早期傳統殯葬禮俗在出殯當天之儀式內容，下列敘述何者有誤？ ①出殯當日，將靈柩自喪家移到屋外靈堂舉行奠禮稱之為「遷棺移柩」 ②遷棺移柩之前，由道士作法讀經燒紙後引柩稱之為「祭棺」 ③由道士或僧人前導，孝眷一人持幡，其餘家眷隨後繞棺三圈，象徵不忍亡者離去稱之為「旋棺」 ④啟靈前，孝眷分跪靈柩兩旁哀哭，稱之為「哭棺材頭」。

27. (4) 正信佛教徒的喪禮規劃中，有關初終遺體安置，下列何者錯誤？ ①不擺腳尾物 ②供奉佛像 ③不塞手尾錢 ④誦唸彌勒真經。

28. (1) 天主教信仰之喪禮規劃中，下列何者不用於臨終關懷之儀式？ ①聖秩聖事 ②和好聖事 ③傅油聖事 ④感恩聖事。

29. (1) 有關臺灣早期初終儀節的治喪先後程序：A.遮神B.拼廳C.供腳尾飯D.乞水E.移鋪F.變服。其流程何者為正確？ ①BAEFCD ②ABCDEF ③BAFECD ④ABDCEF。

30. (3) 有關臺灣早期自大殮儀節開始的治喪流程先後順序：A.拼腳尾物B.入殮C.奠禮D.封釘E.停柩。其流程何者為正確？ ①ABCDE ②DBEAC ③BDEAC ④BADEC。

31. (3) 意外死亡特殊流程規劃必須注意的事項：A.檢警單位尚未確定死因開立死亡證明書前，遺體不得先行沐浴，但可先行更衣B.檢警單位尚未確定死因開立死亡證明書前，遺體不得先行沐浴、更衣或入殮C.得於豎靈前到事發現場執行超渡之宗教儀式D.民間習俗會於豎靈前到事發現場執行引魂之宗教儀式。以上敘述何者正確？　①AC　②BC　③BD　④AD。

32. (4) 居喪期間弔唁應注意事項，以下敘述何者錯誤？　①殯後應設靈堂供親友來賓憑弔，備簽名簿供憑弔親友來賓簽名用　②親友來賓憑弔時，家屬在幃旁負責點香，親友來賓向靈位及遺像行禮或上香（拈香），並向家屬表示慰問　③有多人以上的團體弔唁時，可以舉行團體行禮方式，互推一人為主弔者，其餘為陪弔者　④團體弔唁時，其儀式為：上香、獻花、向靈柩行三鞠躬禮，家屬答謝。

33. (3) 治喪協調是決定整個喪事形式的重要會議，服務人員須完善的與家屬溝通，以便往後的流程進行，由喪家消費權益角度考量，治喪協調應掌握的原則，以下何者正確？A.與會家屬不宜過多，且最好為直系血親，能真正決定事項者B.商品選擇應考量家屬的社會地位、宗教信仰、經濟狀況等給予建議C.由於喪禮是影響整個家族的大事，所以治喪協調時，應讓與會者暢所欲言D.協調地點最好選在服務中心　①AB　②BD　③BC　④CD。

34. (1) 有關接體後的治喪協調，喪禮服務人員應準備下列哪些輔助用品？A.商品目錄B.亡者底片或照片C.估價單D.執紼工具E.訃聞樣本　①ACE　②ABCE　③ACDE　④BCD。

35. (4) 下列何者是喪禮服務人員於發喪作業中合宜的做法？　①告訴家屬入殮時辰看好便可報喪，一般方式是派人代為報喪，或用電話通報，血緣較近的親人則可以發訃聞　②父喪要通知外家，母喪則要報伯叔、姑母等　③發喪之後要為喪宅大門貼一小條紅布（或紅紙），以示吉凶有別　④訃聞的內容應經家屬確定，但整份訃聞內容若有錯誤，服務人員仍應負責。

36. (2) 有關參加公奠時應注意事項，以下敘述何者錯誤？A.奠禮舉行當天，親友應準時出席，送上奠儀並於簽名簿上題名，領取胸花，進入靈堂就座，依奠禮程序而進行出列向遺像行禮。俟「發引」後「辭生」始回B.期望司儀安排「公奠」的親友，應向「公奠登記處」先行登記，並應聲明有無「奠儀」C.不舉行公奠儀式的來賓，可以數人一排在靈案前拈香致敬D.因出國或其他情形而於出殯後

始接到訃告者，可向家屬電話說明理由，可於百日前補送「儀金」 ①ABC
②ABD ③ACD ④BCD。

37. (4) 依照國民禮儀範例規定，啟靈後的送葬行列組成包括：A.靈柩B.遺像C.靈位
D.重服親屬E.親屬。以下排列先後順序何者正確？ ①ABCDE ②CBAED
③ACBDE ④BACDE。

38. (2) 佛教喪禮於啟靈後，若送葬行列有下列組成：A.供香B.西方三聖佛像C.法
師D.佛幡。以下先後順序何者正確？ ①ABCD ②ABDC ③BACD
④DCBA。

39. (2) 下列何者不是對道教喪禮儀式的描述？ ①煉渡薦亡，早日煉成眞形 ②強調
人的心與識，不重視肉體，故主張將遺體火化 ③做法事，運用精神、意念使
鬼魂從地獄中渡脫 ④臺灣地區的道教接近天師道，爲喪家所做的功德以課誦
經懺爲主。

40. (3) 諺語：玩在杭州，穿在蘇州，食在廣州，死在柳州。關於死在柳州的敘述何者
正確？ ①柳州有專門的殯儀學校訓練就業人員 ②柳州的地理環境極佳有好
風水 ③柳州的壽材工藝考究且精美 ④當地注重人文風俗子孫賢孝。

41. (1) 殯葬習俗中，關於「鰥夫跳棺」的儀式係指下列何種意義，但與現代觀念不
符，不宜採用？ ①表示先生有意再婚娶 ②先生失去妻子的哀痛表現 ③去
除厄運 ④表示要亡妻庇佑家運。

42. (3) 傳統奠文的用詞下列何者正確？ ①輓經商者：甘棠遺愛 ②輓賢官者：端木
遺風 ③輓藝術家：千秋絕技 ④輓慈母：立雪神傷。

43. (3) 下列描述何者不符天主教喪禮的做法？ ①入殮禮依序爲導言、聖詠、禱詞、
灑聖水、獻香、禮成 ②爲亡者誦禱經 ③與亡者生前不悅之人，不可在臨終
之時現身 ④殯葬彌撒。

44. (2) 一般民間習俗中，若一年中有兩位親人過世須做儀式以防接二連三發生，可能
會採下列哪些儀式？A.祭亡靈B.祭草人C.祭空棺D.祭三喪 ①ABCD ②BCD
③ABC ④ABD。

45. (1) 在建築物僅有一扇門時，傳統示喪是以長條狀白紙貼在門板上，白紙斜貼如
「＼」，表示什麼意思？ ①女喪且先生健在 ②男喪且妻子建在 ③女喪但
先生已過世 ④男喪但妻子已過世。

46. (3) 傳統土葬習俗中，關於孝杖的敘述何者錯誤？ ①避免孝男過度傷心使其可扶

杖而行　②現今孝杖僅爲示哀功能，因此長度縮短爲一呎二　③父喪時使用竹子表示父節在內　④母喪時使用梧桐或苦苓。

47. (1) 《禮記》中有云：「死而不弔者三」，請問是哪三種？　①畏、厭、溺　②溺、殘、畏　③懼、吊、溺　④溺、壓、凶。

48. (2) 墓碑文上的堂號是寫在名字正上方的左右兩側，下列何者非堂號之意義？　①姓氏發源地　②墳墓所在地　③居住地　④祖籍。

49. (3) 各宗教對死後世界的嚮往，下列敘述何者爲非？A.道教爲仙界B.佛教爲西方淨土C.天帝教爲清涼聖境D.一貫道爲酆都E.基督教爲天界　①AB　②BC　③DE　④BC。

50. (4) 下列稱謂何者爲非？　①稱亡者「先姑母」對應自稱爲「內姪」　②稱亡者「先曾祖父」對應自稱「曾孫」　③稱亡者「先姨父」對應自稱「姨甥」　④稱亡者「先舅母」對應自稱「孝姪」。

51. (4) 佛教受到民間殯葬禮俗的影響，發展出特定的齋日說法，下列何者有誤？　①人死後四十九日間，親屬每七日爲其營齋作法；或指第七次之追薦日，稱爲七七齋　②七七齋、百日齋、一年齋與三年齋統稱爲「十齋」　③三日齋是在人死後第三日，親人爲設齋食以招請供養僧尼　④七七齋是一種「消災」或「解厄」儀式。

52. (3) 有關道教渡亡科儀的說法，下列何者正確？　①源於道教靈寶派的金籙齋法主要在於薦亡超拔　②「午夜」科儀舉行的時間是從晚上做到天亮　③「一朝」科儀舉行的時間是指一永日，從早晨到夜晚　④「一朝宿啓」功德科儀舉行的時間是一日一夜。

53. (2) 請選出下列哪些是屬於道教濟幽渡亡的齋醮法事：　A.祛病延壽B.攝召亡魂C.沐浴渡橋D.解厄禳災E.破獄破湖F.煉度施食G.祈福謝恩H.祈晴禱雨　①ABCD　②BCEF　③CDEG　④DEGH。

54. (1) 請選出下列哪些稱呼帖式是正確的對應說法？A.裔孫對應祖先，稱爲遠祖考妣B.表姪孫對應祖父之表兄，稱爲堂伯公C.內姪對應父親的姊夫，稱爲尊姑丈D.姻姪對應姊夫之父，稱爲尊姻翁E.襟弟對應妻子的姊夫，稱爲尊舅F.受業門生對應業師，稱爲尊夫子大人G.庚姪對應同庚之父，稱爲翁尊公　①ACDF　②BCEF　③CDEG　④DEFG。

55. (3) 有關銘旌的說法，下列何者有誤？　①《儀禮·士喪禮》中即有記載「爲

銘」：在亡者過世第一天爲亡者製作銘旌旗的做法　②銘旌的功能包含將靈柩下壙時，覆蓋於天蓋上，用以識別亡者　③依臺灣民俗，銘旌書寫格式採「生老病死苦」之「兩老夾一生」的寫法　④依臺灣民俗，銘旌上書寫亡者姓氏相關資訊所選用的紙張，採取「父青母黃」的原則。

56. (2) 有關喪服的說法，下列何者正確？　①古禮對於喪服制度的設計，將悲傷最重的如子女等穿總麻表達最沉慟的哀傷　②現代人在親人過世時，隨即換上白色、黑色或藍色的素色衣服，稱之爲變服　③臺灣地區因循傳統古禮的五服制度，將其略微改變成麻、苧、黃、紅、白五代之服制　④傳統的喪服以斬衰爲例，僅包含首服與身服。

57. (1) 請選出下列有關現代孝誌通用材質的正確說法？A.孝男、孝媳帶的孝誌爲麻布B.未嫁孝女帶的孝誌爲總麻C.已婚孝女佩戴的孝誌爲麻布內、苧布外D.長孫、長孫媳帶的孝誌爲苧布內、麻布外E.外孫與外孫女帶的孝誌爲苧布內、小黃布外F.外玄孫與外玄孫女帶的孝誌爲紅布內、小黃布外G.來孫與來孫女帶的孝誌爲紅布　①ACDG　②BCEF　③CDEG　④DEFG。

58. (4) 請選出有關喪服的實務運用的正確說法？　①當亡者是男性時，居喪者應把孝誌帶在右手衣袖　②孝女的崁頭左短右長代表父親健在，母親過世　③參加奠禮的來賓以自己的性別「男左女右」區分佩戴胸花或十字架　④亡者的兄長在治喪期間的喪服原則爲「有服無孝」。

59. (2) 依據《平等自主慎終追遠——現代國民喪禮》，下列有關在殯儀館治喪的家公奠禮的正確說法爲何？A.移靈禮：指的是恭請亡者神主牌位或包含遺體或靈柩進入奠禮會場B.奠禮開始前，孝眷人等在靈前持香恭請亡者正魂登堂，稱爲遺族告靈C.家奠禮時，依序由家屬、族宗親、誼義親、外家、姻親的順序致奠D.無論亡者性別，由其子女走到會場外，跪請父系暨母系尊長蒞臨，稱爲「迎請尊長」E.拈香禮指的是在家奠禮時，由鄰居、友人至靈前拈香致意　①BCD　②ABD　③CDE　④ACE。

60. (2) 請依《平等自主慎終追遠——現代國民喪禮》，選出佛教信徒繫念法會的流程順序？A.公奠禮B.家奠禮C.拈香D.迎請法師E.恭請法師誦經F.頂禮法師G.主法開示H.恭送法師　①EFGHDBAC　②DEFGHBAC　③FEGBACHD　④CEGBADFH。

61. (3) 下列有關天主教教友殯葬彌撒之敘述，何者正確？　①殯葬彌撒之前通常會舉

行入殮禮、守靈禮、引靈禮　②領聖體禮通常會在告別禮時舉行　③感恩禮通常安排在殯葬彌撒中的聖祭禮儀中舉行　④告別禮又可稱爲迎靈禮。

62. （ 2 ） 墓碑碑文中的「堂號」可從下列哪些項目擇一記載？A.姓氏來源B.安葬地C.祠堂堂號D.祖籍E.首都所在地F.亡者生前居住地G.子孫遷徙地　①BCDE　②ACDF　③CDFG　④DEFG。

63. （ 2 ） 下列有關訃聞的用語，哪些正確？A.對於具家長身分的男性亡者，可以稱爲府君B.得年四十五歲C.享壽六十五歲D.隻身出國旅遊意外身亡者，可以書寫家屬隨侍在側E.亡者遺體冰存殯儀館，靈堂設在自宅者，可以書寫停柩在堂F.古代妻子過世，父母親有一人仍健在時，夫可自稱不杖期夫　①BDE　②ACF　③ABF　④DEF。

64. （ 3 ） 《禮記‧檀弓上篇》記載：「喪禮，與其哀不足而禮有餘也，不若禮不足而哀有餘也。」所表達的含義是：A.死亡發生時，家人應當啓動防衛機制，避免經歷痛苦B.生者經由自身所承受的哀痛，對死者付出更深刻的情感C.喪禮以禮制爲主，宣洩哀思爲輔D.喪禮禮儀的制訂在於帶領人們從哀思的宣洩中，深刻體驗生命　①AD　②AB　③BD　④CD。

65. （ 2 ） 《儀禮‧既夕祭》中記載「士」臨終時，其子不忍親人死亡，「乃行禱于五祀」。請選出下列錯誤的說明選項：A.依〈祭法〉士可行五祀B.關係人之生命安危的爲司命、族屬之祭C.士之子在父彌留時行五祀應當視爲僭禮D.在彌留者氣息確定絕盡後才宣布命終，呈現對生命的審愼處理態度　①AD　②AC　③BC　④CD。

66. （ 3 ） 請選出喪禮服務人員執行訃聞撰稿與印製時應注意的事項：A.確認具名發訃聞的主喪者的姓名與亡者間的關係B.依據傳統禮制，白髮人不能送黑髮人，提醒家屬訃聞內不能將亡者在世的父母親書寫於家屬名單中C.殯儀館治喪案件必須在奠禮禮廳租借確認後才能進行訃聞印製D.撰擬訃聞稿之前，必須請家屬提供所有成員的生肖與歲數E.協助亡者家屬選擇訃聞紙張樣式、材質與印製數量　①ABC　②ABCE　③ACE　④ACDE。

67. （ 3 ） 喪禮服務人員訃聞撰稿後送廠商印製前，必須協助亡者家屬核對的內容有哪些？A.亡者姓名與稱謂B.亡者出生與過世日期C.告別奠禮結束後用餐的時間與地點D.告別奠禮當日確定出席的家屬成員E.停靈的地點F.舉行家公奠禮的時間與地點G.入殮沖煞的生肖與歲數H.墓園或晉塔的地點　①ABCGH　②BCDEF

③ABEFH　④DEFGH。

68. (2)　請選出亡者家屬寄送訃聞時應注意的事項？　①收信人的姓名加尊稱後必須寫「啓」以示尊重　②避免一大清早親自送訃聞到親友家　③爲邀請親友全家人一同出席表達哀悼，信封封面之收信人姓名與尊稱後應加寫「全家福」　④爲尊重收到訃聞親友的感受，訃聞信封封面所有印刷與書寫的文字應以紅色爲限。

69. (4)　請選出有關發喪相關的正確說法？　①「訃」字代表消息　②「聞」字代表不幸　③古禮的「赴於君」指的是君王到喪家報喪　④已婚女性亡者的訃告可選用黃色的紙張。

70. (1)　請選出與亡者對應的正確稱謂？　①亡者兒子的結拜兄弟爲誼子　②與亡者互認爲父子或母子關係者爲適男、適女　③稱呼亡者爲君舅者爲外甥　④亡者的繼子稱呼亡者爲從父。

71. (1)　告別奠禮開始前由遺族恭請亡者牌位入場時，司儀做何種安排比較恰當？①請會場內所有親友起立　②將招魂幡插在罐頭塔上　③當亡者無子有女時，安排由孝侄捧靈位牌　④爲避免打擾來賓，由司儀自行引導遺族執行即可。

72. (4)　請選出在傳統民間喪禮中，親屬在家奠禮時向亡者所行的正確之禮：①孝從子應行三跪九叩禮　②外甥應行三跪九叩禮　③女婿應行三俯伏禮　④妹婿應行三鞠躬禮。

73. (2)　請選出在傳統民間喪禮中，親屬在奠禮時讀誦的正確追思文章名稱：①子女恭讀的爲弔詞　②宗親代表唸的文章爲誄詞　③孫子恭讀的文章是輓歌　④機關團體代表唸的是哀章。

74. (4)　公奠禮的奠拜順序安排，下列何者較爲妥當？A.當地之地方縣（市）首長B.立法委員C.縣（市）議員D.直轄市區長　①DABC　②DBAC　③BDAC④ABCD。

75. (3)　依據內政部訂頒之〈國旗覆蓋靈柩實施要點〉，下列哪幾種人逝世後得以國旗覆蓋靈柩？A.現任或卸任元首、副元首B.對國家、社會具有重大貢獻，逝世後經總統明令派治喪大員治喪者C.發揮大愛進行器官捐贈者D.依勳章條例獲頒勳章者E.依勳章條例獲頒勳章者的外籍人士F.依忠烈祠祀辦法入祀忠烈祠者G.所有現任或卸任立法委員　①ADEFG　②BCDEF　③ABDEF　④CDEFG。

76. (3)　告別奠禮當中的遺族謝詞，下列何種安排比較妥當？　①由家族成員推派一人

以30分鐘向來賓申致謝意　②可由司儀代理，並稱喪家為○府　③遺族向來賓鞠躬致謝時，司儀可引導現場親友起立回禮　④遺族應分站兩側答禮位置。

77.（ 2 ）司儀主持告別奠禮時，因應宗教團體前來弔唁，下列口令何者有誤？　①天主堂教友向安息弟兄上香　②佛教團體向往生者行三稽首禮　③道親向歸空者行獻供禮　④教友代表向安息者行鞠躬禮。

78.（ 2 ）請選出各宗教對於死亡的正確說法：A.伊斯蘭教稱歸空B.佛教稱涅槃C.一貫道稱歸真D.道教稱登仙E.基督教稱安息F.天主教為安養　①ABD　②BDE　③CEF　④DEF。

79.（ 3 ）請選出弔唁應對的正確說法：A.安慰他人喪父時可說「峙屺靡瞻」B.弔唁喪父者可說「椿甫仙逝」C.安慰喪妻者可說「地下修文」D.安慰喪兄者可說「桂苑寒生」E.安慰喪子者可說「奇花早萎」F.輓悼文人可說「白玉樓成」　①ABC　②BDE　③BEF　④DEF。

80.（ 4 ）請選出弔唁應對的正確說法：A.安慰他人喪母時可說「峙屺靡瞻」B.弔唁喪父者可說「萱堂仙逝」C.安慰喪妻者可說「忽夢炊臼」D.輓悼文人可說「奇花早萎」E.安慰喪子者可說「修文地下」F.安慰喪兄者可說「棠萼飄墜」　①ABD　②BDE　③BEF　④ACF。

81.（ 3 ）請選出殯葬文書體類的正確說法：A.誄者，累也，累其德行，旌之不朽B.夫弔文之大體，情主於傷痛，而詞窮乎愛惜C.讀誄定諡，其節文大矣D.哀詞必使情往會悲，文來引泣，乃其貴耳E.弔者，至也。詩云：神之弔矣，言神至也　①ABCE　②BCDE　③ACDE　④ABCD。

82.（ 2 ）請選出殯葬文書體類的正確說法：A.誄詞在於「榮始而哀終」B.撰寫哀詞時必須注意「哀而有正」C.碑文的目的在於「標序盛德」D.弔文的撰寫原則為「重德輕身」E.墓誌銘之「志」指的是為亡者所做的簡傳　①BCE　②ACE　③ACD　④BCD。

83.（ 3 ）《禮記・檀弓上》曰：「死而不弔者三，畏，厭，溺。」所說明的意涵，下列何者正確？　①文中的「弔」指的是慰問喪親家屬的禮儀　②「畏」指不畏強權而捨身取義者　③「厭」指亡者因行止危險而被崩墜物壓殺者　④「溺」指亡者因沉溺邪道而亡者。

84.（ 4 ）有關當代殯葬文書體類的說法，下列何者有誤？A.「祭文」是指葬禮後舉行祭典時讀誦的追思文章，也能稱「悼詞」B.「奠文」結尾常用的「尚饗」意指期

待亡者能聽到致奠者思念C.「輓聯」是古代「哀辭」的變體D.「生平事略」是一種傳狀體的文章，類似傳統的誄詞E.「謝啓」是在出殯後，喪親家屬向參與奠弔的親友表達感謝的文書　①BCE　②ACE　③ACD　④BCD。

85.（ 2 ）請選出有關訃聞中常用語詞的錯誤意涵：A.「寅誼」是指同年之誼B.「世誼」是指世交之誼C.「先荊」指的過世的丈夫D.「不杖期夫」指的是父母健在但遭逢喪妻的鰥夫E.「鼎惠懇辭」是指婉拒親友前來弔唁　①BCE　②ACE　③ACD　④BCD。

86.（ 3 ）請將下列傳統訃聞中運用於喪親家屬名下的敬詞，依所代表的悲傷程度從重排到輕：A.泣稽顙B.拭淚稽首C.泣血稽顙D.抆淚稽首　①CBDA　②CBAD　③CADB　④CABD。

87.（ 3 ）請選出在傳統哀悼文的正確說法：A.「哭文」是爲哀人徂逝而作的文章B.「告殯文」是指在下壙時敬告死者所唸的文章C.讀誦「啓靈文」的目的在於告訴亡者即將移靈到奠禮會場舉行儀式D.「告窆文」是在靈柩下葬時所念之文　①AB　②CD　③AD　④BC。

88.（ 4 ）請依下列詞彙排列出謝啓的內文：A.各界長官親友B.歿榮存感C.維以重孝在身D.衿鑒E.不克踵謝F.謹申謝悃敬乞G.先父○○○先生之喪渥蒙H.孝男○○叩啓I.頒賜輓額寵錫隆儀或親臨弔唁J.雲情高誼　①AGIJBCEFDH　②GCEABFDIJH　③ABCEFDGIJH　④GAIJBCEFDH。

89.（ 2 ）請依下列詞彙排列出謝帖的內文：A.茲因守制期中B.鳴謝C.孤子○○鞠躬D.耑此E.未克踵府致謝F.謹具寸楮聊申謝悃G.先父○○○先生之喪荷蒙H.敬啓者I.惠賜厚儀奠品盛情J.幽明均感　①GHIJAEFDBC　②HGIJAEFDBC　③HGIJFDAECB　④GHIJAEFDCB。

90.（ 2 ）請選出適當詞彙組合成一組「子輓父」的輓聯：A.孝男○○B.父親大人C.泣淚叩輓D.千古E.搶地呼天靈椿長逝F.春暉未報秋雨添愁G.椎心泣血風木同悲H.難忘淑德永記慈恩I.靈右J.母親大人　①JIHFAC　②BDEGAC　③BIEHAC　④BDHFAC。

91.（ 4 ）請選出適當詞彙組合成一組「子輓母」的輓聯：A.孝男○○B.父親大人C.泣淚叩輓D.千古E.搶地呼天靈椿長逝F.春暉未報秋雨添愁G.椎心泣血風木同悲H.難忘淑德永記慈恩I.靈右J.母親大人　①BDEGAC　②JIEFAC　③JDFHAC　④JIHFAC。

92. (1) 請選出適當詞彙組合成一組「妻輓夫」的輓聯：A.妻○○B.靈鑒C.泣淚叩輓
D.夫妻恩今世未全來世再E.月明日黯堂前聞孫聲F.搶天呼地靈椿竟長逝G.兒女
債兩人共負一人還H.拜輓I.○○夫君　①IBDGAH　②IBDEAC　③IBEFAC
④IBGDAC。

93. (3) 請選出在殯儀館治喪並於奠禮後大殮蓋棺與火化晉塔服務案件的適當流程
順序：A.公奠B.孝眷抵達會場著孝服C.家奠D.瞻仰遺容E.移靈F.告靈G.火
化H.遺體入棺I.晉塔J.撿骨K.返主除靈L.大殮蓋棺　①BEHFCALDKGJI
②BFEHCALDKGJI　③BEHFCADLKGJI　④BFEHCADLKGJI。

94. (2) 有關傳統喪服「四制五等」的說法，下列哪些正確？A.「正服」指的是於情於
份，皆當為之服者，如子為父母服斬衰之類B.「加服」指的是如媳婦為舅姑服
斬衰C.「義服」指的是如義子為義父母服斬衰或齊衰D.「降服」指的是如已出
嫁女為父母之服E.「降服」指的是如承重孫為祖父母之服　①BCD　②ACD
③ABCDE　④CDE。

95. (3) 《禮記‧喪服四制》曰：「喪有四制，變而從宜取之，四時也。有恩、有理、
有節、有權，取之人情也」的正確詮釋有哪些？A.恩者，仁也。理者，義也。
節者，禮也。權者，知也B.「有恩」是指喪服是起源於報恩返本的仁愛之心
C.「有理」是指喪服制度用來節制服喪者的情感與行為D.「有節」指的是從人
倫秩序的立場談喪服制訂的社會規範E.「有權」指的是喪服制度協助居喪者某
些行為的權宜處置　①BCE　②ACD　③ABE　④ABCDE。

96. (3) 有關《禮記‧喪服四制》中談到喪事的禮儀規範是順應人情，且要配合外在環
境的變化，其制度不宜僵化，因此舉了下列哪些例子允許個別狀況特殊處理？
A.幼者不哀B.禿者不鬚C.傴者不袒D.跛者不踊E.老病不止酒肉F.瞽者不泣
①ABCE　②CDEF　③BCDE　④ABCDEF。

97. (2) 《禮記‧大傳》曰：「喪術有六，一曰親親，二曰尊尊，三曰名，四曰出入，
五曰長幼，六曰從服」的正確詮釋有哪些？A.「親親」是指喪服最根本的原
則，以喪服來區別親疏遠近的親屬關係B.「尊尊」是依財力的多寡來定喪服的
輕重C.「名」是親親原則的補充與延伸，是專為有血緣關係的親屬服喪D.「出
入」是是指女子或男子因出嫁或為人後，宗族歸屬不同，於是服喪輕重也有不
同E.「長幼」指的是依據亡者未成年的身分而修正喪服的輕重F.「從服」是從
某一親屬對象而來為亡者服喪，如養子為養父服　①CDF　②ADE　③BEF
④DEF。

98.（ 3 ） 有關現代訃聞的撰寫內容，請選出正確的項目：A.訃聞的「訃」字可用紅色燙金的方式印刷，以代表喜喪B.家屬名下敬詞部分，直系卑親屬可用「泣啓」C.家屬名下敬詞部分，旁系親屬可用「鞠躬」D.家屬名下敬詞，長輩與配偶可用「悲」E.訃聞中若附治喪親友撰寫之略傳敘述者，文末可註記「棘人○○泣述」　①CDE　②ABCDE　③BCD　④ACD。

99.（ 4 ） 請選出下列有關現代發喪習俗的不適當做法：A.喪家若發大紅色的訃聞，親友致贈禮金也應以紅包裝賻儀B.男性亡者若滿八十歲者，訃聞可印成封面（外皮）藍色，內頁為白色C.女性亡者若滿八十歲者，訃聞可印成封面（外皮）綠色，內頁為白色D.謝卡可用米黃色紙，內文印黑字E.刊登於報紙上的謝啓，一律印紅字代表敬意　①ACDE　②ABCDE　③BCD　④ACE。

100.（ 4 ） 請選出下列撰寫訃聞時正確的做法：A.父親過世，子女皆未滿三十歲或未婚者，自稱「哀子」，此時若母親還在，可由母親當喪主B.父親或母親過世時，若子女當中有人已經滿三十歲或已婚，可由子女擔任喪主，但不得自稱「孤子」或「哀子」C.排在家屬成員第一位者即是「喪主」，在家奠禮時，除亡者配偶外，應排在第一順位上香D.母親過世，子女皆未滿三十歲或未婚者，自稱「孤子」，此時若父親還在，可由父親當喪主E.出嫁的獨生女可列為喪主①ACE　②ABCDE　③BCD　④BCE。

101.（ 2 ） 請選出傳統訃聞中家屬稱謂的正確說法：A.女兒的內孫稱為外曾外孫、外曾外孫女B.亡者過繼給他人的子女稱「出男」、「出女」C.亡者出家的子女稱為「釋男」、「釋女」D.與亡者結拜金蘭者稱「誼男」、「誼女」E.與亡者同年，且情同兄弟者的子女稱為「庚男」、「庚女」F.他人過繼給亡者認養的子女稱為「義男」、「義女」　①ABF　②BCE　③CDE　④DEF。

102.（ 1 ） 有關傳統訃聞中家族哀傷術語（家屬名下敬詞）的說明與運用，下列哪些有誤？A.「泣血」代表子女對父母之喪極感悲傷的心情B.「稽顙」代表伏著頭，臉趴在地面上，無法以哭喪著臉去面對他人，適用於女婿C.媳婦與女兒治喪期間，頭戴孝帽蓋住臉而近乎著地哭泣，故適用「稽首」D.孫女婿可使用「拭淚頓首」F.「斂袵」指的是古代男性常用的行禮方式，雙手置於腿前，向前躬腰下垂到膝上的動作　①BF　②ACD　③EF　④DE。

103.（ 3 ） 以妻之名發喪時，訃聞中的家族成員排序從第一位到最末位依序為何？A.孤子B.胞妹C.胞妹夫D.外甥E.父F.妻　①EGABCD　②AFEBCD　③FABCDE

466

④ABCDFE。

104. （ 2 ） 離婚單身的○女士過世時，訃聞中的家族成員排序從第一位到最末位依序為何？A.女婿B.外孫C.獨生女D.侄E.甥　①ABCDE　②CABDE　③BACDE ④DECAB。

105. （ 3 ） ○府未成年的長子過世，由父母擔任喪主，訃聞中的家族成員排序從第一位到最末位依序為何？A.弟B.堂兄C.姊D.表兄E.反服父F.堂妹G.表妹H.反服母 ①CABFDGEH　②EHCBDAFG　③EHCABFDG　④CBDAFGEH。

106. （ 2 ） 由治喪委員會為亡者發訃聞時，適當的內容順序為何？A.○○○先生治喪委員會敬啟B.享壽○○○歲C.本機關執事○○○先生於中華民國○○○年○月○日逝世D.訂於中華民國○○○年○月○○日星期○上午十時E.舉行公奠F.假○○集會場G.諸親友H.特此敬告　①ACBDFEH　②CBDFEHGA　③GCBDFEHA ④DFEHCBGA。

107. （ 2 ） 訃聞寄送或親自送達時，哪些親友的姓名與稱謂寫法有誤？A.新北市政府○市長○○收B.教育部○部長○○C.花蓮縣○市長○○D.敬稟○○○舅舅E.敬達伯母○○○女士　①BCD　②ABD　③CDE　④ACD。

108. （ 1 ） 根據《增訂家禮大成》有關棺柩的說法哪些正確？A.棺者，關也；以掩屍也B.柩者，久也；謂屍入棺，久不變也C.黃帝使造棺槨D.有虞氏用瓦棺E.殷時以銅為棺F.梓棺及櫬，乃柩之別名　①ABCDF　②ABCDEF　③ABCDE ④ACDEF。

109. （ 3 ） 根據《增訂家禮大成》對於人死亡的稱呼，下列哪些正確？A.天子死曰「崩」B.卿大夫死曰「不祿」C.童子死曰「卒」D.庶人死曰「亡」E.公侯死曰「吽」F.士君子死曰「終」　①CDEF　②BCDE　③ABDF　④ACDE。

110. （ 4 ） 喪禮服務人員為順應時代，在執行治喪規劃時何者建議不恰當？　①家屬有擇日需求時，將女婿生肖也一併納入沖煞的參考基礎　②遺體停靈在家時打破男左女右的擺放規則　③將單身或離婚女性的神主牌位納入原生家庭　④規範亡者女兒僅能參加女兒七的儀式。

111. （ 2 ） 依據《國民禮儀範例》第五十六條的說明，有關喪服的說明何者正確？　①喪服在初終、入殮、祭奠及出殯時服之　②三年之喪，服粗麻布衣，冠履如之③一年之喪，服苧麻衣冠，冠履如之　④五月之喪，服藍布衣冠，素履。

112. （ 4 ） 關於點主儀式的敘述，下列何者正確？　①點主為王即為牌位開光的意思

②客家習俗通常在到達墓地時進行 ③點主官按習俗多由好命人執行 ④用硃筆及墨筆兩支筆點在牌位上，墨筆爲留存用。

113. (2) 下列哪些是規劃執行個性化殯葬儀式經常運用的技巧元素？A.返家待終B.引導家屬撰寫追思感恩文字C.喪家自己動手做紙紮D.冷喪不入庄E.孝眷在靈前彈奏音樂或唱歌獻給亡者F.在棺內放置石頭和鹹鴨蛋 ①ACF ②BCE ③BDE ④CDF。

114. (4) 爲年輕無後的亡者主持告別奠禮時，安排由亡者的兄弟姐妹就答禮位回禮時，司儀應當如何引導其回禮比較恰當？ ①家屬答禮 ②遺族答禮 ③孝眷答禮 ④族親答禮。

115. (4) 下列哪些是告別奠禮進行前的準備工作？A.確定禮堂布置或所有物品擺放妥當B.協助家屬穿戴孝服C.協助家屬轉柩D.向負責收賻工作的家屬或親友說明注意事項E.請家屬先撤除腳尾飯F.確定所有工作人員就定位 ①ABCD ②BCDE ③ABEF ④ABDF。

116. (2) 有關出殯奠禮堂布置的相關事宜何者錯誤？ ①會場以設於殯儀館、禮廳及靈堂等殯葬設施較爲適宜 ②會場入口處正上方寫有逝者姓名的布置稱爲「鳥居」 ③通常依場地規模及參加人數布置殯奠禮堂 ④輓聯以相對偶爲聯句，採直式的布置。

117. (3) 「個性化喪禮」可以提供喪親者在這之中尋求心靈悲傷的撫慰、慰藉，下列何者不是其悲傷支援與撫慰功能的表現？ ①提供情緒抒發的管道 ②對逝者的追悼 ③逃避死亡的事實 ④讓喪親者學習適應掌控新生活。

118. (4) 依內政部出版《平等自主愼終追遠──現代國民喪禮》之喪禮規劃原則，下列做法何者不恰當？ ①在儀式中應打破性別隔閡 ②可依長幼順序來安排主奠者③若有封釘儀式時，不應以男性爲主 ④家奠主奠者只限定由與亡者有血緣關係者擔任。

119. (4) 亡者遺體採冰存方式，居喪期間弔唁應注意事項，下列敘述何者錯誤？ ①豎靈堂供親友來賓憑弔，備簽名簿供憑弔親友來賓簽名用 ②親友來賓憑弔時，家屬在幃旁負責點香，親友來賓向靈位及遺像行禮或上香（拈香），並向家屬表示慰問 ③有多人以上的團體弔唁時，可以舉行團體行禮方式，互推一人爲主弔者，其餘爲陪弔者 ④團體弔唁時，其儀式爲：上香、獻花、向靈柩行三鞠躬禮，家屬答謝。

120. (1) 有關司儀的描述，下列敘述何者錯誤？A.「司儀」的「司」指的儀節與外表言行B.「司儀」的「儀」指的是專門負責的意思C.負責婚、喪、喜、慶各種禮儀乃至國家大典儀節進行之專業人員D.國家孔廟或民間重要祭典中，其所動用之「司儀」人員包含通、引、贊三類E.《周禮》中所說的官名：「司儀」，其職掌爲負責官方彼此見面揖攘、饋贈、迎送之儀節　①AB　②CD　③AD　④BE。

121. (2) 漢詩〈薤露〉：「薤上露，何易晞，露晞明朝更復落，人死一去何時歸？」詩意是謂：①清晨草原的景致　②感嘆生命短暫　③生命的輪迴流轉　④喪親心中的悲痛。

122. (1) 臺灣殯葬禮俗中，用與棺同長之紅布以金粉字書寫，作爲辨識靈柩之旗幟，稱之爲：①銘旌　②諡法　③靈幡　④阡表。

123. (3) 請選出正確的覆旗儀式流程：A.覆柩B.宣讀覆旗證書C.迎柩D.覆旗官就位E.呈旗官就位F.拉旗G.覆旗H.舉旗I.家屬答禮J.覆旗官向柩位行禮K.呈旗　①ABCDEFIJKGH　②CDEFGHABIJK　③BCDEKFHGJIA　④BDEFGHIJKAC。

124. (2) 以下有關擔任喪主之敘述，下列何者爲不恰當？　①可由女性擔任喪主　②女性可參與治喪，但應由男性擔任喪主　③經子女協商，由排行爲首者擔任喪主　④尊重長輩意見。

125. (2) 《禮記·檀弓下》對於初終禮的描述：「復，盡愛之道也，有禱祠之心焉。望反諸幽，求諸鬼神之道也。」「復」所代表的是何意？　①急救以恢復生命②招魂　③迴光返照　④使亡者靈魂回到幽都。

126. (4) 訃聞中對女性亡者之尊稱「孺人」，在明清兩代爲幾品官之命婦名號？　①一品　②三品　③五品　④七品。

127. (2) 致贈奠品時，上、中、下款的書寫順序及寫法，下列何者正確？　①敬奠〇公〇〇、萬古流芳、〇〇〇敬輓　②〇公〇〇先生千古、駕鶴歸仙、〇〇〇敬奠③〇〇胞姐仙逝、彤管流芳、愚弟〇〇敬悼　④悼〇〇胞姐、三從足式、愚弟〇〇敬悼。

128. (2) 點主儀式時，禮生應協助哪位人員帔紅？　①孝女　②點主官　③覆旗官④銘旌官。

129. (1) 致贈女喪輓軸之用詞，下列何者爲宜？A.閨幃遽捐B.碩德流芳C.久欽懿範D.泰

山其頹E.德範長昭F.淑慎堪傳G.慈竹霜寒H.南極星沉I.淑人其萎　①ACFGI
②BDEFI　③ABDEH　④BCDEH。

130. (4)　下列對於治喪儀節之語詞說明，何者有誤？　①訃告是一種將死訊通知親朋好
友，發出報喪的文書　②奔喪的傳統意思指在外的子女得聞喪訊，直接奔回返
家，道中哀至則哭，更要在靈前跪拜哭悼，現代社會則可依情感自然表達
③將亡者遺體放入棺木，蓋上棺蓋封存，代表喪親者已不能直接再與遺體接
觸，棺柩尚未移出安葬之前，稱為「停殯」　④所謂「弔唁」之「弔」是指其
他的親朋好友聞得喪訊，到喪家安慰喪親者。

131. (3)　郵寄訃聞時封面之書寫，下列何者為非？　①喪家郵遞區號暨框一律用黑色印
刷　②對方郵遞區號應印紅色框以表吉利，宜先查清楚並用清晰字體書寫
③「訃」字故應以紅色大字標明以示禮貌　④書寫親友姓名的大長方框應印紅
色粗框，書寫對方姓名應大方整齊地在框內書寫。

132. (3)　治喪停殯期間在喪家正廳的孝堂佈置規劃應注意事項，下列何者錯誤？　①靈
桌應考量遺族上香的適當高度　②防火材料的優先選擇　③應事先向警察機關
申請報備　④應注意不影響社區及周鄰安寧。

133. (2)　家屬以文字詳述死者之世系、名字、里籍、學歷、經歷、嘉言、善行、事功、
學術、病情、年壽等，以告親友作為撰寫輓額、行狀、奠文或弔詞之文章稱
為：①哀章　②哀啟　③訃聞　④誄文。

134. (4)　對於殯葬禮俗的說法何者正確？　①殯葬業者必須正確了解殯葬禮俗的意義，
家屬則沒必要知道　②殯葬禮俗不須因地制宜，應全國統一　③殯葬禮俗不歸
屬殯葬服務業之專業　④殯葬禮俗應當隨著時代調整，以解決死亡衍生的相關
問題。

135. (1)　下列用語何者指弔喪之禮金？　①賻儀　②賵儀　③奠儀　④襚儀。

136. (2)　依據現代人際關係型態，下列何者可列為家奠的成員？A.誼親B.亡者直系卑親
屬C.朋友D.同性伴侶E.姻親　①ABCDE　②ABDE　③ABCE　④BCDE。

137. (4)　先秦祭禮中，何者可以代替祖先享用祭品，滿足祭祀者孝敬祖先之心？　①祝
②巫　③覡　④尸。

138. (2)　在傳統殯葬禮俗中，下列何者不屬於道教度亡科儀「幽醮」中的法事？　①破
獄破湖　②解厄禳災　③沐浴渡橋　④攝召亡魂。

139. (2)　有關覆旗儀式的敘述何者有誤？A.覆蓋國旗者，應以與亡者身分相當、階級相

同或較高者爲原則B.覆蓋靈柩之國旗規格，以中華民國國徽國旗法所定國旗各號尺度表內第五號爲原則C.覆蓋靈柩之國旗，應避免觸及地面D.國旗應蓋於靈柩上，青天白日部分應在亡者右肩上方位置E.於靈柩入葬之前，由抬柩者將國旗水平持起摺疊，於靈柩入葬後送交亡者家屬保管　①ABCE　②BD　③CDE　④AB。

140.（ 4 ）禮儀服務人員在停殯階段，下列做法何者正確？　①抵達喪家時，先跟家屬噓寒問暖，等到要離開時再向亡者遺像或牌位鞠躬　②亡者香爐旁的香灰在出殯前不能清理　③不得對打桶棺木進行漏氣的檢查　④抵達喪家時，先向亡者牌位或遺像行鞠躬禮後再關懷家屬。

141.（ 4 ）告別奠禮會場佈置完成驗收時之應注意事項，下列何者有誤？　①外牌的文字是否擺放正確　②輓聯是否皆已掛正並擺放整齊　③魂帛與照片是否擺放居中端正　④主奠者的位置應當安排與司儀位置同在右側，並保持半步的距離以方便溝通。

142.（ 4 ）出殯當日參加奠弔，致贈奠儀的信封袋其A.上款B.中款C.下款的寫法何者正確　①A.○公○○先生千古B.駕鶴歸仙C.○○○敬奠　②A.○○○女士仙逝B.軫悼C.○○○敬輓　③A.悼○○胞姐B.三從足式C.愚弟○○敬獻　④A.○○○先生千古B.奠儀C.○○敬輓。

143.（ 1 ）傳統禮俗在喪禮文書中對亡者的稱謂有不少語言與文字上的禁忌，對亡者也不能直呼其名，產生了諱名與諡號。下列敘述何者爲非？　①「諡號」於生前封諡，有隱惡揚善之效　②「家諱」僅限於親屬內部，不允許直呼父、祖名諱　③「諡號」有助道德教化的推行，藉由諡號的表彰，樹立亡者的人格典範　④古代在封建體制下爲表示對君王的崇敬，不允許直呼君王之名，稱爲「國諱」。

144.（ 1 ）家屬若委託司儀代爲表達致謝之意時，下列司儀的口白何者正確？　①由司儀代表遺族致謝詞　②遺族代表致答謝詞　③恭讀致謝詞　④由司儀代讀哀章。

145.（ 3 ）依據《周禮・春官大祝》，有關拜法的敘述下列何者錯誤？　①「稽首」指的是行禮者，屈膝跪地，左手按右手，拱手於地，頭亦緩緩至於地，手在膝前，頭在手前也　②「叩首」就是「頓首」，將頭叩在地上後馬上抬起來　③「凶拜」是先空首，後再行頓首禮　④「稽首禮」是傳統九拜法之一，「稽」是「稽留」的意思，不能馬上把頭抬起來。

146. (3) 主持老太夫人的封丁禮時，司儀引導長孫跪請老太夫人的內侄封丁時，長孫對應此位長輩的稱謂是：①堂伯（叔）父 ②堂舅父 ③表伯（叔）父 ④表舅父。

147. (3) 臺灣殯葬禮俗中道教渡亡祈禳的科儀，主要是透過下列何者法事來進行？①道場科儀 ②清醮科儀 ③拔渡科儀 ④法場科儀。

148. (2) 喪禮服務人員協助家屬規劃治喪事宜時，就法事功德部分應注意什麼？ ①避免家屬落入不孝之名，善盡告知做法事的必要性 ②確認家屬經濟狀況及宗教需求後再給建議，協助家屬解決問題 ③避免亡者受苦，鼓勵家屬為亡者做法事 ④引導家屬「有做有保佑」的觀念，以免有所遺憾。

149. (2) 進行告別奠禮場地的規劃布置時，下列應注意事項何者必要？A.預定出席參加的人數B.停棺處的空間是否方便瞻仰遺容C.政治人物致贈之輓聯應懸掛於靈幃上D.電力供應設備是否充足E.家屬答禮位置的空間 ①ABCD ②ABDE ③BCDE ④ABCE。

150. (2) 在建築物僅有一扇門時，傳統示喪是以長條狀白紙貼在門板上，白紙斜貼如「/」，表示什麼意思？ ①女喪且先生健在 ②男喪且妻子建在 ③女喪但先生已過世 ④男喪但妻子已過世。

151. (4) 在建築物僅有一扇門時，傳統示喪若夫妻皆已歿，其以長條狀白紙貼在門板上的貼法下列何者正確？ ①女性先歿，先貼「/」再貼「\」 ②女性先歿，先貼「∧」再貼「∨」 ③男性先歿，先貼「∧」再貼「∨」 ④男性先歿，先貼「/」再貼「\」。

152. (4) 殯葬文書中「如子、如女」指的是何人？ ①亡者結拜兄弟的子女 ②義子女的別稱 ③私生子女 ④亡者之非婚生關係子女。

153. (124) 下列有關訃聞的用語，哪些錯誤？ ①離婚單身女性辭世後，可稱為顯妣 ②父喪，母健在的子女，稱為哀子、哀女 ③父先歿、母後歿的的子女稱為孤哀子、孤哀女 ④安息基督徒的訃聞開頭稱謂一般用「主後」。

154. (14) 下列對於佛教喪禮儀式的描述，哪些錯誤？ ①設有各種齋壇、水（元氣）火（元神）煉渡等 ②人死後，八識心田不滅，將自軀體出離，其時遲速不定 ③從身死之後，尚未受後生果報（投胎轉世）之前，名為中陰身 ④一般會於奠禮之前辦理水陸法會。

155. (34) 下列描述哪些符合回教喪禮的做法？ ①按貧富地位之不同，墓壙、裹屍布大

小亦有別，且須用物品陪葬　②參加殯禮者行鞠躬與叩首的禮拜　③不用棺槨、甚至沒有留墳頭與立石碑　④葬期不超過三天，在哪裡歸真就在哪裡埋葬。

156.（134）下列描述哪些符合道教喪禮的做法？　①臺灣地區之道教接近天師道，為喪家所做的功德以課誦經懺為主　②一般會於奠禮之前舉行水陸法會　③在恭請三清做主的情形下，請亡魂至壇前，為他課誦「渡人經」、「太上三元慈悲滅罪水懺」、「冥王經」、「冥王懺」等　④透過走赦儀式，再「給牒」、「過橋」以示亡魂已被超拔渡化，不會沉淪於地獄之中。

157.（234）下列對於守靈期間與供飯注意事項之敘述哪些不宜？　①自宅守喪期間，除非不得已，靈堂宜時時刻刻有人守候　②晚上捧飯前請先準備盥洗用具加適當溫水於臉盆，放在小板凳上，再放置於靈桌前　③豎靈後，就要早晚捧飯，捧飯的時間早上大約在日出以前，傍晚在太陽下山以後　④早上捧飯要先上香請逝者用膳後，再端上盥洗用具。

158.（14）殯葬文書中，訃聞的特殊用語哪些錯誤？　①父在母逝孝子稱「孤子」　②古代七品官夫人稱「孺人」　③子逝父自稱「反服父」　④父母均過世，且母先於父歿，孝子自稱「哀孤子」。

159.（24）對於治喪法事的敘述，下列哪些錯誤？　①道教圓滿功德，從午時開始，程序為請神、誦渡人經、放赦、三元懺、召魂沐浴、參給牒、解結、填庫、煉渡、目蓮救母、過橋、送神謝壇　②祭祀十王的儀式稱為「過王」，頭七是泰山王　③佛教「做功德」、「救拔」，則由家屬親友親自持誦，進行禮拜佛經、懺儀、聖號，或禮請僧眾做導師，指導帶領佛事　④宋帝王、都市王、轉輪王分別在百日、對年及三年時祭拜。

160.（14）下列敘述哪些為非？　①結拜兄弟姐妹之父的正式稱謂為義父　②一貫道的傳道明師又稱點傳師　③告岺文是靈柩下葬時所唸之文　④唱文是弔慰死者。

161.（124）司儀在主持奠禮時，哪些為非？　①家奠時人數過多時，應簡化行禮步驟，才不會讓公奠的來賓等候過久　②公奠是開放給各界人士參加，宣讀時應採用方言　③應遵守職業倫理，不可任意增刪儀節　④可以利用主持奠禮的時間為禮儀服務公司做宣傳。

162.（34）依據《增訂家禮大成》有關喪服制度中「杖」之敘述，下列哪些正確？　①母喪杖用桐，取其節歷四時而不變　②父喪杖用竹，謂孝子心內悲切之意　③妻

喪杖用藜，其樣式是上圓下方，長與心齊　④通杖爲明器，安靈、成服與見弔時，以杖扶持生者身軀。

163.（13）依據《增訂家禮大成》有關喪服制度中「杖」之敘述，下列哪些正確？　①孝杖上圓下方的外形，代表的是天地之義　②執杖時，植物的根部朝上，乃順應植物之性　③傳統於成服日起執杖，服勤三年，埋於墓所或焚於靈前　④近代的風俗在靈柩安葬後，反主除靈時將孝杖帶回家並於靈前焚化。

164.（12）有關華人習慣以錢財互助親友辦理生命禮儀之社交禮俗中，致贈禮金時運用的詞彙，下列哪些正確？　①致贈禮金協助喪家辦理喪事稱爲「賻儀」　②致贈物品協助喪家辦理喪事稱爲「賵儀」　③致贈禮金協助親友爲亡者辦理合爐稱爲「奠儀」　④過去致贈女子陪嫁品稱爲「贐儀」的用詞，現代延伸運用於致贈物品協助喪家治喪。

165.（34）有關喪服的穿著倫理與基本原則，下列說法哪些正確？　①古代長輩有爲晚輩服喪示哀之禮，稱之爲「反青」　②依傳統，居喪者若已結婚，其身上所穿的喪服爲「無袖」　③臺灣北部客家人，以亡者直系卑親屬穿著「有袖」喪服來辨識　④現代治喪時經常對於曾孫輩的喪服予以簡化，如曾孫，得以只戴白頭帛綴藍布。

166.（24）有關傳統民間自宅治喪的家公奠禮流程說明，下列哪些項目正確？　①啓靈：指的是家屬手扶靈柩哀哭後，與同姓人員協助將靈柩抬至家奠禮會場　②起柴頭：意指擺放喪家、女婿及親戚奠品，由家屬一一行禮，也就是所謂的家奠　③絞棺：由宗教人員帶領亡者家眷繞棺，表達依依不捨心情　④點主：指的是將牌位點「王」爲「主」，傳統土葬通常在墓地點主。

167.（234）有關客籍傳統自宅治喪的家公奠禮流程說明，下列哪些項目正確？　①開鑼、成服、點主必須安排在迎接長輩後的家公奠禮中舉行　②告靈、告祖、告天地：指的是由家屬們持香向亡者、祖先及天地神只稟告　③家奠三獻禮時，孝子與孝孫跪地向亡者行禮的口令爲「俯伏」　④宗親代表向亡者表達哀思的文章爲「奠章」。

168.（123）亡者爲年長之女性，其朋友所致贈輓額之題詞，下列哪些爲宜？　①懿範猶存　②閫範長存　③彤管流芳　④德業長昭。

169.（124）下列殯葬詞語哪些與亡者之子女有關？　①棘人　②稽顙　③小功　④泣血。

170.（24）亡者爲男性，下列殯葬語詞說明，哪些有誤？　①「雁行失序」、「折翼之

痛」是由亡者之胞弟具名之輓詞　②「謝啓」爲公奠禮時，孝眷對前來致奠親友之致謝詞　③「輓幛」爲直式書寫，平仄須對仗　④「移靈文」是在瞻仰遺容、蓋棺後準備發引前所宣讀之文章。

171.（23）關於祭文之敘述哪些正確？　①祭文是爲慰問死者家屬，所作的哀悼文章　②在文體上有散文、韻文、騷體文等形式　③因爲要藉由宣讀以告死者，故古代祭文多用韻文駢語　④〈祭十二郎文〉與〈祭妹文〉皆爲韻文駢體之名作。

172.（13）對於殯葬相關文書，下列敘述哪些爲非？　①誄詞是古老的哀悼文體，重點在抒發內心的悲痛，較少讚揚亡者生前的德行與事蹟　②停殯時前往喪家，在靈堂前以言語發出對亡者感念追懷之情，稱爲弔詞　③停殯時親友前往喪家，對喪親家屬以言語表達安慰之意，稱爲哀詞　④墓誌銘是爲標示墓主的身分，著重在生平事略與頌詞銘文。

173.（134）依一般民間習俗，下列關於孝誌的敘述哪些正確？　①隨著儀節的完成喪親者的哀傷心情轉變，孝誌的顏色也跟著改變稱爲換孝　②三年後變紅不再換孝誌稱爲停孝　③孝眷在治喪期間離開靈堂會將孝誌放在靈桌上稱爲寄孝　④戴孝即服喪的意思。

174.（124）殯葬禮儀服務人員承辦因疑似傳染性疾病猝死於家中的案件時，下列相關敘述哪些錯誤？　①通報119　②先將大體移至水床上以利勘驗死因　③警察拍照指示可以移動大體時才能動作　④猝死案件須由警察開立遺體相驗證明書。

175.（12）規劃「返家待終」的殯葬流程個案時，禮儀服務人員應先行了解掌握哪些情況？　①當地民情風俗　②個案家中空間是否充裕　③亡者出生年月日　④禮儀服務人員現有的服務案量。

176.（24）依一般民間喪禮習俗，有關牲禮奠品的擺放哪些有誤？　①五牲中的豬頭應朝向亡者遺像　②魚頭應朝向亡者遺像　③雞頭應朝向亡者遺像　④未備有奠品桌時，可直接將牲禮置於靈柩上。

177.（13）依傳統民間喪禮習俗，有關牲禮奠品的禮俗哪些有誤？　①牲禮若由喪家自備，親戚應改贈紅包　②牲禮在近年來已被罐頭取代　③喪家於出殯日宰一頭豬公，以犒勞親友，稱三角肉　④親戚於告別奠禮當日若準備有牲禮，孝眷應當在儀式結束後將牲禮退還給親戚並致贈紅包。

178.（23）喪禮司儀主持老夫人的告別奠禮時，對於老夫人的晚輩之稱呼下列哪些正確？　①稱呼老夫人爲伯母大人的晚輩稱姨甥　②稱呼老夫人爲姑母大人的晚輩稱內

侄　③稱呼老夫人爲母妗大人的晚輩稱外甥　④稱呼老夫人爲姑母大人的晚輩稱外侄。

179.（ 24 ）在告別奠禮時，下列關於答謝詞的敘述哪些正確？　①在啓靈禮之後致詞　②在公奠禮開始之前致詞　③必須由立委或議員代表致詞　④致詞內容主要爲感謝各界的關心慰問。

180.（ 23 ）下列關於黃公○○老先生的家奠禮奠拜敘述哪些正確？　①護喪妻一定最後奠拜　②族親代表先於外家代表　③姻親代表在侄子輩之後　④外家代表於女婿之前。

181.（134）舉行國旗覆蓋靈柩儀式時，下列關於旌忠狀的敘述哪些正確？　①宣讀旌忠狀的時間點爲覆蓋國旗前　②宣讀旌忠狀的時間點爲覆蓋國旗後　③宣讀旌忠狀之前，將旌忠狀置於魂帛之左側，字朝遺像　④宣讀旌忠狀之後，將旌忠狀置於魂帛之右側，字朝賓客。

182.（ 34 ）有關襄助司儀主持告別奠禮的禮生之描述，下列敘述哪些有誤？　①又稱襄儀或副生　②配合司儀傳遞香、花等奠品　③負責安排家奠的奠拜順序宣告　④以口令引導主奠者、與奠者上香及叩首的儀式。

183.（124）下列哪些是佛教喪禮中，靈堂會擺放的西方三聖聖像？　①大勢至菩薩　②阿彌陀佛　③地藏王菩薩　④觀世音菩薩。

184.（ 24 ）奠禮中所宣讀之文章，請問下列語詞何者爲非？　①由孝男孝女具名宣讀之文章稱爲哀文　②由友朋具名宣讀之文章稱爲誄詞　③由親戚具名者稱爲奠章　④當天所宣讀之文章統稱爲祭文。

185.（ 23 ）有關喪親家屬佩戴孝誌的位置，下列敘述何者爲非？　①亡者爲男性時，居喪者應將孝誌佩戴在衣袖左手臂位置　②居喪者爲女性時，應將孝誌佩戴在衣袖右手臂位置　③亡者爲男性時，居喪者可將孝誌僅佩戴在左腳布鞋鞋面　④亡者爲女性時，男性居喪者可將孝誌佩戴在衣袖右手臂位置。

186.（ 14 ）傳統家、公奠禮時，若喪禮服務人員有提供黃絲帶胸花給來賓佩戴，下列何者正確？　①亡者爲男性時，男性來賓應將胸花佩戴在左胸　②亡者爲男性時，女性來賓應將胸花佩戴在右胸　③亡者爲女性時，男性來賓應將胸花佩戴在左胸　④亡者爲女性時，女性來賓應將胸花佩戴在右胸。

187.（234）下列何種身分者，適合於喪禮擔任點主儀式主持人？　①孝男　②女性地方長官　③男性地方長官　④奠禮會場司儀。

188. (123) 下列何者爲基督教安息禮拜之程序？ ①宣召 ②唱詩 ③禱告 ④灑聖水。

189. (14) 下列何者爲傳統民間自宅治喪時，家奠禮前可能舉行之儀式？ ①起柴頭 ②外家致奠 ③旋棺 ④移柩。

20300喪禮服務 乙級 工作項目04：後續服務

1. (2) 《禮記》曰：「卒哭曰成事。」所謂「卒哭」其意爲何？ ①至卒哭祭後，不得再因失喪而哭泣 ②停止無時之哭，僅爲朝夕哭 ③哭泣已足夠，代表喪事已經完成 ④卒哭祭在祔祭之後，屬於吉禮，因此不需要再哭。

2. (2) 對喪親者的後續撫慰，是經由隆重莊嚴的祭祀，來表達對亡者的思念之情與盡孝之禮，透過祭祀過程中，哀傷的情緒可以逐漸地撫平。下列對於各項祭禮之敘述，何者有誤？ ①「家祭」是家庭在家中祭拜祖先亡靈的儀式，針對亡者的是忌日祭，是每年亡者逝世的當天舉行的祭典，傳達出一生永遠的追思與懷念 ②「墓祭」是直接到墓地祭拜與追悼，一般分成春、夏兩季來舉行祭典 ③「祠祭」是隆重的家族祭典，集合族人在家廟或宗祠舉行祭祖儀式 ④三年禮成的「禫祭」，喪親者可以開始過著正常的日子。

3. (4) 古代喪葬禮俗中，有關「小祥」之敘述何者錯誤？ ①又稱練祭 ②小祥之祭在禫祭之前 ③即今日所謂之對年 ④亡者死後第一百天。

4. (2) 就傳統殯葬禮俗而言，對於下葬後祭祀活動的敘述何者正確？ ①禫祭是在小祥之後隔月舉行 ②卒哭祭相當於現今的百日 ③虞祭是亡後兩年的祭祀禮 ④大祥即是對年。

5. (3) 電影《父後七日》描述女主角阿梅在父親過世的七天內，回到了臺灣中部的農村裡，重新面對父親成長鄉里的世事人情，其中有傳統葬儀的庸俗繁瑣、匪夷所思的迷信風俗，更有臺灣質樸率真的濃厚人情味。葬禮結束後，阿梅將喪父的傷逝打包封存，獨自回到了光鮮俐落的城市裡繼續工作，卻在某次過境香港機場時，對父親的思念竟突然如排山倒海而來，作者搭上一班往東京的班機，當她看見空服員推著免稅菸酒走過，一個半秒鐘想買黃長壽給父親的念頭，讓作者足足哭了一個半小時。請問依照案例判斷，個案可能屬於下列哪種悲傷類型？ ①慢性化 ②誇大的 ③延宕性 ④改裝的。

6. (3) 就《家祭大成》的〈喪祭總論〉而言，下列敘述何者正確？A.以衣殮亡者之身謂之襚B.以玉實死者之口謂之琀C.以車馬助喪謂之賻D.茅沙沃酒以喻其清潔

①ABC　②BCD　③ABD　④ABCD。

7.（ 3 ）喪禮服務人員對於喪親家屬後續關懷的主要意義，下列何者爲非？　①關懷家屬是否有過度悲傷反應　②提醒家屬各種祭奠日的準備方式　③了解家屬是否已辦理遺產繼承　④提供家屬相關支持團體的活動訊息。

8.（ 2 ）殯葬業者在不增加額外人員或進一步訓練的工作人員條件下提供家屬百日對年等通知，屬於以下何種層次的後續關懷服務？　①非正式的後續服務　②基本的後續服務　③支持團體的後續服務　④高階的後續服務。

9.（ 3 ）劉媽媽女兒反映，劉媽媽從劉爸爸喪葬儀式完成後，每天對著劉爸爸牌位仍會傷心哭泣，時間持續一年多了，請問喪禮服務人員對於家屬的建議，哪一個較恰當？　①鼓勵家屬辦法事　②再看看，時間長些就會好了　③建議帶劉媽媽與心理健康諮商專家溝通　④沒關係這是自然的現象。

10.（ 3 ）下列何者屬於非標準後續關懷服務的內容？　①設置小型的圖書室或會議室，依喪親者不同的失落需求進行悲傷支持團體　②在特定節日或定期進行悲傷輔導的活動　③作爲鞏固客戶與建立客戶關係　④聘僱諮商心理師、社工師等專業人士，負責悲傷支持團體的運作。

11.（ 3 ）當喪親遺族向你反映，亡者逝世離開後一直無法釋懷，也一直睡不好，並且常常獨自面對著死者牌位，這樣的狀態持續了非常久的時間，身爲禮儀人員的你會如何建議？　①這是正常現象可以不理會他　②告訴她要節哀順變，人死不能復生　③建議她參加遺族的關懷團體　④默默陪伴她。

12.（ 1 ）下列何種悲傷類型是悲傷支持團體主要協助的對象？　①非複雜性悲傷　②延宕的悲傷　③衝突的悲傷　④扭曲的悲傷。

13.（ 4 ）下列所述何者不是悲傷支持團體的主要工作？　①提供喪親者盡情且安全地進行他們的哀悼　②鼓勵喪親者認清自己的失落　③協助喪親者從失落中找出生命和生活的意義　④援助喪親者的經濟生活。

14.（ 4 ）初接觸到喪親者時，身爲禮儀人員的你請不要說「時間會治療一切」，請改說：　①請你節哀　②你的感受我了解，一切都會過去　③如果有什麼需要我幫忙的，請儘管說　④這痛苦實在太令人難以承受了。

15.（ 1 ）李○明先生一再陳述失去妻子之後，不知道如何過接下來的日子，喪事辦完之後仍然透露「秀玉，妳先走，我很快就去找妳」等話語，這是何種悲傷反應？①複雜性　②慢性　③延宕性　④誇張性。

16. (3) 「喪禮」的悲傷支持中所謂：增強失落的真實性的意義是指 ①喪禮強化了家屬的失落與悲傷 ②喪禮對於家屬的悲傷失落是沒有意義的 ③目睹死者遺體有助於體認死亡的真實和最終性 ④喪禮中呈現逝者生活的點滴。

17. (2) 「喪禮」的悲傷支持中所謂：提供表達對死者想法和感受的機會，是指 ①展現親友間的悲傷支持 ②透過喪禮儀式表達對死者的想法和感受促進悲傷歷程的推展 ③提供家屬親人團聚的機會 ④透過喪禮儀式展現社經地位的機會。

18. (4) 「喪禮」的悲傷支持中所謂：回憶逝者過去的生活，是指 ①喪禮強化了家屬的失落與悲傷 ②喪禮對於家屬的悲傷失落是沒有意義的 ③目睹死者遺體有助於體認死亡的真實性和最終性 ④喪禮中呈現逝者生活的點滴。

19. (1) 「喪禮」的悲傷支持中所謂：提供家屬社會支持網絡，是指： ①親友間的情感或經濟的支持 ②透過喪禮儀式表達對死者的想法和感受促進悲傷歷程的推展 ③家屬親人團聚的機會 ④透過喪禮儀式展現社經地位的機會。

20. (2) 就正常悲傷現象在感覺上的敘述何者有誤？ ①悲哀與憤怒 ②社會退縮行為 ③愧疚與自責 ④焦慮與孤獨。

21. (3) 就正常悲傷現象在認知上的敘述何者有誤？ ①不相信與困惑 ②沉迷於對逝者的思念 ③食慾障礙 ④感到逝者仍然存在。

22. (2) 一位女士在意外事件中失去了孩子，當時她在懷孕中，別人勸她不要太傷心以免影響胎兒。她照做了，然而多年後當最後一個孩子離家赴外地工作，她陷入了強烈的悲傷中。這位女士的複雜性悲傷反應是哪一類？ ①慢性化的悲傷反應 ②延宕性的悲傷反應 ③誇大的悲傷反應 ④改裝的悲傷反應。

23. (4) 下列何者不是現今臺灣社會需要喪親家屬悲傷支持關懷的理由？ ①以「火化」儀式處理遺體的比例增加 ②喪葬儀式簡化，喪禮過程快速進行 ③親朋好友參加喪禮儀式的人數減少 ④喪親者支持性足夠。

24. (1) 某作家在書中寫到：「一個宗教儀式、一場葬禮或是為哀悼親友提供一處紀念亡者的場所，都能夠讓他們藉此抒發其悲慟之情。」是針對什麼情況的「悲傷迷思」抒發的文章？ ①即使喪親者不願意，仍然應該要鼓勵他們多參加一些活動 ②喪禮的整個過程是令人傷痛而無療癒的效果 ③我可以對喪親者說這樣安慰的話：「這是老天的安排，想開一點」 ④我會阻止喪親者過度悲傷的哭泣，是為了防止他們精神崩潰。

25. (3) 依據《國民禮儀範例》第六十條的規範，具備哪些資格者，得由有關機關、學

校或公私團體決定舉行公祭？A.對各機關、學校、團體有特殊貢獻者B.曾經擔任國家元首者C.年高望重者、德行優益者D.仗義爲公、除暴禦侮而捐軀者E.對社會人群、文教民生有特殊貢獻者F.對國家民族確有卓越功勳者G.先聖先賢先烈 ①ABCDEFG ②ABCDEF ③ACDEFG ④ABDEFG。

26. (3) 下列有關遺族服喪期滿之日或紀念日爲之的儀式說明，何者有誤？ ①稱爲「家祭」或「公祭」 ②可在墓地或在大廳祖宗神位前舉行 ③上香時，發予每人兩炷香，並插在香爐內 ④遺族穿著家常便服參加儀式即可。

27. (3) 下列有關喪葬儀節之敘述何者有誤？ ①葬前的祭拜稱爲「奠」 ②葬後的祭拜稱爲「祭」 ③過去傳統社會的卒哭稱爲對年祭 ④過去傳統社會的守三年之喪其實不到36個月。

28. (3) 請選出傳統土葬後後續追思儀式的錯誤說法：①新墳完墳後三年內要「培墓」②「培墓」時家屬應準備酒餚、三牲五禮祭拜 ③亡者過世後第一年的清明節掃墓，家屬應在清明節後擇日舉行 ④亡者過世後第二年的掃墓可以選在清明節當天。

29. (3) 有關各宗教對於亡者的後續追思儀式說法何者有誤？ ①部分基督教徒會舉行「家庭禮拜」來追思或紀念亡者 ②基督徒在清明節或忌日時可依俗掃墓追思（僅以鮮花到墓園或塔位前追思）或舉行「家庭禮拜」 ③回教徒在親人歸眞後不得以念經的方式追思 ④天主教徒可在七七四十九日內爲安息者讀誦玫瑰經。

30. (4) 有關各宗教對於亡者的後續追思儀式說法何者有誤？ ①基督徒通常會舉行「清明敬祖追思禮拜」來追思或紀念亡者 ②在天主教會，通常每年選定11月2日作爲「追思已亡」的日子 ③一貫道團體通常會在每年清明節後舉辦春季祭祖，主事人員身著傳統服飾，藉由莊重古禮表彰「愼終追遠」的文化內涵，推廣孝道精神 ④佛教徒通常會在農曆過年期間爲亡者到寺廟點平安燈爲亡者祈福。

31. (34) 道教對喪親者的悲傷輔導，著重在喪禮的功德法事上，以各種法事儀軌來彌補喪親者未能盡孝的心理遺憾，以儀式來超渡亡者祝其得以魂安，也能有助於喪親者獲得內心的寬慰。下列對於道教超渡亡靈的科儀法事，下列敘述何者有誤？ ①「水火煉渡」科儀是指行儀法師以其眞火與眞水來交煉亡者的靈魂，使亡者得以拔渡，達到以生渡死的目的 ②「燈儀」是以燈作爲主要法器，迎

接上界神仙下降，引領亡魂出離地獄　③「渡橋」科儀是用來引領亡魂渡過奈何橋，升登仙界　④「施食」科儀，是化解亡魂生前所結的冤仇，助其解脫牽纏，早日升登仙界。

32. (234) 薦亡法事中的七七齋，是從亡者往生日起到七七四十九天之內，喪家要舉行齋僧、誦經等法事。下列敘述何者正確？　①源自佛教認為人死，先斷氣，然後每七日散去一魄，四十九日七魄散盡，魂魄分離，故有作七儀式，以佛法煉鑄其形魄，不讓人魄飄散無所依泊　②認為人死後在七七四十九天內，分七階段隨業力受生，亡者家屬要在這一段時間齋僧誦經，做種種功德來為亡者消弭惡業　③此儀式雖是為亡者修德造福，其作用在於安撫生者，將念佛功德迴向亡者，也可以福佑生者，有助於喪親者消除其罪惡感與慚愧感　④是生者對亡者的送死祭祀禮儀，每逢七日，要著孝服來祭祀，有助於喪親者在禮儀的開導下適度地紓解悲傷。

33. (12) 下列哪些是喪禮服務人員在後續關懷服務所擔任的角色？　①禮儀操作　②死亡教育　③社會工作　④神職人員。

34. (23) 下列哪些是喪禮服務人員在後續關懷服務所需具備之能力？　①宗教師的能力　②後續關懷服務執行及溝通能力　③悲傷支持的認知能力　④病情的判斷能力。

35. (234) 某葬儀公司的業務在李先生辦完喪禮之後來訪，下列哪些是後續的關懷？　①請他看開點吧　②提醒他要作百日對年　③提供喪偶社福單位的訊息　④邀請他參加公司舉辦的喪親療癒活動。

36. (14) 就影響哀悼的要素之依附關係敘述下列哪些有誤？　①多重失落　②依附關係的強度　③愛恨衝突的關係　④被污名化的死亡。

37. (24) 依臺灣民間傳統，有關除靈後的儀節敘述，哪些正確？　①亡者逝世一週年所做的祭祀稱為「做對年」，又稱為「卒哭」　②亡者逝世當天算起一百天所做的祭祀稱為「做百日」　③做百日又稱為「小祥」　④把亡者魂帛燒掉，再將其姓名寫在祖先牌位上，並將少許香灰放到祖先香爐中的儀式稱為「合爐」。

38. (123) 下列對於喪親者的悲傷看法，下列哪些不恰當？　①曾經有過喪親經驗的人，再次面對親人過世時會比沒經歷過的人堅強　②男性比女性更容易走出悲傷　③避免跟家屬談到有關死者的事，有助其加速腳步走出悲傷　④幼兒也會因喪親而產生悲傷反應。

39. (23) 下列有關傳統土葬後的相關儀式說明是正確的？ ①安葬後第2日或第7日，孝眷到墓地查看墳墓有無異狀稱爲「旋墓」 ②墳墓築成後，擇一吉日，準備牲禮酒餚等物上墓焚香祭拜之儀式稱爲「完墳」 ③七七最後一日或前一日，孝男穿戴孝服列隊到新墓巡視，先致祭后土謝恩，可稱爲「謝土」 ④喪親家屬在親人過世後一年內逢年過節不能做年糕也不能綁粽子，但可以拜天公。

40. (24) 下列有關古禮中，父母親過世後喪親家屬居喪生活的規範敘述哪些正確？ ①父母親過世要等到小殮後，子女才能食粥 ②安葬後進行虞祭時可用疏食水飲 ③大祥可飲醴酒茹乾肉 ④小祥時可食菜。

41. (24) 依據《國民禮儀範例》規範，喪親家屬在服喪期間應對的習俗哪些正確？ ①服一年之喪者在服喪一年內，宜停止嫁娶 ②服喪期滿家祭之日除服前，蓋私章時應用藍色印泥 ③爲祖父母服喪的孫子、孫女在服喪第二個月起即能恢復宴會與娛樂 ④期滿除服之日，宜對亡者舉行家祭。

42. (23) 下列哪些項目可歸類爲影響喪親者悲傷反應的死亡事件因素？ ①喪親者的人格因素 ②亡者的死亡原因 ③亡者生前在家中所扮演的角色 ④喪親者過去的哀傷經驗。

43. (134) 下列那些項目可歸類爲影響喪親者悲傷反應的個人因素？ ①喪親者的人格因素 ②亡者的死亡原因 ③喪親者過去的哀傷經驗 ④喪親者的性別。

44. (14) 下列那些項目可歸類爲影響喪親者悲傷反應的環境因素？ ①家庭因素 ②特有的禁忌 ③喪親者過去的哀傷經驗 ④宗教因素。

45. (234) 下列哪些項目可歸類爲影響喪親者悲傷反應的社會文化因素？ ①宗教因素 ②特有的禁忌 ③不可談的失落 ④缺乏社會支持網絡。

46. (13) 下列哪些是喪親者在親人死亡數小時到一週內的震驚期經常會發生的反應？ ①在認知表現上思考緩慢 ②在防衛機轉上會發展新的適應模式 ③在社會關係上會被動與漠視他人 ④在情感表現上能夠同時經驗悲傷與快樂。

47. (23) 下列哪些是悲傷輔導的目標？ ①生理的適應 ②情感的表達與處理 ③接納死亡的事實 ④對於失落的否認。

48. (134) 下列哪些是複雜的悲傷反應？ ①慢性化的悲傷反應 ②僞裝的悲傷反應 ③改裝的悲傷反應 ④誇大的悲傷反應。

49. (14) 下列哪些是喪禮服務人員能做的悲傷關懷？ ①治喪過程中的悲傷支持與關懷 ②催眠與想像引導 ③透過儀節與儀式讓家屬忍住悲傷減少哭泣 ④傾聽與輔

導轉介。

50. (24) 下列哪些是喪禮服務人員能做的後續關懷？ ①協助家屬辦理引魂 ②不定期書寫關懷信件或電話關懷家屬 ③鼓勵家屬購買生前契約以利有備無患 ④依據特別節日如父親節或母親節鼓勵家屬寫張卡片給過世的長輩。

51. (234) 下列哪些是喪禮服務人員可以運用的悲傷陪伴技巧？ ①將自己的價值觀或感受強加於對方身上 ②適度表達自己的同理感受 ③能專注耐心傾聽喪親者所說的話 ④避免做無謂的說教或說些無濟於事的勸慰話。

52. (24) 依據諮商專家Wolfelt的觀點，喪禮服務人員進行後續關懷時應具備哪些能力？ ①悲傷支持的情感能力 ②後續關懷的執行與溝通能力 ③後續關懷的創新能力 ④後續關懷的自我照顧與成長能力。

53. (123) 喪禮服務人員對於喪親家屬，應注意下列哪些面向比較恰當？ ①家屬的身體狀況 ②家屬三餐飲食的情況 ③陪伴時盡量以喪親者的需求為導向 ④只有以口頭語言來安慰家屬才有效。

54. (12) 喪禮服務人員現行對於單一家族性的支持團體運作的內容包含哪些項目？ ①做七功德 ②遺體淨身服務 ③母親節思親支持團體 ④自殺遺族支持團體。

55. (34) 喪禮服務人員現行對於多家族性的支持團體運作的內容包含哪些項目？ ①家公奠禮 ②遺體淨身服務 ③父親節思親支持團體 ④喪子父母支持團體。

56. (234) 下列哪些是喪禮服務人員應具備的悲傷支持能力？ ①在治喪協調時避免冷場的口語表達能力 ②建立與喪親家屬信任的關係 ③發揮傾聽的耐心與同理心 ④能記住並正確說出亡者與重要家屬的名字。

57. (12) 下列何種失落屬於衍生性失落？ ①某甲因為失去工作，導致老婆也跟他離婚 ②父親過世後整日消沉，失去工作 ③心愛的寵物死去，覺得宛如家人去世般痛苦 ④車禍失去雙腿而自殺。

58. (234) 下列對於喪禮服務人員的替代性創傷何者為是？ ①禮儀人員不會如家屬般得到複雜性悲傷 ②救災人員和喪禮服務人員都有可能會得到替代性創傷 ③替代性創傷可以從是否影響生活功能來評估 ④同理投入愈深愈有可能產生替代性創傷。

59. (134) 根據Doka的觀點，容易造成悲傷被剝奪的因素有四種，下列哪些屬於其所稱的「失落本身不被認可」？ ①面對寵物死亡的失落 ②兒童對亡者的悲傷

③產婦流產的悲傷　④植物人死亡時家屬的失落。

60. (234) 根據Johnson和Weeks對喪葬後續關懷的四個層次，何種屬於「標準的後續服務」？　①提供關懷的小冊子　②打電話進行關懷　③辦理喪親家屬的旅遊活動　④發起自殺遺族家屬支持團體。

61. (14) 根據Radon對於悲傷的定義，下列何者為非？　①悲傷反應具有低度個人化傾向　②悲傷受不同文化和社會情境的影響　③悲傷是自然而正常的反應　④悲傷只有心理的層面。

62. (24) 對於Stroebe和Schut所提出雙軌擺盪模式來闡述的悲傷歷程，下列描述何者為非？　①努力調適，專注於生活上的改變，稱之為重建導向　②哀慟者專注於重建導向，是健康的表徵　③哀慟者在兩個傾向的擺盪縮小，才能邁向正常的生活　④哀慟者專注於失落導向，是健康的表徵。

63. (123) 何者為預期性悲傷所具有的功能？　①漸進性地釋放悲傷　②完成未竟之事　③為未來預做安排　④形成複雜性悲傷。

64. (124) 下列哪些是影響悲傷的個人因素？　①哀慟者與逝者間的關係　②哀慟者的人格因素　③社會文化　④個人的價值觀。

65. (134) 個性化喪禮對悲傷支持的作用，下列何者為是？　①提供情緒抒發的管道　②維繫社會倫理的價值　③悲傷撫慰的功能　④讓喪親者學習適應掌控新生活。

66. (23) 下列關於複雜性悲傷的敘述何者為是？　①喪親者在情緒上過於平靜叫「延宕的悲傷」　②喪親者出現愛恨交織的悲傷反應叫「衝突的悲傷」　③經驗到強烈的悲傷而出現恐懼症叫「扭曲的悲傷」　④另一個失落事件觸動了先前失去親人的悲傷叫「慢性化悲傷」。

67. (123) Worden認為喪葬禮儀對於悲傷的調適有下列的功能，何者為是？　①瞻仰遺容有助於悲傷任務的開展　②公開表達對逝者的想法和感受　③回顧逝者的一生　④維持舊有文化的習俗。

68. (123) 105年地震後，6歲的小美失去雙親，下列哪些可能是小美與雙親之間的連結物？　①父親的手錶　②聽到噩耗時手邊的洋娃娃　③全家出遊的照片　④同學母親的項鍊。

20300喪禮服務 乙級 工作項目05：服務規範

1. (4) 依醫療法施行細則第53條，以下何者為非？ ①醫院對其診治之病人死亡者，應掣給死亡證明書 ②診所對其診治之病人死亡者，應掣給死亡證明書 ③無法取得死亡證明書者，可由所在地衛生所，掣給死亡證明書 ④醫院對於就診途中死亡者，應參考原診治醫院、診所之病歷記載內容，不須再檢驗屍體，即可掣給死亡證明書。

2. (4) 喪禮服務人員對消費者購買生前殯葬服務契約（以下簡稱生前契約），應提醒之事項，下列何者錯誤？ ①簽訂生前契約時，應看清楚所預購之殯葬用品明細、服務項目與內容 ②簽訂生前契約時，對契約中的預付款項計畫書，應明列付款方式、付款條件、金額及交付對象 ③應慎選殯葬服務團隊，注意其聲譽，並考量業者財務狀況是否公開化、透明化，每筆成交金額是否誠實開立統一發票 ④所購買的契約可自由轉讓及使用，但殯葬禮儀服務單位與契約銷售單位應為相同公司。

3. (2) 依內政部發布「生前殯葬服務契約業者電腦作業規範」，下列何者非生前殯葬服務契約業者應在其網站公開之資訊？ ①生前殯葬服務契約業者之名稱、地址、電話、電子郵件信箱地址 ②專責殯葬禮儀服務人員之姓名及電話 ③各服務處所之名稱、地址及電話 ④信託業者之名稱、地址及電話。

4. (3) 依「骨灰（骸）存放單位使用權買賣定型化契約範本」第11條（應記載第14條）規定，經營業者於簽約時應備置下列哪些文件影本，供消費者隨時查閱？A.公司執照、商業登記或法人登記證明文件B.營利事業登記證明文件C.核准設置文件D.核准啟用文件E.殯葬禮儀服務業經營許可文件 ①ABCDE ②BCDE ③ABCD ④ABDE。

5. (4) 對繼承人之敘述，下列何者錯誤？ ①出嫁女兒有繼承權 ②未成年人有繼承權 ③胎兒有繼承權，但無須繼承被繼承人之債務 ④胎兒為繼承人時，以其母為代理人，只要其母同意，他繼承人隨時得分割遺產。

6. (3) 下列對自書遺囑之敘述，何者有誤？ ①自書遺囑者，應自書遺囑全文 ②自書遺囑，須記明年、月、日 ③自書遺囑可以用指印代替簽名 ④自書遺囑如有增減、塗改，應註明增減、塗改之處所及字數，另行簽名。

7. (4) 對同性同居或跨性別之死者，有關喪禮服務人員治喪協調時，下列何者錯誤？①應詢問歿者伴侶是否同意其擔任喪禮中歿者配偶的角色 ②應詢問歿者家屬

是否同意死者同居人擔任喪禮中歿者配偶的角色　③應詢問並尊重死者喜愛的裝扮　④直接以死者生理性別之社會主流裝扮來處理。

8. (2) 對長期與配偶分居（未離婚）之死者，有關喪禮服務人員治喪協調時，下列何者錯誤？　①尊重亡者遺願　②分居（未離婚）之配偶無發言權，無須徵詢其意見　③尊重歿者對牌位的歸屬意見　④若女性歿者沒有遺願，牌位歸屬應尊重子女、夫家或娘家等其他方式之選擇。

9. (3) 喪禮制度代表的四大特質為何？　①孝禮義節　②仁孝誠善　③恩禮節權　④孝禮慈遵。

10. (3) 為順應性別平等，對於傳統喪葬儀節封釘儀式的調整，何者錯誤？　①可由家屬不分男女，與歿者同輩分親屬主持　②可由子女協商執斧人員　③侷限由男性主持　④母喪封釘儀式已不再限於母舅執斧。

11. (4) 有關傳統喪葬儀節順應性別平等，對主奠者的敘述何者錯誤？　①不論性別，可由出生排行之最長者擔任　②有子有女，可由子女協商決定　③無子有女，可由女兒擔任　④無子有女，僅可由侄子擔任。

12. (3) 殯葬倫理實踐的內涵何者正確？　①協助家屬申請喪葬補助　②獲得家屬認同　③協助家屬善盡孝道　④協助亡者的安葬事宜。

13. (4) 有關殯葬主管機關權責，下列敘述何者不符合殯葬管理條例規定？　①嘉義市政府於嘉義縣水上鄉境內設置火化場經核准後，應報經內政部備查　②臺北市立第二殯儀館辦理改建工程，應報請內政部備查　③宜蘭縣多山鄉立公墓起掘許可證明之核發，屬多山鄉公所權責　④屏東縣屏東市內發現違法殯葬行為，應由屏東市公所負責取締及處罰。

14. (3) 關於「樹葬」，下列敘述何者不符殯葬管理條例之定義？　①在公墓內將骨灰藏納土中，再植花樹於其上，屬於樹葬的一種　②在公墓內於樹木根部周圍埋藏骨灰，亦屬樹葬的一種　③指於公園、綠地、森林，劃定區域範圍實施植存，亦屬殯葬管理條例所稱樹葬之定義　④實施樹葬前必須先將骨灰以再處理設備加工研磨成更細小之顆粒。

15. (3) 依殯葬管理條例及其施行細則之規定，有關殯葬設施專區之規劃設置，下列敘述何者正確？　①僅得規劃殯儀館、火化場、骨灰（骸）存放設施　②不得規劃骨灰拋灑植存場所　③得規劃殯葬服務相關行業　④得由鄉（鎮、市）主管機關設置規劃。

16. (1) 有關「殯儀館」，下列敘述哪些符合殯葬管理條例規定？A.除其他法律或自治條例另有規定外，與貯藏易燃氣體、油料場所之距離應不得少於500公尺B.單獨設置之禮廳及靈堂，亦屬殯儀館，應依殯儀館相關規定申請設置C.除出殯日舉行奠、祭儀式外，不得停放屍體棺柩D.於非都市土地已設置公墓範圍內之墳墓用地設置殯儀館，應受殯葬管理條例第9條規定距離之限制E.殯儀館經營者得向直轄市、縣（市）主管機關申請使用移動式火化設施　①AE　②BDE　③AC　④BCD。

17. (1) 依殯葬管理條例（以下稱本條例）規定，有關私立或以公共造產設置之公墓、骨灰（骸）存放設施經營者，就管理費以外之其他費用提撥2%金額之敘述，下列何者正確？　①本條例施行前已設置，但於本條例施行後始出售之骨灰（骸）存單位亦須提撥　②提撥2%之費用得運用於經核准設置之殯儀館、火化場需用之土地及營建費用　③提撥之目的主要在支應設施之安全維護、整潔、舉辦祭祀活動等費用　④經營者應將提撥2%之金額依信託本旨交付信託業管理。

18. (3) 依殯葬管理條例及相關法令解釋，下列敘述何者有誤？　①甲與殯葬服務業者乙訂定骨灰罐買賣契約，約定交付提貨單於日後隨時提領，並註明提領時提供甲免費殯葬禮儀服務，該契約應認定為生前殯葬服務契約內容範圍　②殯葬禮儀服務業破產時，其與消費者簽訂生前殯葬服務契約所預收費用交付信託業管理之財產，不屬於破產財團　③與消費者簽訂生前殯葬服務契約之公司，須具一定規模，並應置專任禮儀師　④殯葬禮儀服務業與消費者簽訂生前殯葬服務契約，其預收費用交付信託業管理後，除生前殯葬服務契約之履行、解除或終止或殯葬管理條例另有規定外，不得提領。

19. (1) 有關殯葬服務業暫停營業之敘述，下列何者有誤？　①預定暫停營業3個月以上者，應於停止營業之日15日前，以口頭向直轄市、縣（市）主管機關申請停業　②暫停營業期限屆滿，應於屆滿15日前申請復業　③暫停營業期間，如未經核准展延，其暫停期間以1年為限　④暫停營業有特殊情形者，得申請展延1次，其期間以6個月為限。

20. (3) 下列描述行為，何者違反殯葬管理條例及其相關規定？　①某甲未具禮儀師資格，從事殯葬禮儀服務業　②某甲未具禮儀師資格，卻自稱禮儀師，為新人規劃婚禮儀式　③某甲取得禮儀師證書後，接受殯葬禮儀服務公司高薪挖角，轉

任該公司禮儀專員職位，未將其受僱情形之變動報內政部備查　④某甲取得禮儀師證書後，未於符合一定規模之殯葬禮儀服務業工作。

21. (3) 依據殯葬管理條例第3條規定，下列殯葬管理業務，何者不是「縣」主管機關之權責？　①於縣立公墓或火化場，核發埋葬、火化及起掘許可證明　②違法設置、擴建、增建、改建殯葬設施、違法從事殯葬服務業及違法殯葬行為之取締及處理　③殯葬服務定型化契約之擬定　④殯葬設施專區之規劃及設置。

22. (4) 有關設置殯葬設施之程序，下列敘述何者符合殯葬管理條例規定？　①設置人應先取得設施範圍內用地之土地所有權　②殯葬設施之設置人以殯葬設施經營業為限　③殯葬設施土地同時跨越直轄市、縣行政區域者，因直轄市區域層級較高，故應向直轄市主管機關申請核准；若殯葬設施土地跨越同層級行政區域者，應向所佔土地面積最大之行政區域主管機關申請核准　④殯葬設施由縣（市）主管機關設置者，應報請內政部備查。

23. (4) 甲與殯葬禮儀服務業者乙簽訂自用型生前殯葬服務契約，下列有關該契約內容之敘述，何者不符現行「生前殯葬服務定型化契約（自用型）應記載及不得記載事項」？　①甲應指定契約執行人　②該契約自簽訂日起14日內，甲得以書面向乙解除契約，並要求返還全部價款　③甲於未付清全部價款前死亡，餘款由甲之契約執行人給付　④如甲係基於多層次傳銷之傳銷商身分與乙簽訂本契約，如未使用，甲於簽訂日起超過1年至3年以內解除契約，乙應退還甲原購價格90%，但可扣除成本或相關費用。

24. (4) 有關殯葬設施經營業銷售墓基或骨灰（骸）存放單位，依據殯葬管理條例及相關辦法，下列敘述何者錯誤？　①殯葬設施經營業者應建置網站公開核准販售墓基、骨灰（骸）存放單位之總數量、已銷售數量及尚未使用數量　②殯葬設施經營業者應建置網站，提供已購買者查詢已繳納價金入帳情形　③殯葬設施經營委託他公司或商業銷售墓基、骨灰（骸）存放單位，當受託業者與消費者有消費爭議時，殯葬設施經營業者應予處理　④殯葬設施經營業委託他公司或商業銷售墓基、骨灰（骸）存放單位，應公開受託業者資訊，受託業者有異動時，殯葬服務業至遲應於異動日起算第30日更新資訊。

25. (1) 現代喪禮的性別平等實踐，就喪家而言，下列何者不適當？　①遺體或靈位停放，非分男左女右不可　②尊重家族中的女性　③破除男性才可以主持儀式的限定　④尊重亡者的尊嚴，應安排相同性別的喪禮服務人員，替亡者進行洗

身、穿衣、化妝等服務。

26. (2) 現代國民喪禮，應兼顧性別平等與殯葬自主原則，下列何者適當？A.不管男、女，都應尊重其生前的殯葬決定B.葬後祭祀就可以排除外嫁的女性祭拜C.任何殯葬文書，不應只書男性，不寫女性D.任何儀節的安排，都不應特別以男性為尊或排除女性 ①ABC ②ACD ③BD ④BCD。

27. (2) 治喪協調時，服務人員的作為，下列何者適當？(A)秉持多元尊重及依循亡者性別傾向的立場(B)堅持以傳統禮俗規定治喪，以趨吉避凶(C)不可因性別或年齡之因素而主觀排除部分成員之治喪權利(D)主動告知治喪家屬所有儀式背後的緣由 ①ABD ②ACD ③BCD ④ABC。

28. (3) 現代喪禮的性別平等實踐，就墓碑、骨灰罈雕刻子孫名字，下列何者為是？A.載明陽世子孫B.列全體子孫之名C.不論子或女皆可刻上D.單身或離婚婦女不可刻上 ①ABCD ②ABD ③ABC ④BCD。

29. (4) 依殯葬管理條例及相關法規之規定，下列有關各級殯葬主管機關權責之敘述，何者錯誤？ ①殯葬管理條例第71條第1項規定私人墳墓修繕，須先經直轄市、縣（市）主管機關核准。必要時，直轄市或市主管機關得委任所屬機關或區公所辦理；縣主管機關得委任所屬機關或委辦鄉（鎮、市）公所辦理 ②直轄市、縣（市）政府知悉轄內禮儀師有將其禮儀師證書出租、出借給他人使用或允諾他人以其名義執行業務者，應通知內政部 ③醫院附設殮殯奠祭設施者，應定期將該設施使用量及容量等基本資料，報所在地直轄市、縣（市）殯葬主管機關備查 ④殯葬設施專區原則係由直轄市、縣（市）主管機關規劃及設置，但鄉（鎮、市）如有需要，鄉（鎮、市）主管機關亦得劃設。

30. (4) 依殯葬管理條例第8條及第9條規定，設置、擴充殯葬設施應與特定地點保持一定距離，若其他法律或自治條例未另訂距離規定時，下列敘述何者正確？ ①單獨設置禮廳及靈堂應與醫院距離不得少於300公尺 ②擴充公墓範圍外之骨灰拋灑植存區，與公共飲水井距離應不得少於1000公尺 ③設置火化場，與製造爆炸物之場所距離應不得少於1000公尺 ④設置骨灰（骸）存放設施，應與學校距離不得少於300公尺。

31. (3) 依殯葬管理條例、相關法規及內政部函釋等規定，下列有關殯葬設施之設置、擴充、增建或改建之敘述，何者錯誤？ ①殯葬管理條例施行前私人設置之殯葬設施，自該條例101年7月1日修正施行後，仍得以繼承方式移轉 ②依非都

市土地使用管制規則第52條之1規定，有關山坡地興辦殯葬設施之審議原則，按內政部之函釋，新設公墓及骨灰（骸）存放設施原則上不准免適用面積不得少於10公頃之限制，如有地區性供給不足，且無該管制規則第49條之1規定之山坡地範圍內土地不得規劃作建築使用之情形者，得個案考量並嚴格審核　③殯葬設施之擴充，係指擴增殯葬設施原建築物之面積或高度　④直轄市、縣（市）主管機關依本條例第6條第1項規定受理設置、擴充、增建或改建殯葬設施之申請，應於6個月內為准駁之決定。但依法應為環境影響評估者，其所需期間應予扣除。

32. (4) 依殯葬管理條例及相關法規之規定，下列有關申請經營殯葬服務業之敘述，何者正確？　①殯葬服務業依法辦理公司、商業登記或領得經營許可證書後，應於三個月內開始營業，屆期未開始營業者，由直轄市、縣（市）主管機關廢止其許可。但有正當理由者，得申請展延，其期限以三個月為限　②殯葬禮儀服務業於許可設立之直轄市、縣（市）外營業者，應持原許可經營證明報請營業所在地直轄市、縣（市）主管機關備查，並均應加入該營業所在之直轄市、縣（市）殯葬服務業公會，始得營業　③公司及商業以外之其他法人依其設立宗旨，從事殯葬服務業，向所在地直轄市、縣（市）主管機關申請經營許可，領得經營許可證書後，即得營業　④取得經營許可之殯葬服務業，公司或商業名稱有變更時，應於變更前一個月檢具相關文件報直轄市、縣（市）主管機關許可。

33. (1) 下列敘述何者不符殯葬管理條例規定？　①殯葬禮儀服務業者依習俗為消費者先人墳墓進行撿骨，並原地再葬（重新葬回）　②殯葬禮儀業從業人員未取得禮儀師證書，於103年禮儀師證書開始核發後，仍繼續從事殯葬禮儀服務業　③殯葬禮儀服務業將其提供之商品或服務項目、價金或收費基準表公開展示於營業處所　④殯葬禮儀服務業者甲為某市101年度核准之一定規模殯葬禮儀服務業者，於某市103年命令即日起停止與消費者簽訂生前殯葬服務契約，並於為一定規模殯葬禮儀服務業名單移除後，仍繼續履行101年與消費者簽訂之生前殯葬契約。

34. (2) 下列有關違反殯葬管理條例規定，主管機關所為之處分何者正確？　①某甲102年於所有之土地上違法設置殯儀館，經主管機關查證違法事實明確，先限期改善或補辦手續，屆期仍未改善或補辦手續者，處新臺幣30萬元以上100萬

元以下罰鍰，並按次處罰之　②某甲明知某市乙公墓已公告禁葬多年，仍依照亡者遺願將遺體葬於乙公墓禁葬範圍內，經主管機關查證違法事實明確，處新臺幣3萬元以上15萬元以下罰鍰，並限期改善；屆期仍未改善，並按次處罰之　③某縣於地方自治法規規定，於縣內未劃設墓基之傳統公墓內，埋葬墓基面積不得逾越16平方公尺。某甲於該轄區未劃設墓基之丙傳統公墓埋葬先人時，為考量風水配置，墓基面積達20平方公尺，經主管機關查證違法事實明確，處新臺幣6萬元以上30萬元以下罰鍰，屆期仍未改善者，並按次處罰之　④某市政府未於地方自治法規另訂墓頂高度之限制，甲於某市公立公墓埋葬其先人，設置墳墓墓頂高1.8公尺，經主管機關查證違法事實明確，處新臺幣10萬元以上50萬元以下罰鍰，屆期仍未改善者，並按次處罰之。

35. (3) 下列有關已廢止之墳墓設置管理條例（以下稱墳墓條例）與殯葬管理條例（以下稱殯葬條例）規定之敘述，何者錯誤？　①墳墓條例規定，私人墳墓經主管機關核准，得於私有土地上設置，供特定人營葬；但自殯葬條例施行後，埋葬屍體皆應於公墓內為之　②墳墓條例規定私人或團體得設置私立公墓；但自殯葬條例施行後，設置私立公墓者，應以法人或寺院、宮廟、教會為限　③墳墓條例未就殯葬服務業之營業行為進行規範；但為創新升級殯葬服務業，提供優質服務，殯葬條例定義「殯葬服務業」係指承攬處理殯葬事宜之業者，並就其營業行為，訂有管理規定　④墳墓條例規定於私人土地違法濫葬者，其已埋葬之墳墓，除得令其補辦手續者外，應限期於三個月內遷葬；逾期未遷葬者，處罰鍰，並由直轄市、縣（市）主管機關代為遷葬於公墓內，其遷葬費用向墓地經營人、營葬者或墓主徵收之；殯葬條例則規定私人土地違法濫葬者，處以罰鍰，並限期改善；屆期仍未改善者，得按次處罰；必要時，由直轄市、縣（市）主管機關起掘火化後為適當之處理，其所需費用，向墓主徵收。

36. (2) 依殯葬管理條例（以下稱本條例）及相關法規規定，下列有關殯葬設施設置之敘述，何者錯誤？　①本條例第5條規定，私立公墓之設置或擴充，由直轄市、縣（市）主管機關視其設施內容及性質，定其最小面積。但山坡地設置私立公墓，其面積不得小於五公頃　②內政部就非都市土地使用管制規則第52條之1規定之函釋略以，殯葬設施供給量體，設置公墓案經查明無管制規則第49條之1項規定之山坡地範圍內土地不得規劃作建築使用之情形者，經申請核准得免受適用面積不得少於10公頃之限制。但殯儀館、火化場設置案原則上不准

適用面積不得少於10公頃之限制　③殯葬設施經核准設置啓用後，倘擬改建殯葬設施，仍應備具相關文件報請直轄市、縣（市）主管機關核准　④設置骨灰（骸）存放設施完工，應備具相關文件，經直轄市、縣（市）主管機關檢查符合規定，並將殯葬設施名稱、地點、所屬區域、申請人及經營者之名稱公告後，始得啓用、販售骨灰（骸）存放單位。

37. (4) 依「殯葬管理條例第50條第3項之一定規模」規定，下列敘述何者不是殯葬服務業與消費者簽訂生前殯葬服務契約應具備之要件？　①須經營殯葬禮儀服務業務3年以上。但本一定規模要件101年7月1日修正前，經直轄市、縣（市）主管機關備查具一定規模，得與消費者簽訂生前殯葬服務契約之公司，得不受限制②於其服務範圍所及之直轄市、縣（市）均設置有專任禮儀服務人員　③財務狀況及獲利能力，應符合「實收資本額達新臺幣3000萬元以上，且無累積虧損」及「最近3年內平均稅後損益無虧損」等要件，其年度財務報表並經簽證會計師出具無保留意見　④實收資本額達新臺幣1億元以上之公司，應於達到該額度1年內，建立內部控制制度，並經聯合或法人會計師事務所執業之會計師審查簽證有效遵行。

38. (2) 依《生前殯葬服務定型化契約（家用型）應記載及不得記載事項》規定，下列敘述何者錯誤？　①契約簽訂逾十四日，消費者要求終止契約時，殯葬服務業者於契約終止日起三十日內退還該消費者之價款額度，不得低於全部價款百分之八十；消費者選擇分期繳付者，退還該消費者已繳付價款扣除契約總價最多百分之二十後之餘額。但殯葬服務業已開始提供服務者，其費用應予扣除　②消費者應指定契約執行人，俾於消費者死亡後由該契約執行人執行本契約　③消費者違反契約所訂付款方式，未繳款 計達二個月，經三十日以上期間之催告後，仍不履行者，殯葬服務業者得以書面通知消費者解除契約，並沒收消費者已繳納之價款作為損害賠償，但沒收之金額，最高不得逾總價款百分之二十④殯葬服務業為履行契約時，應指派專任服務人員提供服務。

39. (1) 依《生前殯葬服務定型化契約（自用型）應記載及不得記載事項》規定，下列敘述何者錯誤？　①消費者於契約簽訂之日起超過一年至三年以內解除契約者，殯葬服務業者得沒收消費者已繳付之價款不得超過總價款百分之三十；消費者選擇分期繳付者，退還該消費者已繳付價款扣除契約總價最多百之三十後之餘額。但殯葬服務業已開始提供服務者，其費用應予扣除　②殯葬服務業者

應同意消費者指定契約執行人，但消費者簽約後，契約執行人不存在或無法執行契約，而消費者不能指定或變更契約執行人者，依民法所定繼承人之順序定之　③消費者係基於多層次傳銷之傳銷商身分與殯葬服務業者簽訂本契約時，契約之解除、終止及退款依多層次傳銷管理法規定辦理　④消費者於未付清全部價款前死亡，殯葬服務業者仍應依約提供殯葬服務，餘款由消費者之契約執行人給付。

40. (1) 下列有關殯葬用語之敘述，何者不符殯葬管理條例規定？　①「公墓」係指供公眾營葬之公立公共設施　②「殯儀館」指醫院以外，供屍體處理及舉行殮、殯、奠、祭儀式之設施　③「禮廳及靈堂」指殯儀館外單獨設置或附屬於殯儀館，供舉行奠、祭儀式之設施　④「骨灰（骸）存放設施」指供存放骨灰（骸）之納骨堂（塔）、納骨牆或其他形式之存放設施。

41. (2) 依殯葬管理條例及相關法規規定，下列有關殯葬事務之權責劃分之敘述，何者錯誤？　①直轄市、縣（市）立殯葬設施之設置、經營及管理係屬直轄市、縣（市）主管機關之權責　②殯葬專區之規劃及設置係屬直轄市、縣（市）、鄉（鎮、市）之權責　③於直轄市轄區內，埋葬、火化及起掘許可證明之核發應由直轄市主管機關辦理之　④本條例施行前於直轄市公墓內既存供家族集中存放骨灰（骸）之合法墳墓，於原規劃容納數量範圍內，得繼續存放，並不得擴大其規模。倘欲修繕，應報經直轄市，或其委任所屬機關或區公所核准。

42. (1) 依據《醫院附設殮殯奠祭設施管理辦法》規定，下列敘述何者錯誤？　①醫院附設之殮、殯、奠、祭設施，得設置於院區外　②醫院附設殮、殯、奠、祭設施，以提供於該院死亡病人之奠祭為限，但訂有特殊情形使用原則，報經主管機關備查者，不在此限　③醫院附設之殮、殯、奠、祭設施服務項目與其收費標準，應揭示於該設施之明顯處所　④遺體入殮，應在化妝殮殯室為之。

43. (2) 依殯葬管理條例第2條有關名詞定義之規定，下列敘述何者錯誤？　①「樹葬」指於公墓內將骨灰藏納土中，再植花樹於上，或於樹木根部周圍埋藏骨灰之安葬方式　②「禮廳及靈堂」指殯儀館外單獨設置或附屬於醫院，供舉行殮、殯、奠、祭儀式之設施　③「火化場」指供火化屍體或骨骸之場所　④「殯葬服務業」指殯葬設施經營業及殯葬禮儀服務業。

44. (2) 依殯葬管理條例第2條有關名詞定義之規定，下列敘述何者錯誤？　①「公墓」指供民眾營葬屍體、埋藏骨灰或供樹葬之設施　②殯葬設施之「增建」指

拆除殯葬設施原建築物之一部分並增加殯葬設施之土地面積　③「生前殯葬服務契約」指當事人約定於一方或其約定之人死亡後，由他方提供殯葬服務之契約　④「骨灰再處理設備」指加工處理火化後之骨灰，使成更細小之顆粒或縮小體積之設備。

45.（ 3 ）下列有關各類型的殯葬倫理說明，何者有誤？　①生者擔心死者報復而善盡處理喪葬事宜，這是屬於宗教型態的殯葬倫理　②道德型態的殯葬倫理可化解生者與亡者的衝突與對立　③社會型態的殯葬倫理規範對象為喪親家屬　④佛教類型的殯葬倫理乃藉由亡者的自我解脫，圓滿亡者的生命，化解亡者與生者的困擾。

46.（ 3 ）有關道德型態的殯葬倫理敘述，下列何者有誤？　①能化解生者與死者間的對立衝突　②生者從親情的角度來面對過世的親人　③藉著死者的自覺圓滿，解脫死者的生命　④引導人們以制式的禮儀來辦理治喪事宜。

47.（ 4 ）下列關於殯葬服務之敘述何者有誤？　①殯葬服務品質會受工作人員心態的影響　②殯葬服務提供顧客財貨（goods）與勞務（services）的混合產品　③殯葬服務無法針對同一對象再執行一次　④優質的殯葬服務以滿足喪家需求為考量，即使違規行為，禮儀人員只要盡告知義務，仍須協助喪家完成。

48.（ 4 ）就「殯葬服務定型化契約範本」中「殯葬服務契約實施程序與分工」的附表來看，下列關於殯葬服務活動事項所屬流程何者正確？　①撰寫祭文屬於臨終諮詢流程　②申辦死亡證明屬於遺體接運流程　③禮堂布置屬於奠禮儀式流程　④申請火化（埋葬）許可屬於治喪協調流程。

49.（ 2 ）依殯葬管理條例及其施行細則規定，下列敘述何者錯誤？　①殯葬管理條例第8條及第9條有關設置、擴充殯葬設施應與特定地點保持一定距離規定，所稱「距離」係指兩處地點間之地面實際距離　②其他法律或自治條例未另訂距離規定時，設置火化場，應與河川距離不得少於300公尺　③其他法律或自治條例未另訂距離規定時，設置火化場之地點與都市計畫地區之商業區保持適當距離即可　④在非都市土地已設置公墓範圍內之墳墓用地設置、擴充殯葬設施時，不受殯葬管理條例第8條及第9條規定距離之限制，有關所稱「已設置公墓」亦包括於墳墓設置管理條例施行前已設置，並於該條例施行後完成補行申請設置程序，且於主管機關登記有案之私立公墓。

50.（ 3 ）從事殯葬服務流程規劃者應當具備的職能為何？A.了解生命的意義與價值B.了解殯葬儀式與意義C.掌握禮器能創造的利潤D.了解並遵守相關法規E.引導家屬

提高治喪費用的溝通技巧與能力　①ABCDE　②ABCD　③ABD　④BDE。

51. (3) 喪禮服務人員為客戶推薦納骨塔時，哪種行為不妥當？　①代為查詢該納骨塔是否為合法殯葬設施　②提供「納骨塔使用權買賣定型化契約範本」供客戶參考　③鼓勵客戶以投資增值的角度進行買賣　④建議向依規定提撥殯葬設施基金費用業者購買。

52. (3) 道德形態的殯葬倫理應該要包含哪些項目的操作才能安頓生者與亡者？A.家屬要對親人的死亡表現出哀傷之意B.亡者的遺體能得到妥善的處理C.生者對於亡者的哀傷無須節制，應擴大並無限期的展延D.喪事處理後，生者應將亡者遺忘E.亡者應當繼續受到祭祀　①BCE　②CDE　③ABE　④BDE。

53. (1) 請選出喪禮服務人員應具備哪些條件才合乎專業？A.具備喪禮服務相關的專門知識與技能B.外形俊俏與穿著套裝C.具備並遵守職業道德（倫理）D.能在服務案件圓滿後隨即完成收款結案E.能受到社會大眾的尊重與肯定　①ACE　②CDE　③ABC　④BDE。

54. (4) 有關倫理與法律的說法，何者有誤？　①倫理就是一種道德信念，可以普遍運用於規範人類行為的原則　②倫理屬於自律性的規範與道德　③法律是他律性及強制性的規範與道德　④倫理係經國家權力以約束個人外在行為規範，由國家權力要求人民遵守原則。

55. (1) 請選出殯葬倫理能達到的功能與效益？A.啟發執業人員本性自然的德性B.引導喪禮服務人員擔負起為營業單位賺取高利潤的角色C.提供喪禮服務人員遵循行為規範，確保服務品質D.引導喪禮服務人員良善盡責的服務行為E.讓喪禮服務人員滿足服務公司股票上市的期待F.讓喪禮服務人員獲得社會對其殯葬專業的依賴　①ACDF　②CDEF　③ADEF　④BCDE。

56. (2) 下列哪些項目可列為喪禮服務人員的基本責任？A.成為服務公司的代言人B.尊重亡者C.提供最佳品質的殯葬服務D.保密原則E.誠實F.遵守法律規範G.相信鬼神的存在H.依據與消費者訂定的合約內容確實執行殯葬服務　①ACDFGH　②BCDEFH　③BCDEFGH　④ABCDEFGH。

57. (3) 喪禮服務人員運用基本倫理原則在服務上的實踐敘述，下列何者有誤？　①透過有效的溝通技巧，引導亡者家屬了解並共同尊重亡者生前簽定的殯葬禮儀服務合約或遺囑，這是「尊重自主權」的實踐　②喪禮服務人員避免採用危害社會或影響環境的服務商品，這是「行善」的實踐　③喪禮服務人員因應人物力

的調配，而善意欺騙喪親家屬原選定的日子已無禮廳可供租用，這是「公平」的實踐　④喪禮服務人員不對外提供消費者的基本資料、消費內容與金額，這是「保密」的實踐。

58. (4) 喪禮服務人員執行下列哪些服務時，能具體呈現「同理心」的服務態度？A.搬動遺體時B.協助家屬隱瞞亡者生前患有傳染病的事實C.爲亡者沐浴淨身時D.移柩時E.代替家屬恭讀哀章時F.協助家屬送紅包給火化場工作人員，以利插爐而能提早撿骨與進塔　①ABCDEF　②BCDE　③CDEF　④ACDE。

59. (3) 依傳染病防治法相關規定，下列敘述何者正確？　①殯葬服務業發現疑似傳染病病人或其屍體，未經醫師診斷或檢驗者，應於36小時內通知當地主管機關　②死者家屬對於經確認染患第一類傳染病之屍體，應於36小時內入殮並火化　③傳染病防治法第五十條第四項所稱依規定深埋，指深埋之棺面應深入地面一公尺二十公分以下　④傳染病防治法第五十條第四項所稱依規定深埋，指深埋之棺面應深入地面七十公分以下。

60. (2) 下列對於民法有關繼承規定之敘述，何者有誤？　①拋棄繼承，應於知悉其得繼承之時起三個月內爲之，且必須以書面向法院爲之　②繼承權被侵害者，被害人或其法定代理人得請求回復之，自知悉被侵害之時起，三年不行使而消滅　③繼承於被繼承人生前同意移轉財產給他人而開始　④胎兒有繼承權，但無須繼承被繼承人之債務。

61. (4) 下列對限定繼承之敘述，以下何者有誤？A.繼承人得限定以因繼承所得之遺產，償還被繼承人之債務B.繼承人有數人，其中一人主張限定之繼承時，其他繼承人視爲同爲限定之繼承，不得爲概括繼承之表示C.爲限定之繼承者，其對於被繼承人之權利、義務，不因繼承而消滅D.爲限定之繼承者，應於被繼承人死亡時起三個月內呈報法院　①AB　②BC　③CD　④BD。

62. (2) 下列對於遺囑之敘述，何者有誤？A.無行爲能力人，不得爲遺囑B.限制行爲能力人，須經法定代理人之允許，得爲遺囑。但未滿十六歲者，不得爲遺囑C.遺囑人違反關於特留分之規定，其遺囑無效D.受監護宣告之人，不得爲遺囑　①AB　②BC　③CD　④BD。

63. (1) 依戶籍法第36條，以下哪些人可以爲死亡登記之申請人？A.配偶B.親屬C.同姓者D.同居人E.經理殮葬之人F.鄰居　①ABDE　②ABCD　③ABDF　④ABEF。

64. (4) 依醫療法施行細則第53條，以下何者為非？ ①醫院對其診治之病人死亡者，應掣給死亡證明書 ②診所對其診治之病人死亡者，應掣給死亡證明書 ③無法取得死亡證明書者，可由所在地衛生所，掣給死亡證明書 ④醫院對於就診途中死亡者，應參考原診治醫院、診所之病歷記載內容，不須再檢驗屍體，即可掣給死亡證明書。

65. (4) 某甲已婚，於民國97年6月1日死亡，其與生存之配偶乙育有丙、丁、戊三子，其中丙於民國96年6月1日死亡，丙與生存之配偶己育有庚、辛二女，丁與生存配偶F育有子G；甲父D及母E尚健在，甲有一個哥哥A，兩個妹妹B、C，請問關於甲之遺產應由哪些人分得？ ①乙戊己庚辛FG ②乙戊庚辛ABCDG ③乙戊己庚辛G ④乙丁戊庚辛。

66. (4) 依遺產及贈與稅法第16條規定，下列何者可計入遺產總額？ ①繼承人捐贈各級政府之財產 ②繼承人捐贈公有事業機構之財產 ③被繼承人自己創作之藝術品 ④繼承人捐贈公司之財產。

67. (2) 下列3個英文原文的代表意義，哪一項發展順序最能顯示殯葬服務專業的覺醒與提升？A：Funeral Service（殯葬服務），B：Funeral Industry（殯葬產業），C：Death Care（死亡照護） ①A→B→C ②B→A→C ③C→A→B ④C→B→A。

68. (1) 依傳染病防治法第42條，殯葬服務業發現疑似傳染病病人或其屍體，未經醫師診斷或檢驗者，應於多久時間內通知當地主管機關？ ①24小時 ②36小時 ③48小時 ④72小時。

69. (2) 下列對自書遺囑之敘述，何者有誤？ ①自書遺囑，須記明年、月、日 ②自書遺囑可以用指印代替簽名 ③自書遺囑者，應自書遺囑全文 ④自書遺囑如有增減、塗改，應註明增減、塗改之處所及字數，另行簽名。

70. (2) 依醫療法第76條，有關醫院開立證明文件之規定，下列何者為非？ ①開給各項診斷書時，應力求慎重 ②醫院不可拒絕對到院前已死亡之遺體開立死亡證明書 ③無法令規定之理由，對其診治之病人，不得拒絕開給死亡證明書 ④無法令規定之理由，對其診治之病人，不得拒絕開給死產證明書。

71. (2) 殯葬從業人員應當如何做才算是善盡其服務倫理？ ①完全依循經驗完成治喪工作 ②除依契約執行殯葬禮儀服務外，還能安慰家屬，並協助解決相關問題 ③將遺體處理妥當就夠了 ④採取被動式的關懷，避免太過主動讓家屬誤會不懷好意。

72. (1) 依民法第1138條，遺產繼承人，除配偶外，其繼承順序為何？A.祖父母 B.父母C.直系血親卑親屬D.兄弟姊妹 ①C→B→D→A ②B→C→D→A ③A→B→C→D ④D→C→B→A。

73. (1) 下列何者所言有誤？ ①殯葬服務屬於物料買賣的服務 ②殯葬服務提供顧客物料與服務的混合產品 ③殯葬服務品質會受工作人員心態的影響 ④殯葬服務無法針對同一對象重新再執行一次。

74. (3) 有關特留分之敘述，下列何者有誤？A.直系血親卑親屬之特留分，為其應繼分三分之二B.配偶之特留分，為其應繼分二分之一C.父母之特留分，為其應繼分三分之一D.兄弟姊妹之特留分，為其應繼分三分之一 ①AB ②AD ③AC ④BC。

75. (14) 有關殯葬服務業營業之敘述，下列哪些不符殯葬管理條例（以下稱本條例）規定？ ①殯葬服務業預定暫停營業3個月以上者，得以書面或口頭方式向直轄市、縣（市）主管機關申請停業 ②依本條例第42條第4項規定，殯葬設施經營業應加入該殯葬設施所在地之直轄市、縣（市）殯葬服務業公會，始得營業 ③殯葬服務業依法辦理公司、商業登記或領得經營許可證書後，應於6個月內開始營業 ④本條例第42條第1項規定以外之其他法人依其設立宗旨從事殯葬服務業，報經所在地直轄市、縣（市）主管機關申請經營許可，領得經營許可證書後，無須加入所在地之殯葬服務業公會，即得營業。

76. (34) 下列敘述哪些不是內政部發布「殯葬管理條例第50條第3項之一定規模」之一？ ①實收資本額達三千萬元以上，且無累積虧損 ②具備生前殯葬服務契約資訊公開及查詢之電腦作業，並經直轄市、縣（市）主管機關認定符合規定者 ③於其服務範圍所及之直轄市、縣（市）均設置有專任禮儀師 ④預收生前殯葬服務契約款項達新臺幣三億元以上之公司，應於達到該額度一年內，建立內部控制制度，並經聯合或法人會計師事務所執業之會計師審查簽證有效遵行。

77. (123) 有關殯葬主管機關權責，下列哪些敘述不符合殯葬管理條例規定？ ①嘉義市政府於嘉義縣水上鄉境內設置火化場經核准後，應由設施所在地主管機關嘉義縣政府報請內政部備查 ②倘新北市政府辦理現有市立殯儀館增建工程，因非新設置案，係市府自治管理權限，無須報請內政部備查 ③民眾打算在苗栗縣後龍鎮某私立公墓埋葬遺體，其埋葬許可證明之核發屬苗栗縣政府權責 ④南投縣仁愛鄉內發生違法從事殯葬服務業之行為，應由仁愛鄉公所負責查報。

78. (34) 下列敘述哪些正確？　①樹葬係指火化後的骨灰直接拋灑在經直轄市、縣（市）主管機關於公園、綠地、森林或其他適當場所，所劃定之一定區域範圍　②「新北市立金山環保生命園區」是國內著名合法的公墓內樹葬專區　③各港口防波堤最外端向外延伸6000公尺半徑扇區以內之海域不得劃入實施骨灰拋灑區域　④公墓外實施骨灰植存，以經直轄市、縣（市）主管機關劃定之公園、綠地、森林或其他適當場所爲範圍。

79. (23) 有關私立或以公共造產設置之公墓、骨灰（骸）存放設施經營者，就管理費以外之其他費用提撥成立殯葬設施管理基金，下列敘述哪些不符殯葬管理條例規定？　①殯葬設施基金管理組織成員應包含殯葬設施經營業者代表　②成立基金之目的主要在支應設施之安全維護、整潔、舉辦祭祀活動等費用　③經營者應就管理費以外之其他費用提撥75%，交由直轄市、縣市主管機關成立公益信託基金　④殯葬管理條例施行前已設置尚未出售之私立公墓、骨灰（骸）存放設施者亦須提撥。

80. (34) 依殯葬管理條例及相關法令解釋，以下何種情形應認定爲生前殯葬服務契約內容範圍？　①某甲加入喪葬互助會成爲會員，並約定會員定期繳交會費，某甲死亡時由該互助會提供喪葬互助金　②甲與殯葬服務業者乙簽訂契約，購買其經營納骨塔之骨灰存放單位，以便將來甲母死後將其骨灰安奉於此　③甲與殯葬服務業者乙約定，甲死後由乙提供殯葬服務　④甲向殯葬服務業者乙預先購買納骨塔位，並約定得轉換成殯葬禮儀服務。

81. (124) 依據「骨灰（骸）存放單位使用權買賣定型化契約應記載及不得記載事項」，下列敘述哪些錯誤？　①「骨灰（骸）存放設施使用權之使用期間」，可分爲「彈性年限使用權」、「永久使用權」及「固定年限使用權」三類　②所謂永久使用權，係指骨灰（骸）存放設施經營業者同意消費者永久供奉存放骨灰（骸）至該業者解散時止　③雙方約定爲固定年限使用權者，如該設施因不可抗力或其他事變致喪失存放骨灰（骸）功能，而不能修復或修復顯有重大困難，契約視爲終止　④買賣契約標的如指定至區排層號，係違反不得記載事項規定，即屬無效。

82. (24) 經核准與消費者簽訂生前殯葬服務契約（以下簡稱生前契約）之A公司，經主管機關臺中市政府於104年查核發現有不符一定規模情形，下列敘述哪些不符殯葬管理條例及相關規定？　①臺中市政府應即令A公司停止與消費者簽訂生

前契約 ②A公司於103年期間與消費者已簽訂之生前契約應屬無效 ③臺中市政府應予處罰，並命A公司限期改善，屆期未改善者得按次處罰，情節重大者，得廢止其經營許可 ④A公司經臺中市政府勒令停止販售生前契約，如仍繼續販售，市府應處罰A公司新臺幣6萬元以上30萬元以下罰鍰。

83. (23) 有關「移動式火化設施」，下列敘述何者符合殯葬管理條例及相關規定？
①殯葬禮儀服務業者得向所在地直轄市、縣（市）或鄉（鎮、市）主管機關提出申請設置 ②移動式火化設施經營者於移動該設施實施火化業務前，應先徵得火化地點之經營者或管理單位同意 ③於執行火化作業前，管理人員應先核對火化許可證明或起掘許可證明 ④火化地點僅限於殯儀館及火化場。

84. (23) 有關私立公墓及骨灰（骸）存放設施管理費專戶相關規定之敘述，下列哪些是正確的？ ①管理費專戶所生之孳息，經營者得提領逕行投資運用 ②設施經營者應將專戶之年 決算書送經會計師查核簽證，並報直轄市、縣（市）主管機關備查 ③殯葬管理條例施行前已設置之設施，其經營者在本條例施行前所收取之管理費如有剩餘款，仍應存入管理費專戶 ④私立公墓、骨灰（骸）存放設施經營者應以收取費用之2%，設立專戶，專款專用。

85. (13) 有關遷葬之敘述，下列哪些符合殯葬管理條例規定？ ①墳墓因情事變更致有妨礙軍事設施、公共衛生、都市發展或其他公共利益之虞，經主管機關認定屬實者，應行遷葬，但經公告為古蹟者不在此限 ②應行遷葬之合法墳墓，應發給「遷葬救濟金」；非依法設置之墳墓，應發給「遷葬補償費」 ③直轄市、縣（市）、鄉（鎮、市）主管機關應公告限期自行遷葬，且遷葬期限自公告日起，至少應有3個月期間 ④遷葬救濟金之要件及標準由內政部定之。

86. (124) 下列敘述哪些不符內政部發布之「骨灰（骸）存放單位使用權買賣定型化契約應記載及不得記載事項」？ ①骨灰（骸）存放單位使用權之取得，應以取得該單位土地或建物所有權為前提 ②為維持商品交易秩序，消費者購買之存放單位使用權禁止自由轉讓 ③消費者在使用骨灰（骸）存放單位前，如同一骨灰（骸）存放設施內仍有空位時，消費者可向業者請求換位 ④消費者發生繼承事實時，繼承人得向骨灰（骸）存放設施經營業者辦理過戶登記，但不得變更指定使用該骨灰（骸）存放單位之人。

87. (14) 依照內政部發布之「骨灰（骸）存放單位使用權買賣定型化契約應記載及不得記載事項」有關「管理費」規定，下列敘述哪些正確？ ①骨灰（骸）存放

設施經營業者收取之費用，應明定管理費，並設立專戶專款專用　②如骨灰（骸）存放設施經營業者與消費者約定不收取管理費，應由所收總價金提撥2%，自行設立專戶　③提撥管理費並專款專用之目的，係為支應重大事故發生或經營不善致無法正常營運時修護、管理等之費用　④管理費可用於管理設施之人事費用、公共水電費用及管理費專戶交付會計師查核簽證之費用。

88.（24）甲之家族在民國90年於某直轄市1處合法私人公墓內設置1座供家族集中存放骨灰（骸）之墳墓，下列敘述哪些符合殯葬管理條例之規定？　①即便原墳墓規劃容量仍有剩餘空位，仍不得繼續存放　②該墳墓修繕應經該市殯葬主管機關或其委任之區公所核准　③如報經該市政府同意，墳墓得拆除後依原面積及高度重建　④該市政府得經市議會議決，規定轄內公墓使用年限，該墓亦受其規範。

89.（24）依殯葬管理條例及其施行細則規定，有關殯葬設施設置及啟用之敘述，下列哪些正確？　①殯葬管理條例施行前私人或團體設置之殯葬設施，自該條例91年7月19日公布施行後，其移轉除繼承外，以法人或寺院、宮廟、教會為限　②私立公墓之設置，經主管機關核准，得依實際需要，實施分期分區開發；骨灰（骸）存放設施完工後，得依實際設置納骨灰（骸）設施為單位，分期分區申請啟用　③殯葬設施經核准設置、擴充、增建或改建者，除有特殊情形報經主管機關延長者外，應於核准之日起一年內施工，並應於開工後三年內完工。逾期未施工者，應廢止其核准　④依殯葬管理條例規定設置或擴充之公立殯葬設施用地屬私有者，經協議價購不成，得依法徵收之。

90.（13）依殯葬管理條例第8條及第9條規定，殯葬設施應與特定地點保持一定距離，若自治條例未另訂規定時，下列敘述哪些錯誤？　①單獨設置禮廳及靈堂應與幼稚園、托兒所距離不得少於300公尺　②擴充公墓，與飲用水之水源地距離應不得少於1000公尺　③設置火化場，應與河川距離不得少於300公尺　④設置骨灰（骸）存放設施，應與貯藏易燃氣體、油料之場所距離不得少於500公尺。

91.（14）依殯葬管理條例規定，有關殯葬設施內部應有設施規劃配置之敘述，下列哪些錯誤？　①基於妥善安撫亡者家屬悲傷情緒，所有殯葬設施均應設置悲傷輔導室　②無論火化場之所在直轄市、縣（市）是否劃設樹葬或骨灰拋灑（或植存）等環保自然葬設施，該火化場均應設置骨灰再處理設施　③公墓之墓區內

步道，其寬度不得小於1.5公尺　④專供樹葬之公墓或於公墓內劃定一定區域實施樹葬者，其樹葬面積得計入綠化空地面積。但在山坡地上實施樹葬面積得計入綠化空地面積者，以灌木為之者為限。

92.（14）依殯葬管理條例及其施行細則規定，有關殯葬設施內部設施（或設備）規劃配置之敘述，下列哪些錯誤？　①因「殯儀館」及「單獨設置之禮廳及靈堂」均涉及遺體處理，基於公共衛生考量，二者均應設置消毒設施及廢（污）水處理設施②公墓內墳墓造型採平面草皮式者，其墳墓墓碑不得高於地面30公分，且墓頂應與地面齊平　③殯葬設施合併設置者，殯葬管理條例第12條至第16條規定之應有設施得共用之。前述所稱「合併設置」，限於同一申請案，同時設置二種以上之殯葬設施者　④公墓之聯外道路寬度原則不得少於6公尺，但山地鄉之公墓，其面積未滿10公頃經縣主管機關斟酌實際狀況未設聯外道路者，應考量其對外通行便利性。

93.（23）依殯葬管理條例規定，有關使用殯葬設施應檢具相關證明文件規定之敘述，下列哪些錯誤？　①將骨灰於公墓實施埋葬，應先申請核發埋葬許可證明　②骨灰（骸）存放設施不得收存未檢附死亡證明之骨灰（骸）　③火化場不得火化未經核發火化許可證明之屍體，但以使用移動式火化設施火化者，不在此限　④申請埋葬、火化許可證明者，應檢具死亡證明文件，向直轄市、市或鄉（鎮、市）主管機關或其委託之機關申請核發。但於縣設置、經營之公墓或火化場埋葬或火化者，向縣主管機關申請之。

94.（23）依殯葬管理條例規定，有關公墓經營及管理規定之敘述，下列哪些錯誤？　①直轄市、縣（市）或鄉（鎮、市）主管機關得經同級立法機關議決，規定公墓墓基及骨灰（骸）存放設施之使用年限　②公墓內之墳墓棺柩、屍體或骨灰（骸），非經直轄市、縣（市）、鄉（鎮、市）主管機關或其委託之機關核發起掘許可證明者，不得起掘；依法遷葬者，亦同　③直轄市、縣（市）或鄉（鎮、市）主管機關對轄區內公立公墓內或其他公有土地上之無主墳墓，得經公告6個月確認後，予以起掘為必要處理後，火化或存放於骨灰（骸）存放設施　④公立殯葬設施因情事變更或特殊情形致無法或不宜繼續使用者，得擬具廢止計畫，報請直轄市、縣（市）主管機關核准；其由直轄市、縣（市）主管機關辦理者，應報請中央主管機關備查。

95.（234）依殯葬管理條例、相關法規及內政部函釋等規定，有關公墓經營及管理之敘

述，下列哪些正確？ ①私立公墓經營者向墓主收取之費用，應明定管理費，並設立專戶專款專用，未收取管理費者，應由所收價金提撥2%設立專戶，專款專用 ②私有土地上設有未報經主管機關核准之無主墳墓，經查明確為無主後，經土地所有權人向該轄區公所申請核發起掘許可證明或其他相關證明，土地所有權人得將骨骸起掘存放至骨灰（骸）存放設施，至於該起掘骨骸之行為如涉私權爭執，應由起掘骨骸之地主自負責任 ③直轄市、縣（市）或鄉（鎮、市）主管機關對轄區內公立公墓內或其他公有土地上之無主墳墓，得經公告3個月確認後，予以起掘為必要處理後，火化或存放於骨灰（骸）存放設施 ④公立公墓因情事變更或特殊情形，致無法或不宜繼續使用者，得擬具廢止計畫，報經直轄市、縣（市）主管機關核准；其由直轄市、縣（市）主管機關辦理者，應報請中央主管機關備查。

96.（ 34 ）依殯葬管理條例規定，下列有關墳墓遷移規定之敘述，哪些錯誤？ ①墳墓因情事變更致有妨礙都市發展之虞，經直轄市、縣（市）主管機關轉請目的事業主管機關認定屬實者，應予遷葬。但經公告為古蹟者，不在此限 ②直轄市、縣（市）或鄉（鎮、市）主管機關辦理遷葬，應於應行遷葬墳墓前樹立標誌，並以書面通知墓主。無主墳墓，毋庸通知 ③直轄市、縣（市）或鄉（鎮、市）主管機關為辦理墳墓遷葬，應先公告限期自行遷葬；遷葬期限自公告日起，至少應有6個月之期間 ④直轄市、縣（市）或鄉（鎮、市）主管機關對其經營管理之公墓，為遷移需要，得公告其全部或一部禁葬，倘民眾於禁葬期間仍違規埋葬屍體者，應處新臺幣6萬元以上30萬元以下罰鍰，並限期改善。

97.（ 34 ）依殯葬管理條例及相關法規之規定，下列有關申請經營殯葬服務業之敘述，哪些正確？ ①殯葬管理條例施行前已依公司法或商業登記法辦理登記之殯葬場所開發租售業及殯葬服務業，應向直轄市、縣（市）主管機關申請經營許可，並加入殯葬服務業之公會後，始得繼續經營殯葬服務業 ②經營殯葬設施經營業，以公司為限 ③殯葬設施經營業應加入該殯葬設施所在地之直轄市、縣（市）殯葬服務業公會，始得營業 ④申請經營殯葬設施經營業，應向設施所在地直轄市、縣（市）主管機關提出申請。

98.（ 13 ）依《殯葬服務業經營許可辦法》規定，有關殯葬服務業經營許可之敘述，下列哪些錯誤？ ①取得經營許可之殯葬服務業，其公司或商業之負責人有變更時，應於變更事實發生之日起一個月內報直轄市、縣（市）主管機關備查

②直轄市、縣（市）主管機關依規定撤銷或廢止殯葬設施經營業經營許可時，除應通知該業者公司或商業登記主管機關外，並應通知殯葬設施所在地之其他直轄市、縣（市）主管機關　③申請殯葬禮儀服務業經營許可，應檢附其服務範圍所及之直轄市、縣（市）設置專任禮儀服務人員之名冊　④申請殯葬設施經營業經營許可，應檢附殯葬設施所有權、使用權或其他得為經營行為之證明文件。

99.（ 24 ）依殯葬管理條例及其施行細則規定，下列有關生前殯葬服務契約（以下稱生前契約）規定之敘述，何者正確？　①經核准與消費者簽訂生前契約之殯葬禮儀服務業，經直轄市、縣（市）主管機關查有不符一定規模者，應即勒令停止提供殯葬禮儀服務　②業者與消費者簽訂生前契約，其預收費用交付信託業管理之費用，其可運用範圍包含政府債券　③業者與消費者簽訂生前契約，其預收費用交付信託業管理之費用，其可運用範圍包含經核准設置之殯儀館、骨灰（骸）存放設施需用之土地、營建及相關設施費用　④殯葬管理條例101年7月1日修正條文施行前，殯葬禮儀服務業販售生前契約之預收費用，其已交付信託業管理之費用，得依原運用項目繼續運用。但101年7月1日起運用項目有變動時，應符合殯葬管理條例第52條規定。

100.（ 12 ）依殯葬管理條例及相關法規之規定，有關殯葬禮儀服務業販售生前殯葬服務契約（以下稱生前契約）之預收費用，其依規定交付信託業管理之相關規定，下列敘述哪些錯誤？　①信託業應就信託管理之費用每年結算一次，經結算未達預先收取費用之75%者，殯葬禮儀服務業應以現金補足其差額。前述之結算，未實現之損失得不計入　②殯葬禮儀服務業經向直轄市、縣（市）主管機關申請停業期滿後，逾3個月未申請復業，其交付信託業管理之財產，由殯葬禮儀服務業者報經直轄市、縣（市）主管機關核准後，退還與殯葬禮儀服務業簽訂生前殯葬服務契約且尚未履行完畢之消費者　③信託業者應針對信託財產目錄及收支計算表編製月報表，並應於每月終了後10個營業日內送達該殯葬禮儀服務業者　④殯葬禮儀服務業者與信託業者簽訂之生前契約預收費用信託契約終止時，信託業者應報該殯葬禮儀服務業者所在地直轄市、縣（市）主管機關備查。

101.（ 12 ）有關於臺北市設立之殯葬禮儀服務業甲經營行為之敘述，哪些違反殯葬管理條例或其他相關法令之規定？　①承攬消費者乙辦理殯葬服務業務時，交付中央

主管機關訂定之殯葬服務定型化契約書範本，並以口頭約定告別式1場總價金為15萬元，收取價金後，多不退、少不補　②將聘僱之禮儀師姓名、國民身分證字號、戶籍地等個人資訊公開於網站上，以便民眾查詢禮儀師資訊　③擬擴大提供服務範圍至新北市，檢具臺北市殯葬禮儀服務業許可經營證明文件後，報請新北市政府備查　④媒介當地殯葬設施經營業販售之合法私立骨灰（骸）存放單位資訊供消費者使用。

102.（ 23 ）依《殯葬服務業銷售墓基骨灰骸存放單位及生前殯葬服務契約資訊公開及管理辦法》規定，下列敘述哪些錯誤？　①殯葬設施經營業銷售墓基、骨灰（骸）存放單位，應建置網站公開之資訊，其中包含所經營公墓、骨灰（骸）存放設施之名稱、地點、公告啓用文件及核准販售墓基、骨灰（骸）存放單位之總數量、已銷售數量及尚未使用數量　②殯葬服務業委託銷售墓基、骨灰（骸）存放單位或生前殯葬服務之公司或商業有異動時，殯葬服務業應於15日內更新及公開資訊，並報直轄市、縣（市）主管機關備查　③受殯葬服務業委託銷售墓基、骨灰（骸）存放單位或生前殯葬服務契約之公司或商業，以殯葬服務業為限　④殯葬設施經營業銷售墓基、骨灰（骸）存放單位，應建置網站並公開供已購買者查詢之資訊，其中包含已購買者所購買墓基、骨灰（骸）存放單位之位置及整體配置圖；已購買骨灰（骸）存放單位尚未指定位置者，應提供尚未使用至區排層號之配置圖。

103.（ 13 ）依《生前殯葬服務契約預收費用運用於殯儀館火化場認定管理辦法》（以下稱本辦法）規定，下列敘述哪些錯誤？　①為興建殯儀館或火化場，其需用土地、營建及相關設施費用依本辦法規定以信託資金支應者，資金動支人應檢具動支信託資金興建計畫書，報經直轄市、縣（市）主管機關核准後，始得動支　②依本辦法第4條規定應檢具之動支信託資金興建計畫書，其中「土地價值及工程經費報告書」應附有最近3個月內2位以上不同不動產估價師事務所之不動產估價師出具之估價報告書　③信託業應於殯儀館、火化場興建完成後，依信託資金投資比率，將殯儀館或火化場之所有權移轉登記於殯葬禮儀服務業。前述所有權應包含殯儀館或火化場相關之土地及建物　④信託得於殯儀館或火化場興建工程完成發包後，先支應30%工程經費。

104.（ 14 ）依《殯葬服務定型化契約應記載及不得記載事項》規定，下列敘述哪些錯誤？①契約有效期間自殯葬服務業者接獲消費者通知時起至契約履行完成時止

②當殯葬服務業者於提供殯葬服務時，因不可抗力或不可歸責於殯葬服務業者之事由，導致殯葬服務項目或商品無法提供時，雙方得於契約中約定，擇定以「消費者得依殯葬服務業者提供之選項，選擇以同級或等值之商品或服務替代之」或「消費者得要求殯葬服務業者扣除相當於該項服務或商品之價款」之一方式為之　③不得約定契約所載服務項目消費者若未使用則視同放棄，且不得更換　④殯葬服務業者依契約應退款者，如有總價與分項總和不符者，該分項退款計算方式應以該分項之原定價格為之。

105. (23) 依《殯葬服務定型化契約應記載及不得記載事項》規定，下列敘述哪些正確？①殯葬服務業者於接獲消費者通知時起，應即依約提供殯葬服務；殯葬服務業者提供接體服務者，應填具服務開始確認書予消費者　②有關「契約之完成」，係指「殯葬服務業者履行全部約定之服務內容，並經消費者於殯葬服務完成確認書上簽字確認後完成」　③殯葬服務業者於消費者催告後仍未開始提供服務，或逾四小時仍未開始提供服務者，消費者得通知殯葬服務業者解除契約，並要求業者無條件返還已繳付之全部價款，並得向殯葬服務業者要求契約總價款二倍以上之懲罰性賠償。但無法提供服務之原因非歸責於該殯葬服務業者，不在此限　④殯葬服務業者依契約提供服務後，消費者終止契約者，殯葬服務業者得將消費者已繳納之價款扣除已實際提供服務之費用，剩餘價款應於契約終止後十四日內退還消費者。

106. (34) 依《殯葬服務定型化契約應記載及不得記載事項》規定，下列敘述哪些錯誤？①契約及其附件之審閱期間應予載明不得少於三日　②殯葬服務業者應確保廣告內容之真實，對消費者所負之義務不得低於廣告之內容。文宣與廣告均視為契約內容之一部分　③為協助喪家處理殯葬事宜，得約定簽約後消費者須將契約交由業者留存　④得約定日後因貨幣升、貶值、通貨膨脹或信託財產運用之損失等事由得要求消費者另為金錢之給付。

107. (13) 下列有關殯葬行為之描述，哪些不符合殯葬管理條例（以下稱殯葬條例）之規定？　①某甲取得禮儀師資格後，自行刊登廣告招攬業務　②某乙為經該市主管機關認定符合殯葬條例第50條第3項規定之一定規模之生前契約業者，得委託非殯葬禮儀服務業者代銷生前殯葬服務契約　③某丙於殯葬條例施行後，將父親葬於自家土地使用類別為「殯葬用地」之田地上　④某家族於殯葬條例施行前，在某縣公墓內設有既存供家族集中存放骨灰（骸）之合法墳墓，在103

年某丁祖父往生後，於原規劃容納數量範圍內，放置祖父之骨灰。

108.（23）依據《醫院附設殮殯奠祭設施管理辦法》（以下稱本辦法）規定，下列有關醫院附設殮、殯、奠、祭設施（以下稱奠祭設施）之敘述哪些正確？　①奠祭設施以提供於該醫院死亡且無家屬之病人辦理奠祭儀式為主要功能，故以設置於院區內為原則。但訂有特殊情形使用原則，報經主管機關核准者，得設置於院區外，以便殯儀館冰櫃、禮廳數量不足時，供鄰近治喪民眾使用　②本辦法所稱奠祭設施，係指區域級以上醫院之太平間，具有辦理奠祭之禮堂或化妝殮殮室等設施功能者　③奠祭設施應按提供之服務項目訂定收費標準，報請直轄市、縣（市）主管機關備查　④奠祭設施之服務，不得有製造噪音、深夜喧嘩或其他妨礙公眾安寧、善良風俗之情事，且任何人皆不得使用擴音設備。

109.（12）現代國民喪禮有關同志的後事處理，下列何者適當？　①殯葬自主　②多元性別尊重　③以亡者的生理性別決定治喪儀式　④基於社會觀感，依家屬意見隱瞞其同志身分，並拒絕亡者伴侶參加喪禮。

110.（12）某甲民國100年6月30日死亡，遺有300萬遺產，與配偶乙，共育有二男三女，長男丙22歲，次男丁21歲，另長女戊26歲，於五年前已出家為尼，次女已18歲已結婚，三女庚於民國99年7月30日被收養，配偶乙懷有胎兒辛。其相關敘述下列哪些正確？　①庚非某甲之繼承人　②某甲無遺囑，本案配偶乙之應繼分為50萬　③本案長男丙之特留分35萬　④若次男丁長期在國外，於民國100年10月1日才知道某甲死亡事實，丁在民國100年12月31日不可辦理限定繼承。

111.（123）若採遺體火化方式，下列哪些物品較不宜放入棺內？　①皮鞋　②眼鏡、眼鏡盒　③錄影帶、錄音帶　④銀紙、庫錢。

112.（124）下列關於殯葬服務之敘述哪些較不符合專業倫理？　①殯葬產品的需求價格彈性較小，因此為增加營收，可盡量調高價格　②以孝順為訴求，誘導顧客購買價錢較高的套裝產品　③殯葬儀式無法重來，因此每次殯葬服務都應力求盡善盡美　④為滿足民眾需求，協助民眾在合法公墓內造生基。

113.（234）就「殯葬服務定型化契約範本」中「殯葬服務契約實施程序與分工」的附表來看，下列關於殯葬服務活動事項所屬流程哪些錯誤？　①擇日與祭文撰擬屬於治喪協調流程　②依火化或土葬模式進行服務屬於遺體處理流程　③訃聞印製與發送屬於治喪協調流程　④靈位布置與拜飯屬於奠禮儀式流程。

114.（34）依《殯葬服務業個人資料檔案安全維護管理辦法》規定，下列何者不是殯葬服

務業個人資料檔案安全維護計畫應包括之項目？ ①個人資料之風險評估及管理機制 ②配置管理之人員及相當資源 ③事故之預防、通報及賠償措施 ④個人資料傳銷及交易政策。

115.（13） 依《殯葬服務業個人資料檔案安全維護管理辦法》規定，下列敘述哪些錯誤？ ①殯葬服務業所蒐集之個人資料均不得做特定目的外利用 ②殯葬服務業應確認蒐集個人資料之特定目的，依特定目的之必要性，界定所蒐集、處理及利用個人資料之類別或範圍，並定期清查所保有之個人資料現況 ③殯葬服務業應 酌計畫執行狀況、技術發展及相關法令修正等因素，檢視所定計畫是否合宜，必要時應予以修正，修正後應於10日內將修正計畫報請備查 ④殯葬服務業所屬人員離職時取消其識別碼，並應要求將執行業務所持有之個人資料辦理交接，不得攜離在外繼續使用，並應簽訂保密切結書。

116.（24） 依《生前殯葬服務契約預收費用運用於殯儀館火化場認定管理辦法》，下列敘述哪些正確？ ①信託資金委託人於收到直轄市、縣（市）主管機關備查興建之文件後，應以書面通知殯葬禮儀服務業 ②殯葬禮儀服務業依殯葬管理條例第51條第2項運用信託資金於前條殯儀館或火化場，其需用土地及營建之費用，不得少於得運用信託資金90% ③信託資金運用報告書，須經會計師審查簽證，其記載事項應包含全部信託專戶名稱及最近3年經結算所得總金額 ④信託業應依信託資金委託人報經直轄市、縣（市）主管機關備查支應之項目、比率及金額運用信託資金。

117.（124） 依《禮儀師管理辦法》規定，得向中央主管機關申請核發禮儀師證書之資格有哪些？ ①於中華民國92年7月1日以後經營或受僱於殯葬禮儀服務業實際從事殯葬禮儀服務工作2年以上 ②修畢中央主管機關公告之國內公立或立案私立專科以上學校殯葬相關專業課程20學分以上 ③在中央主管機關認可之機關（構）、學校、團體完成專業教育訓練30個小時 ④領有喪禮服務職類乙級技術士證。

118.（23） 依《殯葬管理條例》規定，有關私人墳墓之修繕，下列敘述哪些正確？ ①墓頂最高不得超過地面1公尺50公分 ②須先經直轄市、縣（市）主管機關核准 ③僅得依原墳墓形式修繕 ④墓主修繕逾越原有墳墓之面積者，處新臺幣3萬元以上15萬元以下罰鍰。

119.（124） 有關殯葬管理條例公布施行前募建之寺院、宮廟及宗教團體所屬之公墓、骨灰

（骸）存放設施及火化設施，下列敘述哪些錯誤？ ①101年7月1日以後就地合法 ②其有損壞者，得於原地拆除重建，但不得增加高度及擴大面積 ③損壞須修建時，應先報直轄市、縣（市）主管機關備查 ④向墓主及存放者收取之費用，應明定管理費，並以管理費設立專戶。

120.（ 14 ）有關司法相驗之敘述，下列哪些正確？ ①屍體檢驗或解剖後，應由執行之檢察官、檢察事務官或司法警察官出具相驗屍體證明書 ②流浪漢病死或感染傳染病死亡者均須辦理司法相驗 ③由法醫師調度檢察官會同司法警察官、醫師或檢驗員執行屍體檢驗工作 ④可研判死者之死亡原因及死亡方式。

121.（ 12 ）依《殯葬服務業銷售墓基骨灰骸存放單位及生前殯葬服務契約資訊公開及管理辦法》規定，下列敘述哪些正確？ ①殯葬設施經營業銷售墓基、骨灰（骸）存放單位，應建置網站，並公開業者名稱、地址、電話、公墓及骨灰（骸）存放設施之核准文號及啓用日期、經所在地直轄市、縣（市）主管機關許可（備查）文件 ②殯葬設施經營業銷售墓基、骨灰（骸）存放單位，應公開已繳納價金入帳情形供已購買者查詢，其爲電腦查詢者，提供查詢繳納之方式；爲人工查詢者，提供專責人員之姓名及電話 ③殯葬禮儀服務業委託公司或商業代爲銷售生前殯葬服務契約、墓基、骨灰（骸）存放單位，應報請經營許可及設施所在地之直轄市、縣（市）主管機關核准 ④殯葬禮儀服務業銷售生前殯葬服務契約，應公開內政部公告應記載及不得記載事項之骨灰（骸）存放單位使用權買賣定型化契約。

122.（ 34 ）依《殯葬服務業申請經營許可辦法》（以下稱本辦法）規定，下列敘述哪些正確？ ①營業項目爲殯葬設施經營業，應向公司或商業所在地直轄市、縣（市）主管機關申請許可 ②直轄市、縣（市）主管機關應於申請人依本辦法規定備齊文件後2個月內完成審查。必要時，得展延1次，展延期間不得逾4個月，並應將展延之事由通知申請人 ③申請人應於接獲直轄市、縣（市）主管機關經營許可通知之日起2個月內，依法辦理公司或商業登記或變更登記及加入殯葬服務業之公會，並於完成登記及加入公會後15日內，檢附相關證明文件影本，送直轄市、縣（市）主管機關備查 ④直轄市、縣（市）主管機關受理申請殯葬服務業經營許可案件後，其有應補正之事項者，應以書面通知申請人限期補正。

123.（ 13 ）依《殯葬服務業申請經營許可辦法》規定，下列敘述何者不是直轄市、縣

（市）主管機關應駁回申請殯葬服務業經營許可案件事由？ ①未於申請前召開公聽會或未檢具公聽會相關證明文件 ②經通知限期補正，屆期仍未補正 ③經公司或商業之目的事業主管機關撤銷或廢止其公司或商業登記 ④直轄市、縣（市）主管機關為審查申請殯葬服務業經營許可案件進行實地勘查，經通知申請人到場說明，無正當理由不到場說明。

124.（23） 依《禮儀師管理辦法》規定，下列敘述何者不是中央主管機關得廢止原核發禮儀師證書處分並註銷證書事由？ ①將其證書出租、出借給他人使用或允諾他人以其名義執行業務者 ②罹患精神疾病或身心狀況違常，經中央主管機關委請2位以上相關專科醫師認定不能執行業務者 ③禮儀師證書有效期限屆期而未向中央主管機關申請換發禮儀師證書者 ④媒介非法殯葬設施、擅自進入醫院招攬業務、未經醫院或家屬同意搬移屍體，違法情節重大者。

125.（12） 依《殯葬管理條例》規定，除其他法律或自治條例另有規定者外，單獨設置、擴充禮廳及靈堂應與下列何種地點保持200公尺以上之距離？ ①醫院 ②學校 ③工廠 ④貯藏或製造爆炸物或其他易燃之氣體、油料等之場所。

126.（234） 依殯葬管理條例及其施行細則規定，在非都市土地「已設置公墓」範圍內之墳墓用地者，不受殯葬管理條例第8條及第9條規定距離之限制，上開「已設置公墓」係指？ ①依墳墓設置管理條例合法設置之私人墳墓 ②合法設置之私立公墓 ③於墳墓設置管理條例施行前已設置，並於該條例施行後完成補行申請設置程序，且於主管機關登記有案之私立公墓 ④經主管機關列管有案之公立公墓。

127.（124） 依《殯葬管理條例》規定，有關得從事殯葬服務業之「其他法人」，下列敘述哪些正確？ ①加入所在地之殯葬服務業公會 ②於法人章程中載明以提供殯葬服務為其設立宗旨或任務 ③應置專任禮儀師 ④非營利法人。

128.（13） 依《殯葬管理條例》規定，憲警人員依法處理意外事件或不明原因死亡之屍體程序完結後，下列敘述哪些正確？ ①不得擅自轉介或縱容殯葬服務業逕行提供服務 ②不得由家屬逕行認領，以防不明原因死亡之屍體遭收葬或火化，危害社會秩序，及妨礙刑事偵察之進行 ③除經家屬認領，自行委託殯葬禮儀服務業者承攬服務者外，應即通知轄區或較近之公立殯儀館辦理屍體運送事宜 ④應即委託殯葬禮儀服務業運送屍體至殯儀館。

1. (4) 就傳統禮俗而言，為亡者淨身所用的水是經過何種儀式取得的？　①點主儀式　②入殮儀式　③招魂儀式　④乞水儀式。

2. (2) 就傳統禮俗而言，為亡者淨身所用的水主要是何種地方的水？　①海水　②河水　③自來水　④雨水。

3. (4) 就傳統禮俗而言，下列何種不是為亡者淨身的目的？　①潔淨身體　②維護亡者尊嚴　③恢復魂魄的清白　④避免亡者報復。

4. (3) 就傳統禮俗而言，為亡者淨身所用的載具一般稱為什麼？　①浴池　②澡盆　③水床　④蓮池。

5. (3) 就傳統禮俗而言，為亡者淨身的載具放在哪裡？　①浴室　②戶外　③正廳　④臥室。

6. (1) 就傳統禮俗而言，為亡者淨身所用的載具是具有何種性質的載具？　①臨時性　②經常性　③永久性　④開創性。

7. (2) 就目前佛教淨土宗流行的說法，人死後多久才能移動身體？　①6小時　②8小時　③10小時　④12小時。

8. (4) 對佛教而言，人死後暫時不移動身體是因為：　①人死後很可怕　②人死後會有不理性的反應　③怕影響生者　④怕影響亡者神識順利脫離肉體。

9. (2) 佛教助念的主要目的在於：　①回饋家屬　②協助亡者　③獲得社會好評　④為自己做功德。

10. (1) 佛教助念的做法是希望亡者前往何處？　①淨土　②天國　③仙界　④天堂。

11. (3) 佛教助念用的佛號是：　①無量壽佛　②阿門　③南無阿彌陀佛　④釋迦牟尼佛。

12. (4) 從民俗觀點而言，人死後變成扛床鬼是因為人死於何處的結果？　①鐵床上　②水床上　③木床上　④睡床上。

13. (3) 就傳統禮俗而言，人死亡的理想地點是在哪裡？　①廚房　②寢室　③正廳　④書房。

14. (4) 就傳統禮俗而言，供奉神明所在的地方是哪裡？　①臥室　②書房　③廚房　④正廳。

15. (4) 就傳統禮俗而言，供奉祖先所在的地方是哪裡？　①臥室　②書房　③廚房　④正廳。

16. (2) 就傳統禮俗而言，所謂的壽終指的是幾歲以上？ ①70歲 ②60歲 ③50歲 ④40歲。

17. (1) 就傳統禮俗而言，所謂的正寢指的是： ①正廳 ②臥室 ③客房 ④廂房。

18. (4) 就傳統禮俗而言，所謂的壽終正寢代表的是： ①意外死亡 ②非正常死亡 ③病死 ④善終。

19. (3) 就傳統禮俗而言，自然老死是一種： ①意外死亡 ②非正常死亡 ③善終 ④病死。

20. (3) 就道教觀點而言，自殺死亡者一般需要做何種儀式來化解？ ①作藥懺 ②打血盆 ③打枉死城 ④招魂。

21. (4) 就基督教觀點而言，自殺死亡者會前往何處？ ①留在原地不動 ②隨業力變化 ③天國 ④火湖。

22. (4) 拜腳尾飯主要是何種宗教的儀式？ ①佛教 ②道教 ③基督教 ④民間信仰。

23. (3) 就傳統民俗而言，拜腳尾飯的目的何在？ ①為了給轎夫吃 ②為了給神明吃 ③為了給亡者吃 ④為了給家屬吃。

24. (1) 就傳統民俗而言，燒腳尾錢的目的何在？ ①為了給亡者用 ②為了給神明用 ③為了給鬼用 ④為了給家屬用。

25. (2) 就傳統民俗而言，點腳尾燈的目的何在？ ①為了讓轎夫好走路 ②為了讓亡者順利抵達地府 ③為了給神明照明 ④為了讓家屬好守靈。

26. (2) 人死以後為了避免神明、祖先見刺通常會採取何種做法？ ①辭生 ②遮神 ③封釘 ④打桶。

27. (1) 就傳統禮俗而言，所謂的見刺意思是： ①對神明祖先不敬 ②對家人不敬 ③對亡者不敬 ④對外人不敬。

28. (4) 就傳統禮俗而言，當父親為家中最高長輩時，父歿遺體應停放在何處？ ①臥室右邊 ②臥室左邊 ③正廳右邊 ④正廳左邊。

29. (3) 就傳統禮俗而言，當父母為家中最高長輩時，父母同歿母親遺體應停放在何處？ ①臥室右邊 ②臥室左邊 ③正廳右邊 ④正廳左邊。

30. (1) 就傳統禮俗而言，人死時遺體擺放的方向應該是： ①頭內腳外 ②頭外腳內 ③橫擺 ④隨便放。

31. (2) 就傳統禮俗而言，男性年老自然壽終於家裡稱為： ①壽終內寢 ②壽終正寢

③壽終外寢　④壽終邪寢。

32. (1) 就傳統禮俗而言，女性年老自然壽終於家裡稱爲：　①壽終內寢　②壽終正寢
③壽終外寢　④壽終邪寢。

33. (3) 就傳統禮俗而言，壽衣貼肉綾通常由何人提供？　①亡者自己　②兒子　③女
兒　④朋友。

34. (3) 就傳統禮俗而言，壽衣穿著時口袋應該：　①全部打開　②部分打開　③粗縫
④取消。

35. (2) 就閩南人而言，壽衣的層數一般以什麼爲主？　①偶數　②奇數　③無理數
④自然數。

36. (3) 就傳統禮俗而言，遺體未入殮之前的棺木稱爲：　①磧棺　②接棺　③棺
④柩。

37. (4) 就傳統禮俗而言，遺體入殮後的棺木稱爲：　①磧棺　②接棺　③棺　④柩。

38. (1) 就傳統禮俗而言，棺木的主板稱爲：　①天　②地　③日　④月。

39. (2) 就傳統禮俗而言，棺木的底板稱爲：　①天　②地　③日　④月。

40. (1) 就傳統禮俗而言，棺木的頭部方塊板會寫上：　①福　②祿　③壽　④喜。

41. (3) 就傳統禮俗而言，棺木的腳部方塊板會寫上：　①福　②祿　③壽　④喜。

42. (2) 就傳統禮俗而言，家人去世時前往選購棺木的行爲俗稱：　①買大板　②買大
厝　③買陰宅　④買紙厝。

43. (3) 就傳統禮俗而言，把棺木運送到喪家的動作叫做：　①打板　②接板　③放板
④送板。

44. (4) 就傳統禮俗而言，在棺木送到喪家時喪家應該：　①放板　②送板　③裝棺
④磧棺。

45. (3) 就傳統禮俗而言，磧棺的目的在於：　①讓亡者躺得舒服　②讓亡者早日升天
③爲子孫祈福　④免得外人受害。

46. (2) 就傳統禮俗而言，磧棺用的桶箍目的在於：　①讓亡者定位　②讓家屬團結
③壓棺煞　④祈求財富。

47. (1) 就傳統禮俗而言，從初終到入殮前家人照顧遺體的行爲，稱之爲：　①守鋪
②守靈　③守喪　④守孝。

48. (2) 就傳統禮俗而言，母喪時前往外祖父母家報喪的動作稱之爲：　①接外祖
②報外祖　③接內祖　④報內祖。

49. (1) 就傳統禮俗而言，母喪時前往報喪除了需要帶黑布藍布外，一般還需要帶何種顏色的布？　①白色　②黃色　③紅色　④灰色。

50. (1) 就傳統禮俗而言，母喪時前往報喪，對方接下何種顏色的布才表示願意前往弔喪？　①白色　②黃色　③紅色　④黑色。

51. (1) 就傳統禮俗而言，母喪時外祖父母前來弔祭，喪家接待的動作稱之為：　①接外祖　②報外祖　③接內祖　④報內祖。

52. (4) 就傳統禮俗而言，父喪時出嫁女兒回家奔喪要採取哭路頭的方式。依現在性別平權的觀念，出嫁女兒回家奔喪可以怎麼做？　①還是用哭路頭的方式　②看親友的反應而定　③看心情而定　④按照自己的意願。

53. (1) 就傳統禮俗而言，停柩在堂喜喪燈的懸掛方式是：　①喪內喜外　②喪外喜內　③喪前喜後　④喪後喜前。

54. (4) 就傳統禮俗而言，母喪時主持封釘儀式的人是誰？　①族長　②村長　③伯父　④舅舅。

55. (1) 就傳統禮俗而言，早期父喪時主持封釘儀式的人是誰？　①族長　②村長　③伯父　④舅舅。

56. (4) 就傳統禮俗而言，所謂的子孫釘通常指的是：　①封棺用釘子中的第一根長釘　②封棺用釘子中的第二根長釘　③封棺用釘子中的第三根長釘　④封棺用長釘之外的小釘。

57. (3) 舉行子孫釘儀式的用意是：　①驗屍之用　②團結家屬之用　③為家族祈福之用　④安慰亡者之用。

58. (2) 就傳統禮俗而言，長男負責咬起子孫釘。依現在的性別平權觀念來看，下列何者較宜？　①家中已婚男子　②依協商結果處理　③伯父　④舅舅。

59. (2) 就傳統禮俗而言，為亡者換壽衣的動作是屬於什麼階段的動作？　①初終　②殮　③殯　④葬。

60. (4) 就傳統禮俗而言，入殮主要看：　①氣候　②時節　③日月　④時辰。

61. (1) 就傳統禮俗而言，大殮指的是：　①封棺的作為　②洗穿化的作為　③辭生的作為　④舉哀的作為。

62. (4) 就傳統禮俗而言，手尾錢主要指的是：　①辦完喪事後的不動產　②社會上的救濟款　③人死後的保險理賠金　④入殮前亡者留給子孫的錢。

63. (2) 依傳統禮俗的觀點，父喪時手尾錢應繫於何處？　①右手腕　②左手腕　③右

514

手臂　④左手臂。

64.（1）依傳統禮俗的觀點，母喪時手尾錢應繫於何處？　①右手腕　②左手腕　③右手臂　④左手臂。

65.（3）就傳統禮俗而言，過去之所以在棺木中放置石頭的目的在於：　①希望亡者睡得好　②希望亡者早日升天　③避免亡者回來　④避免亡者找不到回家的路。

66.（4）就傳統禮俗而言，在棺木中放置七星板的目的是為了：　①讓亡者睡得安詳　②讓亡者早日升天　③讓亡者容易找到回家的路　④濾屍水。

67.（4）就傳統禮俗而言，所謂的過山褲是哪一種褲子？　①兩個褲腳都不縫的褲子　②只縫左邊褲腳而不縫右邊褲腳的褲子　③只縫右邊褲腳而不縫左邊褲腳的褲子　④兩個褲腳一個正縫一個反縫的褲子。

68.（1）就傳統禮俗而言，在棺木中放置過山褲的目的是為了：　①讓亡者順利抵達地府　②讓亡者受困於惡鬼　③讓亡者可以用來換錢　④讓亡者表示身分。

69.（2）就傳統禮俗而言，下列放置在棺木中的物品哪一種沒有吸屍水的作用？　①庫錢　②七星板　③稻灰　④茶葉。

70.（4）就傳統禮俗而言，燒庫錢的標準為何？　①依亡者成就而定　②依子孫成就而定　③依社會環境而定　④依亡者所屬生肖而定。

71.（2）就今日一般燒庫錢的作為而言，燒庫錢容易產生：　①噪音問題　②空氣污染問題　③水污染問題　④食物中毒問題。

72.（4）就傳統禮俗而言，魂帛的意思為何？　①祭拜用的祭品　②悼念亡者的文字　③亡者寄身的旗子　④亡者靈魂的牌位。

73.（4）就傳統禮俗而言，所謂的點主儀式指的是：　①在神主牌上寫上主字　②將神主牌的主字去掉一點　③在神主牌上寫上王字　④在神主牌王字上點上一點。

74.（3）就傳統閩南禮俗而言，點主儀式的點主官一般由誰擔任？　①家人　②親戚　③有官位的人　④有錢人。

75.（1）依現在的性別平權觀念來看，點主儀式背負神主牌的人選可以家屬自行協商，但就傳統禮俗而言，背負神主牌的人是誰？　①長子　②次子　③長女　④次女。

76.（2）就傳統禮俗而言，人死亡後在安葬前稱為：　①神　②鬼　③人　④魔。

77.（4）就傳統禮俗而言，人死亡後在安葬前所舉行的告別儀式屬於何種性質的禮？　①冠禮　②婚禮　③祭禮　④奠禮。

78. (3) 就傳統禮俗而言，人死亡後在安葬後的返主安靈儀式屬於何種性質的禮？
①冠禮　②婚禮　③祭禮　④奠禮。

79. (2) 就傳統禮俗而言，大殮後出殯前家屬對於亡者的陪伴稱之為：　①守鋪　②守靈　③守喪　④守孝。

80. (1) 就傳統禮俗而言，打桶後將腳尾飯等供奉亡者的物品去除的動作稱之為：
①拼腳尾　②去腳尾　③放腳尾　④拜腳尾。

81. (3) 就傳統禮俗而言，佈置靈堂的動作稱之為：　①用靈　②守靈　③豎靈　④收靈。

82. (2) 就傳統禮俗而言，靈堂捧飯一天最少要：　①一餐　②兩餐　③三餐　④四餐。

83. (2) 就傳統禮俗而言，封釘儀式中男性亡者的點釘動作要從何處開始？　①亡者右肩　②亡者左肩　③亡者右腿　④亡者左腿。

84. (1) 就傳統禮俗而言，封釘儀式中女性亡者的點釘動作要從何處開始？　①亡者右肩　②亡者左肩　③亡者右腿　④亡者左腿。

85. (2) 就傳統禮俗而言，父歿時臂誌帶在何處？　①右臂上　②左臂上　③右手腕上　④左手腕上。

86. (1) 就傳統禮俗而言，母歿時臂誌帶在何處？　①右臂上　②左臂上　③右手腕上　④左手腕上。

87. (4) 就傳統禮俗而言，父歿時孝誌帶在頭部的何處？　①右下方　②左下方　③右上方　④左上方。

88. (3) 就傳統禮俗而言，母歿時孝誌帶在頭部的何處？　①右下方　②左下方　③右上方　④左上方。

89. (2) 就傳統禮俗而言，父歿時親戚披肩帶在何處？　①右肩上　②左肩往右腰　③右臂上　④左臂上。

90. (1) 就傳統禮俗而言，母歿時親戚披肩帶在何處？　①右肩往左腰　②左肩上　③右臂上　④左臂上。

91. (3) 就傳統禮俗而言，家中最高輩分的父親逝世時示喪方式為：　①忌中　②喪中　③嚴制　④慈制。

92. (4) 就傳統禮俗而言，家中最高輩分的母親逝世時示喪方式為：　①忌中　②喪中　③嚴制　④慈制。

93.（ 1 ）就傳統禮俗而言，日課表不包括下列何種時間？ ①守喪 ②入殮 ③移柩 ④發引。

94.（ 3 ）就傳統禮俗而言，作七是指幾天做一次？ ①三天 ②五天 ③七天 ④九天。

95.（ 4 ）就傳統禮俗而言，作旬本來是指幾天做一次？ ①三天 ②七天 ③九天 ④十天。

96.（ 1 ）就傳統禮俗而言，頭七由誰負責？ ①兒子 ②女婿 ③女兒 ④姪女。

97.（ 1 ）就宗教觀點而言，輪迴是屬於下列何種宗教的說法？ ①佛教 ②天主教 ③基督教 ④伊斯蘭教。

98.（ 3 ）就宗教觀點而言，中陰生命是屬於下列何種宗教的說法？ ①基督教 ②道教 ③佛教 ④儒家。

99.（ 1 ）就宗教觀點而言，神識是屬於下列何種宗教的說法？ ①佛教 ②道教 ③伊斯蘭教 ④儒家。

100.（ 1 ）就宗教觀點而言，歸空是屬於下列何種宗教的說法？ ①一貫道 ②儒家 ③佛教 ④道教。

101.（ 3 ）就宗教觀點而言，歸真是屬於下列何種宗教的說法？ ①基督教 ②天主教 ③伊斯蘭教 ④猶太教。

102.（ 1 ）就宗教觀點而言，歸真指的是： ①回歸阿拉 ②回歸天主 ③回歸上帝 ④回歸自然。

103.（ 1 ）就宗教觀點而言，穆斯林死後多久內一定要下葬？ ①一天 ②三天 ③五天 ④七天。

104.（ 4 ）就宗教觀點而言，穆斯林死後只能採取何種葬法？ ①天葬 ②海葬 ③火葬 ④土葬。

105.（ 3 ）就宗教觀點而言，穆斯林死後一般由誰主持葬禮？ ①神父 ②牧師 ③教長 ④道長。

106.（ 1 ）就宗教觀點而言，天主教徒死後一般由誰主持葬禮？ ①神父 ②牧師 ③教長 ④道長。

107.（ 3 ）就宗教觀點而言，佛教徒死後一般由誰主持葬禮？ ①神父 ②牧師 ③法師 ④道長。

108.（ 4 ）就一貫道而言，道親死後一般由誰主持葬禮？ ①神父 ②牧師 ③教長

④點傳師。

109. (2) 就一貫道的觀點而言,人死後最希望回到什麼神的身邊？ ①玉皇大帝 ②無生老母 ③瑤池王母 ④上帝。

110. (4) 就基督教的觀點而言,人死後最希望回到什麼神的身邊？ ①玉皇大帝 ②無極老母 ③瑤池王母 ④上帝。

111. (3) 就傳統禮俗而言,地藏王菩薩隸屬哪個宗教？ ①基督教 ②道教 ③佛教 ④伊斯蘭教。

112. (1) 就客家禮俗而言,父喪用何種杖？ ①竹杖 ②桐杖 ③木杖 ④花杖。

113. (2) 就客家禮俗而言,母喪用何種杖？ ①竹杖 ②桐杖 ③木杖 ④花杖。

114. (4) 就客家禮俗而言,父喪所用的杖有何象徵的意義？ ①父慈在內 ②父慈在外 ③父節在內 ④父節在外。

115. (3) 就客家禮俗而言,母喪所用的杖有何象徵的意義？ ①母嚴在內 ②母嚴在外 ③母節在內 ④母節在外。

116. (3) 就傳統禮俗而言,下葬前打掉棺木尾端小木塞的作為稱之為： ①裝栓 ②開栓 ③放栓 ④取栓。

117. (3) 何者屬於引鬼歸陰儀式？ ①作旬 ②點主 ③腳尾飯 ④封釘。

118. (1) 何者是祭祖安位的儀式？ ①作百日 ②開魂路 ③燒厝 ④返主。

119. (2) 下列哪一個輓聯的字詞是正確的？ ①英容宛在 ②音容宛在 ③音容苑在 ④英容苑在。

120. (4) 以下有關示喪及貼紅的動作意義何者錯誤？ ①貼紅表示將鄰居與喪家做區別 ②貼示喪紙意為正式告知鄰居家中有親人往生 ③貼紅表示趨吉避凶 ④告知鄰里家中喪事已處理完成。

121. (4) 以下有關門制之敘述何者錯誤？ ①一般區分為「慈制」、「嚴制」、「喪中」三類 ②「忌中」是日式用語,應更正為「喪中」 ③「嚴制」主要是指亡者是家中男性長者子嗣者 ④「喪中」是指亡者家中沒分長輩或亡者年齡在60歲以上。

122. (1) 以下有關「封釘」的敘述何者有誤？ ①父喪－由母舅封釘 ②母喪－由母舅封釘 ③由孝子或長孫奉封釘盤,跪請封釘 ④其意代表請親族鑑定有無虐待亡者之情事。

123. (1) 何謂「反青」？ ①臨終之人出現迴光反照現象 ②服喪滿三年,可以除孝之

意 ③返主除靈後，可以恢復穿著正常服裝 ④撿骨時，屍肉未腐之情形。

124. (2) 基本上傳統的臺閩地區喪葬活動是由一系列的儀式所組成，而非一單一的典禮。整個過程可分為哪三個階段？ ①殮→葬→殯 ②殮→殯→葬 ③葬→殯→殮 ④葬→殮→殯。

125. (3) 最後一次為死者舉行的公開道別式，稱為？ ①返主 ②作七 ③公奠 ④辭生。

126. (2) 向喪家去悼祭亡者稱為： ①奠 ②弔 ③大孝 ④至孝。

127. (4) 由僧尼或道士將往生者魂魄引導至「魂帛」，魂帛代表的是？ ①啟靈 ②安靈 ③舉哀 ④靈位。

128. (1) 葬儀業者將喪家購買之棺木運送至喪家的工作，稱為？ ①放壽 ②放栓 ③買棺 ④報喪。

129. (3) 以下訃聞內容請按書寫先後順序排列：A隨侍在側等套語、B叨在○○○誼哀此訃聞等套語、C享壽幾何、D○○年○月○日○時在○地舉行家/公奠禮 ①ABCD ②BCDA ③CADB ④CDAB。

130. (2) 若死者為自己的祖父母，試問製作孝服時，應採何種布料？ ①麻布 ②苧布 ③白布 ④紅布。

131. (4) 依國民禮儀範例第五十二條規定，出殯行列有：A靈位、B遺像、C重服親屬、D靈柩、E樂隊，其次序應為下列何者？ ①EABDC ②EBACD ③BECAD ④EBDAC。

132. (3) 客曰：桂苑寒生，奇花早萎，是慰問何種喪家時應對之詞？ ①慰喪弟兄 ②慰喪孫 ③慰喪子 ④慰喪姐妹。

133. (3) 孝服五服在現代中分為麻布、苧布、藍布、黃布、紅布，試問下列身分何者配戴不對？ ①麻布：未嫁女 ②苧布：姪 ③藍布：玄孫 ④紅布：來孫。

134. (2) 在豎靈桌上之物品下列何者不宜？ ①蓮花燭 ②腳尾飯 ③神主牌 ④童男女。

135. (1) 下列何者為道教三清之一？ ①元始天尊 ②關公 ③彌勒佛 ④觀音菩薩。

136. (2) 喪服有「五服」之分，齊衰，是第二等喪服，本身又分為四個等級，其中齊衰不杖期是指喪期多久？ ①三年 ②一年 ③三個月 ④一個月。

137. (3) 喪服有「五服」之分，其中喪期五個月的是指哪一等喪服？ ①斬衰 ②大功 ③小功 ④緦麻。

138. (1) 一般而言家奠禮的祭拜流程，以國民禮儀範例之規範爲主，流程爲何？ ①上香→獻花→獻爵→獻饌 ②上香→獻爵→獻花→獻果 ③上香→獻花→獻爵→獻果 ④獻花→上香→獻爵→獻果。

139. (1) 一般而言亡者爲男性長輩家奠禮的祭拜順序爲何？ ①直系家屬→內親→外戚→姻親 ②直系家屬→內親→姻親→外戚 ③內親→直系家屬→外戚→姻親 ④先來後到之順序。

140. (3) 家有喪事應於門外張貼告示，且爲敦睦鄰居，應爲附近鄰居大門貼一小紙以示吉凶有別，此小紙顏色爲： ①白 ②黃 ③紅 ④任何顏色皆可。

141. (3) 「完墳」又稱： ①巡山 ②巡灰 ③謝土 ④完土。

142. (2) 「新忌」即「逝世」後第幾次逝世紀念日？ ①一 ②二 ③三 ④四。

143. (4) 年幼家中母親過世時，訃聞中自稱爲： ①顯考 ②先考 ③孤子 ④哀子。

144. (2) 當妻子過世時父母已歿，由丈夫主喪，丈夫在訃聞的家屬稱謂稱爲： ①不杖期夫 ②杖期夫 ③反服父 ④未亡人。

145. (4) 後人爲了抒發對亡者的想念之情，在追悼會上所用的對聯稱爲： ①輓額 ②輓旌 ③輓軸 ④輓聯。

146. (3) 閩南人傳統「作七」係每七天爲亡者做一次祭拜，其中哪一個七在閩南人中是由出嫁的女兒負責？ ①頭七 ②二七 ③三七 ④滿七。

147. (1) 敬稱人死之年齡在三十以下者爲： ①得年 ②享年 ③享壽 ④享嵩壽。

148. (1) 基督教告別安息禮拜內容不含括： ①引魂 ②感恩 ③安慰 ④佈道。

149. (4) 信奉基督教者，通常在其安息後多久舉行家庭追思禮拜？ ①三天 ②七天 ③十天 ④無規定。

150. (3) 親友在靈前誦敘亡者生前行誼的文章，稱爲： ①家奠文 ②公奠文 ③誄文 ④祭文。

151. (4) 「守夜禮」是哪一種信仰的特點？ ①道教 ②佛教 ③基督教 ④天主教。

152. (4) 喪禮中「灑聖水」是哪一種信仰的特點？ ①道教 ②佛教 ③基督教 ④天主教。

153. (3) 喪禮中對亡者稱呼是「睡了的人」是哪一種信仰的特點？ ①伊斯蘭教 ②佛教 ③基督教 ④道教。

154. (3) 喪禮中最會特別藉由亡者來提醒與會人士「數數自己剩下多少日子」的是哪一種信仰的特點？ ①一貫道 ②佛教 ③基督教 ④道教。

20300喪禮服務 丙級 工作項目02：公共衛生與遺體洗、穿、化

1. (1) 依據臺灣民間殯葬禮俗的儀式中，當在舉行還庫儀式時，主要會產生下列何種污染： ①空氣污染 ②水污染 ③遺體腐敗所致的污染 ④殯葬事業廢棄物。

2. (2) 殯葬事業廢棄物，如用紫外線照射消毒方法來消滅其病菌，此一方法是屬於下列何類消毒法： ①化學消毒法 ②物理消毒法 ③回收消毒法 ④拋棄消毒法。

3. (3) 殯葬誦經人員如長期處在高分貝的噪音環境當中，比較容易產生下列何種系統疾病： ①呼吸系統感染 ②皮膚系統受損 ③聽覺神經系統受損 ④消化系統受損。

4. (1) 依據殯葬管理條例之規定，為考慮公共衛生問題，其埋葬棺柩時，棺面應深入地面以下至少： ①七十公分 ②二百八十公分 ③一百四十公分 ④五百六十公分。

5. (2) 依據殯葬管理條例之規定，當設置擴充公墓或骨灰骸存放設施，需以不妨礙公共衛生，其與公共飲水井或飲用水之水源地距離不得少於： ①二千公尺 ②一千公尺 ③五百公尺 ④因地制宜。

6. (1) 下列所舉行的殯葬禮俗儀式，何者的殯葬空氣污染範圍最大？ ①啟建超渡功德壇焚燒大量的庫錢與亡者之衣物 ②獻上兩炷香 ③獻上一對蠟燭 ④供上腳尾火。

7. (3) 依據屍體解剖喪葬費用補助標準第二條之規定，因傳染病或疑似傳染病致死屍體，經中央主管機關施行病理解剖檢驗者，每一個案給付喪葬補助費新臺幣： ①十萬元 ②二十萬元 ③三十萬元 ④五十萬元。

8. (3) 當人體的呼吸系統已經停止呼吸，而且身體內的五臟六腑也已經完全停止運作的時候，此時我們的定義可稱之為： ①身體 ②臟體 ③遺體 ④肉體。

9. (3) 依據殯葬管理條例之規定，當設置、擴充殯儀館或火化場及非公墓內之骨灰骸存放設施，須以不妨礙公共衛生，其與工廠與礦場之距離不得少於： ①一千公尺 ②五百公尺 ③無此規定 ④因地制宜。

10. (3) 依據殯葬管理條例之規定，指組裝於車、船等交通工具，用於火化屍體、骨骸之設施稱之為： ①火化場 ②殯儀館 ③移動式火化設施 ④骨灰再處理設

備。

11. (4) 依據殯葬管理條例之規定，當設置擴充公墓或骨灰骸存放設施，須以不妨礙公共衛生，其與河川之距離不得少於：　①二千公尺　②一千公尺　③五百公尺　④因地制宜。

12. (1) 依據殯葬管理條例之規定，當設置擴充公墓或骨灰骸存放設施，須以不妨礙公共衛生，其與貯藏或製造爆炸物或其他易燃之氣體、油料等之場所距離不得少於：　①五百公尺　②一千公尺　③二千公尺　④因地制宜。

13. (4) 依據殯葬管理條例之規定，當設置、擴充殯儀館或火化場及非公墓內之骨灰骸存放設施，以不妨礙公共衛生，其與公共飲水井或飲用水之水源地距離不得少於：　①一千公尺　②五百公尺　③因地制宜　④無此規定。

14. (3) 依據殯葬管理條例之規定，當設置擴充公墓或骨灰骸存放設施，需以不妨礙公共衛生，其與學校、醫院、幼稚園、托兒所之距離不得少於：　①二千公尺　②一千公尺　③五百公尺　④因地制宜。

15. (4) 依據殯葬管理條例之立法目的，下列何者為公共衛生領域的最佳立法之目的？　①提供優質服務　②兼顧個人尊嚴　③殯葬服務業創新升級　④符合環保。

16. (1) 依據殯葬管理條例之規定，當設置、擴充殯儀館或火化場及非公墓內之骨灰骸存放設施，以不妨礙公共衛生，其與學校、醫院、幼稚園、托兒所之距離不得少於：　①三百公尺　②五百公尺　③因地制宜　④無規定。

17. (3) 依據殯葬管理條例之規定，當設置擴充公墓或骨灰骸存放設施，須以不妨礙公共衛生，其與戶口繁盛地區之距離不得少於：　①二千公尺　②一千公尺　③五百公尺　④因地制宜。

18. (2) 依據殯葬管理條例之規定，當設置、擴充殯儀館或火化場及非公墓內之骨灰骸存放設施，以不妨礙公共衛生，其與貯藏或製造爆炸物或其他易燃之氣體、油料等之場所距離不得少於：　①一千公尺　②五百公尺　③因地制宜　④無規定。

19. (4) 依據殯葬管理條例之規定，當設置、擴充殯儀館或火化場及非公墓內之骨灰骸存放設施，以不妨礙公共衛生，其與戶口繁盛地區之距離不得少於：　①三百公尺　②五百公尺　③因地制宜　④應保持適當距離。

20. (2) 執行遺體退冰與洗身、穿衣、化妝作業時，服務人員應如何穿著，穿戴順序為何？　①手套→口罩→防護衣　②口罩→防護衣→手套　③手套→防護衣→口

罩　④防護衣→手套→口罩。

21. (2) 執行遺體退冰與洗身、穿衣、化妝作業時，服務人員應如何穿著，脫除順序爲
何？　①口罩→手套→防護衣　②防護衣→手套→口罩　③口罩→防護衣→手
套　④手套→防護衣→口罩。

22. (1) 死亡愈久眼球變化爲何？　①渾濁　②清晰　③沒變化　④依環境而定。

23. (4) 下列何者不是屍體的腐敗現象？　①屍綠　②脫皮　③腫脹　④失禁。

24. (4) 死後變化會受多重因子的影響，下列哪些因素無須列入考慮？　①死亡原因
②現場環境　③反應速率因子　④亡者性別。

25. (2) 死後因受地心引力之影響，血液在身體低下部位沉積的現象稱爲：　①屍冷
②屍斑　③屍僵　④腐敗。

26. (3) 死亡後肌肉逐漸僵硬現象，大約幾個小時屍僵程度會最明顯？　①2～4小時
②8～12小時　③24～36小時　④48小時以後。

27. (4) 不影響屍體僵硬的因素有哪些？　①環境及溫度　②藥物及運動　③疾病及年
齡　④性別因素。

28. (1) 屍體於長時間後，由於皮膚及內臟器官等發生腐敗及分解現象稱之爲：　①白
骨化　②屍蠟化　③木乃伊化　④腐敗化。

29. (2) 民間傳說的蔭屍，是指屍體長期處於高濕度環境下產生的皂化現象，在理論上
稱之爲：　①白骨化　②屍蠟化　③木乃伊化　④腐敗化。

30. (2) 若因病死而請醫療院所或民間醫師相驗時，其證明文件稱爲：　①相驗屍體證
明書　②死亡證明書　③遺體處理證明書　④行政相驗證明書。

31. (1) 若死亡由司法單位相驗時證明文件稱爲：　①相驗屍體證明書　②死亡證明書
③遺體處理證明書　④火化許可證明。

32. (2) 殯葬環境中何者不是空間設計上迫切的考量因素？　①流暢性　②豪華性
③感染區的規劃　④隱密性。

33. (1) 遺體處理的環境空調上以嚴格標準應設計成：　①負壓房　②正壓房　③負壓
與正壓交叉使用　④無須考量。

34. (2) 殯儀館中行政人員與遺體處理人員若同處於一棟大樓，在空調上會建議使用：
①中央空調　②獨立空調　③獨立與中央皆可　④無須考量。

35. (2) 下列何者是一般廢棄物？　①動物的屍體　②家中的廚餘　③殘肢　④沾有血
漬的衣物。

36. (4) 手術或驗屍取出之組織、器官、殘肢等應屬於： ①一般廢棄物 ②有害事業廢棄物 ③一般事業廢棄物 ④感染性事業廢棄物。

37. (3) 遇到第一類法定傳染病的遺體該如何處置？ ①強制冷凍並且立即報告衛生單位 ②馬上送進冰庫冷凍 ③24小時內火化 ④無須處理及回報。

38. (1) 下列何者可能會成爲生物性的污染源？ ①高雄地區的登革熱病媒蚊 ②施工路面所造成的地層下陷 ③苗栗炮竹工廠的爆炸事件 ④車諾比核能電廠的輻射外洩。

39. (4) 下列何者可能會成爲化學性的污染源？ ①高雄地區的登革熱病媒蚊 ②施工路面所造成的地層下陷 ③苗栗炮竹工廠的爆炸事件 ④果園噴灑的農藥滲入地下水。

40. (2) 傳染病防治法第50條規定：經確認染患第1類傳染病的屍體應於幾小時入殮，並以火化爲原則？ ①12小時 ②24小時 ③36小時 ④視傳染病類別而定。

41. (1) 遺體美容師工作時可帶： ①項鍊 ②手鐲 ③戒指 ④手錶。

42. (1) 遺體處理使用的棉花棒可使用幾次？ ①一次 ②二次 ③三次 ④視情況而定。

43. (4) 遺體美容師欲取出容器中的東西時，不可直接用： ①挖棒 ②挖勺 ③調刀 ④手。

44. (3) 下列何者不是遺體處理場所應具備的設備？ ①紫外線燈 ②空調系統 ③播音設備 ④熱水器。

45. (4) 下列何者不是遺體處理從業人員應具備的條件？ ①健康的身體 ②良好的衛生習慣 ③整潔的儀容 ④大學相關科系畢業。

46. (2) 用沖洗的方法洗手時，約有多少比例的細菌仍留手上？ ①36% ②12% ③6% ④0～1%。

47. (1) 用盆水洗手時，約有多少比例的細菌仍留手上？ ①36% ②12% ③6% ④0～1%。

48. (2) 遺體處理從業人員，一般健康檢查時間爲： ①半年 ②一年 ③二年 ④三年一次。

49. (4) 公共衛生指標的數據不包括： ①平均餘命 ②嬰兒死亡率 ③粗死亡率 ④性別比例。

50. (1) 下列何者須著重於探討建立健康生活、疾病預防與保健衛生等問題？ ①個人

衛生　②公共衛生　③環境衛生　④行為習慣。

51. (1) 為求社會人群健康，首重：　①個人衛生　②公共衛生　③環境衛生　④食品衛生。

52. (3) 基礎衛生又稱為：　①公共衛生　②食品衛生　③個人衛生　④環境衛生。

53. (4) 下列何者不是個人衛生的要素？　①均衡營養　②維持正常體重　③適度運動　④身高比例。

54. (4) 健康的目的不是取得下列何者的平衡狀態？　①生理　②心理　③社會　④社會經濟地位。

55. (4) 消滅老鼠、蟑螂、蚊、蠅等害蟲，主要目的為：　①維護觀瞻　②維持秩序　③減輕精神困擾　④預防傳染病。

56. (2) 水龍頭出口或加裝橡皮管的出水口，應至少高於裝水盆最高滿水位多少公分，以防止污水倒流入水管？　①5公分　②15公分　③20公分　④30公分。

57. (2) pH值為表示物質酸鹼度之方法，其值大小從最小到最大為：　①1～14　②0～14　③1～20　④7～14。

58. (2) 對大都數的病源體而言，在多少pH值間最適宜生長活動？　①9～10　②6.5～7.5　③5～6.5　④3.5～5。

59. (1) 人體最容易污染的部位是：　①雙手　②雙腳　③胸部　④腹部。

60. (1) 雙手的哪個部位最容易藏污納垢？　①手指　②手掌　③手腕　④手心。

61. (3) 洗手的效果下列何者為最佳？　①用水盆來洗手　②沖洗　③沖洗後擦肥皂再沖洗　④共用水盆洗手。

62. (4) 洗手的方法，最後的步驟為：　①沖水　②擦肥皂　③揉搓　④擦乾。

63. (2) 下列何者為B型肝炎之傳染途徑？　①皮膚接觸　②血液傳染　③空氣傳染　④吃入未經煮熟的食物。

64. (1) 遺體若出現黃疸現象的疾病是：　①A型肝炎　②愛滋病　③肺結核　④梅毒。

65. (3) 細菌可經由下列何者進入體內？　①乾燥的皮膚　②濕潤的皮膚　③外傷的皮膚　④油質的皮膚。

66. (2) 接觸遺體或感染者所污染之物品而傳染係屬：　①經口傳染　②間接接觸傳染　③飛沫傳染　④直接接觸傳染。

67. (1) 遺體處理從業人員如皮膚有傷口，下列何者敘述錯誤？　①不會增加本身被傳

染的危險　②傷口應消毒及包紮　③避免傷口觸碰遺體皮膚　④應停止工作。

68. (3) 病原體進入人體後並不顯現病症，但仍可傳染給別人使其生病，這種人稱為：
①中間寄主　②病原體　③帶原者　④病媒。

69. (2) 工作時戴口罩，主要係阻斷哪一種傳染途徑？　①接觸傳染　②飛沫或空氣傳
染　③經口傳染　④病媒傳染。

70. (2) 分布最廣，數量最多的微生物是：　①立克次體　②細菌　③病毒　④黴菌。

71. (3) 下列何者是預防B型肝炎的方法？　①服用藥物　②注意飲食衛生　③施打B
型肝炎疫苗　④避免蚊蟲叮咬。

72. (2) 下列何種溫度最適宜一般病原體的滋長？　①10～20℃　②20～30℃　③35～
40℃　④40℃以上。

73. (3) 酒精消毒之有效殺菌濃度為：　①20～50%　②55～65%　③75～80%
④85～95%。

74. (3) 遺體處理修眉毛時使用拋棄式的刀片，可以預防：　①肺結核　②白喉　③B
型肝炎　④百日咳。

75. (3) 遺體處理時，手指、皮膚以下列哪種消毒法最方便？　①煮沸消毒法　②氯液
消毒法　③酒精消毒法　④紫外線消毒法。

76. (2) 殺滅致病微生物之繁殖型或活動型稱為：　①防腐　②消毒　③滅菌　④感
染。

77. (1) 最簡易的物理消毒方法為：　①煮沸消毒法　②蒸氣消毒法　③紫外線消毒法
④化學消毒法。

78. (2) 酒精對病原體的殺菌機轉為：　①蛋白質溶解作用　②蛋白質凝固作用　③還
原作用　④氧化作用。

79. (1) 使用酒精消毒時，機具須完全浸泡至少幾分鐘以上？　①10分鐘　②15分鐘
③20分鐘　④25分鐘。

80. (2) 煮沸消毒法必須於沸騰的開水中煮至少幾分鐘以上才可達到殺滅病菌的目的？
①四分鐘　②五分鐘　③三分鐘　④二分鐘。

81. (2) 筆狀色彩化妝品在遺體化妝時，最衛生的使用方法是：　①使用前消毒　②使
用前、後消毒　③當天消毒　④使用後消毒。

82. (4) 下列有關應用消毒法注意事項的敘述，何者錯誤？　①消毒藥品須經常換新
②遵守消毒方法與時間規定　③消毒藥品須貼上標籤，以資識別，並排列整齊
④可依個人習慣選用消毒藥品與消毒方法。

83.（4）下列何者最適合遺體淨身？　①漂白水　②雙氧水　③酒精　④溫水。

84.（2）遺體處理從業人員的個人儀表宜：　①花俏　②整齊、清潔　③時髦　④外型多變化。

85.（4）遺體處理從業人員的手指甲，長度應該是：　①0.3公分　②0.5公分　③0.8公分　④不超過指尖。

86.（1）遺體處理場所應：　①通風換氣良好　②有良好隔音設備　③燈光愈暗愈好　④音響效果良好。

87.（4）何時手部須進行消毒？　①吃飯前　②修剪指甲後　③如廁後　④為遺體服務後。

88.（4）亡者有排便現象是屍體產生何種變化造成的？　①屍冷　②屍斑　③屍僵　④肌肉鬆弛。

89.（4）下列何者不為遺體尊嚴的範疇？　①遺體隱私權　②維持遺體的完整性　③專業化服務　④迅速服務。

90.（3）遺體處理不包括：　①遺體美容　②遺體修復　③祭拜儀式　④遺體防腐。

91.（3）下列何者不是遺體修復的目標？　①恢復亡者生前的觀感　②重建自然的輪廓及體態　③提升殯葬產值　④隱藏外傷。

92.（1）何者不是泛指遺體處理從業人員？　①道士及法師　②遺體修復師　③遺體美容師　④遺體防腐師。

93.（4）下列何者不是遺體修復美容的目的？　①具有悲傷輔導的功能　②尊重亡者　③對亡者人性化的關懷照料　④增加殯葬產值。

94.（1）下列何者不是殯葬三大主體？　①緣　②殮　③葬　④殯。

95.（2）何者不是「殮」的工作範圍？　①遺體淨身　②遺體助念　③遺體化妝　④遺體穿衣。

96.（1）遺體處理工作首重：　①公共衛生安全　②民間習俗　③助念　④家屬期望。

97.（4）遺體淨身工作無須注意：　①遺體尊嚴　②遺體隱私權　③公共衛生　④社會地位。

98.（3）遺體處理場所整潔，下列何者觀念錯誤？　①可減少蒼蠅、蚊子孳生　②應包括空氣品質維護　③整潔與衛生無關　④可增進從業人員的健康。

99.（3）平時手部維持清潔、不帶有病原體最適當的方法是？　①淋浴習慣　②泡消毒水　③養成勤洗手習慣　④帶手套。

100. (4) 遺體美容從業人員為亡者化妝前，最好的工作原則是： ①依當時心情而定 ②個人喜好 ③模仿流行 ④與家屬充分溝通。

101. (3) 色彩的鮮豔程度是指： ①色相 ②明度 ③彩度 ④配色。

102. (2) 顏色的名稱稱為： ①明度 ②色相 ③彩度 ④明色。

103. (1) 無彩色中明度最高的是： ①白色 ②灰色 ③黑色 ④無色。

104. (3) 無彩色中明度最低的是： ①白色 ②灰色 ③黑色 ④無色。

105. (4) 色相環中，接近紅色的稱為： ①寒色 ②中間色 ③中性色 ④暖色。

106. (2) 有彩色中何者為中間色？ ①灰色 ②米色 ③藍色 ④白色。

107. (2) 無彩色就是指： ①黃、綠、紅 ②黑、白、灰 ③紅、黃、藍 ④紅、橙、黑。

108. (3) 下列哪種粉底遮蓋力最強，適合濃妝？ ①粉霜 ②粉膏 ③粉條 ④粉蜜。

109. (4) 遺體化妝粉底選擇無須考慮： ①皮膚瑕疵狀況 ②膚色 ③有無冰存 ④皮膚性質（如乾、油性肌膚）。

110. (4) 遮瑕度功能最佳的粉底是： ①粉條 ②水粉餅 ③粉霜 ④蓋斑膏。

111. (2) 含油量較多的粉底是： ①水粉餅 ②粉條 ③粉霜 ④粉蜜。

112. (4) 遺體化妝粉底的推抹，下列何者用品較為均勻： ①化妝棉 ②泡棉 ③刷子 ④海綿。

113. (2) 下列何者不適合遺體化妝全臉使用？ ①粉條 ②蓋斑膏 ③粉膏 ④蜜粉。

114. (2) 有關遺體粉底化妝品的選擇，何者有誤？ ①使用合格化妝品 ②黑皮膚宜選較白皙的粉底 ③粉底顏色愈接近膚色愈自然 ④易與皮膚融合為主。

115. (4) 何者不是遺體化妝時，使用之眼部化妝用品？ ①眼線筆 ②眼影 ③睫毛膏 ④眉筆。

116. (1) 遺體化妝時使用化妝品，在何種室溫中較不易變質？ ①20～25℃ ②30～35℃ ③35～45℃ ④0℃以下，40℃以上。

117. (2) 乳霜狀的粉底正確使用方法是： ①以海綿沾取 ②以挖棒取用 ③用手指挖取 ④倒於手心塗抹。

118. (4) 遺體化妝時，能帶給臉色紅潤，美化膚色，並具修飾臉型效果的是： ①蜜粉 ②眼影 ③眼線 ④腮紅。

119. (4) 遺體化妝時，粉條的取用，下列何者為宜？ ①直接塗在臉上 ②以手指沾取 ③以海綿沾取 ④用挖勺取用。

120. (1) 遺體化妝時蜜粉的取用宜： ①倒在衛生紙上後沾取 ②倒在盒蓋後沾取 ③直接以粉撲沾取 ④倒在手心後沾取。

121. (4) 遺體化妝時，筆狀色彩化妝品最衛生的使用方法是： ①消毒筆蓋 ②消毒筆桿 ③直接丟棄 ④消毒筆頭。

122. (2) 遺體化妝之化妝品保存時宜放在： ①陽光直射處 ②陰涼乾燥處 ③冷凍庫 ④洗手間。

123. (4) 能美化遺體膚色的化妝品為： ①眼影 ②眉筆 ③唇線筆 ④粉底。

124. (2) 遺體化妝時，關於取用化妝品的敘述，下列何者正確？ ①過量取出之化妝品，可倒回瓶中以避免浪費 ②蜜粉應倒在衛生紙上沾取用 ③乳霜狀之化妝品可直接用手挖取 ④化妝品發現油水分離、沉澱、凝固等現象屬正常情形，仍可照常繼續使用。

125. (3) 煮沸消毒法的溫度至少須多少度以上？ ①50℃ ②80℃ ③100℃ ④150℃。

126. (2) 下列何者為物理消毒法？ ①酒精消毒法 ②煮沸消毒法 ③陽性肥皂液 ④氯液消毒法。

127. (4) 物理消毒法係指運用物理學的原理達到消毒的目的，以下何者錯誤？ ①光與熱 ②輻射線 ③超音波 ④化學變化。

128. (4) 遺體臉部化妝，較亮色的顏色是適用於： ①縮小臉部範圍 ②產生陰影效果 ③隱藏缺點 ④強調臉部範圍集中視覺。

129. (3) 遺體化妝時，粉底色調中，可使臉部看起來較削瘦，且有收縮感的是： ①基本色 ②明色 ③暗色 ④白色。

130. (1) 在粉底的色調中，使用後可使臉頰顯得豐滿的顏色是： ①明色 ②暗色 ③基本色 ④綠色。

131. (2) 未冰存過的遺體用粉條擦勻後，為固定化妝宜再使用何種化妝品按勻？ ①腮紅 ②蜜粉 ③粉條 ④粉霜。

132. (1) 遺體化妝時，選用粉底應依何者來選擇？ ①膚色 ②唇型 ③臉型 ④鼻型。

133. (2) 粉底中，可以單獨使用的粉底是： ①明色粉底 ②自然色粉底 ③暗色粉底 ④特殊色粉底。

134. (4) 遺體化妝選擇粉底的顏色時，是將粉底與何部位膚色比對： ①額頭 ②眼皮

③手心　④下顎。

135.（ 1 ）遺體化妝時，對皮膚白皙者可選用：　①略偏粉紅色　②深膚色　③咖啡色　④白色的粉底。

136.（ 3 ）遺體化妝時，能掩蓋皮膚瑕疵，美化膚色的化妝品是：　①隔離霜　②化妝水　③粉底　④營養面霜。

137.（ 3 ）遺體化妝以刀片修飾眉毛時，刀片的拿法，其傾斜度以何者最爲適當？　①15°　②30°　③45°　④60°。

138.（ 2 ）遺體化妝時，眉尾下垂則會顯得：　①剛毅　②憂傷　③柔美　④立體。

139.（ 3 ）能使亡者眼睛閉合的輪廓更加清晰的是：　①眼影　②睫毛膏　③眼線　④眉型。

140.（ 4 ）下列何者化妝品不適用於遺體化妝？　①睫毛膏　②粉條　③眼影　④眼線液。

141.（ 2 ）遺體化妝時，腮紅的基本刷法是：　①以顴骨爲中心顏色較濃，向四周則愈淡　②靠近髮際之處顏色較濃，愈向臉的中心處則顏色愈淡　③靠近髮際之處顏色較淡，愈向臉的中心處則顏色愈濃　④以顴骨下方爲中心刷勻即可。

142.（ 3 ）基本腮紅刷法，是以顴骨爲中心，向著太陽穴及耳中刷出朦朧的：　①長形　②圓形　③三角形　④水平線。

143.（ 3 ）爲求遺體彩妝的協調性，如眼影採暖色調表現，而唇膏的顏色以何者最適合？　①紫紅　②酒紅　③咖啡橘　④玫瑰紅。

144.（ 4 ）遺體化妝最適宜的整體表現是：　①神祕　②豔麗　③浪漫　④莊嚴肅穆。

145.（ 4 ）較能表現莊嚴肅穆的顏色是：　①紅色　②紫色　③藍色　④褐色。

146.（ 2 ）完整性遺體化妝通常不會使用：　①粉底　②假睫毛　③眼影　④唇膏。

147.（ 3 ）改變遺體的唇色可用哪種化妝品做修正？　①唇線筆　②蜜粉　③粉條　④唇蜜。

148.（ 2 ）遺體化妝爲避免陰影影響效果，光源最好採：　①背面光　②正面光　③右側光　④左側光。

149.（ 4 ）下列何者不是遺體保存方式？　①防腐　②冷凍　③冷藏　④打桶。

150.（ 4 ）遺體化妝無須注意的事項爲何？　①性別　②年紀　③個人衛生行爲　④祭拜儀式。

151.（ 3 ）未幫亡者裝戴假牙不會影響：　①五官平衡　②肌理紋路　③咀嚼　④嘴巴閉合。

152. (3) 死亡的希式面容會呈現：　①屍斑　②屍綠　③臉色蒼白　④發紺。

153. (2) 人死亡後肌肉僵硬，首先發生在哪一個部位？　①手臂　②下頜　③頸部　④軀幹。

154. (2) 亡者在臨終期間最後消失的感覺功能為何？　①嗅覺　②聽覺　③視覺　④觸覺。

155. (3) 亡者產生嘴巴微張、下頜骨、眼眶凹陷、眼睛可能半張開，是由於哪一個功能改變？　①感覺知覺神經系統　②周邊循環系統　③骨骼肌肉系統　④意識狀態改變。

156. (1) 幫亡者淨身的溫水最好為：　①20℃～37℃　②42℃～45℃　③45℃～50℃　④50℃～55℃。

157. (1) 幫亡者臉部消毒應先從哪個部位著手？　①五官　②臉頰　③額頭　④下巴。

158. (2) 幫亡者清洗下體時的方向為何？　①由肛門向四周擦拭　②由恥骨往肛門擦拭　③由肛門往恥骨擦拭　④肛門左右來回擦拭。

159. (1) 以擦拭方式幫亡者淨身時應注意：　①毛巾不可重複使用　②從腳部開始擦拭　③從軀幹開始擦拭　④從頭部開始擦拭。

160. (3) 下列何者不是接體注意事項？　①仔細觀察詳實記錄遺體資料卡　②點交亡者財物　③判定死亡原因　④接體人員工作態度。

161. (4) 下列何者不是遺體處理注意事項？　①清理排泄物　②體位擺放　③肢體擺放　④判定死亡原因。

162. (4) 下列何者不是清潔亡者身體的目的？　①防止體液等細菌繁殖造成感染　②給予人性化的舒適感　③去除亡者身上異味，有助於家屬悲傷情緒的疏導　④可省去消毒步驟。

163. (1) 用剪刀剪掉亡者身上衣物，其剪刀應丟入：　①待消毒袋　②垃圾袋　③感染性廢棄物袋　④放回置物箱。

164. (2) 造成人斷氣後有失禁現象是因為喪失何種功能？　①周邊循環系統　②肌肉張力喪失　③意識狀態改變　④感覺知覺神經系統。

165. (2) 亡者會有排便的現象是因為：　①喪失感覺知覺神經系統　②膀胱括約肌肉鬆弛　③喪失循環系統　④喪失意識。

166. (3) 移除亡者的尿布及糞便，應丟入：　①待消毒袋　②垃圾袋　③感染性事業廢棄物袋　④垃圾桶。

167. (4) 下列何者不是為亡者更衣用大毛巾覆蓋，避免肢體外露的原因為何？ ①遺體尊嚴 ②遺體隱私權 ③尊重亡者 ④避免屍體產生變化。

168. (2) 下列何者不是為亡者更衣的注意事項？ ①可事先將內、外衣套穿好再幫亡者穿上 ②為求工作迅速確實無須注意遺體隱私 ③避免多次翻動拉扯亡者 ④扣上衣服釦子，擺整妥當。

169. (3) 完整性遺體化妝夾睫毛的原因為何？ ①使睫毛濃密 ②使睫毛捲俏 ③使睫毛與下眼瞼分離 ④增加神韻。

170. (1) 完整性遺體化妝須刷睫毛的原因為何？ ①刷掉睫毛殘餘的粉末 ②使睫毛濃密 ③使睫毛捲俏 ④增加神韻。

171. (3) 下列何者不是遺體化妝的主要目的？ ①恢復生前自然觀感 ②隱藏疾病所造成的膚色異常 ③增加殯葬產值 ④維持亡者尊嚴。

20300喪禮服務 丙級 工作項目03：殯葬相關法令

1. (2) 與消費者簽訂生前殯葬服務契約之殯葬服務業，其有預先收取費用者，應將該費用百分之幾交付信託業管理？ ①百分之七十 ②百分之七十五 ③百分之八十 ④百分之八十五。

2. (3) 請問勞保被保險人投保滿2年，因普通傷病死亡，遺屬津貼幾個月？ ①10個月 ②20個月 ③30個月 ④3個月。

3. (3) 勞保被保險人之父母或配偶死亡，可請領幾個月喪葬津貼？ ①1個月 ②2個月 ③3個月 ④5個月。

4. (1) 勞保被保險人之未滿12歲之子女死亡，發給幾個月喪葬津貼？ ①1個半月 ②2個半月 ③3個半月 ④5個月。

5. (3) 我國的安寧緩和醫療條例，是何時通過的？ ①1995年 ②1998年 ③2000年 ④2002年。

6. (2) 有關防止殯葬業惡性競爭意外事件或不明原因死亡之遺體，依殯葬管理條例規定，下列何者為錯誤？ ①憲警人員依法處理意外事件或不明原因死亡之屍體程序完結後，應即通知轄區或較近之公立殯儀館辦理屍體運送事宜 ②非依規定或未經家屬同意，自行運送屍體者，僅得請求運費 ③公立殯儀館接獲憲警人員通知後，應自行或委託殯葬服務業運送屍體至殯儀館後，依相關規定處理 ④憲警人員依法處理意外事件或不明原因死亡之屍體程序完結後，經家屬認

領，得自行委託殯葬禮儀服務業者承攬服務。

7. (2) 依殯葬管理條例規定，未取得禮儀師資格者，可否執行該條例第四十六條第一項規定各款之業務？ ①絕對不可以 ②可以，但不得以禮儀師名義執行 ③僅得執行部分業務 ④經主管機關核准才可以。

8. (2) 依【殯葬管理條例】第七十三條第一項規定：「殯葬設施經營業違反第六條第一項或第三項規定，未經核准或未依核准之內容設置、擴充、增建、改建殯葬設施，或違反第二十一條第一項規定擅自啟用、販售墓基或骨灰骸存放單位，經限期改善或補辦手續，屆期仍未改善或補辦手續者，處新臺幣三十萬元以上一百五十萬元以下罰鍰，並得連續處罰之。未經核准，擅自使用移動式火化設施經營火化業務，或火化地點未符第二十一條第一項規定者，亦同。」請問依照第七十三條第三項規定，第一項處罰對象之優先順序為何？ ①無殯葬設施經營業者，處罰販售者；無販售者，處罰設置、擴大、增建或改建者 ②無殯葬設施經營業者，處罰設置、擴大、增建或改建者；無設置者，處罰販售者 ③無殯葬設施經營業者，直接處罰販售者 ④無殯葬設施經營業者，直接處罰設置者，不罰販售者。

9. (3) 依傳染病防治法規定，以下何者不屬於法定傳染病？ ①霍亂 ②登革熱 ③流行性感冒 ④天花。

10. (1) 下列何者，依法不具有開立死亡證明之資格？ ①鄰里長 ②醫院內之主治醫師 ③法醫 ④經主管機關核可之診所醫師。

11. (4) （本題刪題）若死者的死因為感染第一類型法定傳染病，應按照規定在幾個小時內進行火化？ ①死後立即火化 ②48小時 ③72小時 ④24小時。

12. (2) 當親人過世後，須在多久時間內前往戶政事務所申辦死亡登記？ ①十四日 ②三十日 ③九十日 ④一百八十日。

13. (4) 以下何者不是殯葬管理條例的立法目的？ ①殯葬行為切合現代需求，兼顧個人尊嚴及公眾利益 ②促進殯葬設施符合環保並永續經營 ③殯葬服務業創新升級，提供優質服務 ④促進業者大者恆大。

14. (1) 殯葬設施係指： ①「公墓」、「殯儀館」、「禮廳及靈堂」、「火化場」及「骨灰（骸）存放設施」 ②「公墓」、「殯儀館」、「禮廳及靈堂」、「醫院附設殮、殯、奠、祭設施」及「寺廟附設納骨塔」 ③「灑葬區」、「殯儀館」、「火化場」、「禮廳及靈堂」及「骨灰（骸）存放設施」 ④「公

墓」、「殯儀館」、「禮廳及靈堂」、「火化場」及「醫院附設殮、殯、奠、祭設施」。

15. (3) 供公眾營葬屍體、埋藏骨灰或供樹葬之設施係指： ①殯儀館 ②骨灰（骸）存放設施 ③公墓 ④醫院附設殮、殯、奠、祭設施。

16. (2) 有關殯儀館之敘述以下何者是錯誤？ ①殯儀館係指供屍體處理及舉行殮、殯、奠、祭儀式之設施 ②醫院附設殮、殯、奠、祭設施是殯儀館的一種類型 ③緊急供電設施是殯儀館應有設施 ④殯儀館聯外道路的寬度不得小於6公尺。

17. (2) 對轄內私立殯葬設施之設置核准、監督、管理、評鑑及獎勵係屬何種機關權責？ ①中央主管機關 ②直轄市、縣（市）主管機關 ③鄉（鎮、市）主管機關④視個案決定。

18. (2) 殯葬服務業之設立許可、經營許可、輔導、管理、評鑑及獎勵係屬何種機關權責？ ①中央主管機關 ②直轄市、縣（市）主管機關 ③鄉（鎮、市）主管機關④視個案決定。

19. (3) 違法設置、擴充、增建、改建殯葬設施、違法從事殯葬服務業及違法殯葬行為之查報係屬何種機關權責？ ①中央主管機關 ②直轄市、縣（市）主管機關 ③鄉（鎮、市）主管機關 ④視個案決定。

20. (3) 埋葬、火化及起掘許可證明之核發屬何機關權責？ ①中央主管機關 ②直轄市、縣（市）主管機關 ③鄉（鎮、市）主管機關 ④視個案決定。

21. (3) 殯葬管理條例規定山坡地設置私立公墓，其面積不得小於： ①1公頃 ②2公頃 ③5公頃 ④10公頃。

22. (2) 私立殯葬設施經核准設置、擴充、增建及改建者，除有特殊情形報經主管機關延長者外，應於核准之日起多少時間內施工？ ①6個月 ②1年 ③2年 ④5年。

23. (2) 殯葬管理條例規定私立公墓應於開工後多少時間內完工？ ①2年 ②5年 ③10年 ④未明文規定。

24. (3) 有關設置、擴充公墓距離限制之敘述以下何者是錯誤？ ①應選擇不影響水土保持、不破壞環境保護之適當地點為之 ②與公共飲水井或飲用水之水源地距離不得少於1000公尺 ③與學校、醫院、幼稚園、托兒所距離不得少於300公尺 ④其他法律或自治法規另有規定者，從其規定。

25. (2) 公墓之墓道，分墓區間道及墓區內步道，其寬度分別不得小於多少公尺？
①2公尺及1公尺　②4公尺及1.5公尺　③4公尺及2公尺　④6公尺及3公尺。

26. (3) 殯葬設施聯外道路之寬度不得小於多少公尺？　①2公尺　②4公尺　③6公尺
④8公尺。

27. (2) 非山坡地之公墓內墳墓造型採平面草皮式者，綠化空地面積占公墓總面積比例
不得小於多少？　①10分之1　②10分之2　③10分之3　④10分之4。

28. (2) 有關樹葬之敘述以下何者是錯誤？　①應於公墓為之　②實施樹葬之骨灰，可
不經骨灰再處理設備處理即可為之　③以裝入容器為之者，其容器材質應易於
腐化且不含毒性成分　④專供樹葬之公墓或於公墓內劃定一定區域實施樹葬
者，其樹葬面積得計入綠化空地面積。

29. (4) 有關設置殯葬設施相關規定之敘述以下何者是錯誤？　①設置殯葬設施應依殯
葬管理條例第6條規定報請直轄市、縣（市）主管機關核准　②設置殯葬設施
完竣，經直轄市、縣（市）主管機關檢查符合規定，並公告後始得啓用、販售
墓基或骨灰骸存放單位　③私立殯葬設施於核准設置後，其核准事項有變更
者，應備具相關文件報請直轄市、縣（市）主管機關核准　④私立殯葬設施經
核准設置者，除有特殊情形報經主管機關延長者外，應於核准之日起2年內施
工。

30. (2) 有關實施骨灰拋灑或植存相關規定之敘述，以下何者是錯誤？　①直轄市、縣
（市）主管機關得會同相關機關劃定一定海域，實施骨灰拋灑　②實施骨灰拋
灑或植存之區域，得施設任何有關喪葬外觀之標誌或設施　③骨灰之處置，應
經骨灰再處理設備處理後，始得為之　④如以裝入容器為之者，其容器材質應
易於腐化且不含毒性成分。

31. (1) 以下敘述何者是錯誤？　①埋葬屍體得於公墓外為之　②骨骸起掘後，應存放
於骨灰（骸）存放設施或火化處理　③公墓不得收葬未經核發埋葬許可證明之
屍體　④骨灰（骸）之存放或埋藏，應檢附火化許可證明、起掘許可證明或其
他相關證明。

32. (1) 殯葬管理條例有關墓基面積規定之敘述以下何者是錯誤？　①每一墓基面積不
得超過6平方公尺　②2棺以上合葬者，每增加1棺，墓基得放寬4平方公尺
③屬埋藏骨灰者，每一骨灰盒罐用地面積不得超過0.36平方公尺　④直轄市、
縣（市）主管機關為節約土地利用，得考量實際需要，酌減面積。

33. (2) 以下敘述何者有誤？　①埋葬棺柩時，其棺面應深入地面以下至少70公分　②墓頂至高不得超過地面1公尺　③墓基埋藏骨灰者，應以平面式爲之　④墓頂高度因地方風俗或地質條件特殊報經直轄市、縣（市）主管機關核准者，至高不得超過地面2公尺。

34. (2) 直轄市、縣（市）或鄉（鎮、市）主管機關對其公立公墓內或其他公有土地上之無主墳墓，得經公告多少時間確認後，予以起掘爲必要處理後，火化或存放於骨灰（骸）存放設施？　①1個月　②3個月　③6個月　④1年。

35. (4) 有關私立公墓骨灰（骸）存放設施管理費專戶相關規定之敘述，以下何者是錯誤？　①私立公墓、骨灰（骸）存放設施經營者應以收取之管理費設立專戶，專款專用　②設施經營者應將專戶之年度決算書送經會計師查核簽證　③直轄市、縣（市）主管機關爲了解專戶之狀況，得隨時通知設施經營者提出業務及財務報告　④設施經營者可自行決定專戶支出項目及用途。

36. (2) 私立或以公共造產設置之公墓、骨灰（骸）存放設施經營者，應將管理費以外之其他費用，提撥多少比例，交由直轄市、縣（市）主管機關，成立殯葬設施經營管理基金，支應重大事故發生或經營不善致無法正常營運時之修護、管理等費用？　①1%　②2%　③5%　④10%。

37. (4) 有關遷葬相關規定之敘述以下何者是錯誤？　①遷葬對象爲非依法設置之墳墓，得發給遷葬救濟金　②遷葬原因係情事變更致有妨礙軍事設施、公共衛生、都市發展或其他公共利益之虞　③經直轄市、縣（市）主管機關轉請目的事業主管機關認定屬實者應予遷葬　④經公告爲古蹟者仍可辦理遷葬。

38. (4) 有關依法應行遷葬之墳墓之敘述以下何者是錯誤？　①直轄市、縣（市）、鄉（鎮、市）主管機關應於遷葬前先行公告　②應以書面通知墓主及在墳墓前樹立標誌　③應發給遷葬補償費或遷葬救濟金　④墓主屆期未遷葬者，無論是否因特殊情形提出申請，均視同無主墳墓。

39. (3) 有關殯葬服務業之敘述以下何者是錯誤？　①殯葬服務業分殯葬設施經營業及殯葬禮儀服務業　②殯葬設施經營業係指以經營公墓、殯儀館、禮廳及靈堂、火化場、骨灰（骸）存放設施爲業者　③販售壽衣或棺木之業者爲殯葬服務業　④殯葬禮儀服務業係指以承攬處理殯葬事宜爲業者。

40. (2) 有關殯葬服務業之敘述以下何者是錯誤？　①經營殯葬服務業應向所在地直轄市、縣（市）主管機關申請設立許可　②殯葬服務業依法辦理公司、商業登記

或領得經營許可證書後，應於3個月內開始營業　③殯葬服務業於許可設立之直轄市、縣（市）以外之直轄市、縣（市）營業，應持原許可設立證明報請營業所在地直轄市、縣（市）主管機關備查　④殯葬設施經營業應加入該殯葬設施所在地之直轄市、縣（市）殯葬服務業公會，始得營業。

41. (4) 有關禮儀師相關規定之敘述以下何者是錯誤？　①殯葬服務業具一定規模者，應置專任禮儀師　②未取得禮儀師資格者，不得以禮儀師名義執行其業務　③禮儀師執行業務包括臨終關懷及悲傷輔導　④禮儀師執行業務不包括指導或擔任出殯奠儀會場司儀。

42. (3) 依殯葬管理條例規定，下列何種情形者不得為殯葬服務業負責人：　①罹患精神疾病或身心狀況違常者　②受感訓處分之裁定確定已執行完畢滿三年者　③犯妨害自由罪經受有期徒刑1年以上刑之宣告確定，尚未執行完畢者　④受破產之宣告已復權者。

43. (2) 有關殯葬服務業之敘述以下何者是錯誤？　①殯葬服務業應將相關證照、商品或服務項目、價金或收費標準展示於營業處所明顯處　②殯葬服務業就其提供之商品或服務，與消費者可以口頭約定代替訂定書面契約　③殯葬服務業應將中央主管機關訂定之定型化契約書範本公開並印製於收據憑證交付消費者　④殯葬服務業應備置收費標準表。

44. (2) 依殯葬管理條例第54條規定，下列何者非殯葬禮儀服務業應將交付信託業管理之財產退還消費者之情形？　①經直轄市、縣（市）主管機關勒令停業逾6個月以上　②經向直轄市、縣（市）主管機關申請停業期滿後，逾6個月未申請復業　③與信託業簽訂之信託契約因故解除或終止後逾6個月未指定新受託人　④自行停止營業連續6個月以上。

45. (3) 有關殯葬管理條例對於殯葬服務業相關規定之敘述以下何者是錯誤？　①直轄市、縣（市）主管機關對殯葬服務業應每年實施評鑑　②殯葬服務業之公會每年應自行或委託學校、機構、學術社團，舉辦殯葬業務觀摩交流及教育訓練　③殯葬服務業指派所屬員工參加殯葬講習或訓練，不列入評鑑殯葬服務業之評鑑項目　④對於殯葬服務業經評鑑成績優良者，直轄市、縣（市）主管機關應予獎勵。

46. (2) 殯葬服務業預定暫停營業3個月以上者，應於停止營業之日多少日前，以書面向直轄市、縣（市）主管機關申請停業？　①10日　②15日　③20日　④30

日。

47. (3) 殯葬服務業開始營業後自行停止營業連續多少個月以上，或暫停營業期滿未申請復業者，直轄市、縣（市）主管機關得廢止其許可？　①2個月　②3個月　③6個月　④12個月。

48. (2) 辦理殯葬事宜，如因殯儀館設施不足須使用道路搭棚者，應擬具使用計畫報經當地警察機關核准，但以多少日為限？　①1日　②2日　③3日　④10日。

49. (1) 殯葬服務業或其他個人提供之殯葬服務，不得於晚間何時至翌日上午何時間使用擴音設備？　①晚間9時至翌日上午7時　②晚間7時至翌日上午7時　③晚間10時至翌日上午8時　④晚間11時至翌日上午9時。

50. (4) 有關殯葬管理條例對於殯葬行為相關規定之敘述以下何者是錯誤？　①辦理殯葬事宜，如因殯儀館設施不足須使用道路搭棚者，應擬具使用計畫報經當地警察機關核准　②殯葬服務業不得提供或媒介非法殯葬設施供消費者使用　③殯葬服務業不得擅自進入醫院招攬業務；未經醫院或家屬同意，不得搬移屍體　④醫院不得附設殮、殯、奠、祭設施。但本條例中華民國100年12月14日修正之條文施行前已經核准附設之殮、殯、奠、祭設施，得於本條例修正施行後繼續使用3年。

51. (1) 殯葬管理條例對於殯葬設施經營業未經核准設置殯葬設施之裁處為：　①經限期改善或補辦手續，屆期仍未改善或補辦手續者，處新臺幣30萬元以上150萬元以下罰鍰，並限期改善或補辦手續，屆期仍未改善或補辦手續者，得按次處罰之　②命其限期改善或補辦手續，屆期仍未改善或補辦手續者，處新臺幣6萬元以上30萬元以下罰鍰，並得按次處罰之　③除處新臺幣3萬元以上15萬元以下罰鍰外，並限期改善，屆期仍未改善者，得按日連續處罰　④除處新臺幣6萬元以上30萬元以下罰鍰外，並限期改善，屆期仍未改善者，得按次連續處罰。

52. (3) 殯葬管理條例對於公墓外濫葬之罰則為：　①除處新臺幣1萬元以上3萬元以下罰鍰外，並限期改善，屆期仍未改善者，得按日連續處罰　②除處新臺幣3萬元以上10萬元以下罰鍰外，並限期改善，屆期仍未改善者，得按日連續處罰　③處新臺幣3萬元以上15萬元以下罰鍰，並限期改善；屆期仍未改善者，得按次處罰　④經限期改善，屆期仍未改善者，處新臺幣3萬元以上10萬元以下罰鍰，並得連續處罰之。

53. (4) 殯葬管理條例對於公墓內墓基面積違反規定之罰則為： ①除處新臺幣1萬元以上3萬元以下罰鍰外，並限期改善，屆期仍未改善者，得按日連續處罰 ②除處新臺幣3萬元以上10萬元以下罰鍰外，並限期改善，屆期仍未改善者，得按日連續處罰 ③處新臺幣6萬元以上30萬元以下罰鍰，並得連續處罰之 ④經限期改善，屆期仍未改善者，處新臺幣6萬元以上30萬元以下罰鍰；超過面積達1倍以上者，按其倍數處罰之。

54. (4) 殯葬管理條例對於與消費者簽訂生前殯葬服務契約之殯葬服務業未依規定交付信託業管理之罰則為： ①經限期改善，屆期不改善者，處新臺幣6萬元以上30萬元以下罰鍰；情節重大者，並得廢止其許可 ②除處新臺幣3萬元以上10萬元以下罰鍰外，並限期改善，屆期仍未改善者，得按日連續處罰 ③處新臺幣6萬元以上30萬元以下罰鍰，並得連續處罰之 ④處新臺幣20萬元以上100萬元以下罰鍰，並限期改善；屆期仍未改善者，得按次處罰，其情節重大者，得廢止其經營許可。

55. (2) 殯葬管理條例對於未依規定經營殯葬服務業之罰則為： ①經限期改善，屆期不改善者，處新臺幣6萬元以上30萬元以下罰鍰 ②除勒令停業外，並處新臺幣6萬元以上30萬元以下罰鍰，其不遵從而繼續營業者，得按次處罰 ③處新臺幣3萬元以上10萬元以下罰鍰，並得連續處罰之 ④經限期改善或補辦手續，屆期仍未改善或補辦手續者，處新臺幣30萬元以上150萬元以下罰鍰，並得連續處罰之。

56. (1) 殯葬管理條例對於未具禮儀師資格，以禮儀師名義執行業務者之罰則為： ①處新臺幣6萬元以上30萬元以下罰鍰。連續違反者，並得按次處罰 ②除勒令改善外，並處新臺幣6萬元以上30萬元以下罰鍰，其不遵從而繼續營業者，得連續處罰 ③經限期改善或補辦手續，屆期仍未改善或補辦手續者，處新臺幣30萬元以上100萬元以下罰鍰，並得連續處罰之 ④處新臺幣3萬元以上10萬元以下罰鍰，並得連續處罰之。

57. (4) 殯葬管理條例對於殯葬服務業提供或媒介非法殯葬設施供消費者使用之罰則為： ①經限期改善，屆期不改善者，處新臺幣6萬元以上30萬元以下罰鍰 ②除勒令停業外，並處新臺幣6萬元以上30萬元以下罰鍰，其不遵從而繼續營業者，得連續處罰 ③處新臺幣3萬元以上10萬元以下之罰鍰，經限期改善，屆期仍未改善者，得連續處罰；情節重大或再次違反者，得廢止其許可 ④處

新臺幣3萬元以上15萬元以下之罰鍰,並限期改善;屆期仍未改善者,得按次處罰,情節重大者,得廢止其許可。

58. (4) 下列何者非殯葬管理條例之規範內容? ①殯葬設施 ②殯葬服務業 ③殯葬行為 ④寵物殯葬設施。

59. (4) 下列何者非殯葬管理條例第2條第1項所定義之殯葬設施? ①公墓 ②殯儀館 ③火化場 ④移動式火化設施。

60. (2) 殯葬管理條例第2條第2款對於公墓定義中所提供之功能,下列何者有誤? ①可供公眾營葬屍體 ②可供埋藏骨骸 ③可供樹葬 ④可供埋藏骨灰。

61. (3) (本題刪題) 公墓不得供公眾做何種使用? ①營葬屍體 ②埋藏骨灰 ③埋藏骨骸 ④樹葬。

62. (3) 下列何者對火化場功能之敘述有誤? ①可供火化屍體 ②可供火化骨骸 ③僅能供屍體火化,不可供骨骸火化 ④動物屍體之火化非殯葬管理條例中火化場規範之對象。

63. (4) 下列何者對骨灰(骸)存放設施或骨灰再處理設備之敘述有誤? ①供存放骨灰(骸)之納骨堂塔屬骨灰(骸)存放設施 ②納骨牆屬骨灰(骸)存放設施 ③加工處理火化後之骨灰,使成更細小之顆粒之設備屬於骨灰再處理設備 ④加工處理火化後之骨灰,使擴大體積之設備屬於骨灰再處理設備。

64. (3) 殯葬管理條例第2條第11款所謂樹葬,以下何者為非? ①樹葬可以將骨灰藏納土中,再植花樹於上 ②樹葬可以於樹木根部周圍埋藏骨灰 ③樹葬僅限於在公園、綠地、森林或其他適當場所,劃定一定區域範圍實施 ④樹葬可以在公墓內實施。

65. (4) 下列何者對樹葬或移動式火化設施之敘述有誤? ①於公墓內將骨灰藏納土中,再植花樹於上乃樹葬之安葬方式之一 ②於樹木根部周圍埋藏骨灰乃樹葬之安葬方式之一 ③移動式火化設施可組裝於車、船等交通工具上 ④移動式火化設施,乃用於火化骨灰之設施。

66. (4) 殯葬管理條例所稱之主管機關下列何者有誤? ①在中央為內政部 ②在直轄市為直轄市政府 ③在縣(市)為縣(市)政府 ④在鄉(鎮、市、區)為鄉(鎮、市、區)公所。

67. (1) 下列何者非中央主管機關之權責? ①殯葬設施專區之規劃及設置 ②殯葬管理制度之規劃設計、相關法令之研擬及禮儀規範之訂定 ③殯葬服務業證照制

度之規劃 ④殯葬服務定型化契約之擬定。

68. (3) 下列何者是鄉（鎮、市）公所之權責？ ①鄉（鎮、市）公立殯葬設施之設置、經營及管理之核准 ②殯葬自治法規之擬定 ③埋葬、火化及起掘許可證明之核發 ④對轄內鄉（鎮、市）公立殯葬設施設置、更新、遷移之核准。

69. (1) 下列對殯葬設施之設置、擴充、增建或改建之敘述，何者有誤？ ①應備具相關文件報請直轄市、縣（市）主管機關備查 ②其由直轄市、縣（市）主管機關辦理者，應報請中央主管機關備查 ③殯葬設施土地跨越直轄市、縣（市）行政區域者，應向該殯葬設施土地面積最大之直轄市、縣（市）主管機關申請核准 ④向殯葬設施土地面積最大之直轄市、縣（市）主管機關申請核准，受理機關並應通知其他相關之直轄市、縣（市）主管機關會同審查。

70. (4) 下列何者不在殯葬管理條例第12條第1項，所列舉公墓之應有設施內？ ①骨灰（骸）存放設施 ②公共衛生設備 ③排水系統 ④污水處理設施。

71. (3) 下列何者不在殯葬管理條例第13條第1項，所列舉殯儀館之應有設施內？ ①悲傷輔導室 ②緊急供電設施 ③骨灰再處理設施 ④解剖室。

72. (2) 下列何者不在殯葬管理條例第15條，所列舉火化場之應有設施內？ ①緊急供電設施 ②屍體處理設施 ③空氣污染防制設施 ④祭拜檯。

73. (4) 下列何者不在殯葬管理條例第16條，所列舉骨灰（骸）存放設施之應有設施內？ ①納骨灰（骸）設備 ②祭祀設施 ③服務中心及家屬休息室 ④禮廳及靈堂。

74. (4) 下列何者對殯葬管理條例第12條墓道之敘述有誤？ ①墓道為公墓之應有設施之一 ②墓道分為墓區間道及墓區內步道 ③墓區間道其寬度不得小於4公尺 ④墓區內步道其寬度不得小於2公尺。

75. (2) 下列對殯葬設施應有設施之共用及聯外道路之規定，何者敘述有誤？ ①殯葬設施應有設施之共用，乃為節省土地資源 ②第12條至第16條應有設施之設置標準，由中央主管機關定之 ③殯葬設施合併設置者，殯葬管理條例第12條至第16條之應有設施得共用之 ④殯葬設施之聯外道路，其寬度不得小於6公尺。

76. (1) 對於殯葬設施規劃之原則及公墓綠化面積比例，下列敘述何者有誤？ ①樹葬面積絕不計入綠化空地面積 ②殯葬設施規劃應以人性化為原則，並與鄉近環境景觀力求協調 ③公墓內應劃定公共綠化空地，綠化空地面積占公墓總面積

比例，不得小於十分之三　④公墓內墳墓造型採平面草皮式者，其比例不得小於二分之一。

77.（ 3 ）對於公墓綠美化及環保之原則，下列敘述何者有誤？　①專供樹葬之公墓，其樹葬面積得計入綠化空地面積　②於公墓內劃定一定區域實施樹葬者，其樹葬面積得計入綠化空地面積　③在山坡地上實施樹葬面積得計入綠化空地面積者，以灌木為之者為限　④實施樹葬之骨灰，應經骨灰再處理設備處理後，始得為之。

78.（ 3 ）下列何者對殯葬管理條例第18條，關於公墓綠美化空地之比例敘述有誤？　①綠化空地面積占公墓總面積比例，不得小於十分之三　②公墓內墳墓造型採平面草皮式者，其綠化空地比例不得小於十分之二　③於山坡地設置其墳墓造型採平面草皮式公墓者，其綠化空地比例不得小於十分之二　④專供樹葬之公墓或於公墓內劃定一定區域實施樹葬者，其樹葬面積得計入綠化空地面積。

79.（ 3 ）設置、擴充、增建或改建殯葬設施，何時可以販售？　①取得使用執照即可販售　②取得建築執照即可販售　③經主管機關檢查符合規定，並將殯葬設施名稱、地點、所屬區域及設置者之名稱或姓名公告後，始得販售　④由直轄市、縣（市）主管機關設置、擴充、增建或改建者，應報請中央主管機關核准，始得販售。

80.（ 4 ）下列對殯葬設施經營管理之敘述，何者有誤？　①直轄市主管機關，為經營殯葬設施，得設殯葬設施管理機關（構）　②縣（市）主管機關，為經營殯葬設施，得設殯葬設施管理機關（構）　③鄉（鎮、市）主管機關，為經營殯葬設施，得設殯葬設施管理人員　④殯葬設施禁止委託民間經營。

81.（ 3 ）下列對殯儀館及火化場經營者，申請使用移動式火化設施之敘述，何者有誤？　①得向直轄市主管機關申請使用移動式火化設施，經營火化業務　②得向縣（市）主管機關申請使用移動式火化設施，經營火化業務　③移動式火化設施其火化之地點，僅限於在火化場內火化　④必須受到移動式火化設施之設置標準及管理辦法拘束。

82.（ 4 ）依殯葬管理條例之規定，下列何者為非？　①埋葬屍體，應於公墓內為之　②公墓不得收葬未經核發埋葬許可證明之屍體或骨灰　③骨灰（骸）存放設施不得收存未檢附火化許可證明、起掘許可證明或其他相關證明之骨灰（骸）　④於縣設置、經營之公墓或火化場埋葬或火化者，應先向中央主管機關申請埋

葬、火化許可證明。

83.（ 2 ）下列對墓基之規定何者有誤？ ①公墓內應依地形劃分墓區，每區內劃定若干墓基，編定墓基號次 ②每一墓基面積原則上不得超過8平方公尺，但二棺以上合葬者，每增加一棺，墓基得放寬6平方公尺 ③其屬埋藏骨灰者，每一骨灰盒罐用地面積不得超過0.36平方公尺 ④直轄市、縣（市）主管機關為節約土地利用，得考量實際需要，酌減墓基面積。

84.（ 4 ）下列對殯葬設施使用年限敘述何者有誤？ ①直轄市、縣（市）或鄉（鎮、市）主管機關得經同級立法機關議決，規定公墓墓基及骨灰（骸）存放設施之使用年限 ②埋葬屍體之墓基使用年限屆滿時，應通知遺族撿存放於骨灰（骸）存放設施或火化處理之 ③埋藏骨灰之墓基及骨灰（骸）存放設施使用年限屆滿時，應由遺族依規定之骨灰拋灑、植存或其他方式處理 ④無遺族或遺族不處理者，由殯葬設施設置者存放於骨灰（骸）存放設施或以其他方式處理之。

85.（ 4 ）殯葬管理條例第35條：「私立公墓、骨灰（骸）存放設施經營者向墓主及存放者收取之費用，應明定管理費，並以管理費設立專戶，專款專用。本條例施行前已設置之私立公墓、骨灰（骸）存放設施，亦同。前項管理費之金額、收取方式及其用途，殯葬設施經營者應於書面契約中載明。」本條文自何時施行？ ①民國91年7月19日 ②民國92年7月1日 ③民國98年5月13日 ④民國101年7月1日。

86.（ 2 ）依據101年7月1日施行之殯葬管理條例修正條文，下列對私立公墓、骨灰（骸）存放設施經營之敘述，何者正確？ ①應以向墓主及存放者收取之管理費以外費用，設立專戶，專款專用 ②殯葬管理條例施行前已設置之私立公墓、骨灰（骸）存放設施，亦應設立管理費專戶，專款專用 ③管理費以外之其他費用，依信託本旨設立公益信託 ④殯葬管理條例施行前已設置尚未出售之私立公墓、骨灰（骸）存放設施，自殯葬管理條例施行後，亦須設立公益信託。

87.（ 3 ）依據殯葬管理條例規定，下列對於「殯葬設施經營管理基金」之敘述，何者正確？ ①為有效管理基金，應由設施經營業者成立殯葬設施基金管理委員會 ②殯葬設施基金管理委員會成員，墓主及存放者總人數比例不得少於二分之一 ③基金用途，係支應私立或以公共造產設置之公墓、骨灰（骸）存放設施重大

事故發生或經營不善致無法正常營運時之修護、管理等費用　④由殯葬設施基金管理委員會，依信託本旨設立公益信託。

88.（ 4 ）下列對殯葬設施管理之查核及評鑑獎勵之敘述，何者正確？　①直轄市主管機關對轄區內殯葬設施，應每年查核管理情形，並辦理評鑑及獎勵　②縣（市）主管機關對轄區內殯葬設施，應每年查核管理情形，並辦理評鑑及獎勵　③中央主管機關對殯葬設施，應每年查核管理情形，並辦理評鑑及獎勵　④殯葬設施查核、評鑑及獎勵之自治法規，由直轄市、縣（市）主管機關定之。

89.（ 4 ）殯葬管理條例第36條：「私立或以公共造產設置之公墓、骨灰（骸）存放設施經營者，應將管理費以外之其他費用，提撥百分之二，交由殯葬設施基金管理委員會，依信託本旨設立公益信託，支應重大事故發生或經營不善致無法正常營運時之修護、管理等費用。本條例施行前已設置尚未出售之私立公墓、骨灰（骸）存放設施，自本條例施行後，亦同。」本條文自何時施行？　①民國91年7月19日　②民國92年7月1日　③民國101年1月1日　④民國101年7月1日。

90.（ 4 ）下列對於公立殯葬設施之更新或遷移之敘述何者有誤？　①辦理前提之一，遭遇天然災害致全部或一部無法使用時　②辦理前提之一，全部或一部地形變更時　③辦理前提之一，不敷使用時　④公立殯葬設施更新或遷移，無須擬具更新或遷移計畫。

91.（ 4 ）下列對遷葬之敘述，何者有誤？　①墳墓因情事變更致有妨礙都市發展之虞，經直轄市、縣（市）主管機關轉請目的事業主管機關認定屬實者，應予遷葬。但經公告為古蹟者，不在此限　②應行遷葬之非依法設置墳墓，應發給遷葬救濟金　③應行遷葬之合法墳墓，應發給遷葬補償費　④遷葬補償費之補償基準由中央主管機關定之。

92.（ 4 ）下列對殯葬服務業之敘述何者有誤？　①殯葬服務業分殯葬設施經營業及殯葬禮儀服務業　②殯葬設施經營業係指以經營公墓、殯儀館、火化場、骨灰（骸）存放設施為業者　③殯葬禮儀服務業指以承攬處理殯葬事宜為業者　④撿骨業亦為殯葬管理條例所規範之殯葬服務業。

93.（ 1 ）殯葬管理條例施行前已依公司法或商業登記法辦理登記之殯葬場所開發租售業及殯葬服務業，下列敘述何者有誤？　①應檢送公司或商業登記證明文件，報所在地直轄市、縣（市）主管機關核准　②應檢附加入所在地殯葬服務業商業同業公會證明，報所在地直轄市、縣（市）主管機關備查　③應檢送公司或商

業登記證明文件，報所在地直轄市、縣（市）主管機關備查 ④仍應加入殯葬服務業公會。

94.（ 4 ）下列對於經營殯葬服務業之敘述，何者有誤？ ①應向所在地直轄市、縣（市）主管機關申請經營許可後，依法辦理公司或商業登記 ②須加入殯葬服務業之公會，始得營業 ③其他法人依其設立宗旨，從事殯葬服務業者，應向所在地直轄市、縣（市）主管機關申請經營許可，領得經營許可證書，始得營業 ④其他法人從事殯葬服務業，殯葬管理條例並不要求其非加入公會不可。

95.（ 1 ）對於殯葬服務業之敘述，下列何者有誤？ ①未取得禮儀師資格者，不得從事任何殯葬禮儀服務業 ②無行為能力或限制行為能力者，不得從事殯葬服務業 ③殯葬服務業不得提供或媒介非法殯葬設施供消費者使用 ④殯葬服務業就其提供之商品或服務，應與消費者訂定書面契約。

96.（ 2 ）殯葬禮儀服務業依殯葬管理條例第51條第1項規定交付信託業管理之費用，其運用經核准設置之殯儀館、火化場需用之土地、營建及相關設施費用之投資總額，不得逾投資時信託財產當時價值之百分之幾？ ①十五 ②二十五 ③三十 ④四十。

97.（ 3 ）下列對禮儀師之敘述何者有誤？ ①禮儀師得指導或擔任出殯奠儀會場司儀 ②禮儀師之資格及管理辦法，由中央主管機關定之 ③未取得禮儀師資格者，不得執行禮儀師之業務 ④殯葬禮儀服務業具一定規模者，應置專任禮儀師。

98.（ 3 ）殯葬管理條例第46條第1項所規定，具有禮儀師資格者得執行之業務，不包括下列何者？ ①殯葬禮儀之規劃及諮詢 ②殯殮葬會場之規劃及設計 ③撿骨 ④指導或擔任出殯奠儀會場司儀。

99.（ 3 ）殯葬管理條例第48條關於殯葬服務業應將服務資訊展示，以利消費者評估與選擇，下列何者不在本條規範中？ ①相關證照 ②相關商品或服務項目 ③服務人數 ④收費基準。

100.（ 4 ）有關殯葬服務業就其提供之商品或服務，與消費者訂定契約之敘述，下列何者有誤？ ①應訂定書面契約 ②書面契約未載明之費用，無請求權 ③不得於契約訂定後，巧立名目，強索增加費用 ④書面契約之格式、內容，直轄市、縣（市）主管機關應訂定應記載及不得記載事項。

101.（ 4 ）按殯葬管理條例第35條規定，私立公墓、骨灰（骸）存放設施經營者向墓主及存放者收取之管理費，應設立專戶並專款專用。下列何者非該專戶專款專用之

用途？　①維護設施安全、整潔　②內部行政管理（含設施人事費用）　③舉辦祭祀活動　④投資或借貸。

102. (3) 下列對生前殯葬服務契約之敘述何者有誤？　①指當事人約定於一方或其約定之人死亡後，由他方提供殯葬服務之契約　②殯葬管理條例第51條第1項所稱費用，指消費者依生前殯葬服務契約所支付之一切對價　③與信託業簽訂信託契約時，應以確保生前殯葬服務契約得以履行、維護企業經營者權益為意旨　④殯葬禮儀服務業應將交付信託業管理之費用，按月逐筆結算造冊後，於次月底前交付信託業管理。

103. (2) 為宣導國人超越死亡禁忌，於生前即勇敢主張未來死亡後之殯葬事宜，下列敘述何者有誤？　①成年人且有行為能力者得於生前就其死亡後之殯葬事宜，以預立遺囑之形式表示之　②成年人且有行為能力者不得於生前就其死亡後之殯葬事宜，以意願書之形式表示之　③死者生前曾以遺囑或意願書表示其死後殯葬事宜者，其家屬或承辦其殯葬事宜者應予尊重　④殯葬管理條例第45條乃屬於訓示規定。

104. (2) 有關殯葬服務業公會之業務，下列敘述何者有誤？　①可以自行舉辦殯葬服務業務觀摩交流及教育訓練課程　②不得委託學校、機構、學術社團，舉辦殯葬服務業務觀摩交流及教育訓練課程　③舉辦業務觀摩交流，有助於提升會員之服務品質　④舉辦教育訓練，有助於提升會員之服務品質。

105. (4) 對於殯葬服務業之教育訓練，下列敘述何者有誤？　①殯葬服務業得視實際需要，指派所屬員工參加殯葬講習或訓練　②參加講習或訓練之紀錄，可以列入殯葬服務業之評鑑項目　③殯葬服務業指派所屬員工參加殯葬講習或訓練，有助於提升服務品質　④殯葬管理條例對殯葬服務業之教育訓練並無明文。

106. (1) 有關殯葬服務業暫停營業之敘述，下列何者有誤？　①預定暫停營業3個月以上者，應於停止營業之日15日前，以口頭向直轄市、縣（市）主管機關申請停業　②暫停營業期限屆滿，應於屆滿15日前申請復業　③暫停營業期間，以1年為限　④暫停營業有特殊情形者，得申請展延一次。

107. (3) 殯葬管理條例第68條：「殯葬服務業提供之殯葬服務，不得有製造噪音、深夜喧嘩或其他妨礙公眾安寧、善良風俗之情事，且不得於晚間9時至翌日上午7時間使用擴音設備。」違者將依殯葬管理條例第96條處罰，試問其處罰規定為何？　①除處新臺幣1萬元以上3萬元以下罰鍰外，並限期改善，屆期仍未改善

者，得按日連續處罰 ②除處新臺幣3萬元以上10萬元以下罰鍰外，並限期改善；屆期仍未改善者，得按日連續處罰 ③處新臺幣3萬元以上15萬元以下罰鍰，並限期改善；屆期仍未改善者，得按次處罰 ④經限期改善，屆期仍未改善者，處新臺幣3萬元以上10萬元以下罰鍰，並得連續處罰之。

108. (2) 殯葬管理條例第69條第1項：「憲警人員依法處理意外事件或不明原因死亡之屍體程序完結後，除經家屬認領，自行委託殯葬禮儀服務業者承攬服務者外，應即通知轄區或較近之公立殯儀館辦理屍體運送事宜，不得擅自轉介或縱容殯葬服務業逕行提供服務。」違者將依殯葬管理條例第98條處罰，試問其處罰規定為何？ ①除移送所屬機關依法懲處外，並處新臺幣1萬元以上3萬元以下罰鍰 ②除移送所屬機關依法懲處外，並處新臺幣3萬元以上15萬元以下罰鍰 ③僅處新臺幣1萬元以上3萬元以下罰鍰 ④僅移送所屬機關依法懲處，無罰鍰。

109. (1) 未經核准，擅自使用移動式火化設施經營火化業務，依殯葬管理條例第73條規定，應如何處罰？ ①新臺幣30萬元以上100萬元以下罰鍰，並限期改善或補辦手續 ②先要求限期改善或補辦手續，屆期仍未改善或補辦手續者，處新臺幣10萬元以上30萬元以下罰鍰 ③無按次處罰之規定 ④最高得處新臺幣300萬元罰鍰。

110. (2) 發現有殯葬設施經營業違反第6條第1項或第3項規定，未經核准或未依核准之內容設置、擴充、增建、改建殯葬設施，依殯葬管理條例第73條第1項應如何處罰？ ①仍允許其開發、興建、營運或販售墓基及骨灰（骸）存放單位 ②處新臺幣30萬元以上150萬元以下罰鍰，並限期改善或補辦手續；情節重大或拒不遵從者，得令其停止開發、興建、營運或販售墓基、骨灰（骸）存放單位、強制拆除或回復原狀 ③為保障已使用之消費者權益，僅處以罰鍰，不得強制拆除 ④最高處新臺幣100萬元罰鍰。

111. (2) 下列何者非殯葬管理條例第50條第2項規定之「一定規模」要件？ ①預收生前殯葬服務契約款項達新臺幣1億元以上之公司，應於達到該額度1年內，建立內部控制制度，並經聯合或法人會計師事務所執業之會計師審查簽證有效遵行 ②實收資本額達新臺幣1億元以上，且無累積虧損，且其年度財務報表並經簽證會計師出具無保留意見者 ③具備生前殯葬服務契約資訊公開及查詢之電腦作業，並經直轄市、縣（市）主管機關認定符合內政部所定規範者 ④最近3

年內平均稅後損益無虧損。

112. (4) 臺灣地狹人稠土地資源珍貴，故近年來政府積極倡導民眾響應「環保葬」，以下哪一個不是所謂的「環保葬」？ ①樹葬 ②海葬 ③灑葬 ④塔葬。

113. (4) 法鼓山聖嚴法師的骨灰於98年2月15日採何種方式處理？ ①樹葬 ②海葬 ③灑葬 ④植存。

114. (1) 「骨灰拋灑、植存」和「樹葬」的差異在於： ①是否在公墓範圍內 ②骨灰是否經再處理 ③是否裝有容器 ④是否付費。

115. (2) 殯葬服務業者應導引喪家使用合法殯葬設施，如有媒介喪家使用非法設施或濫葬者，處新臺幣： ①1至3萬 ②3至15萬 ③10至30萬 ④30至100萬元。

116. (3) 對生前契約業者查核及其違規情形裁罰之權責機關為： ①內政部 ②經濟部 ③直轄市、縣（市）政府 ④鄉（鎮、市）公所。

117. (3) 依殯葬管理條例第3條規定，有關殯葬消費資訊之提供及消費者申訴之處理之權責機關為： ①內政部 ②經濟部 ③直轄市、縣（市）政府 ④鄉（鎮、市）公所。

118. (3) 實施海葬之區域需於各港口防波堤最外端向外延伸多少公尺半徑扇區以外之海域？ ①2千 ②4千 ③6千 ④8千公尺。

119. (1) 下列有關「土葬」之規定何者正確？ ①僅限於公立或私立之合法公墓內為之 ②申請於自家土地埋葬者須為墳墓用地 ③於他人土地埋葬者須取得主管機關核發之埋葬許可證 ④殯葬管理條例規定土葬墓基之使用以10年為限。

120. (1) 處理生前簽署大體捐贈之遺體時，下述何者正確？ ①應先通知受贈之醫學中心 ②應將遺體運至殯儀館進行防腐 ③應將遺體運至公立殯儀館冰存 ④應將遺體立即入殮停棺。

121. (3) 下列何者是「不環保」的行為？ ①鼓勵家屬以亡者生前喜愛的服裝當壽衣 ②讓家屬了解樹葬或海葬實施方式並協助其申辦 ③鼓勵家屬多燒庫銀讓亡者在陰間有錢花用 ④盡量減少陪葬物。

122. (1) 殯葬管理條例規定，以下何者不得設置私立殯葬設施？ ①自然人 ②公司 ③教會 ④宮廟。

123. (3) 依殯葬管理條例第9條規定，下列何者為單獨設置、擴充禮廳及靈堂距離之限制？ ①與戶口繁盛地區不得少於500公尺 ②與公共飲水井或飲用水之水源地距離不得少於1000公尺 ③與學校、醫院、幼稚園、托兒所距離不得少於

200公尺 ④與貯藏或製造爆炸物或其他易燃之氣體、油料等之場所距離不得少於300公尺。

124.（1）下列何者不是單獨設置禮廳及靈堂之應有設施？ ①停柩室 ②公共衛生設施 ③緊急供電設施 ④悲傷輔導室。

125.（2）有關火化場之敘述以下何者是錯誤？ ①火化場係指供火化屍體或骨骸之場所 ②鄉（鎮、市）主管機關不得設置火化場 ③空氣污染防制設施是火化場應有設施 ④火化場不得火化未經核發火化許可證明之屍體。

20300喪禮服務 丙級 工作項目04：職務規範

1.（4）在面對喪家洽談喪事時，喪禮服務人員應抱持何種心態？ ①生意上門 ②有事可做 ③又有機會可以表現 ④協助家屬解決問題。

2.（2）在洽談喪事時，喪禮服務人員應抱持何種態度？ ①極力推銷自己 ②有問必答 ③看公司態度 ④依自己心情。

3.（1）在洽談喪事時，喪禮服務人員應以下列何者立場提供服務？ ①喪家 ②公司 ③政府 ④自己。

4.（3）在洽談殯葬事宜時，喪禮服務人員下列何者行為不應該有？ ①安慰家屬 ②幫家屬尋找資源 ③利用機會多賺錢 ④提供法事服務。

5.（1）喪禮服務人員在服務時發現家屬經濟有問題，他不應該做下列何項？ ①不管家屬經濟狀況 ②幫家屬尋找資源 ③免費提供服務 ④提供較廉價的服務。

6.（3）在談妥服務項目與價格之後為避免消費糾紛，喪禮服務人員應該做什麼動作？ ①告訴公司好消息 ②告知家屬有關的禁忌 ③簽訂書面契約 ④準備殯葬相關事宜。

7.（1）對亡者的遺體，喪禮服務人員應該抱持何種態度？ ①尊重 ②無所謂 ③輕視 ④開玩笑。

8.（4）喪禮服務人員應該把亡者當成： ①個人不得不有的服務對象 ②公司交代的服務對象 ③可以賺錢的服務對象 ④值得尊敬的服務對象。

9.（4）當家屬有錢時，喪禮服務人員可以： ①按照家屬要求提供較豪華的服務 ②利用機會要家屬添加服務 ③故意提供較低廉的服務 ④規勸家屬接受較合宜的服務。

10.（2）在洽談殯葬事宜時，如果家屬哭個不停，喪禮服務人員應該： ①不予以理

會，繼續洽談 ②停止洽談，等家屬自動平靜下來 ③立即離開 ④強力介入叫家屬不要悲傷。

11. (2) 在洽談殯葬事宜時，喪禮服務人員對自己不清楚的事情應該： ①假裝清楚 ②查詢後再告知 ③模稜兩可 ④不予理會。

12. (4) 下列何者違反喪禮服務倫理？ ①尊重家屬的治喪權 ②依據法規提供服務 ③提供合法殯葬設施 ④僅追求個人服務利潤。

13. (3) 當喪家與喪禮服務人員意見不同時應當如何處置？ ①以喪家意見為主 ②以喪禮服務人員意見為主 ③雙方溝通後再做決定 ④放棄這個案件。

14. (1) 參與殯葬服務工作的人應該具備何種人格特質？ ①積極樂觀 ②消極悲觀 ③討厭人群 ④對人冷淡。

15. (4) 對於喪家的心情，我們應該如何感同身受？ ①想當然耳 ②按照自己體會 ③根據書本記載 ④依據喪家表現回應。

16. (2) 喪禮服務人員在面對喪家洽談喪事應帶著何種表情？ ①充滿笑容 ②親切溫柔 ③冷酷無情 ④嚴肅冷漠。

17. (3) 喪禮服務人員在洽談喪事時應穿著何種正式服裝？ ①睡衣 ②家居便服 ③公司制服 ④休閒服。

18. (3) 過去搶遺體的作為是一種怎樣的作為？ ①違反公司利益 ②違背個人利益 ③違背服務倫理 ④違反同行習慣。

19. (2) 喪禮服務人員面對不喜歡的客戶應如何對待？ ①不理不睬 ②熱誠以對 ③找機會出氣 ④故意惡整。

20. (1) 對於喪家在網路上詢價的行為，喪禮服務人員應如何看待？ ①當成喪家的權益來看 ②認為喪家故意找麻煩 ③認為喪家不信任自己 ④認為這是消費者個人的習慣所致。

21. (1) 一般業者對於開立收據或統一發票應有態度為何？ ①主動開給 ②依喪家要求決定 ③依業者心情 ④完全不開。

22. (1) 就殯葬服務契約的訂定而言可以產生何種效果？ ①保障消費者的權益 ②增加政府的公信力 ③增加業者的利益 ④方便喪禮服務人員的作業。

23. (1) 對殯葬業者而言，殯葬服務應否提供消費者申訴管道？ ①絕對必要 ②全然不需要 ③有糾紛發生再說 ④看消費者的要求而定。

24. (3) 對消費者而言，殯葬服務申訴管道最初應從哪裡開始較為合理？ ①司法機關

②行政機關　③公司本身　④消保會。

25.（ 1 ）一旦殯葬服務消費糾紛無法解決，最後的申訴管道為何？　①司法機關　②行政機關　③公司本身　④消保會。

26.（ 3 ）當一個人死於醫院時，亡者的喪事辦理權應該屬於何人？　①醫院　②太平間承攬業者　③家屬　④一般業者。

27.（ 4 ）當家屬彼此之間意見相左時，喪禮服務人員應如何處理？　①以喪禮服務人員意願為準　②看哪個家屬比較強勢　③看哪個家屬出錢　④經協調後再決定。

28.（ 3 ）如果亡者留有意願書，喪禮服務人員對於家屬意見的衝突應採取何種態度？　①看哪個家屬比較強勢　②看哪個家屬出錢　③依亡者意願書　④經協調後再決定。

29.（ 4 ）如果亡者是沒有親人的獨居老人，喪禮服務人員應如何對待？　①隨便辦理　②看所花費用而定　③依喪禮服務人員人格特質而定　④設法了解亡者狀況再決定。

30.（ 1 ）對上吊自殺的人，喪禮服務人員應採取何種態度？　①給予應有的尊重　②看家屬的態度而定　③當成倒楣的差事　④當成一種社會回饋。

31.（ 2 ）對無名屍的處理，喪禮服務人員應採取何種態度？　①當成做功德　②給予應有的尊重　③當成倒楣的差事　④當成一種社會回饋。

32.（ 4 ）喪禮服務人員利用高收入宣傳改善自己社會地位的做法是否恰當？　①絕對恰當　②看社會反應而定　③看自己的感受而定　④不是正確的做法。

33.（ 3 ）提升自己的專業是喪禮服務人員應有的責任嗎？　①看政府的規定　②看公司的要求　③職業上的自我要求　④看消費者的反應。

34.（ 2 ）下列選項何者不屬於參加喪禮服務研習課程的好處？　①可以提升自己的專業　②可以說服消費者增添更多的項目　③可以提供消費者更好的服務　④可以提升公司的形象。

35.（ 4 ）在殯葬服務上，喪禮服務人員的證照有何作用？　①證明自己的服務已經到頂　②證明公司培育成功　③證明消費者有眼光　④證明自己的服務已具基本資格。

36.（ 2 ）喪禮服務人員在提供服務時主要目的為何？　①為了突顯自己的能力　②滿足喪家的需要　③為了配合公司規定　④為了配合政府政策。

37.（ 4 ）當喪家對殯葬服務契約內容不清楚時，喪禮服務人員應該：　①不予以理會

②任意解說　③看對方態度決定是否詳實解說　④無條件解說清楚。

38. (4) 當喪家對價格有意見時，喪禮服務人員應如何處置？　①完全不理會　②看消費者態度　③看公司政策　④溝通協調。

39. (4) 在殯葬服務上，為了強化競爭力，我們應該把重心放在哪裡？　①價格上　②產品上　③行銷上　④服務上。

40. (1) （本題刪題）就現況而言，在亡者信仰不明確而各個家屬認為亡者與自己擁有相同信仰時，喪禮服務人員通常會如何回應？　①同時滿足各個家屬的信仰　②看誰願意出錢　③看誰較符合業者自己的信仰　④主動求去避開鋒頭。

41. (3) 在亡者信仰不明確而各個家屬認為亡者與自己擁有相同信仰時，喪禮服務人員應該如何回應？　①同時滿足各個家屬的信仰　②看誰願意出錢　③經協商後再決定　④主動求去避開鋒頭。

42. (2) 悲傷撫慰的最基本的兩個技術為以下何者？　①陪伴與安慰　②陪伴與傾聽　③協助與輔導　④擁抱與擦淚。

43. (3) 下列何者在解釋喪禮服務人員的「專業」（profession）是最洽當的？　①專門研究某種學問，或從事某種事業　②專精於某種學問或事業　③具有專門知識、技能和職業道德的人　④具有特定職業證照的人。

44. (4) 下列何者不是「倫理」的含義？　①處理好壞、對錯或道德責任和義務的規律　②一群的道德原則或一套的價值　③管理個人或職業的行為原則　④明文規定的法律。

45. (3) 下列何者為喪禮服務人員對待喪家的倫理關係？　①殯葬用品符合環保　②邊誦經邊看美女　③維護喪家及亡者的隱私權　④替喪家接待前來弔奠之來賓。

46. (1) 殯葬專業倫理的改善策略，下列何者最佳？　①喪禮服務人員的自律與自省　②社會輿論之壓力　③政府的強力規範干預　④定期之殯葬評鑑。

47. (1) 何者不是屬喪葬後續關懷服務的重點？　①尾款的領取　②提供相關悲傷失落書籍借閱　③辦理社區活動　④轉介喪家至相關社會資源。

48. (4) 以下對於喪葬後續關懷服務的理念敘述何者錯誤？　①重視喪親之後的持續性協助與關懷　②提供喪親者的全家關懷　③提供喪親者有關專業的諮商輔導　④它是以政府經營的模式來運作。

49. (2) 以下哪句話是對喪親者表達同理心時應該說的話？　①「人死不能復生，請節哀」　②「現在的你一定思緒很亂，甚至有不真實的感覺，這都是正常的」

③「你要當個堅強的大哥，才不會讓在天國的母親替你們擔心」 ④「雖然女兒過世了，但至少你還有一個兒子」。

50.（ 1 ）對於「悲傷」的概念何者為正確？ ①每個人面對親人離世時都有不同樣的悲傷情緒 ②當喪親者哭泣時須阻止他，以避免亡者會走得不安心 ③當喪親者對亡者有憤怒表現時，代表他精神上一定出了問題 ④大約半年後，就不再有悲傷反應及情緒，並可正常回歸到日常角色。

51.（ 1 ）從兩性平等的角度來看，配偶死後是否再婚屬個人自由。因此，「鰥夫跳棺」可再娶、「寡婦送葬」之葬俗應予： ①淘汰 ②發揚光大 ③保留 ④不予置評。

52.（ 2 ）左青龍，右白虎，前朱雀，後玄武是： ①性別 ②方位 ③生肖 ④財富的代名詞。

53.（ 4 ）依傳統禮俗規定，夫死妻主持喪事，在訃聞中妻應自稱未亡人。現在從性別平權的角度來看，可以如何調整？ ①喪服妻 ②未亡妻 ③杖期妻 ④妻。

54.（ 4 ）依兩性平權的角度來看，下列何者是未婚女性亡故後牌位奉祀的方式？ ①放在姑娘廟 ②放在納骨塔 ③放在原生家庭 ④依亡者意願。

55.（ 3 ）就傳統禮俗而言，父母死亡由長子擔任喪主。依現在性別平權想法，可以如何調整？ ①由長子擔任 ②由長女擔任 ③由兒女協商 ④由禮儀服務人員決定。

56.（ 1 ）臺灣「出嫁女不得祭拜娘家祖墳」之喪俗，違反兩性平權觀念，應予： ①淘汰 ②發揚光大 ③保留 ④不予置評。

57.（ 1 ）父、母離婚後皆未再婚，待雙方都死亡後，子女經由溝通協調： ①可以 ②不可以 ③勉強可以 ④偶爾可以將母親之魂帛合爐於祖先牌位。

58.（ 3 ）喪禮服務人員對於家屬之意見應： ①聽命於孝男 ②聽命於孝女 ③子女平等對待共同協商 ④聽命於付費者。

59.（ 4 ）無子有女者，其骨灰罐銘文下款應刻： ①孝侄 ②外甥 ③義子 ④孝女○○奉祀。

60.（ 1 ）依兩性平權的角度來看，有女孫而無男孫者其魂帛應由： ①長孫女 ②外甥孫 ③義孫 ④孝侄孫恭捧。

61.（ 1 ）依兩性平權的精神來看，護喪妻之祭拜順序為： ①在子女之前 ②在子女之後 ③在姻親之後 ④在曾孫後。

62. (1) 依兩性平權的精神來看，若長女年紀大於長男，父母之喪禮主祭者： ①可由長女擔任 ②僅限長男擔任 ③僅限次男擔任 ④不得由長女擔任。

63. (2) 依兩性平權的精神來看，公婆過世未滿百日，又遭父母之喪，出嫁女： ①不可 ②可以 ③吉日才可 ④偶爾可以為父母親送終。

64. (1) 依兩性平權的角度來看，訃聞中之家屬排序應： ①依排行不論性別 ②依性別不論排行 ③男前女後 ④男尊女卑之原則。

65. (1) 母之家祭禮，下列祭拜順序何者正確？ ①舅舅先於伯叔父 ②伯叔父先於舅舅 ③同時 ④先到先拜。

66. (2) 父之家祭禮，下列祭拜順序何者正確？ ①舅舅先於伯叔父 ②伯叔父先於舅舅 ③同時 ④先到先拜。

67. (2) 依照臺灣葬俗，離婚後再婚之男性其訃聞： ①不可 ②可以 ③吉日才可 ④偶爾才可將前段婚姻所生之子女列入家屬欄中。

68. (2) 依兩性平權的角度來看，離婚後再婚之女性其訃聞 ①不可 ②可以 ③吉日才可 ④偶爾才可將前段婚姻所生之子女列入家屬欄中。

圖書館出版品預行編目資料

葬禮儀：理論、實務、證照（增訂版）／陳繼
成 著. -- 三版. -- 臺北市：五南圖書出版股
份有限公司，2022.08
　　面；公分.
　　SBN 978-626-343-220-8（平裝）

殯葬業

66　　　　　　　　　111012808

1BE8

殯葬禮儀：理論、實務、證照（增訂版）

作　　　者 ─ 陳繼成、陳宇翔

發 行 人 ─ 楊榮川

總 經 理 ─ 楊士清

總 編 輯 ─ 楊秀麗

副總編輯 ─ 黃惠娟

責任編輯 ─ 魯曉玟

封面設計 ─ 王麗娟

出 版 者 ─ 五南圖書出版股份有限公司

地　　　址：106台北市大安區和平東路二段339號4樓

電　　　話：(02)2705-5066　　傳　　真：(02)2706-6100

網　　　址：https://www.wunan.com.tw

電子郵件：wunan@wunan.com.tw

劃撥帳號：01068953

戶　　　名：五南圖書出版股份有限公司

法律顧問　林勝安律師

出版日期　2019年11月初版一刷
　　　　　2020年 1 月二版一刷
　　　　　2021年10月二版二刷
　　　　　2022年 8 月三版一刷
　　　　　2023年11月三版二刷

定　　　價　新臺幣590元

經典永恆・名著常在

五十週年的獻禮——經典名著文庫

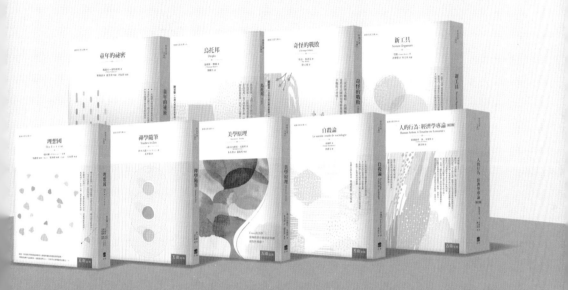

五南，五十年了，半個世紀，人生旅程的一大半，走過來了。

思索著，邁向百年的未來歷程，能為知識界、文化學術界作些什麼？

在速食文化的生態下，有什麼值得讓人雋永品味的？

歷代經典・當今名著，經過時間的洗禮，千錘百鍊，流傳至今，光芒耀人；

不僅使我們能領悟前人的智慧，同時也增深加廣我們思考的深度與視野。

我們決心投入巨資，有計畫的系統梳選，成立「經典名著文庫」，

希望收入古今中外思想性的、充滿睿智與獨見的經典、名著。

這是一項理想性的、永續性的巨大出版工程。

不在意讀者的眾寡，只考慮它的學術價值，力求完整展現先哲思想的軌跡；

為知識界開啟一片智慧之窗，營造一座百花綻放的世界文明公園，

任君遨遊、取菁吸蜜、嘉惠學子！